Ford Focus

Otto und Diesel ab Modelljahr 2009

1, 4-Liter Duratec 59 kW (80 PS)
1, 6-Liter Duratec 74 kW (100 PS)
1, 6-Liter Ti-VCT Duratec 92 kW (125 PS)
1, 8-Liter Duratec 88 kW (120 PS)
2, 0-Liter Duratec 107 kW (145 PS)
2, 5-Liter Duratec ST 166 kW (225 PS)
1, 6-Liter Duratorq TDCi 66 kW (90 PS)
1, 6-Liter Duratorq TDCi 80 kW (109 PS)
2, 0-Liter Duratorq TDCi 81 kW (100 PS)
2, 0-Liter Duratorq TDCi 100 kW (136PS)

Motor buch Verlag

Inhalt

Einleitung

Ausrüstung

Modellvorstellung

Wagenpflege

Jahreszeiten

Kleine Pannen

Innenraum

Karosserie

Wartung

Antrieb

Jetzt helfe ich mir selbst

Einbandgestaltung: Luis dos Santos

Bilder/Zeichnungen: frisch CONSULTING, Friedrich Schröder, Sven Schröder, ADAC, ACE, Blaupunkt, Bosch, Bucheli, Continental, Dunlop, Ford, Hella, Mahle, Motorpresse, 3M Deutschland, Sonax.

Text und redaktionelle Bearbeitung:
Friedrich Schröder

ISBN 978-3-613-03133-3

1. Auflage 2011

Lizenznehmer des Motorbuch Verlag,
Postfach 10 37 43, 70032 Stuttgart
Ein Unternehmen der Paul
Pietsch-Verlage GmbH & Co

Sie finden uns im Internet unter:
www.motorbuch-verlag.de

Herstellung: Ipa, 71665 Vaihingen/Enz
Druck und Bindung: Druck + Verlag Südwest,
76131 Karlsruhe
Printed in Germany

Fahrwerk

Bremsen

Elektrik

Ein Ratgeber stellt sich vor

»Mit modernen Autos fährst du besser in die Werkstatt«. Eine Behauptung, die nicht nur heiße Diskussionen am Biertresen provoziert. Auch uns, dem Team von »Jetzt helfe ich mir selbst«, ist der Satz nicht unbekannt. Wir allerdings widersprechen vehement!
Warum sonst gäbe es dieses Servicebuch? Offenbar ist auch Ihnen die Meinung der Theken-Besserwisser suspekt: Warum sonst blättern und nutzen Sie »Jetzt helfe ich mir selbst« im Moment? Weit mehr als 10 Millionen anderer Autofahrer pflichten Ihnen übrigens bei, sie warten ihr Auto fachmännisch unter Anleitung von »Jetzt helfe ich mir selbst«.
Schwarz/weiße Weltbilder spiegeln eben nicht die Realität. Doch wir verschweigen Ihnen auch nicht: Mit angestaubtem Grundwissen und normalem Werkzeugequipment überschreiten Sie als Selbstschrauber schnell Ihre Grenzen. Spätestens dann, wenn Sie ein Auto, gestützt auf das Ihnen vorliegende Service-Buch, von A bis Z revidieren möchten.
Darum vergessen Sie Ihr Vorhaben besser ganz schnell. In dem Fall ist »Jetzt helfe ich mir selbst« nicht die richtige Lektüre. Sie finden zwischen den Buchdeckeln zwar hilfreiche Tipps und geldwerte Hinweise zu Service- und überschaubaren Wartungsarbeiten, doch bis in den letzten Hohlraum erklären wir Ihnen Ihr Auto nicht.
Tatsache ist: Der Einsatz von elektronischen Komponenten, gleichwie deren Vernetzung unter dem Blech, produziert heutzutage so manchen Fehler, der an alten Autos niemals genervt hätte. Das gilt es zu akzeptieren – die Technik ist komplexer geworden, mit ihr folglich auch die Reparaturmethoden.
Doch der Alltag und die Praxis zeigen auch, dass moderne Autos mit dem Einzug von Elektronik wesentlich zuverlässiger, sicherer und umweltfreundlicher sind als ihre simpler konstruierten Altvorderen – wartungsärmer sind sie allemal. Es wäre einfach unlauter, den Fortschritt in Frage zu stellen, auch wenn Chips und Bits Ihnen wie uns ab und an die Zornesröte ins Gesicht treiben.

Hilfe zur Selbsthilfe

Was Sie tun können, wenn Ihr Auto streikt, oder besser noch, was Sie rechtzeitig erledigen sollten, damit es nicht so weit kommt, entnehmen Sie diesem Ratgeber. Sollten Sie den Fehler selbst auch nicht beheben können, in den meisten Fällen können Sie den Schaden dann zumindest grob einkreisen. In dem Fall liefern Sie Ihrem Werkstattmeister wichtige Informationen und verkürzen so die teure Fehlersuche auf ein Minimum.

Tipps und Wissenswertes

Damit Sie an Ihrem Auto möglichst häufig Chef im Ring bleiben, gehen wir immer mal wieder auf technische Grundbegriffe ein, erläutern Ihnen aktuelle Fachbegriffe und informieren Sie über Wissenswertes aus der Technikwelt.
Darüber hinaus geben wir Ihnen praktische Tipps. Beispielsweise wie Sie Ihre Scheibenwischerblätter möglichst lange fit und geschmeidig halten.
Interessiert Sie das sofort? Dann schauen Sie kurzerhand unter »Fit durch den Winter« nach. Weil in der dunklen Jahreszeit besonders viel zu beachten ist, widmen wir dem Thema nämlich ein eigenes Kapitel.
Warum das? Erfahrungsgemäß sind in der kalten Jahreszeit immer noch zu viele Automobilisten mit Sommerreifen, mit spröden Wischergummis oder mit schielenden Scheinwerfern auf der Piste. All jene Unverbesserlichen handeln verantwortungslos, verantwortungslos gegenüber sich und anderen Verkehrsteilnehmern.

Sicherheit hat Vorrang – IMMER

Wir bringen Sie mit Ihrem Focus freilich nicht nur fit durch den Winter, wir bringen Sie fit durch alle Jahreszeiten: Ihre Sicherheit ist UNS ein ehrliches Anliegen. Dementsprechend legen wir unseren Fokus auf frühzeitige Schadenserkennung und weniger auf die Reparatur sicherheitsrelevanter Baugruppen. Selbstverständlich gehört ein übersichtlicher »Störungsbeistand« zum festen Bestandteil eines jeden Kapitels. Zudem bieten wir Ihnen Diagnose-Schemata, mit denen Sie eventuelle Unzulänglichkeiten zielsicher und rechtzeitig einkreisen. Schließlich erspart Ihnen das Wissen um die Befindlichkeiten Ihres Autos, zum Beispiel beim TÜV- oder DEKRA-Check, jede Menge Ärger, zudem entlastet es Ihr Portemonnaie.

Reparaturen in der heimischen Garage

Sollten Sie bereits geübt im Umgang mit Werkzeug sein, sind für Sie unsere Arbeitsschritte bestimmt

leicht nachvollziehbar. Als motivierter Hobbyschrauber führen Sie unsere Reparaturen zudem locker in der heimischen Garage aus. Welche Grundausstattung Sie dafür benötigen und wie das Equipment möglichst ideal hinter das Garagentor passt, zeigen wir Ihnen auf den folgenden Seiten.
An dieser Stelle erlauben Sie uns noch einen Hinweis in eigener Sache: Geübte Schrauber, wie freie Instandsetzungsbetriebe, finden in den fundierten Auto-Reparaturanleitungen des Bucheli-Verlags natürlich IHRE Lektüre: In den Anleitungen erklären und beschreiben wir Ihnen präzise, wie komplexe Baugruppen, etwa Motor und Getriebe, zerlegt und montiert werden.

INFORMATION

Bevor Teile ausgebaut oder Baugruppen zerlegt werden, ist es ratsam, vorab die theoretischen Grundlagen zu kennen. Immer wenn der Hinweis auftaucht, erklären wir die Funktion der Technik, ihre Bedeutung im Auto und im Alltag. Ab und an beschreiben wir auch historische Hintergründe der betreffenden Entwicklung. Dieser Service bringt Ihnen die Technik Ihres Autos noch näher: Mit dem nötigen Detailwissen im Hinterkopf schraubt es sich erfolgreicher.

ARBEITSSCHRITTE

Sobald wir Arbeiten beschreiben, taucht dieses Symbol auf: Es führt Sie Schritt für Schritt zum Ziel. Bei der Auswahl halten wir uns strikt daran, was in der eigenen Hobbygarage noch machbar ist und was Sie besser unterlassen sollten. Damit Sie sehen, dass wir aus der Praxis kommen, posen wir nicht nur mit blitzblankem Werkzeug, wir arbeiten auch schon mal mit schmutzigen Händen. Dennoch hoffen wir, die Fotos machen Ihnen Appetit aufs Selberschrauben.

BESSER MACHEN

In der Praxis gleicht erfahrungsgemäß kaum ein Auto dem anderen: Autos werden tiefer gelegt, Karosserien werden verändert oder die Innenausstattung individualisiert. Vielleicht benutzen Sie dieses Buch ja auch, um Ihr Auto gezielt zu verbessern. Damit wir uns richtig verstehen: Sie haben keine Tuninganleitung gekauft, wir präsentieren Ihnen lediglich diverse Möglichkeiten, Ihr Auto zu individualisieren und verraten Ihnen auch, worauf Sie beim Einkauf von Qualitätszubehör achten sollten.

Damit Sie sich besser zurechtfinden

Um etwas Bestimmtes in diesem Buch zu finden, gibt es diverse Möglichkeiten: Natürlich können Sie auf das vertraute Inhaltsverzeichnis zurückgreifen, doch auch mit schnellem Durchblättern kommen Sie auf den Punkt. Der Hinweis, in welchem Kapitel Sie gerade blättern, steht oben links auf jeder Doppelseite. Noch weiter links davon verraten wir Ihnen, ob der betreffende Abschnitt theoretisches Wissen, konkrete Arbeitsanleitungen oder Optimierungsvorschläge behandelt. Die rechte Seitenhälfte nutzten Sie jeweils als Pfadfinder für das behandelte Thema. So können Sie auf der Suche nach bestimmten Inhalten Ihren Korp relativ zielgerichtet durch die Finger laufen lassen…

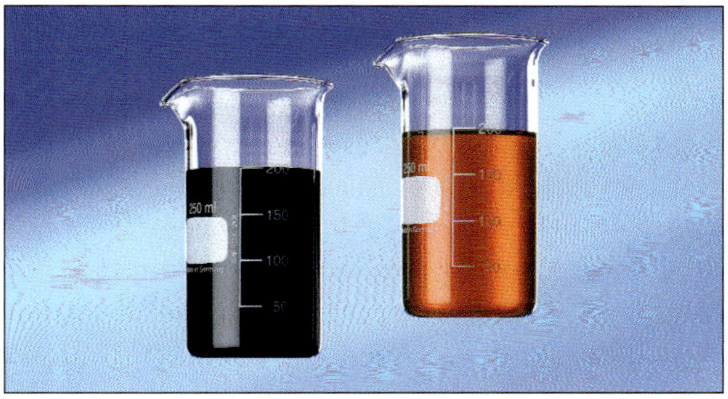

Lernen Sie Ihr Auto kennen

Egal, ob Sie Ihren Focus schon länger fahren oder erst kürzlich darin Platz genommen haben – nehmen Sie sich auf jeden Fall ein paar Augenblicke Zeit um ihn mit Verstand zu erkunden. Selbst nachdem Sie die Bedienungsanleitung gelesen haben, wovon wir selbstverständlich ausgehen, kennen Sie Ihr Auto längst noch nicht in all seinen Facetten.

Das Typenschild

Das Typenschild ist gewissermaßen der Personalausweis Ihres Focus. Die dort vorhandenen Ziffernfolgen enthalten bereits etliche – in Zahlen- und Buchstabencodes verschlüsselte – Informationen. So das Produktionsdatum, den Fahrzeugtyp, das Gewicht, die Identifikationsnummer sowie die Art und Herkunft der montierten Aggregate. Als Do-it-Yourselfer sollten Sie das Typenschild natürlich lesen und interpretieren können. Sie finden es in unterschiedlicher Ausprägung gleich mehrfach an Ihrem Auto. So zum Beispiel als genietetes Aluminiumschild im unteren Bereich der linken B-Säule. Das Typenschild entschlüsselt die:

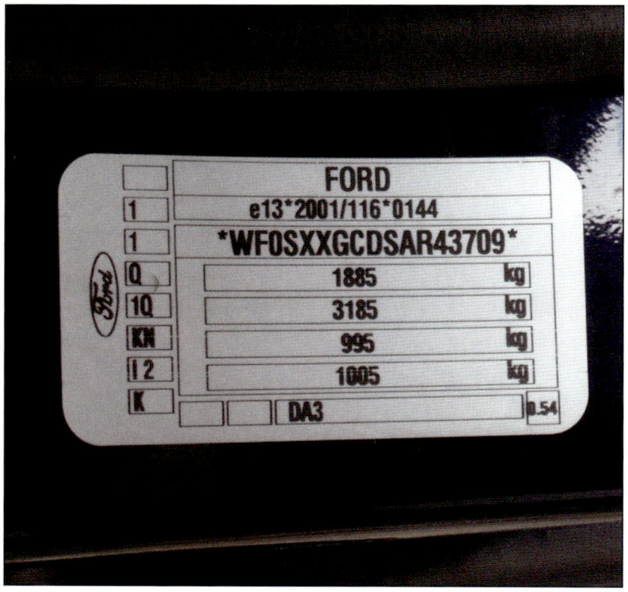

Automobiler Personalausweis: Das Typenschild. 1/1 Fahrzeugtyp und Fahrgestellnummer, Q max. zulässiges Gesamtgewicht, 1Q Zulässiges Gesamt-Zuggewicht, KN max. zulässiges Gesamtgewicht (VA), I 2 max. zulässiges Gesamtgewicht (HA).

Die Fahrgestellnummer

Die Fahrgestellnummer bestimmt das exakte Geburtsdatum Ihres Autos. Sie ist eingestanzt auf dem Typenschild, im Bodenblech (Höhe Beifahrersitz) und auf der linken Seite der Instrumententafel.

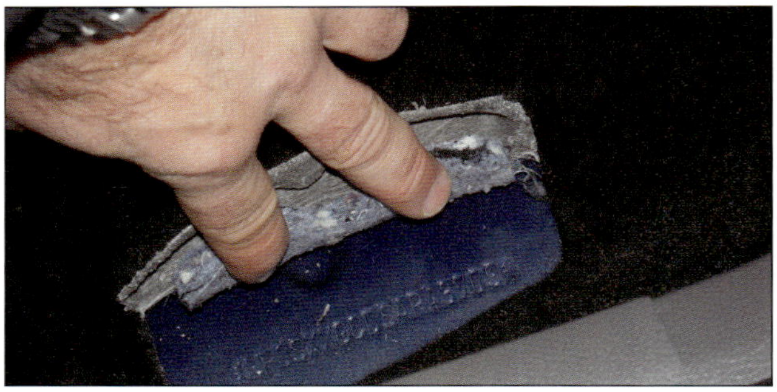

Fälschungssicher eingestanzt: Die Fahrgestellnummer hinter der Windschutzscheibe und im Bodenblech.

Die Motornummer

Je nach Motortyp ist die Motornummer (Pfeil) an verschieden Stellen auf dem Motorgehäuse eingestanzt.

An verschiedenen Stellen eingestanzt: Die Motornummer auf dem Motorgehäuse.

Rechte und Pflichten – so sieht's der Gesetzgeber

Sie haben einen Wagen erworben und sind der Meinung, er ist kaputt oder funktioniert nicht so wie er sollte? Bevor Sie sich unnötig aufregen, sollten Sie sich zuerst kundig machen, wie es um Ihre Rechte steht. Dann müssen Sie sicherstellen, dass Sie keinem Irrtum unterliegen und es sich hier tatsächlich um einen Mangel (eine Fehlfunktion) handelt.

Was ist ein Mangel?

Vereinfachte Darstellung des § 434 BGB:
Eine Sache ist frei von Mängeln, wenn sie sich für die Verwendung eignet, für die sie gemäß Kaufvertrag gedacht war oder sie sich für die gewöhnliche Verwendung eignet oder die Beschaffenheit aufweist, die man üblicherweise erwarten kann. Das beinhaltet auch Eigenschaften, von denen der Käufer aufgrund von Aussagen, die in der Werbung oder von Mitarbeitern des Verkäufers gemacht wurden, ausgehen kann. Liegt also tatsächlich ein Mangel vor, wie z. B. eine deutlich geringere Höchstgeschwindigkeit als im Prospekt angegeben, sollten Sie sich auf das Gespräch mit dem Kundendiensttechniker vorbereiten und Ihr Recht einfordern. Damit Sie Ihr Anliegen präzise und fachlich richtig an den Mann bringen können, nachfolgend einige Begriffserklärungen und Zusammenhänge.

Garantie, Gewährleistung (Sachmangelhaftung)

Garantie und Gewährleistung (Letzteres ist die so genannte Sachmangelhaftung) sind zwei völlig verschiedene und vor allem unabhängige Sachverhalte. Dennoch, umgangssprachlich werden beide Begriffe häufig miteinander verwechselt oder vertauscht. Das sollte Ihnen in einem Reklamationsgespräch besser nicht passieren – trennen Sie Garantie und Gewährleistung also strikt voneinander.

Garantie

Die Garantie ist grundsätzlich eine freiwillige und zusätzliche Leistung des Verkäufers oder Herstellers. Sie kann nach Belieben ausgestaltet oder befristet sein. Die Garantie folgt, im Rahmen des Kaufvertrags bzw. in Verbindung mit dem Kaufvertrag, aus einer eigenständigen Vereinbarung. Garantie kann demzufolge an bestimmte Voraussetzungen geknüpft sein, bestimmte Kosten ausschließen und auch die Leistungen einschränken. So kann ein Verkäufer seine Garantie beispielsweise davon abhängig machen, dass Sie Ihr Auto regelmäßig in der dem Händler angegliederten Werkstatt warten lassen oder Sie im Garantiefall lediglich die Materialkosten, nicht jedoch die Arbeitszeit erstattet bekommen.

Daher unser **Tipp**: Vertrauen Sie nicht dem Garantieversprechen, sondern schauen Sie vor dem Kauf besser die Garantiebedingungen genauestens an. Auf Verlangen haben Sie übrigens Anspruch auf die Garantiebestimmungen in schriftlicher Form.

Gewährleistung

Die Gewährleistung (Sachmangelhaftung) basiert auf den gesetzlichen Regelungen im Kaufvertrag. Sie wirkt, sobald ein rechtsgültiger Kaufvertrag abgeschlossen wurde. Ausnahme: Eine Gewährleistung wurde rechtswirksam ausgeschlossen. Ein vollständiger Ausschluss der Gewährleistung, im Rahmen eines Kaufvertrags zwischen einem Unternehmer (z. B. Kfz-Händler) als Verkäufer und einer Privatperson als Käufer, ist nicht möglich.
Sehr wohl jedoch ist die Gewährleistung, zum Beispiel bei Abschluss eines Kaufvertrags zwischen Privatpersonen, vollständig auszuschließen. Der Passus muss jedoch zwischen den Parteien ausdrücklich und individuell im Kaufvertrag geregelt sein.

Mit dem Gewährleistungsrechts-Änderungsgesetz vom 01.01.2007 ergaben sich unter anderem folgende Neuerungen:

- Bei neuen Sachen beträgt die Frist grundsätzlich 2 Jahre ab Datum der Übergabe.
- Bei gebrauchten Sachen kann eine Frist von 1 Jahr vereinbart werden (nicht in Allgemeinen Geschäftsbedingungen!), wobei nur Kraftfahrzeuge, die älter als ein Jahr (ab Erstzulassung) sind, als gebrauchte Sachen gelten.
- Innerhalb der ersten sechs Monate hat bei einer Reklamation der Händler zu beweisen, dass die Sache zum Zeitpunkt der Übergabe dem Vertrag entsprach (also keinen Mangel hatte). Nach 6 Monaten hat der Kunde die Beweispflicht (bisher hatte ausschließlich der Kunde die Beweispflicht).

Diese beschriebenen Regelungen, die die Rechte des Endkunden stärken, sind verständlicherweise bei den Autohändlern nicht so gut angekommen, und diese suchen nach Möglichkeiten, wie sie die Gewährleistung (Sachmangelhaftung) einschränken oder gar ausschließen können. In den letzten Jahren hat darum der Handel mit Bastlerfahrzeugen und Schrottautos massiv zugenommen. In solchen Verträgen werden dann sämtliche Gewährleistungsansprüche (Sachmangelhaftung) ausgeschlossen, obwohl die Fahrzeuge teilweise mit frischer Plakette der Haupt- und Abgasuntersuchung versehen sind. Solche und ähnliche Vorgänge können die Gerichte allerdings recht gut einschätzen und entscheiden meistens zu Gunsten des Verbrauchers. Ebenso verhält es sich mit den Verkäufen, die »im Auftrag« stattfinden. Ein Händler, der in seinem Namen die aktuelle Hauptuntersuchung und weitere Instandsetzungsarbeiten durchgeführt hat, wird es vor Gericht schwer haben zu beweisen, dass er den Autoverkauf nur vermittelt hat. Er wird damit auch nicht die gesetzlichen Regelungen beschneiden können. Je klarer die Vereinbarung und je genauer die Fahrzeugbeschreibung, desto geringer ist das Haftungsrisiko. Wir raten Ihnen, einen Musterkaufvertrag für Gebrauchtwagen sowie einen Gebrauchtwagen-Zustandsprüfbericht zu verwenden. Damit lassen sich kostspielige Prozesse und unangenehme Streitigkeiten vermeiden.

Fazit

Eine freiwillige Garantie besteht also zusätzlich zur gesetzlichen Gewährleistung (Sachmangelhaftung) und ist im Umfang der Leistungen, im Vergleich zur Gewährleistung (Sachmangelhaftung), meistens eingeschränkt. Allerdings greift sie oft auch noch für Mängel, die erst nach dem Kauf auftreten, was so nicht auf die gesetzliche Gewährleistung (Sachmangelhaftung) zutrifft.

Reizthema Farbabweichung

Farbabweichung kann ein Sachmangel sein. Das Oberlandesgericht Köln hat zu diesem Thema eine wichtige Entscheidung getroffen: Danach gehört die Farbe eines Neufahrzeugs zu den Beschaffenheitsmerkmalen und stellt ein äußerliches Merkmal des Fahrzeugs dar, welches für den Käufer im Rahmen der Kaufentscheidung maßgeblich ist. Ergeben sich Abweichungen im Farbton des bestellten zu dem tatsächlich gelieferten Fahrzeug, so kann der Käufer hierauf grundsätzlich Gewährleistungsansprüche geltend machen. Durch das OLG Köln bestätigtes Urteil des LG Aachen vom 26.04.2005 (Az. 12 O 493/04).

Recht auf Nachbesserung

Seit dem 01.01.2002 gibt die neue Rechtslage sowohl dem Käufer als auch dem Verkäufer einen Anspruch auf Beseitigung eines Mangels. Anstatt von Nachbesserung spricht jetzt das Gesetz von Nacherfüllung. Grundsätzlich hat der Händler das Recht bis zu drei Mal nachzuerfüllen. Hierbei hat der Verkäufer die zum Zwecke der Nacherfüllung erforderlichen Aufwendungen zu tragen, das sind Transport-, Wege-, Arbeits- und Materialkosten. Zu beachten ist in diesem Zusammenhang, dass der Verkäufer sein Recht einen Mangel nachzubessern behält, auch wenn Reparaturen bereits in einer fremden Werkstatt erfolglos waren. Der Verkäufer muss sich diese Nachbesserungsversuche nicht zurechnen lassen, er kann auf eine Nacherfüllung im eigenen Firmensitz bestehen. OLG Köln vom 14.02.2006 (Az. 20U 188/05).

Wandlung und Preisnachlass

Hat sich ein erheblicher Mangel nach drei Nacherfüllungsversuchen immer noch nicht beseitigen lassen oder fehlen zugesicherte Eigenschaften, haben Sie das

Recht auf Wandlung oder Preisnachlass. Dies ist dann auch der Zeitpunkt, an dem Sie einen Rechtsanwalt zu Rate ziehen sollten. Sie werden sich auf jeden Fall eine Nutzungspauschale, die abhängig ist von der genutzten Laufleistung des Fahrzeugs, anrechnen lassen müssen. Eine Wandlung ist grundsätzlich nur dann möglich, wenn sich das Fahrzeug noch im Originalzustand befindet.

Hinweis: Dieses Kapitel soll nur erste Hinweise geben und erlaubt daher keinen Anspruch auf Vollständigkeit. Obwohl es mit größtmöglicher Sorgfalt erstellt wurde, kann eine Haftung für die inhaltliche Richtigkeit nicht übernommen werden

Der Kulanzantrag

Nach Ablauf der Gewährleistungszeit und gegebenenfalls der Garantiezeit bleibt Ihnen immer noch die Möglichkeit der Kulanzregelung beim Händler. Die Kulanz bezeichnet im Allgemeinen ein Entgegenkommen zwischen den Vertragspartnern nach Vertragsabschluss. Sie regelt den Ablauf der freiwilligen Reparatur- und Serviceleistungen nach Ablauf der gesetzlichen oder individualvertraglichen Gewährleistungsverpflichtungen. Die Kulanzregelung wird in der Regel als Maßnahme zur Kundenbindung dargestellt.

In der Werkstatt

Aufgrund der vielen Ausstattungsvarianten und verfügbaren Sonderausstattungen, die moderne Autos selbstverständlich bieten, ist eine genaue Bestimmung des Fahrzeugtyps anhand der Fahrgestellnummer nicht grundsätzlich möglich. Sollten Sie also Ihre Werkstatt wechseln, vergessen Sie nicht dort alle Unterlagen (Serviceheft, Radiocode, ABE, Zubehörunterlagen) vorzulegen. Berücksichtigen Sie durchaus auch vorhandenes Zubehör wie verschließbare Sonderfelgen. Bei Arbeiten an der Wegfahrsperre oder dem Schließsystem werden in der Regel alle Fahrzeugschlüssel benötigt. Ansonsten räumen Sie Ihr Fahrzeug aus und entfernen alle Privatsachen. So ersparen Sie sich zumindest unliebsame Diskussionen…

Das hinterlegen Sie am Werkstatttresen

- Fahrzeugschein
- Serviceheft
- Adapter oder Schlüssel für Felgenschlösser
- Radiocode
- alle Schlüssel (bei Arbeiten am Schließsystem)

Erteilen Sie der Werkstatt einen schriftlichen Auftrag

Wenn Ihnen einfach mal die Zeit fürs Do-it-yourself, die nötige Erfahrung oder teures Spezialwerkzeug fehlen, kommen Sie an der Werkstatt nicht vorbei. In jenen Fällen haben Sie allerdings selbst großen Einfluss darauf, ob die dort verkaufte Hilfe Ihren Vorstellungen entspricht und Sie zufrieden vom Hof fahren. Beachten Sie darum schon bei Ihrem nächsten Werkstattbesuch die Spielregeln und Tipps in der folgenden Übersicht.

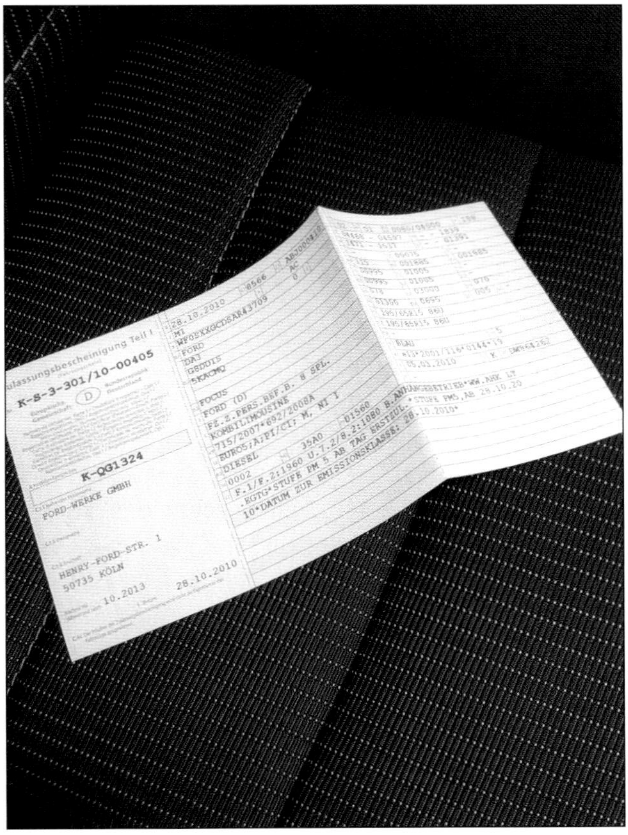

Enthält alle relevanten Daten: Der Kfz-Schein.

Wohin mit Ihrem Auto – Vertrags- oder freie Werkstatt?

- Erteilen Sie Reparaturaufträge stets schriftlich. Der Auftrag muss auszuführende Arbeiten möglichst genau umreißen. Lassen Sie sich immer von der Werkstatt eine Auftragsbestätigung aushändigen.
- Stellen Sie also eine Liste der Symptome und Mängel zusammen, die Sie bemerkt haben. Besprechen Sie die Liste Punkt für Punkt mit dem Werkstattmeister oder seinem Vertreter. Wenn Ihnen dabei etwas unklar bleibt, fragen Sie nach oder demonstrieren Sie die Mängel direkt am Fahrzeug.
- Formulieren Sie präzise Reparaturaufträge: Pauschalaufträge wie »TÜV-fertig machen« oder »für den Urlaub herrichten« programmieren geradezu späteren Ärger. Etwa dann, wenn Sie für Arbeiten zur Kasse gebeten werden sollen, die Ihrer Meinung nach unnötig waren.
- Bevor Sie einen Reparaturauftrag erteilen, lassen Sie sich die voraussichtlichen Lohn- und Materialkosten splitten. Legen Sie für eventuell erforderliche Zusatzarbeiten eine Preisgrenze fest. Ist der Arbeitsumfang vorab nur vage zu bestimmen, nennen Sie der Werkstatt Ihr eigenes Reparaturkostenlimit.
- Fragen Sie auf jeden Fall auch nach den voraussichtlichen Diagnosekosten. Wenn Ihr Auto beispielsweise zu viel Kraftstoff verbraucht oder schlecht anspringt, wenn der Motor stottert oder Sie merkwürdige Geräusche an den Rädern hören, ist die Diagnose häufig teurer als die eigentliche Reparatur. Begrenzen Sie daher auch die Fehlersuche mit einem Preislimit.
- Damit Sie bei Rückfragen erreichbar sind, machen Sie der Werkstatt Ihre Telefonnummer bekannt. Ein Rückruf muss immer dann stattfinden, wenn die Reparatur umfangreicher oder teurer als vereinbart wird. Lassen Sie auch zusätzliche Absprachen schriftlich auf dem Werkstattauftrag festhalten.
- Bitten Sie die Werkstatt bei umfangreichen Reparaturen um einen schriftlichen Kostenvoranschlag. Solide Werkstätten berechnen Ihnen in der Regel den Kostenvoranschlag nur dann, wenn die anschließende Reparatur nicht stattfindet. Bei unvorhersehbaren Arbeiten darf die Rechnung den Kostenvoranschlag um maximal 15 bis 20 Prozent überschreiten.
- Welche Werkstatt Sie mit Ihrem Focus aufsuchen, steht Ihnen grundsätzlich frei. Neben der Vertragswerkstatt können freie Werkstätten auch eine gute Adresse sein. Sie führen Reparaturen vielfach mit vergleichbarer Kompetenz wie Vertragswerkstätten aus. Ölwechsel, neue Bremsbeläge, Bremsscheiben, Reifen und Stoßdämpfer sind dort häufig sogar günstiger. Achten Sie jedoch grundsätzlich darauf, dass die von Ihnen beauftragte Werkstatt ein anerkannter Meisterbetrieb ist und auf jeden Fall der zuständigen der Kfz-Innung angehört.
- Innerhalb der Garantiezeit ist Ihr Focus jedoch grundsätzlich ein Fall für die Vertragswerkstatt. Das gilt für Inspektionen wie für die meisten Aggregatereparaturen. Einfache Blech- oder Lackschäden können Sie – trotz Garantie – durchaus in Eigenregie beheben oder von einer freien Werkstatt erledigen lassen. Je nach Umfang der in Auftrag gegebenen Arbeiten, könnte es bei späteren Reparaturproblemen dann mit der Werksgarantie allerdings kritisch werden.

Bis zu 30 Prozent günstiger – spezielle Teile- und Serviceangebote

- Sobald Ihr Focus in die Jahre kommt, lohnt es sich, nach speziellen Teile- und Serviceangeboten zu fragen. Nicht nur Ford-Vertragswerkstätten bieten oft Servicepakete inklusive preisgünstiger Originalteile an – Sie können hier locker bis zu 30 Prozent sparen. Fragen Sie Ihren Ford-Händler während Ihres nächsten Besuchs einfach mal nach seinen aktuellen Serviceangeboten.
- Wird ein Aggregateaustausch unumgänglich, muss ein Neuteil nicht immer Ihre erste Wahl sein: Erkundigen Sie sich nach aufbereiteten und geprüften Austauschteilen oder nach Ersatzteilen aus neuwertigen Unfallwagen. Damit sparen Sie Bares – natürlich bei vergleichbarer Qualität. Prädestinierte Austauschteile sind Motor, Kraftstoffeinspritzanlage, Getriebe, Kupplung, Lichtmaschine, Anlasser und die Wasserpumpe.
- Ein Ölwechsel in der Werkstatt oder an der Tankstelle geht mitunter ins Geld: Professionelle Schmiermaxen spendieren Ihrem Auto gerne den teuersten Saft. Fragen Sie nach preisgünstigeren Ölsorten mit vergleichbaren Spezifikationen – in der Regel schmieren die Ihren Focus nämlich nicht schlechter.

Gemeinsam mit dem Werkstattmeister checken – die Reparaturrechnung

- Checken Sie die Werkstattrechnung nach der Reparatur zusammen mit dem Meister oder Kundendienstberater. Lassen Sie sich unverständliche Abkürzungen und Fachbegriffe vor Ort erklären.
- Auf der Rechnung sollten Posten wie Arbeitslohn, Material und Mehrwertsteuer separat aufgeschlüsselt sein. Fehlerhafte Rechnungen können Sie binnen sechs Wochen nach Erhalt reklamieren.

Rechtzeitig monieren – mangelhafte Reparaturen

- Mangelhafte Reparaturen sollten Sie umgehend monieren. Meisterbetriebe müssen für die Arbeit sechs Monate gerade stehen (Gewährleistung). Für Folgeschäden, hervorgerufen von unsachgemäßen Reparaturen, haften autorisierte Werkstätten natürlich auch.
- Wenn Ihnen bei der Fahrzeugübernahme bereits die ersten Mängel auffallen, kann die Werkstatt Ihnen trotzdem den vollen Reparaturumfang berechnen. Vermerken Sie in solchen Fällen auf der Rechnung, dass Ihre Zahlung ausschließlich unter Vorbehalt und nach Aufforderung erfolgte.
- Tragen Sie dem Werkstattmeister Ihre Reklamationen in einem sachlichen Ton vor. Lassen sich Unstimmigkeiten vor Ort nicht ausräumen, helfen Schiedsstellen der Kfz-Innung kostenlos weiter – vorausgesetzt, Ihre Werkstatt ist Innungsmit-glied. Adressen von Kfz-Schiedsstellen nennen Ihnen zum Beispiel die Zentrale für Verbraucherberatung, Ihr Automobilclub oder der ZDK e.V., Franz-Lohe-Str. 21, 53129 Bonn.

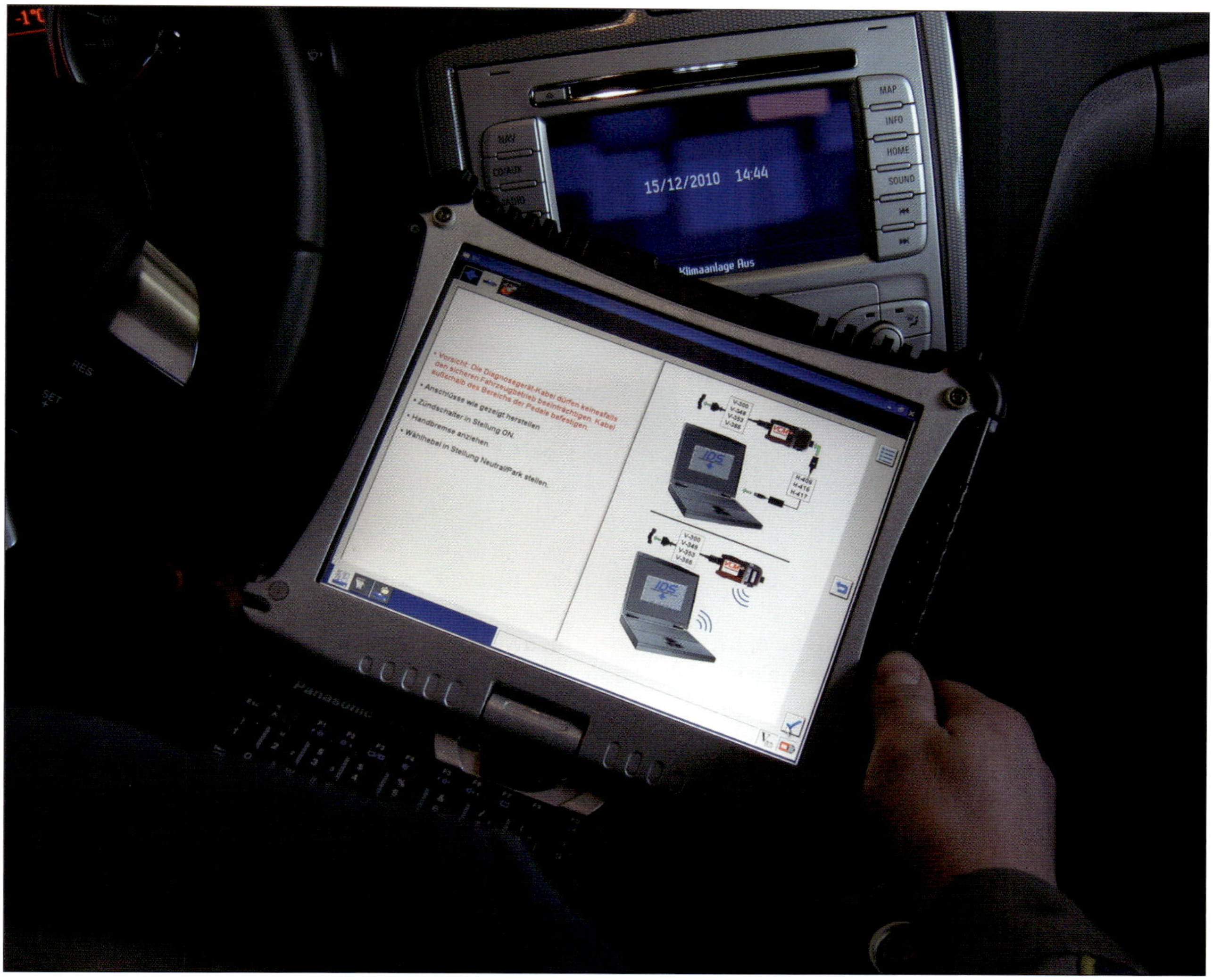

Übersetzt dem Profi Fehlercodes: Der Ford-Systemtester anlässlich der Fahrzeugannahme.

Investition in die Zukunft

Als do it Yourselfer wissen Sie's längst: Ohne das richtige Werkzeug sind Sie aufgeschmissen – und gutes Werkzeug ist zudem schon die halbe Miete. Darum zeigen wir Ihnen in diesem Kapitel, welches Werkzeug Sie haben sollten und wie der »Schrauberschatz« bequem in Ihre Garage passt.

Ob Sie nun häufig oder eher selten, ob aus purer Lust am Basteln oder einfach um Geld zu sparen an Ihrem Auto schrauben: Ohne die richtige Basis ist Ihr Einsatz von vornherein zum Scheitern verurteilt. Bevor Sie also die erste Schraube richtig drehen können, kommen schon Ausgaben auf Sie zu.

Was kostet mich meine Schrauberlust?

Pauschal gesagt: Zunächst einmal viel Geld. Bitte versuchen Sie bei der Ausstattung nicht wie ein Sparweltmeister zu knausern: Gute Arbeitsergebnisse sind auch von gutem Werkzeug abhängig – und dass gutes Werkzeug auch die Hände vor Verletzungen schützt, wird unter Profis längst nicht mehr in Frage gestellt.
Natürlich müssen Sie nicht gleich im ersten Kaufrausch den Gegenwert eines guten Gebrauchtwagens gegen Schraubenschlüssel und Arbeitsmöbel wechseln, so viel kostet nämlich die Ausrüstung unserer Heimwerkstatt. Wir haben unsere Bastelstube mit einem kompletten Werkzeugsatz in Profi-Qualität eingerichtet und die Ausstattung zudem mit praktischem Zusatz-Equipment ergänzt.

Lohnt sich der Aufwand für einen Heimwerker?

Eine Frage auf die es keine eindeutige Antwort gibt: Denn wie viel Euro Sie persönlich investieren, bestimmt natürlich Ihr Geldbeutel und Ihre Schrauberleidenschaft. Doch egal wie Sie entscheiden, einen Grundsatz sollten Sie beherzigen: Weniger ist mehr – mehr Qualität. Die hat bei Werkzeug immer noch ihren Preis. Über die Jahre rechnet sich gute Qualität. Lassen Sie darum vermeintliche Wühltischschnäppchen besser gleich links liegen.

Womit starten Sie?

Ohne ein Platz sparendes Ordnungssystem und eine stabile Werkbank sollten Sie sich und Ihrem Auto möglichst keine umfangreicheren Arbeiten zumuten: Ordnung und Sauberkeit sind beim Schrauben oberstes Gebot.
Hochwertige Ordnungssysteme, beispielsweise das in unserer Miniwerkstatt, kosten gut 4000 Euro – ohne Inhalt, versteht sich. Doch einzelne Werkzeuge ergänzen Sie über die Jahre ja ohnehin praxisbezogen. Lassen Sie sich künftig von Ihren Lieben zum Geburtstag oder zu Weihnachten doch mit Werkzeug beschenken.

GEFAHRENHINWEIS – Schraubergrundsatz – Safety First

Dass Essen, Trinken, offenes Licht, Feuer oder brennende Zigaretten am Arbeitsplatz nichts verloren haben, setzen wir natürlich als selbstverständlich voraus. Lagern Sie auch in Trinkflaschen keine undefinierbaren Flüssigkeiten. Selbst destilliertes Wasser ist kein verdauliches Lebensmittel.

Schrauben ist nicht ungefährlich: Die Verletzungsbandbreite reicht vom kleinen Kratzer bis hin zu veritablen oder gar tödlichen Verletzungen. Beachten Sie daher folgende Spielregeln:

- Rüsten Sie Ihren Arbeitsplatz mit einem Verbandkasten und Feuerlöscher aus – immer und überall.
- Arbeiten Sie niemals mutterseelenallein.
- Wenden Sie rund ums Auto keine Gewalt an, denken Sie lieber über elegantere Problemlösungen nach.
- Sichern Sie angehobene Lasten IMMER doppelt.
- Tragen Sie möglichst Schutzkleidung – besonders vor den Augen.
- Benutzen Sie hochwertiges Werkzeug.
- Belüften Sie geschlossene Räume immer möglichst großzügig.

Die Schränke füllen sich dann schneller als Sie denken. Zumal Sie Socken oder Unterwäsche eh schon genug haben...

Woran erkenne ich gutes Werkzeug?

Solides Werkzeug ist in der Regel nicht billig, über die Jahre wird es jedoch preisgünstig: Ein Ring-/Maulschlüssel kostet im Fachhandel je nach Größe zwischen fünf und 15 Euro. Für einen Zehner-Satz mit den gängigen Schlüsselweiten müssen Sie also mit rund 80 Euro rechnen. Noch gravierender sind die Qualitäts- und Preisunterschiede bei Steckschlüsselsätzen. Ein belastbarer Ratschenkasten mit Verlängerungen und Stecknüssen kostet an die 200 Euro.
Fernöstliche Wühltischware geht da wesentlich billiger über den Tresen, doch längst nicht alles was glänzt ist glänzende Qualität. Merke: Nicht nur der Glanz sondern auch das Gewicht ist ein Qualitätsindiz: Je schwerer das Werkzeug ist, umso stabiler ist es im

Umgang mit Schrauben & Co. »Wiegen« Sie zum Vergleich einfach mal ein paar Schlüssel in der Hand und achten dabei natürlich auch auf Maßhaltigkeit und die Oberfläche. Lassen Sie vermeintlich billige Leichtgewichte leichter durch Ihr Qualitätsraster fallen.

Was tun, wenn die Garage fehlt?

Der ideale Ort zum Schrauben ist natürlich eine Garage – je größer umso besser. Doch auch wenn Sie einen Stellplatz Ihr Eigen nennen oder gar im Freien arbeiten, müssen Sie Ihr Werkzeug nicht im Schuhkarton ordnen. In dem Fall heißt die Lösung Werkzeugwagen. Er pausiert bis zum nächsten Einsatz dann eben im Keller. Allzu schwer beladen sollte er freilich nicht sein.

Achten Sie beim Kauf eines Werkzeugwagens unbedingt auf stabile, kugelgelagerte Laufräder und rollengeführte Werkzeugladen. In diesem Punkt scheidet sich die Spreu vom Weizen. Für einen Wagen in Profi-Qualität kalkulieren Sie rund 1000 Euro ein.

Die Grundausstattung – das reicht für den Anfang

Der Werkzeugwagen: Was in einem guten Wagen alles Platz hat, verdeutlichen die umlaufenden Detailbilder. Die gezeigte Luxusversion ist abschließbar und hat ölfeste Gummiräder.

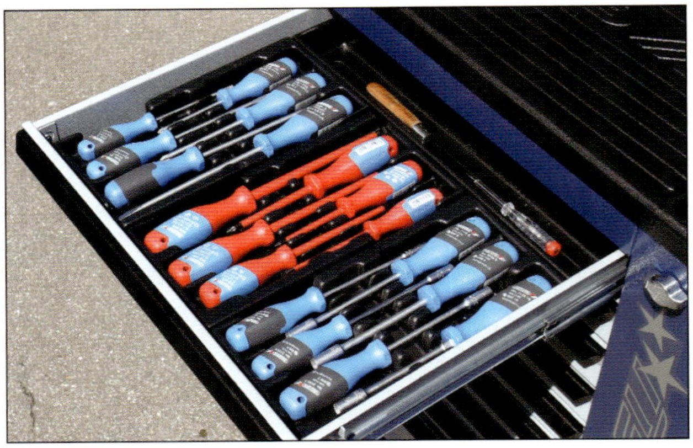

Schraubendreher: Entscheidend sind der Griff und die Qualität der Spitze. Je drei Größen von Schlitz- und Kreuzschlitzschraubendrehern genügen für den Anfang.

Ring-Maulschlüssel: Ein kompletter Satz dieser Kombinationsschlüssel von acht bis 22 Millimeter reicht in den meisten Fällen. Zusätzlich gibt es natürlich noch diverse Spezialschlüssel.

Steckschlüsselkasten: Auch Knarrenkasten genannt. Ein empfehlenswerter Kompromiss für das Grobe und Feine hat das Verbindungsmaß 3/8 Zoll. Sparen Sie auf keinen Fall an der Umschaltknarre!

Zangen: Wichtig sind eine verstellbare Wasserpumpen-, eine Flach- oder Spitz- sowie eine Kombizange und ein Seitenschneider.

T-Griffe: Werden meist im Karosseriebereich eingesetzt. Das übertragbare Drehmoment ist nicht sehr hoch, dafür sind auch tief sitzende Schrauben gut erreichbar.

Torx-Abteilung: Immer mehr Schraubverbindungen haben Torx- oder Vielzahnköpfe. In diesem Fach ist alles versammelt, was das Arbeiten mit Torxschrauben erleichtert.

Sonderfach: Selten benötigte Werkzeuge, etwa Bremsleitungsschlüssel, Messschieber oder verschiedene Spezialbits, sind in einem Sonderfach gut aufgehoben.

Gekröpfte Ringschlüssel: Diverse Schrauben sind am Auto häufig nur mit einem gekröpften Ringschlüssel erreichbar. Es gibt verschiedene Ausführungen von Ringschlüsseln, so auch für Spezialfälle.

Hammer, Säge, Drehmomentschlüssel: Schwere Werkzeuge positionieren Sie besser im untersten Schubfach. Der Wagen rollt dann besser und häufig ist dieses Fach auch größer als die anderen.

Nützliche Sonderwerkzeuge – damit macht Schrauben Spaß

Wenn Sie keine Platzprobleme haben, bringen Sie Ihr gesamtes Werkzeug doch in einer Werkbank-/Werkzeugschrank-Kombination unter. Lassen Sie jedoch noch etwas Platz übrig, denn außer gutem Werkzeug finden sich in einer zünftigen Schraubergarage immer auch einige nützliche Sonderwerkzeuge. Woran es jedoch meistens hapert: eine Hebebühne. Dafür müsste die Innenhöhe einer Standardgarage gut zwei Meter mehr ausmachen.

Sicherer Stand: Stabile Auffahrrampen sind für die meisten Arbeiten unter dem Auto völlig ausreichend. Zwar können Sie für spezielle Arbeiten die Räder nicht abnehmen, dafür steht das Auto aber sicher.

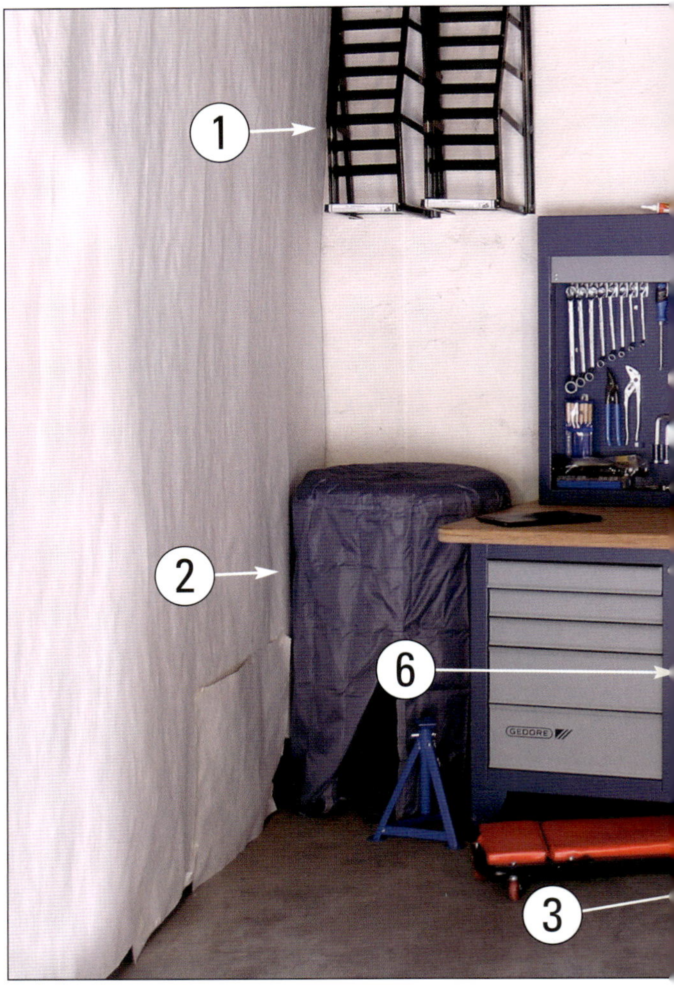

Des Schraubers Traum: Ein cleveres Werkstatt-System schafft auf begrenztem Raum ein wahres Schrauberparadies. Die gezeigte Ausrüstung passt in eine Normgarage. Wir haben dazu eigens fürs Foto eine entsprechend große

Beste Bedingungen: Ungenutzte Räder parken perfekt auf einem Reifenbaum. Zwischen den Rädern bleibt sogar etwas Luft – das Gewicht trägt die Felge. So gelagert, bleiben Räder über Monate perfekt in Form.

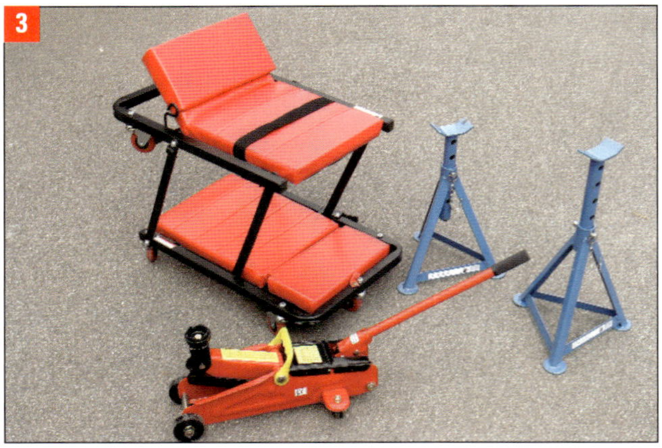

Helfer für den Autobauch: Unterstellböcke und ein hydraulischer Wagenheber sind für Arbeiten unter dem Auto ein Muss. Ein Rollbrett, das auf Verlangen zum Hocker mutiert, ist dagegen Luxus.

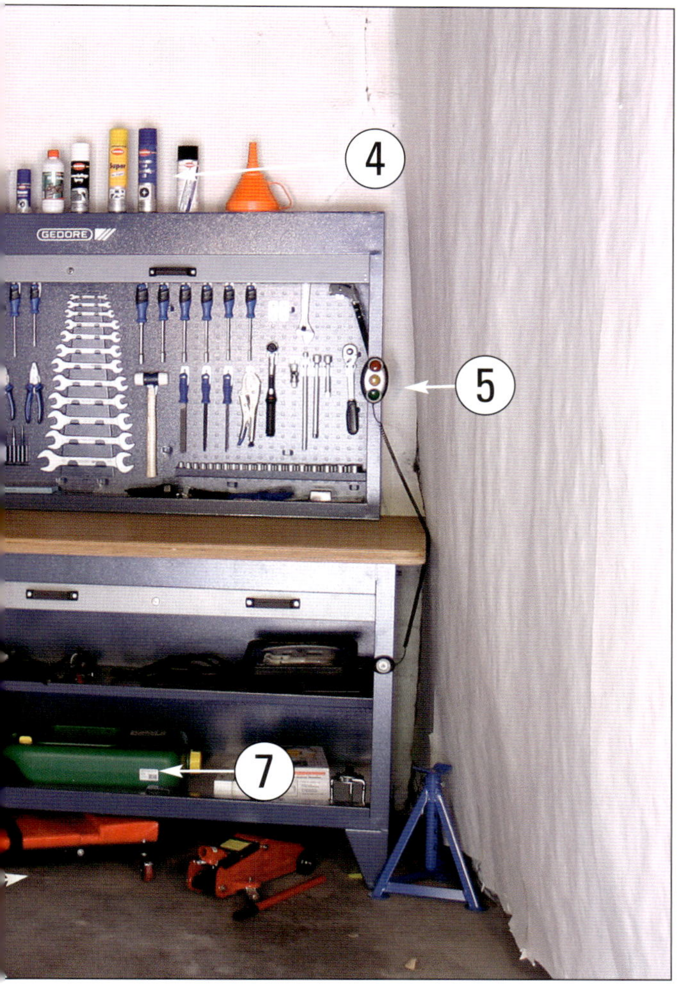

Grundfläche vorbereitet. (1) Auffahrrampen, (2) Reifenbaum, (3), Lift- und Sitzhilfen, (4) Reinigungs- und Pflegemittel-Sortiment, (5) Rangierhilfe, (6) Arbeitslichtquellen, (7) Ölwechselequipment.

Werkstattapotheke: Ganz ohne Chemie geht in der Werkstatt nichts von der Stelle. Unverzichtbar sind Teilereiniger, Sprühfett und Rostlöser. Häufig nachgefragt ist auch Kupferpaste.

Ampellösung: Damit unser »heilig's Blechle« nicht mit der kostbaren Werkbank oder mit dem Torpfeiler aneinander gerät, signalisiert ein Abstandswarner optisch oder akustisch die gebührende Distanz.

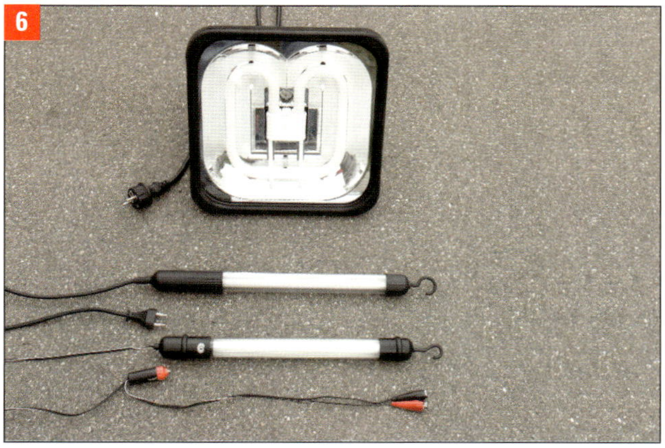

Es werde Licht: Gute Sicht und gutes Werkzeug sind schon mal die halbe Miete – hieran zu sparen, wäre unklug. Es sei denn, Ihr Arbeitsplatz hat pralles Sonnenlicht und als Werkzeug reichen die Hände.

Ölige Helfer: Für den sauberen Ölwechsel empfehlen wir eine ölfeste Wanne mitsamt Trichterset. Sie bevorzugen die Absaugmethode? Dann kommen Sie ohne Altölpumpe und diverse Adapter nicht wirklich weit…

Richtig schrauben

So manchem Schrauber haben unlösbare oder abgerissene Schrauben die gute Laune schon gründlich vermasselt. Damit Sie nicht zu den Frustrierten gehören, reden wir über die gebräuchlichsten Tipps und Kniffe der Profis.

Nach »bombenfest« kommt schnell »ganz los« – achten Sie aufs Drehmoment

Damit Schrauben und Muttern richtig fest sitzen, benötigen Sie ein bestimmtes Anziehdrehmoment. Die Betonung liegt auf »bestimmtes« Anziehdrehmoment. Bei zu leicht angezogenen Schrauben/Muttern ist Gefahr in Verzug, sie lockern sich ungewollt. Zu fest angezogene Schrauben übrigens auch: Entweder zerbröseln die Gewindeflanken unter dem Anzugsmoment oder die Schraube reißt gleich ab.
Die Erfahrung machen Sie selber besser nicht. Wir nennen Ihnen darum die gebräuchlichsten Anzugsmomente für normale Schraubverbindungen.

- Schraube/Mutter M6 - 6 bis 10 Nm
- Schraube/Mutter M8 - 15 bis 20 Nm
- Schraube/Mutter M10 - 30 bis 40 Nm
- Schraube/Mutter M12 - 55 bis 70 Nm
- Schraube/Mutter M14 - 85 bis 100 Nm
- Schraube/Mutter M16 - 120 bis 140 Nm

Profis zeichnen übrigens gerne Schrauben/Muttern, die mit Drehmoment angezogen sind, mit einer Farbmarkierung. Sollte sich dann wider Erwarten eine Schraubverbindung lockern, verraten das die zueinander verdrehten Farbmarkierungen.

Wichtig in Leichtmetallen – die Schraubenlänge muss stimmen

In Aluminium oder Messing gedrehte Stahlschrauben müssen mindestens mit der Länge des doppelten Schraubendurchmessers im Gewinde sitzen. Beispiel: Eine M6 Schraube soll demnach mindestens zwölf Millimeter tief ins Gewinde reichen. Auf der sicheren Seite sind Sie jedoch, wenn die zweieinhalbfache Länge im Gewinde sitzt.
Sie haben gerade mal keine passend lange Schraube zur Hand und sind versucht eine kürzere zu verschrauben? Vergessen Sie's sofort und kürzen mit der Metallsäge oder dem Winkelschleifer lieber eine längere Schraube passend ein. Nur dann sind Sie sicher, dass die Verbindung auch dauerhaft fest bleibt.
Gleich noch ein Tipp für den Umgang mit gebrauchten Schrauben: Checken Sie das Gewinde auf Beschädigungen. Sobald Sie fündig werden, gehört die Schraube in die Mülltonne. Nicht so, wenn aus einer alten Verbindung noch Schmutz oder Reste von Schraubenkleber den Gewindegängen anhaften. Reinigen Sie die alte Schraube einfach mit einer Messingdrahtbürste. Jawohl Messing, denn eine Stahldrahtbürste verletzt die Gewindeflanken.

Erhöhen die Pressung: Unterleg-, Well-, Zahnscheiben und Federringe

Eines vorweg: Eine Schraubverbindung ohne Unterlage ist Pfusch! Eine Schraubverbindung mit der falschen Unterlage gleichfalls!
Unterleg- oder Wellscheiben gehören zwischen Stahlmuttern und Aluminium, Federringe (Sprengringe) und Zahnscheiben passen dagegen zu Stahlverschraubungen.
Bei modernen Autos kommen zudem immer häufiger selbstsichernde Muttern (Stoppmuttern) zum Zuge. Diese Muttern sichert entweder ein am oberen Rand eingelegter Kunststoffring oder ein gesprengter Gewindegang. Sowohl der Kunststoffring als auch der behandelte Gewindegang stoppen die Mutter auf dem Schraubgewinde. Stoppmuttern unterliegen einem normalen Verschleiß. Verwenden Sie die Muttern maximal zweimal, danach sind sie eher ein Fall für die Schrottkiste.
Ab und an halten auch Stahlmuttern mit fein verzahntem Bund Schraubverbindungen beieinander. Diese Muttern sind eher selten anzutreffen, am ehesten jedoch dort, wo Schraubverbindungen ohne Unterlage zwischen Stahl und Aluminium zu realisieren sind.

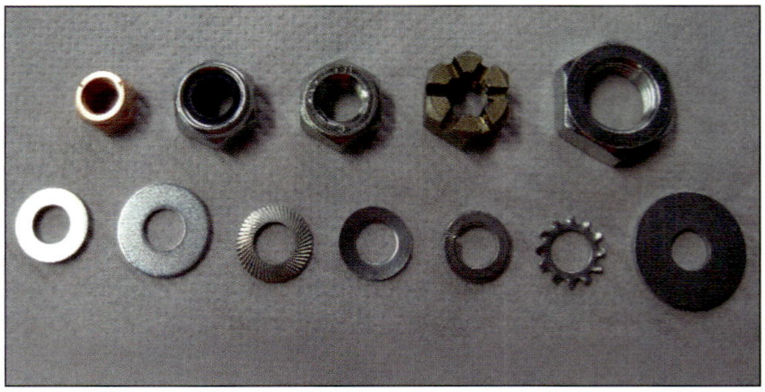

Kleine Auswahl: Für jede Befestigung gibt es spezielle Muttern und Unterlegscheiben.

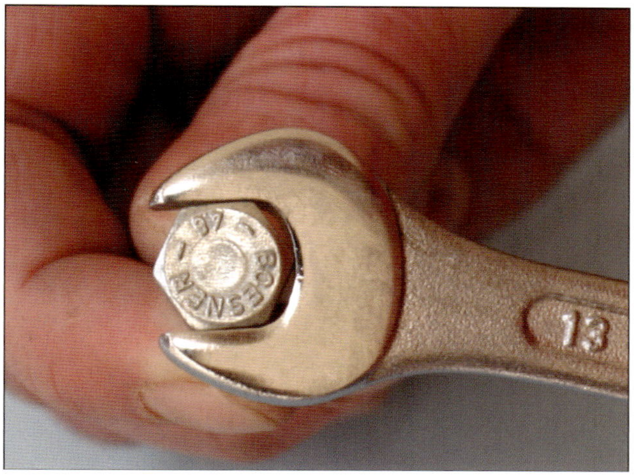

Das passt: Der richtige Schlüssel zur passenden Schraube/Mutter.

Das funktioniert nicht: Ein zu großer Schlüssel rutscht über den Schraubenkopf.

Kapitulieren meistens – verrostete Schraubverbindungen

Bevor Sie eine festgerostete Mutter bzw. Schraube lösen, befreien Sie deren überstehende Gewindegänge mit einer Messingdrahtbürste von ihren Rückständen. Andernfalls könnten die Ablagerungen die Mutter dermaßen auf dem Gewindestück verspannen, dass Ihnen der Gewindebolzen oder die Schraube kurzerhand abschert.

- Zunächst säubern Sie das überstehende Gewinde mit einer Messingbürste und sprühen es anschließend mit Rostlöser ein.
- Bei Schnellrostlösern drehen Sie die Mutter sofort los, …
- … andere Rostlöser (Öl, Petroleum, Diesel, »Cola«, etc.) lassen Sie erst einige Zeit einwirken.

Ein Fall für den Schrott: Verrostete oder beschädigte Schrauben sollten Sie niemals wieder verwenden.

Zeitaufwändig – beschädigte Muttern lösen

- Wenn Sie mit dem Gabelschlüssel eine Sechskantmutter rund gedreht haben oder die Anlageflächen bereits vom Rost zerfressen sind, sprengen Sie die Mutter entweder mit einem Mutternsprenger oder einem scharfen Meißel auf.
- Bei kleineren Muttern hilft in dem Fall ab und an noch eine stabile Gripzange. Sie greift mit etwas Glück den angefressenen Sechskant, sodass Sie die Verbindung lösen können.
- Hilft das nicht weiter, verfahren Sie wie mit widerspenstigen größeren Muttern.
- Gut zugängliche Muttern können Sie auch – entlang des Gewindes – mit einer Metallsäge aufsägen oder mit einem Winkelschleifer flexen.

Selten anzutreffen – Inbus- und Vielzahnschrauben

- Bevor Sie einen Schlüssel in Inbus- oder Vielzahnschrauben ansetzen, reinigen Sie gründlich den Schraubenkopf.
- Besonders hartnäckige Schraubverbindungen brechen Sie mit einem leichten Hammerschlag auf den Schraubenkopf meist schon los.
- Sollten Sie den Schraubenkopf nicht direkt mit dem Hammer treffen können, schaffen Sie eine schlagfeste Verlängerung.
- Im Gegensatz zu gebräuchlichen Winkelschlüsseln, bei denen setzt die Kraft immer schräg an, sind gerade Steckeinsätze meistens die bessere Wahl.

Sitzen ab und an bombenfest – Schlitz- und Kreuzschlitzschrauben

- Schon nach relativ kurzer Zeit können festsitzende Schlitz- oder Kreuzschlitzschrauben einen normalen Schraubendreher schlichtweg überfordern. Bei Kreuzschlitzschrauben kommt erschwerend hinzu, dass der Schraubendreher häufig keinen sicheren Halt im Schraubenkopf findet. Folge: Schon nach wenigen Versuchen ist die Schraube vermurkst.
- Versuchen Sie festgebackene Schrauben darum zunächst mit einem knackigen Hammerschlag auf den Schraubenkopf zu lösen. Oftmals brechen die Gewindegänge etwas los.
- Wenn Sie den Schraubenkopf nicht direkt mit dem Hammer erreichen, setzen Sie als Verlängerung einen passenden Schraubendreher mit stabilem Griff an und traktieren die Verbindung.
- Bleiben Sie erfolglos, versuchen Sie Ihr Glück mit einem Schlagschrauber und dem passenden Einsatz. Schlagschrauber setzen an der Schraube jeden Hammerschlag in eine Drehbewegung um.

Verursacht Probleme – festsitzender Stehbolzen

- Stehbolzen (Gewindestangen) bieten einem Schraubenschlüssel meist keine Anlagefläche. Sollten Sie keinen Stehbolzenausdreher haben, schaffen Sie auf dem Stehbolzen eine provisorische Schraubmöglichkeit.
- Schweißen Sie beispielsweise eine Mutter auf dem überstehenden Bolzengewinde fest oder kontern Sie zwei Muttern.
- Zum Lösen gekonterter Muttern setzen Sie den Schraubenschlüssel immer an der unteren Mutter an. Zum Festziehen nutzen Sie grundsätzlich die obere Mutter.

Exakt zentrieren – Bohrer auf abgescherten Schrauben

Ist die Schraube erst einmal abgeschert, bleiben nicht mehr viele Möglichkeiten. Eine davon ist das Ausbohren, doch die Gefahr das Gewinde zu beschädigen, ist groß. Lassen Sie sich also Zeit bei dieser Operation. Nur so retten Sie eventuell noch das Außengewinde.

- Geben Sie zunächst einen Körnerschlag exakt in die Mitte des abgescherten Schraubenstumpfs.
- Bohren Sie den Stumpf an: Bis Schraubengröße M8 schafft das ein so genannter Kernlochbohrer. Als Kernloch wird der Durchmesser einer Schraube ohne Gewindeflanken bezeichnet. Bis zur Schraubengröße M 6 gilt die Faustregel: Gewindedurchmesser multipliziert mit 0,8. Beispiel: Verschraubung M 6 x 0,8 = Kernlochdurchmesser 4,8. Bei Schrauben, die größer sind als M 8, sollten Sie mit einem dünneren Bohrer vorbohren.
- Entfernen Sie die in den Gewindegängen verbliebenen Metallreste anschließend mit einer Reißnadel oder einem Stabmagneten.
- Falls das nicht klappt, schneiden Sie das Gewinde vorsichtig nach. Der Gewindeschneider entfernt dabei die Reste des alten Bolzens.

Gewinde schneiden – mit Gewindebohrern leicht machbar

Leichtmetall hat eine geringere Festigkeit als Stahl. Demzufolge reißen Gewinde in Leichtmetall besonders leicht aus. Solange dann um das alte Gewinde herum noch genügend Materialsubstanz vorhanden ist, können Sie ein größeres Gewinde einschneiden.
Neue Gewinde schneiden Sie in drei Stufen. Die entsprechenden Gewindeschneider heißen daher Vorschneider (ein Ring am Schaft), Mittelschneider (zwei Ringe am Schaft) und Fertigschneider (ohne bzw. drei Ringe am Schaft).

- Drehen Sie die Gewindeschneider unter ständigem Ölen nacheinander in das vorgebohrte Kernloch ein und aus.
- Um die Schneider nicht abzureißen, nehmen Sie immer nur kleine Vorwärtsdrehungen (max. 1/8 des Umfangs) vor. Drehen Sie danach den Schneider immer so weit zurück, bis die Schneidspäne abbrechen und der Schneider nicht mehr klemmt.

Meist ein Fall für Profis – Gewindereparatur mit neuen Gewindeeinsätzen

Es gibt viele Gründe, warum ein Gewinde nicht mehr in der Lage ist, das vorgesehene Anzugsdrehmoment zu halten.
Grund 1: Häufiges Lösen und Anziehen führt zum Verschleiß der Gewindeflanken und, je nach Häufigkeit der Benutzung, zur Zerstörung.
Grund 2: Die zum Teil recht weichen Aluminiumgusslegierungen sind in dieser Beziehung besonders problematisch und anfällig.

Grund 3: Schrauben oder Muttern werden mit zu großen Anziehdrehmomenten angezogen.
Grund 4: Rost zwischen Schraube und Bauteilwerkstoff blockiert die Schraube. Der Versuch, die Schraube zu lösen, zerstört das Muttergewinde.

Zerstörte Gewinde können allerdings mit relativ geringem Aufwand zu durchaus vertretbaren Kosten zuverlässig instand gesetzt werden. Das defekte Innengewinde wird in dem Fall einfach ausgebohrt und ein aus gewickeltem Draht bestehender Gewindeeinsatz (zum Beispiel HeliCoil) danach eingedreht.
Entsprechende Gewindereparatursätze vertreibt der Fachhandel. Größen zwischen M2 bis M36 sind meistens vorrätig. Doch für Heimwerker lohnt sich die Anschaffung meistens nicht: Gewindereparatursets sind relativ teuer. Betrauen Sie damit besser eine Fachwerkstatt.

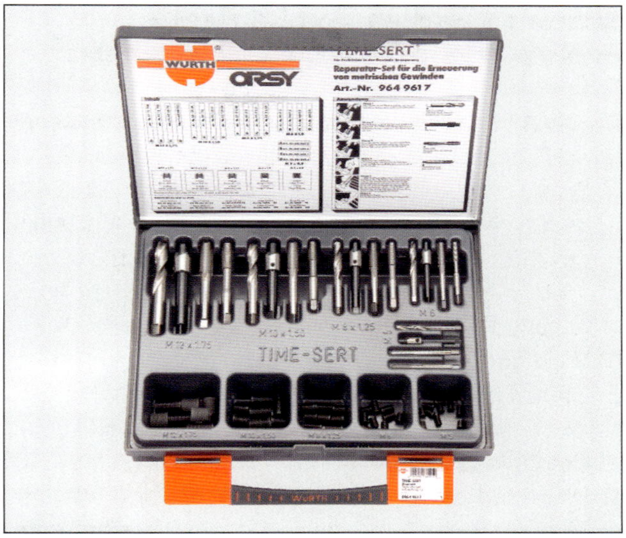

Voll belastbar: Mit hochwertigen Gewindereparatursets erzielen Sie hervorragende Ergebnisse.

Kompakt und trendy – der Focus III

Bereits die ersten beiden Focus-Auflagen brachten mit dem »New Edge Design« frischen Wind in die bis dato eher unauffällige »Golf-Klasse«. Die Linien der dritten Generation folgen nun dem Diktat des »Ford Kinetic Design«. Optisch schickt der Neue die Vorläufer zwar nicht ins Abseits, doch die neue Handschrift ist allenthalben sichtbar. Hinter und unter dem Kinetic-Designanzug sind modernste Fahrwerks- und Antriebstechnik, ein hohes Sicherheitspotential sowie gediegene Ausstattungspakete die charakteristischen Merkmale der neuen Focus-Derivate. Die dritte Generation hat damit allerbeste Chancen, die Erfolgsstory der Vorgänger fortzuschreiben. Unter den Motorhauben arbeiten moderne Vier- bzw. Fünfzylinder Ottomotoren mit 59 kW (80 PS) bis 224 kW (305 PS) im Focus RS. Das Leistungsband der Vierzylinder-Dieselfraktion beginnt bei 66 kW (90 PS), 100 kW (136 PS) liefert der leistungsfreudigste Dieselmotor mit zwei Liter Hubraum ab. Alle Dieselmotoren, insgesamt sind's vier, halten im Focus III ihre festen Abgasbestandteile per Dieselpartikelfilter (DPF) aus der Atmosphäre fern.

Anno 1998 sorgte der Ford Focus für frischen Wind in der bis dato eher konservativ auftretenden »Golf-Klasse«. Sein »New Edge Design« machte weiland den Unterschied zum automobilen Designeintopf seiner Mitbewerber. Auch die Facelifts des Escort-Nachfolgers mischte die Mitbewerber weiterhin optisch auf. So ist es nicht verwunderlich, dass bis zum Modellwechsel zur nächsten Generation 2008 mehr als fünf Millionen Focus-Derivate in Europa vom Band liefen. Der Focus war über die Jahre nicht nur an der Verkaufsfront sehr erfolgreich, er verjüngte zudem das eher hausbackene Ford-Image nachhaltig. Sein Vorgänger, der biedere Escort, war somit schnell vergessen.
Nicht nur in der alten Welt, sondern rund um den Äquator: Dem Focus wurden diesseits und jenseits des Atlantiks hohe Weihen zuteil. Hierzulande kürten ihn Motorjournalisten zum »Auto des Jahres«, in Nordamerika ehrte die Journaille den Ford als »Car of the Year«. Insgesamt heimste der Focus bis zur Wachablösung mehr als 80 öffentliche Preise und Ehrungen ein. Demzufolge reicht seine Popularität bis in den fernen Osten. Für den pazifischen Raum wird er quasi vor der Haustür, so zum Beispiel auch in China, produziert.
Der Serienanlauf der dritten Auflage geriet nicht mehr ganz so spektakulär wie der des Urahn 1998. Laut Gunnar Herrmann, Entwicklungschef der Focus-Baureihe, hat sein Team »auf unnötige Modifikationen verzichtet und sich stattdessen auf die Bereiche konzentriert, die lohnendes Potenzial zur Weiternetwicklung erkennen ließen.«
So zum Beispiel bei der Karosserie. Der Focus III folgt nicht mehr der Design-Philosophie seiner Vorgänger: »New Edge Design« – mit der dritten Generation aufs Altenteil verbannt, der Neue steht ganz im Zeichen des »Ford Kinetic Design«. Wer dahinter etwa eine optische Revolution vermuten würde, irrt gewaltig. Kinetic Design im Ford-Verständnis führt modernisiertes Interieur, attraktive Ausstattungen und den Einsatz fortschrittlicher Technologien zueinander. Das Ganze zudem gepaart mit vorbildlicher Fahrdynamik und zeitgemäßer Umweltverträglichkeit.
Seit Serienanlauf ist der Focus III als Drei- und Fünftürer sowie als Kombi unter der Modellbezeichnung Turnier lieferbar. Im Frühjahr 2009 folgten die viertürige Stufenhecklimousine, das Ford Focus Coupé-Cabriolet sowie das ursprüngliche Flaggschiff der Baureihe, der Ford Focus ST. Der sportlich-dynamische »RS-Ableger« debütierte dann im nächsten Jahr.

Ford Focus-Turnier: Die Kombivariante macht fast 50 Prozent der Neuzuassungen aus.

Formt den Body – das »Ford Kinetic Design« im Focus III

Design und Formensprache hin oder her: Eine Linie bleibt eine Linie – egal ob geschwungen oder gerade. Doch die Formensprache des Focus III interpretiert die Erkenntnis eigenwilliger. Den Focus-Linienrichtern fiel mehr als ein geschicktes Facelifting an dominierenden Anbauteilen wie Stoßfänger oder Kühlergrill ein. Ihr Vorsatz, den neuen Focus stringent im Sinne des »Ford Kinetic Design« zu zeichnen, wird am gesamten Auto sichtbar. Das Ergebnis führt zu einer nahezu komplett neuen Karosserie und einem rundum aufgewerteten Innenraum inklusive hochwertiger anmutenden Materialien und objektiv verbessertem Komfort.
Im Innenraum wird das besonders an der neuen Mittelkonsole im Focus Ghia und Titanium sowie im sportlichen ST und RS deutlich. Ihre Besonderheiten: eine um 80 Millimeter verschiebbare Mittelarmauflage, ein zusätzliches Ablagefach mit vier Liter Volumen, zwei Dosen- sowie Münz- und Kartenhalterungen. Den Fondpassagieren offeriert das praktische Ausstattungsdetail ein zusätzliches Staufach. Zudem nimmt die Konsole wahlweise noch einen Spannungswandler sowie eine 230-Volt-Steckdose auf. Daran docken während der Fahrt beispielsweise konventionelle Laptops, Drucker oder gängige Unterhaltungselektronik an. Vorausgesetzt, ihr Stromverbrauch liegt nicht über 150 Watt.

Steigern den Komfort – Kommunikationstechnologien im Focus III

Zu den erwähnenswerten Merkmalen des Focus III zählen zahlreiche Technik-Ausstattungen, die den Fahrkomfort und die Bediensicherheit nachhaltig verbessern. Es sind allesamt Entwicklungen, die auch die größeren Schwestermodelle Mondeo, S-MAX und Galaxy aufwerten. Hierzu zählt zum Beispiel das bis zum Fiesta gängige Ford EasyFuel-Tanksystem. Es verhindert Fehlbetankungen an der falschen Zapfsäule. In Kombination mit der bereits erwähnten Mittelkonsole startet der Focus optional per Ford Power-Startfunktion auch ohne Zündschlüssel.
Weitere Innovationen umfassen Anschlussmöglichkeiten für elektronische Entertainmentsysteme, wie etwa tragbare MP3-Player, die wahlweise per 3,5-Millimeter-Klinkenstecker oder über den USB-Port des »Sound & Connect-Pakets« mit der bordeigenen Audio-Anlage kontakten. Speziell die Besitzer eines Apple iPods der jüngerer Generation profitieren davon, der »Pod« lässt sich auf diese Weise komplett über das Bord-Audiosystem steuern. Darüber hinaus ist auch eine Bluetooth®-Schnittstelle, zum Beispiel für Mobiltelefone, mit moderner Sprachsteuerung enthalten. Nicht zu vergessen der optionale Radiotuner mit Digital Audio Broadcasting-Technologie (DAB). DAB wird ausschließlich in Kombination mit einer Sony Audio-Anlage angeboten. Gleichfalls ab Werk erhältlich: ein Navigationssystem mit 5-Zoll-Farbmonitor. Der Routenfinder bietet über einen SD-Karten-Eingang schnellen Zugriff auf externe Navigationsdaten.

Fünf Sterne im NCAP-Crashtest – top Ergebnis für den Focus III

Zu den Selbstverständlichkeiten der ersten Focus Generation zählte bereits das vorbildliche Insassenschutzsystem. Die Zweitauflage führt die Tradition selbstverständlich weiter fort. Zum »Intelligent Protection System« (IPS) zählen beispielsweise fortschrittliche Rückhaltevorrichtungen und die Ausstattung mit sechs Airbags. In Verbindung mit der robusten Fahrgastzelle, mitsamt ihrem praxisgerechten Deformationsverhalten, erreicht der Focus damit im Ergebnis des relevanten Euro NCAP-Crashtest das Maximalergebnis: Fünf Sterne.
In puncto aktiver Sicherheit stand bereits der Vorgänger mit umfangreicher Serienausstattung – so etwa mit ABS und Sicherheits-Bremsassistent (EBA) oder mit dem elektronischen Sicherheits- und Stabilitätsprogramm ESP inklusive Antriebsschlupf-Regelung (ASR) – in vorderster Reihe. Der Focus III distanziert seinen Ahnen dahingehend noch mit einer automatischen Warnblinklichtaktivierung anlässlich starker Bremsvorgänge.
Parallel dazu wuchs auch das Angebot an optionalen Sicherheits-Ausstattungen. Waren bislang schon Extras wie eine beheizbare Frontscheibe, adaptiv mitlenkende Hauptscheinwerfer mit Kurvenlicht oder Bi-Xenon-Scheinwerfer verfügbar, kommen nun aufwändig konstruierte LED-Rücklichter hinzu. Gleichfalls neu als aufpreispflichtige Wunschausstattung: das Reifendruckkontrollsystem DDS (Deflation Detection System).

Weiter verbessert – die fahrdynamischen Eigenschaften des Focus III

Mit ausgesprochen guten fahrdynamischen Eigenschaften überzeugte dereinst die erste Focus-Auflage gleichermaßen die Fachwelt wie die Käufer. Demzufol-

ge trat der Neue ein verpflichtendes Erbe an. Darüber hinaus muss er zudem den Entwicklungsfortschritt heutiger Aktivprogramme überzeugend dokumentieren. So profitiert das Modell II von zahlreichen Detailmodifikationen, die insbesondere das Handling sowie die Laufkultur und das Geräuschverhalten der Dieselvarianten verbessern.
Außerdem bieten die manuellen Getriebe einen deutlich verbesserten Schaltkomfort. Die Bedienungskräfte im Focus III liegen um rund 14 Prozent unter denen des Vorgängers. Das kommt nicht nur dem Bedienungskomfort zu Gute, sondern senkt auch den Kraftstoffverbrauch sowie die CO_2-Emissionen. Wie das? Ein neu entwickeltes Getriebeöl mit modifizierter Viskositätskurve ist das verantwortliche Multitalent. Das Öl hält übrigens ein Autoleben lang.
Als erster europäischer Ford schaltet der Focus III optional zudem mit dem neu entwickelten Ford PowerShift-Direktschaltgetriebe. Das Getriebe verquickt die Komforteigenschaften einer Automatik mit der Dynamik und Effizienz eines 6-Gang-Schaltgetriebes. Im Focus geht PowerShift eine Wunschverbindung mit dem 2-Liter-Duratorq-TDCi mit 81 kW (110 PS) bzw. 100 kW (136 PS) ein.
Ähnlich wie das neue Getriebeöl minimiert auch das Powershift-Getriebe die CO_2-Emissionen der beiden Selbstzünder. Den Spitzenrang in Sachen CO_2 belegt innerhalb der Focus-Clique allerdings der Focus ECOnetic: Sein 1,6-Liter TDCi-Motor produziert mit 80 kW (109 PS) lediglich 115 Gramm Kohlendioxid pro Kilometer.

Wie an der Schnur gezogen: Der Focus ST ist ein aktives Fahrerauto. Er folgt den angetriebenen Vorderrädern – bis in den Grenzbereich – mit hohen Sicherheitsreserven.

Auf einen Blick – die Focus-Modellübersicht

Der Ford Focus III steht in sieben unterschiedlichen Ausstattungslinien zur Wahl. Die Funktion des attraktiven Einstiegsmodells für preissensible Kunden übernimmt die Concept-Version, auf der das Editionsmodell Ford Focus Style+ aufbaut. Style+-Modelle lassen sich mit diversen Ausstattungsfeatures beliebig individualisieren.
Am oberen Ende der Baureihe stehen der klassisch-luxuriöse Ghia, der sportlich-luxuriöse Titanium und der sportliche Focus ST. Käufer, denen »sportlich« allein nicht knackig genug ist, greifen zum RS, dem traditionellen Powerpaket innerhalb der Ford-Hierarchie. Die Ghia- und Titanium-Varianten sind mit optionalen »X«-Paketen weiter aufzuwerten.
Eine Sonderstellung innerhalb der Focus Clique fällt dem »ECOnetic« zu. Der ECOnetic emittiert vom Treibhausgas CO_2 115 g/km – damit markiert er derzeit den Bestwert für konventionell angetriebene Autos seiner Klasse. Sein Antrieb basiert auf dem ohnehin verbrauchsgünstigen 1,6-Liter-Duratorq-TDCi-Dieselmotor mit 80 kW (109 PS) und serienmäßigem Dieselpartikelfilter (DPF).
Die Modellvielfalt erfüllt somit vollauf die unterschiedlichsten Aufgabenstellungen: Focus-Schräghecklimousinen rollen alternativ als Drei- und Fünftürer, die Stufenheckvarianten ausschließlich als Fünftürer von den Produktionsbändern. Der Turnier kommt gleichfalls nur fünftürig auf die Straße. Hier die Modellübersicht:

- Focus Concept – die preisorientierte Variante
- Focus Style+ – die variable Variante
- Focus ECOnetic – die umweltorientierte Variante
- Focus Ghia – die luxuriöse Variante
- Focus -Titanium – die sportlich, luxuriöse Variante
- Focus ST – die sportliche Variante
- Focus RS – die Hochleistungs-Variante

So können Sie kombinieren – Motoren und Getriebe*

Motoren	1,4 l Duratec (59 kW/ 80 PS)	1,6 l Duratec (74 kW/ 100 PS)	1,6 l Ti-VCT Duratec (85 kW/ 115 PS)	1,8 l Duratec (92 kW/ 125 PS)	2,0 l Duratec (107 kW / 145 PS)	2,5 l Duratec-ST (166 kW / 225 PS)	1,6 l Duratorq-TDCi (66 kW/ 90 PS)	1,6 l Duratorq-TDCi (80 kW/ 109 PS)	2,0 l Duratorq-TDCi *** (81kW/ 110 PS)	2,0 l Duratorq-TDCi (100 kW / 136 PS)
Limousine 3-türig	•	•[1]	•	•[3]	•[2,3,5]	•	•	•	•[4]	•[4]
Limousine 5-türig	•	•[1]	•	•[3]	•[2,3,5]	•	•	•	•[4]	•[4]
Limousine 4-türig	•	•[1]	•	-	•[1]	-	•	•	•[4]	•[4]
Turnier	•	•[1]	•	•[3]	•[1]	-	•	•	•[4]	•[4]

*Stand Dezember 2009; 1 Automatikversion;2 PowerShift Automatik Getriebe; 3 auch als »Flexifuel«-Version erhältlich, die mit Bio-Ethanol/Superbenzin-Gemischen mit bis zu 85prozentigem Bio-Ethanol-Anteil betrieben werden können (Bio-Ethanol E85); 4 auch mit Powershift-Getriebe erhältlich; 5 auch als Erdgasversion erhältlich.

Wunschprogramm – die Sonderausstattungen

Obwohl der Focus bereits ab Werk gut ausgestattet von den Montagebändern rollt, greift Ford bei den möglichen Sonderausstattungen relativ umfangreich in die Teilekiste: Insgesamt 15 Individualpakete sind machbar. Ein Eldorado also für Ausstattungsfetischisten. Aus Platzgründen ersparen wir uns an dieser Stelle detailliert darauf einzugehen. Zumal die Plusoptionen innerhalb der aktuellen Preisliste durchaus unterschiedlich kombinierbar und somit objektiv nicht unbedingt vergleichbar sind.

Natürlich haben alle Focus-Goodies ihren Preis. Doch vor dem Hintergrund Preis/Leistung/Qualität werden auch voreingenommene Zusatzausstattungsgegner Ford eine durchaus faire Kalkulation attestieren: Die theoretischen Verlockungen, aus Großserienware ab Werk ein individuelles Auto auf die Räder zu stellen, waren selten verführerischer. Da finden selbst ambitionierte Selbstschrauber nur wenig Freiraum, den eigenen Werkzeugkasten sinnvoll in Szene zu setzen.

Daher an dieser Stelle unser Rat: Studieren Sie kritisch die Werksangebote und verwechseln Sie die Offerten möglichst nicht mit den erstbesten Wühltischschnäppchen. In dem Fall endet in den meisten Fällen der Preisvergleich zum Vorteil der Werksofferte oder, auch das ist prüfenswert, zugunsten eines Sonderangebots des Vertragshändlers. Unsere Internet-Recherchen waren da ganz eindeutig: So zum Beispiel bei kompletter Winterbereifung, bei Anhängerkupplungen, Kindersitzen oder Dachtransportsystemen mit unterschiedlichen Aufsätzen. In all den Beispielen machten uns Händler vor Ort das bessere Angebot und zwar inklusive Montage.

In aller Kürze – die Focus-Motoren

Mit Hubräumen zwischen 1,4 und 2,0 Liter blieb die Familie der vierzylindrigen Duratec-Benziner – allesamt ab Werk ausgerüstet mit 5-Gang-Schaltgetrieben – praktisch unverändert. Der 74 kW (100 PS) starke 1,6-Liter-Motor sowie der 2-Liter mit 107 kW (145 PS) sind auf Wunsch auch mit Automatikgetriebe lieferbar.

Die Messlatte der Ottomotoren bildet weiterhin der

aufgeladene Duratec-Fünfzylinder des Topmodells Focus ST. Er mobilisiert aus 2,5 Liter Hubraum 166 kW (225 PS) bei 6000 min^{-1}. Mit einem maximalen Drehmoment von 320 Newtonmeter, das zwischen 1600 und 4000 min^{-1} durchgehend abrufbar ist, überzeugt der Focus ST gleichermaßen mit temperamentvollen Fahrleistungen wie mit einer sportlichen Geräuschkulisse. Da letztlich der Klang die Musik macht, stimmten die Focus-Ingenieure die Motorfrequenzen im Innenraum mit einem »Symposer« ab.

Familienenprimus hinsichtlich CO_2-Emissionen: der Focus ECOnetic. Er basiert auf dem Serienmodell mit 80 kW (109 PS) 1,6-Liter-Duratorq-TDCi-Dieselmotor und serienmäßigem Dieselpartikelfilter (DPF). Intelligent verquickte Einzelschritte im modifizierten Antriebsstrang inklusive konsequent gesetzter Kraftstoffsparmöglichkeiten summieren den Verbrauchsvorteil des ECOnetic: So erhält der Saubermann ein an der Vorderachse um zehn und hinten um acht Millimeter tiefer gelegtes Fahrwerk. Ein spezielles Karosseriekit mit neu gestalteter Frontschürze, Seitenschwellern und Heckspoiler erfüllt den gleichen Zweck. Zugleich sind die äußeren Lufteinlässe des unteren Kühlergrills mit passgenauen Einsätzen geschlossen. In der Summe reduzieren die aerodynamischen Maßnamen den Luftwiderstandsbeiwert erheblich. Der Focus kommt mit 195/65 R 15 Serienreifen auf cW 0,31 – ein gutes Ergebnis unter seinesgleichen.

Einen weiteren deutlichen Fortschritt bringt der Einsatz eines neu gemixten Getriebeöls mit niedrigerer Viskosität. Ursprünglich sollte es nur dem Focus ECOnetic vorbehalten bleiben. Die Vorteile des neuen Schmierstoffs sind freilich so eklatant, dass Ford den Leichtlaufsaft spontan auch anderen Modellen des C- und CD-Segments spendiert.

Zudem aktivierten die Feinkalibrierung des Motormanagements sowie die Optimierung der elektro-hydraulischen Servolenkung (EHPAS) weitere Sparpotenziale. Der ECOnetic emittiert nunmehr 115 g/km CO_2 – ein Bestwert für konventionell angetriebene Autos dieser Klasse.

Mit relativ weißer Weste: Der Focus ECOnetic emittiert 115 Gramm/km CO_2.

Sparsamer, abgasärmer, durchzugsstärker: Auf die TDCi-Duratorq-Motoren des Focus III treffen all die Attribute rundum zu. Charakteristisches Merkmal der modifizierten Selbstzünder ist die jüngste Generation der Common-Rail-Direkteinspritzung. Das System vereint mit effizienter gestalteten Verbrennungsprozessen nunmehr noch günstigere Verbräuche mit weiter gesteigerten Durchzugskräften. Die in allen Duratorq-Motoren installierte »Overboost-Regelung« steigert – zeitlich begrenzt – das maximale Drehmoment der Vierzylinder um nochmals 20 Newtonmeter.

Detailgetreu modernisiert und Verbrauchsoptimiert: Alle Leichtmetall Duratec-16-Ventiler der Focus III Generation.

1,4 Liter 16 V Duratec – 1388 cm³ Hubraum, 59 kW (80PS) Leistung

Das kleinste Focus-Triebwerk debütierte bereits im Fiesta '96. Zugunsten eines stabileren Drehmomentverlaufs im unteren und mittleren Drehzahlbereich bekam der nunmehr 11: 1 verdichtende Leichtmetall-Vierzylinder einen modifizierten Ansaugtrakt, überarbeitete Ventilsteuerzeiten mitsamt einem angepassten Motormanagement. Die daraus folgende Leistungsdiät von ursprünglich 66 kW (90 PS) auf 59 kW (80 PS) bei 5700 min^{-1} brachte dem Motor einen Drehmomentzuwachs von rund 25 Prozent – 124 Nm bei 3500 min^{-1}. Fazit: Besseres Ansprechverhalten und gesteigerte Elastizität über das gesamte Drehzahlfenster.

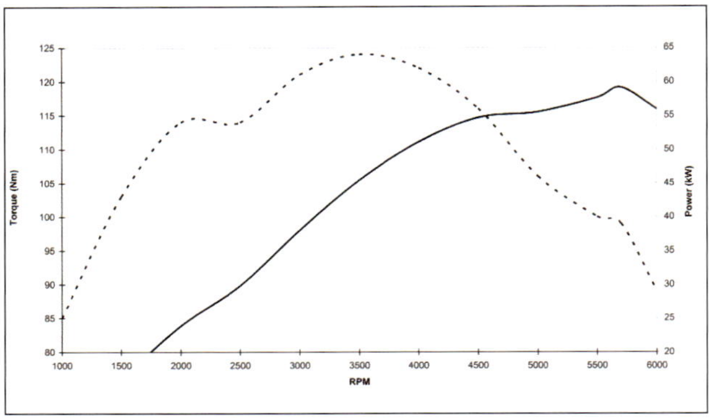

Ausgewogen: Der Drehmomentverlauf (124 Nm bei 3500 min^{-1}) des 1,4-Liter-Sechzehnventilers mit 59 kW (80 PS) bei 5700 min^{-1}.

1,6 Liter 16 V Duratec – 1596 cm³ Hubraum, 74 kW (100 PS) Leistung

Die ursprüngliche Version des 1,6-Liter-Duratec arbeitete bereits im Vorgänger des aktuellen Focus. Das Leichtmetall-Aggregat zeichnet ein ausgeprägtes Drehvermögen aus. Sein Hubraumzuwachs gegenüber dem 1, 4-Liter-Duratec resultiert unter anderem aus einem größeren Hub/Bohrungsverhältnis. Die Höchstleistung des Duratec 1,6-Liter (74 kW, 100 PS) fällt bei 6000 min^{-1} an, das maximale Drehmoment (150 Nm) bereits bei 4000 min^{-1}.

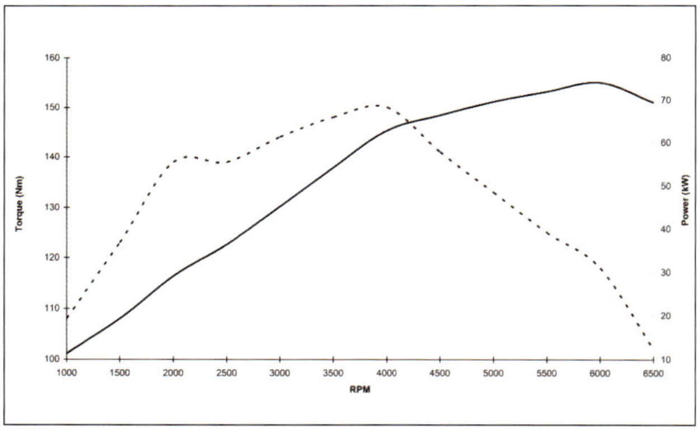

Stabil: Der Drehmomentverlauf (150 Nm bei 4000 min^{-1}) des 1,6-Liter-Sechzehnventilers mit 74 kW (100 PS) bei 5700 min^{-1}.

1,6 Liter 16 V Duratec Ti-VCT – 1595 cm³ Hubraum, 85 kW (115 PS)

Der leistungsstärkere Duratec 1,6-Liter-Ti-VCT (Twin independent Variable Cam Timing) setzt auf eine unabhängig arbeitende, doppelte, variable Nockenwellensteuerung. Vorteil: Mit zwei verstellbaren Nockenwellen lässt sich, über ein großes Drehzahlfenster, der Ladungswechsel innerhalb der Zylinder in einem großen Drehzahlfenster positiv beeinflussen. Sein Leistungshoch erreicht der 1, 6-Liter-Ti-VCT mit 85 kW (115 PS) bei 6000 min^{-1}, das maximale Drehmoment beträgt 155 Nm bei 4150 min^{-1}.

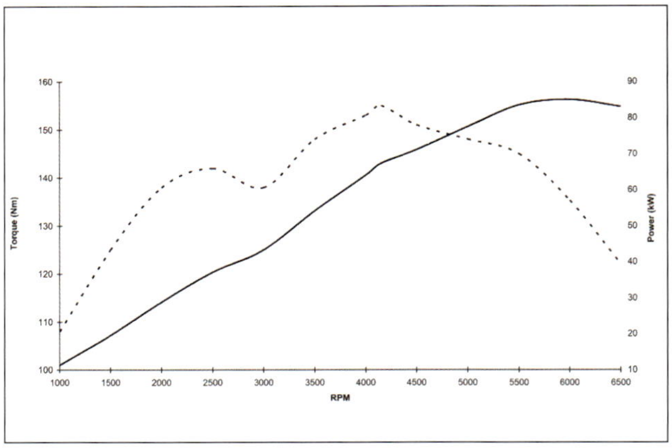

Standfest: Der Drehmomentverlauf (155 Nm bei 4150 min^{-1}) des 1, 6-Liter-Sechzehnventilers mit 85 KW (115 PS) bei 6000 min^{-1} und variablen Steuerzeiten.

Hightech unter dem Ventildeckel: Der 1, 6-Liter-Duratec Ti-VCT mit 85 kW (115 PS) bei 6000 min^{-1} variiert seine Steuerzeiten mit hydraulisch, elektronisch gesteuerten Aktuatoren oberhalb der Nockenwellen. Die Kennfeldsteuerung arbeitet unabhängig von der Fahrpedalstellung und der Motordrehzahl.

1,8 Liter 16 V Duratec – 1798 cm³ Hubraum, 92 kW (125 PS)

Der ursprünglich aus dem Mondeo stammende Duratec 1,8-Liter bringt sein Leistungshoch von 92 kW (125 PS) bei 6000 min^{-1} an die Schwungscheibe. 2000 min^{-1} früher steht bereits das höchste Drehmoment mit 165

Nm an. Dank Schaltsaugrohr, fein abgestimmter Ansaugwege und guter Abgasführung verläuft die Drehmomentkurve äußerst stabil: Rund 80 Prozent des maximalen Drehmoments von 165 Nm bei 4000 min^{-1} mobilisiert der Motor über den gesamten Drehzahlbereich.

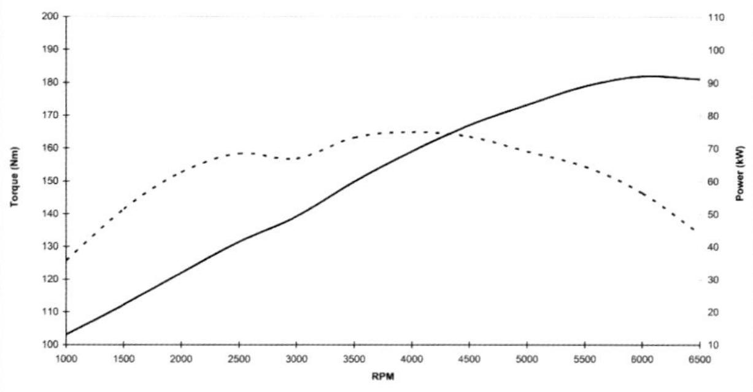

Kräftig: Der Drehmomentverlauf (165 Nm bei 4000 min^{-1}) des 1,8-Liter-Sechzehnventilers mit 92 kW (125 PS) bei 6000 min^{-1}.

2,0 Liter 16 V Duratec – 1999 cm³ Hubraum, 107 kW (145 PS)

Auch der 2-Liter 16V Duratec erlebte dereinst, wie der 1,8-Liter 16 V Duratec, seine Feuertaufe im Mondeo. Die technische Zielvorgabe an seinen Arbeitsplatz im Focus III war nun weniger die absolute Höchstleistung, als ein ausgewogenes Verhältnis zwischen Leistung, Drehvermögen und gutem Schwingungsverhalten über das gesamte Drehzahlband. Bei 6000 min^{-1} lässt die 2-Liter-Version 107 kW (145 PS) von der Leine. Gut 80 Prozent des maximalen Drehmoments (185 Nm bei 4500 min^{-1}) verteilt der Zweiliter auf das gesamte Drehzahlband.

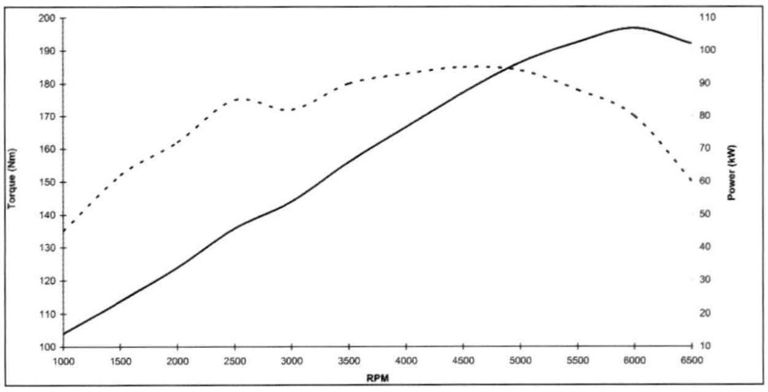

Doppelspitze: Die Leistungskurve (175 Nm bei 2500 min^{-1}, 185 Nm bei 4500 min^{-1}) des 2-Liter-Sechzehnventilers mit 107 kW (145 PS) bei 6000 min^{-1}.

2,5 Liter 20 V Duratec ST – 2522 cm³ Hubraum, 166 kW (225 PS) Leistung

»20 V« – Technikfreaks erkennen schon anhand der nüchternen Zahlen-/Buchstabenkombination die Sonderstellung des »ST« innerhalb der Focusclique: Der 2,5-Liter 20 V Duratec ST hat einen Zylinder mehr im Gepäck als seine 16 V-Kollegen. 166 kW (225 PS) haben leichtes Spiel mit dem Focus, zumal Ford-Techniker dem Motor ein ausgesprochen kultiviertes Leistungsband anerzogen. Das höchste Drehmoment von 320 Nm gibt der Duratec ST bereits ab 1600 min^{-1} ans Sechsganggetriebe ab. Bis 4000 min^{-1} bleibt der Wert stabil, Focus ST-Chauffeure schöpfen also über 2400 min^{-1} souverän aus dem Vollen. Sollten sie dennoch die Gänge ausdrehen wollen, geht's bis 6000 min^{-1} lebendig weiter – der Focus ST ist also gleichermaßen komfortabler Gleiter und engagierter Sprinter.

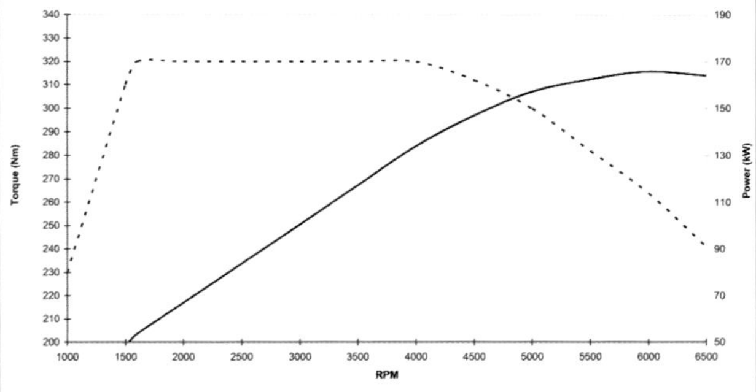

Leistungsplateau: Der weit gespreizte Drehmomentbuckel (320 Nm bei 1600 – 4000 min^{-1}) des 2,5-Liter-Zwanzigventilers mit 166 kW (225 PS) bei 6000 min^{-1} steht für souveränen Leistungskomfort.

1,6-/2,0 Liter Duratorq-TDCi – 1560/1997 cm³ Hubraum, 66/80/81/100 kW (90/109/110/136 PS) Leistung

Ab Modelljahr 2005 befeuern den Focus, nach dem Common-Rail-Prinzip, Dieseldirekteinspritzer mit unterschiedlichen Hubräumen. In der dritten Auflage sind's nun vier Motoren – zwei 1.6-Liter-Vierzylinder mit jeweils 66/80 kW (90/109 PS) und zwei 2-Liter-Aggregate mit 81/100 kW (100/136 PS). Das Selbstzünderquartett ist dieseltechnisch rundum auf der Höhe der Zeit. Mit Ladeluftkühlung, Abgasturbolader, Oxidationskatalysator, Abgasrückführung und Partikelfilter bestückt, erfüllen beide Einssechser Euro5. Die Zweiliter erreichen Euro4. Schon der schwächste 1, 6-Liter steht mit 66 kW (90 PS) bei 4000 min^{-1} gut im Futter, er entlässt ein maximales Drehmoment (215 Nm) bereits bei zivilen 1750 min^{-1} aus dem Kurbeltrieb. Der zweite Einssechser Duratorq leistet 80 kW (109 PS) bei 4000 min^{-1}, er mobilisiert ein Drehmoment von 240 Nm bei 1750 min^{-1}. 81 kW (110 PS) bei 4000 min^{-1} zündet die erste Zweiliter-Leistungsstufe im Focus, sie setzt ein Drehmoment von maximal 265 Nm bei 2000 min^{-1} frei. Bei gleicher Drehzahl schickt der stärkste Focus 2-Liter-Diesel 320 Newtonmeter ins 6-Gang-Schaltgetriebe – mit Overboost sind kurzfristig 340 Nm möglich. Die Leistung des stärksten Duratorq beträgt 100 kW (136 PS) bei 4000 min^{-1}.

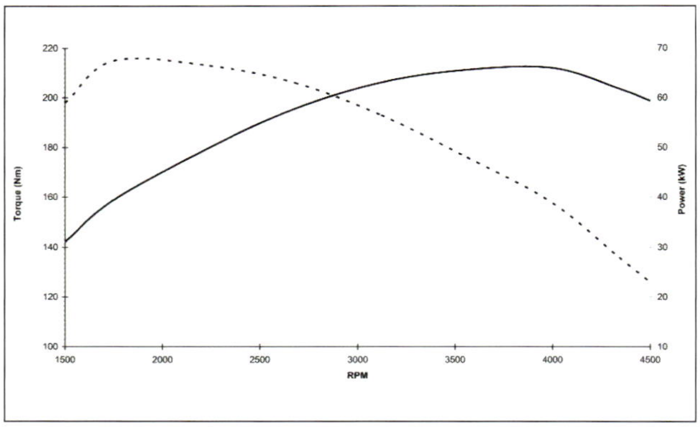

Stetiger Anstieg – seichter Auslauf: Die Leistungskurve (215 Nm bei 1750 min^{-1}) des Einstieg-1,6-Liter-Duratorq mit 66 kW (90 PS) bei 4000 min^{-1}. Auf höherem Niveau mit ähnlicher Charakteristik kommt der zweite Einssechser zu Sache – 240 Nm bei 1750 min^{-1}, 80 kW (109 PS) bei 4000 min^{-1}.

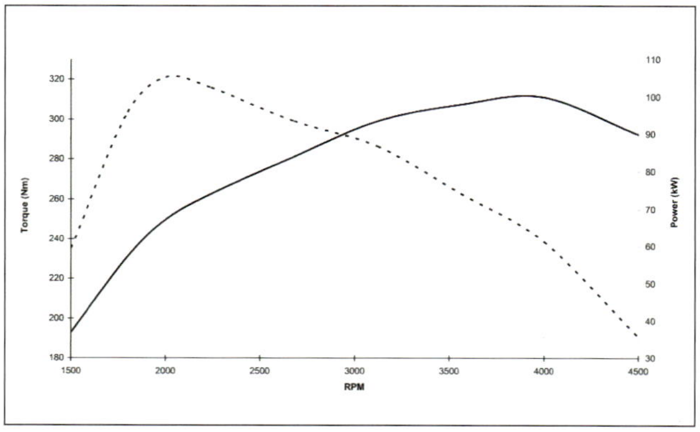

Kräftiger Anstieg – standfester Auslauf: Die Leistungskurve (320 Nm bei 2000 min^{-1}) des stärksten 2-Liter-Duratorq mit 100 kW (136 PS) bei 4000 min^{-1}. Der schwächere Zweiliter – 81 kW (110 PS) bei 4000 min^{-1} steigt dagegen stufenförmig an – 190 Nm schon bei 1400 min^{-1} und 265 Nm als Höchstwert dann 600 min^{-1} später.

T Modellpflege

Ein Klassiker bereits in der zweiten Generation: der Ford Focus. Schon der erste Focus machte anno '98 seinen biederen Vorläufer Ford Escort schnell vergessen. Ford mischte das damalige Einheitsdesign der »Golf-Klasse« mit alternativen Linien auf: Der Focus folgte seinerzeit dem »New Edge Design« und stellte damit die eher kastenförmigen Mitbewerber ins Abseits.
Mit seinem weiland neuen Maßanzug avancierte der Focus zum optischen Trendsetter der Kompaktklasse. Allein in Deutschland wurden bis März 2000 mehr als 120.000 Focus zugelassen. Das zunächst alternative Gesicht, mit der typischen blauen Ford-Pflaume an Bug und Heck, gehörte somit europaweit schnell zum Straßenbild. Auch die Fachwelt vermochte der Focus vom Start weg zu überzeugen. Begleitet von positiven Testergebnissen der europäischen Motorpresse zierte den Focus bereits ein Jahr nach seinem Debüt die verkaufswirksame Auszeichnung »Auto des Jahres 1999«.
Um der Erfolgsstory auch weiterhin die erfreuliche Dynamik zu erhalten, hielt Ford den Focus ständig mit technischen Innovationen up to date. So konnten Focus-Käufer beispielsweise schon ab 1, 6 Liter Hubraum ihren Wagen ab August 1999 optional mit ESP (elektronisches Stabilitätsprogramm) ordern. Ab 1,8 Liter waren gegen Aufpreis auch durchdrehende Antriebsräder mit ASR (Antriebsschlupf Regelung) an die Kette gelegt. Ford war damit voll im Trend und bot hoch aktuelle Sicherheitselektronik zu erschwinglichen Preisen in der Kompaktklasse an.

Kein Gesicht aus der Menge: Bereits der erste Focus brachte mit »New Edge Design« frischen Wind in die Kompaktklasse. Sein Maßanzug gehört auch heute längst noch nicht zum alten Eisen.

Noch bevor die Zulassungszahlen der Erstauflage ernsthaft in den Keller gingen, stand die zweite Focus-Generation zu Jahresanfang 2004 in den Startlöchern – im Oktober des gleichen Jahrs ergänzte Ford die Baureihe mit dem Focus Turnier. Auch die Zweitauflage traf den Zeitgeist: Der Focus behauptete in der Zulassungsstatistik europaweit vordere Ränge. Und das bis zur Wachablösung durch die dritte Generation im Februar 2008.
Das dritte Focus-Destillat schickte übrigens auch das »New Edge Design« seiner beiden Vorläufer aufs Altenteil. Der Neue folgt, wie vorher schon Fiesta und Mondeo, den Linien des »Ford Kinetic Design«. Das allein freilich machte den Alten nicht unattraktiv – der neue Focus schöpft demzufolge weitere Mehrwertpotenziale aus…

In Kürze hier der Überblick über die wichtigsten Focus-Entwicklungsstationen:

1998

- Juni: Focus Vorabpräsentation auf der Palexpo in Genf (Genfer Automobil-Salon).
- November: Focus Markteinführung der drei- und fünftürigen Limousinen mit Ottomotoren (1,4 l 55 kW/75 PS; 1,6 l 74 kW/100 PS; 1,8 l 85 kW/115 PS; 2,0 l 96 kW/130 PS).

1998

- Januar: Focus Markteinführung der viertürigen Limousine und der fünftürigen Turniermodelle.
- Februar: Focus Markteinführung des 1,8 l Endura-DI-Turbodiesel 66 kW/90 PS.
- August: Elektronisches Stabilitätsprogramm (ESP), zunächst nur als Option in Verbindung mit 1,6 l – 2,0 l Ottomotoren.
  Elektronisch gesteuerte Viergangautomatik mit Wandlerüberbrückungskupplung und Overdrive-Funktion – nur in Kombination mit 1,6 l 74 kW/100 PS Ottomotor.
  Focus Markteinführung des 1,8 l Endura-DI-Turbodiesel 55 kW/75 PS.
  Focus Sondermodell »Edition Auto des Jahres 1999«.
- November: 1,8 l Endura-DI-Turbodiesel 66 kW/90 PS mit modifiziertem Getriebe (4. und 5. Gang kürzer als bei den leistungsstärkeren Dieselmotoren ausgelegt).

2000

- Februar: Gesamte Focus-Modellreihe mit neuer Preisgestaltung.

2001

- Februar: Die Top-Modelle werden mit Telematik-System inklusive Notruffunktion geliefert, das Ford gemeinsam mit Vodafone entwickelt hat. Telematik bietet außer einer GPS (Global Positioning System) unterstützten Notruffunktion individuelle Informationsmöglichkeiten über das FordTelematics-Kundenzentrum sowie ein sprachgesteuertes Telefon.
- April: In Saarlouis wird der millionste Focus aus deutscher Produktion montiert.
- November: Der ST 170 debütiert auf der Essen Motor Show mit 125 kW (170 PS, 6-Gang-Getriebe sowie serienmäßig mit ABS und elektronischem Sicherheits- und Stabilitätsprogramm ESP). Die erste Focus-Generation war in den Jahren 2000 und 2001 der meistverkaufte Pkw der Welt, er wurde zwischen August 1998 und Ende September 2004 in Saarlouis insgesamt 2,158 Millionen Mal gebaut.

2002

- März: In Saarlouis läuft der zweimillionste Focus aus europäischer Produktion vom Band. Parallel wird der Focus in Valencia/Spanien, in Hermosillo/Mexiko, Pacheco/Argentinien und Wayne/USA produziert.
- Juli: Serienstart zwei neuer Common Rail TDCi-Motoren mit 85 kW/115 PS, bzw. mit 96 kW/130 PS aus jeweils zwei Liter Hubraum.
- August: In einem Focus liefert Ford den 1111ten Erdgasmotor aus. Der Erdgasantrieb ist außerdem im Ka und Transit lieferbar.
- September: Debüt des Focus RS in Saarlouis. Der turbogeladene 2-Liter RS 16-Ventiler leistet 158 kW/215 PS. Er erreicht damit 232 km/h.
- November: Seit Serienstart steigen die Verkaufszahlen. Waren 1999 noch 483.000 Einheiten das Maß der Dinge, stieg der Verkauf 2000 auf 536.000 und 2001 auf 558.000 Exemplare.

Dezember Im laufenden Jahr zeichnete der TÜV den Focus als zuverlässigstes Modell aller ein- bis dreijährigen Fahrzeuge aus.

2003

Oktober Der 2,5millionste Focus wird in Europa zugelassen. Damit ist der Focus das meistverkaufte Ford-Modell. Weltweit setzte Ford mehr als vier Millionen Focus-Derivate ab. Auf dem »Mondial de l'Automobile« debütiert die zweite Generation des Ford Focus in Paris.

2004

Januar Erster Serienanlauf der zweiten Focus-Generation.

Oktober Weltpremiere des neuen Focus Turnier.

2005

Februar TÜV Rheinland zertifiziert den Focus als Fahrschulwagen.

März Deutschland Debüt des fünftürigen Ford Focus Turnier.

Oktober Serienanlauf des Focus »ST«. Sein turboaufgeladener Fünfzylindermotor mobilisiert aus 2,5 Liter Hubraum 166 kW (225 PS).

Dezember Ford lanciert in Deutschland den Focus Fun als Editionsmodell.

2006

Februar Ford erweitert die Focus-Baureihe um ein Coupé-Cabriolet mit elektrisch zu bedienendem Stahl-Faltdach. Das Dach öffnet und schließt bis 50 km/h auch während der Fahrt.

März Auf der Auto Mobil International (AMI) in Leipzig präsentiert Ford eine seriennahe CNG-Konzeptstudie des Focus. Der Wagen hat fünf Erdgastanks: einer sitzt unterflur unter dem Fahrzeugboden, vier weitere Tanks sind niederflur unter der Gepäckraumabdeckung installiert. Die fünf Hochdruck-Tanks fassen zusammen 110 Liter (entspricht einer Mange von circa 20 kg Erdgas) – die Reichweite des Focus CNG beträgt über 300 Kilometer.

Mai Verkaufstart des Focus Coupé-Cabriolet.

Juli Im Focus Sport TDCi kombiniert Ford erstmalig den Dieselmotor mit sportlichen Fahwerksgenen und sportlichem Design. Als Antrieb dient der aufgeladene100 kW/136 PS starke 2-Liter-Dieselmotor mit serienmäßigem Partikelfilter.

2007

März Ab sofort ist der Focus CNG als drei- und fünftürige Limousine im Handel verfügbar.

Dezember Produktionsanlauf der dritten Focus-Generation in Saarlouis.

2008

Februar Verkaufspräsentation der dritten Focus-Generation. Vom Start weg sind alle Karosserie-Varianten (außer 4-Türer) und der Kompakt-Van Ford C-MAX auch mit LPG-Antrieb (Flüssiggas) verfügbar. Die LPG-Varianten leisten mit dem 2-Liter-Duratec Ottomotor 104 kW (140 PS). Auf dem Genfer Automobilsalon steht erstmals die neue Coupé-Cabrio-Version des Focus III.

März Verkaufsstart der Erdgasvariante Focus CNG.

April Die viertürige Karosserievariante kommt in den Handel. Die Focus-Familie umfasst nun die drei- und fünftürige Limousine, die fünftürige Kombiausführung Turnier, den sportlichen ST und das Focus Coupé-Cabriolet. Letzteres wurde im Frühjahr 2008 überarbeitet. Der Focus wächst damit zur variantenreichsten Modellreihe von Ford Europa.

Juli Auf der London International Motor Show debütiert die dritte Focus RS-Generation. Kernstück des neuen Spitzensportlers ist der speziell entwickelte, für den RS nochmals leistungsgesteigerte 2,5-Liter-Duratec-Turbomotor mit 221 kW (300 PS) und einem Drehmoment von 410 Newtonmetern.

September Ford erhöht die Auflage des Editionsmodells Focus Sport um weitere 1500 Einheiten. Den Sport gibt's als Dreitürer, Fünftürer und Turnier mit 74 kW/100 PS oder 85 kW/115 PS.

Die Abmessungen des Ford Focus (Modelljahr 2008, 3-/5-Türer)

Schrägheck, Stufenheck, Steilheck: Der Focus lässt keine Möglichkeit aus. In der Breite gibt's ohne Außenspiegel mit 1839 mm – bis auf den Focus RS (1842 mm) – keine Differenzen. Mit ausgeklappten Spiegeln sind's unisono 2019 mm. Anders in der Länge, der Turnier ist mit 4468 – 4494 mm der Größte, gefolgt vom dreitürigen Focus ST mit 4337 mm und dem RS mit 4402 mm. Der viertürige Focus misst von Stoßfänger zu Stoßfänger 4481 mm. In der Höhe messen der Drei- und Fünftürer 1500 mm, dem Viertürer reichen 1497 mm und der Turnier bringt es auf 1503 mm. Einklang wieder beim Radstand: 2640 mm. Einerlei ob Drei-, Vier- oder Fünftürer, zwischen den Rädern finden fünf Erwachsene bequem Platz, der Focus glänzt zudem mit dem größten Innenraum unter seinesgleichen. Und im Kofferraum geht's gleichfalls großzügig zu: Die Drei- und Fünftürer schlucken nach VDA-Norm 396 Liter, mit umgeklappter Rückbank passen bis zur Vordersitzlehnenhöhe 832 Liter und bis Dachhöhe gar 1258 Liter ins Heck. Der Viertürer schluckt 537 Liter und mit umgelegter Rückenlehne 942 Liter bis zur Vordersitzlehne. Naturgemäß stellt der Turnier seine Kollegen in den Schatten: Er fasst als Fünfsitzer 503 Liter, als Zweisitzer bis zur Vordersitzlehne 928 Liter und bis zur Dachhöhe ausgeladen passen 1546 Liter nach VDA-Norm hinein.

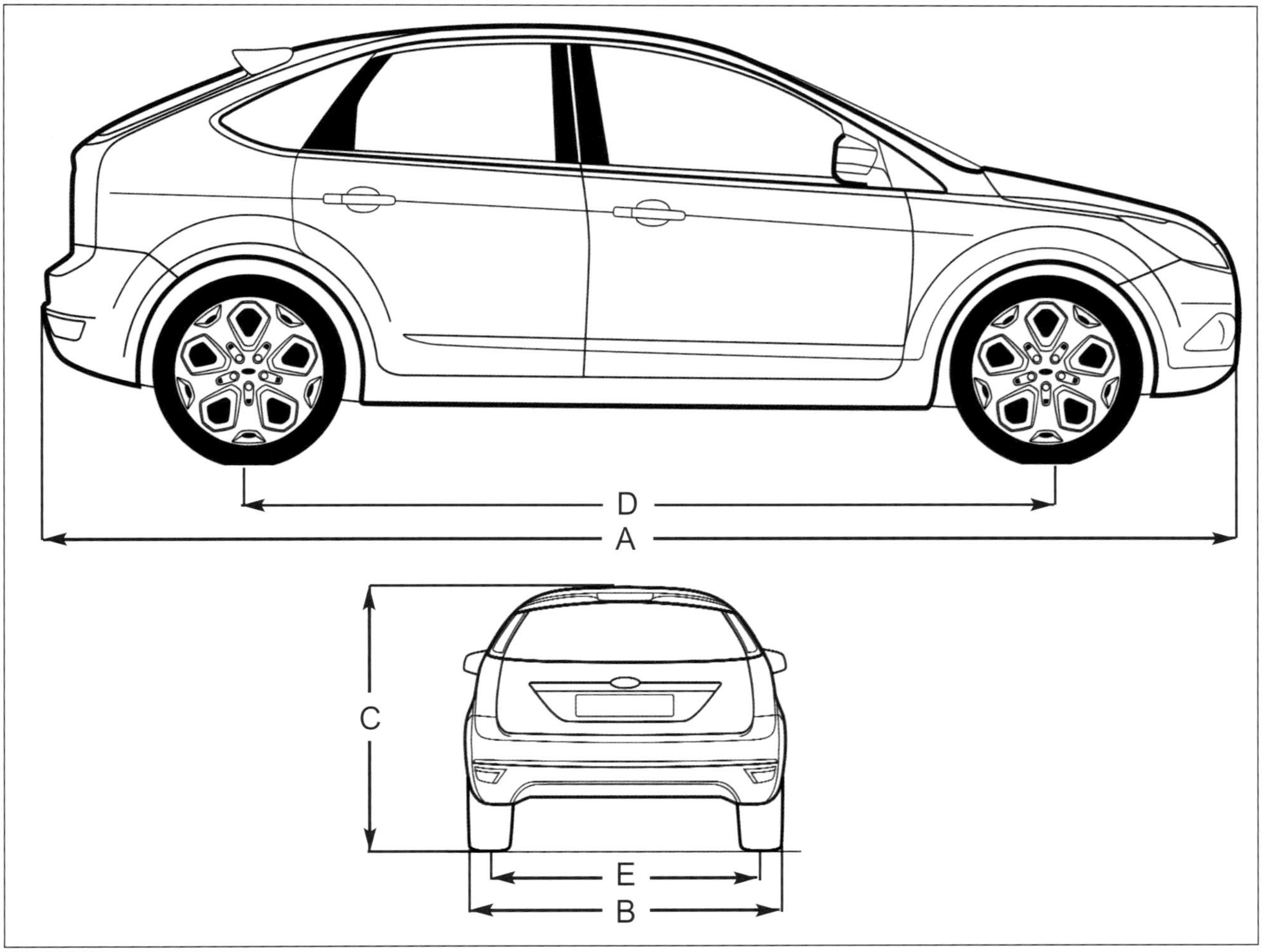

A Länge 4337/4402*/4468** – 4494**/4481*** mm
B Breite 1839/1842* mm (ohne Außenspiegel)
C Höhe 1500/1497 ***/1503** mm (je nach Rad-/Reifenkombination und Fahrwerk)
D Radstand 2640 mm
E Spurweite (v) 1535 – 1609 mm (je nach Modell und Rad-/Reifenkombination)
F Spurweite (h) 1531 – 1607 mm (je nach Modell und Rad-/Reifenkombination)
** Focus RS, **Focus Turnier, ***Viertürer*

Wert erhaltend

Regelmäßige Wagenpflege – die wöchentliche Kür für jeden Autobesitzer! Spätestens beim Wiederverkauf bringt ein gepflegtes Auto ein paar zusätzliche Euro. Unabhängig davon verbessert ein sauberer Wagen natürlich die eigene, gleichwie die Stimmung anderer Mitfahrer. Während der Wäsche lernen Sie Ihr Auto zudem bis in den letzten Winkel kennen: Eine ideale Vorraussetzung, um fortan kleine Reparaturen selbst zu erledigen.

Autofahren bedeutet für viele von uns mehr als nur eine bequeme Alternative zu Straßenbahn oder Fahrrad. Schließlich haben Sie ja nicht irgendeinem sondern Ihrem Ford Focus das Ja-Wort gegeben. So ganz pragmatisch funktioniert sie nämlich nicht, die Beziehung zwischen Auto und Kopf: Da sind gehörig Emotionen mit im Spiel – warum sonst fahren Sie gerade Ihren Ford Focus?
Genau! Und diesen Spannungsbogen sollten Sie möglichst lange erhalten und pflegen: Ihren emotionalen Besitzerstolz und den nüchternen Restwert in Euro. Denn aufmerksame Pflege kommt Ihrem Bankkonto spätestens beim Wiederverkauf mit dem einen oder anderen spontanen Euro zupass – »Kleider machen Leute«, beim Auto allemal. Handeln Sie daher im Interesse Ihres Geldbeutels vorausschauend.
Auch die Prüfer von TÜV- und DEKRA dekorieren proper gepflegte Wagen bereitwilliger mit ihrem Prüfsiegel als verdreckte Schlorren: Betrachten Sie jeden Waschgang als willkommene Gelegenheit Ihren Focus auf Hochglanz zu bringen und seinen Zeitwert zu stabilisieren. Wie Sie das möglichst effektiv angehen, beschreiben wir auf den folgenden Seiten.

Waschanlage oder Handwäsche?

Wenn Ihnen – warum auch immer – Waschanlagen nicht geheuer oder zu oberflächlich sind, fragen Sie Ihren Tankwart nach einem geeigneten Waschplatz. Oder suchen Sie sich einen professionell betriebenen Selbstwaschplatz aus. Serviceorientierte Anlagenbetreiber bieten Ihnen vom Hochdruckreiniger bis hin zum Staubsauger alle Hilfsmittel, die Ihnen die Putzarbeit erleichtern. Kontrollieren Sie jedoch vor Arbeitsbeginn auf Selbstwaschplätzen die Waschbürsten. Möglicherweise hat Ihr Vorgänger damit gerade den Unterboden oder die Radkästen nach einer Schlammfahrt gereinigt.

Noch ein Tipp: Waschen Sie Ihren Wagen möglichst niemals in der prallen Sonne. Grund: Kleine Wassertropfen wirken wie Brenngläser – darunter gehen Staubteilchen und Kalk eine innige Verbindung mit der Lackoberfläche ein.

Schadet häufiges Waschen dem Lack?

Heutige Lacke sind außerordentlich resistent gegen Umwelteinflüsse. Sie können auch relativ neue Lacke bedenkenlos zeitnah, zum Bespiel nach Unfallreparaturen, waschen. Was lackierte Oberflächen allerdings nicht gut vertragen: Industriestaub, Vogelkot oder aggressive Baumharze. Sobald Sie auch nur einen Störenfried davon auf Ihrem Auto entdecken, greifen Sie baldmöglichst zu Schwamm und Wasser, oder fahren Sie eine Waschanlage an.

GEFAHRENHINWEIS

⚠ Putzen gefährdet die Umwelt

Beachten Sie diesen Gefahrenhinweis bitte besonders – er gilt nicht Ihnen allein, sondern unser ALLER Umwelt.

Wagenwäsche vor der eigenen Hautür ist längst nicht mehr überall erlaubt. Aus gutem Grund: Mit dem Abwasser können gefährliche Stoffe in das Grundwasser gelangen, so zum Beispiel Öl oder Reinigungschemikalien. Auch der Verbrauch wertvollen Trinkwassers ist nicht gerade zu unterschätzen. Waschanlagen gehen effizienter mit dem Wasser um. Sie bereiten ihr Wasser mehrmals wieder auf – Schmutzpartikel und chemische Rückstände werden während des Prozesses in speziellen Wasserabscheidern gesammelt und umweltverträglich entsorgt.

Sollten Sie freilich eine grundsätzliche Aversion gegen Waschanlagen haben, raten wir Ihnen öffentlich ausgewiesene oder gewerblich betriebene Waschplätze aufzusuchen. Sie treffen dort zudem Gleichgesinnte – Autofreaks also, die ihr Vehikel nicht nur als Fortbewegungsmittel nutzen, sondern emotionale Erlebnisse damit verbinden: Öffentliche Waschplätze sind erfahrungsgemäß ein idealer Ort für hochoktanige Benzingespräche.

Do-it-yourself-Wäsche – so wird's gemacht

- Geizen Sie nicht mit Waschwasser, Ihr Lack wird's Ihnen mit Hochglanz danken: Feine Staub- und Sandkörnchen wirken in trockenen Waschschwämmen nämlich wie Schmirgelpapier und hinterlassen mikroskopisch kleine, spinnwebartige Kratzer. Falls Sie mit einem Wascheimer operieren, spülen Sie den Waschhandschuh oder Schwamm spätestens nach jedem dritten Waschstrich gründlich aus. Kalkulieren Sie mindestens zwei gefüllte Wassereimer für die Grundreinigung.

- Besser, Sie nutzen einen Gartenschlauch, möglichst mit Sprühdosierdüse.
- Halten Sie die Düse möglichst nah an die Waschfläche, gelöste Schmutzpartikel haben dann erst gar keine Chance, sich erneut festzusetzen.
- Am lackschonendsten waschen Sie mit einer Schlauchbürste, bei der fließendes Wasser ständig den Schmutz wegschwemmt.
- Felgen und Radkästen reinigen Sie besonders gut mit einer Waschbürste, einem Haushaltsschwamm bzw. einer alten Zahn- oder Spülbürste.
- Die Scheiben- und Lackoberfläche trocknen und polieren Sie schlierenfrei mit einem Fensterleder.

Systematisch vorgehen – dann klappt's mit dem Glanz...

- Schließen Sie alle Türen und Fenster. Ansonsten sitzen Sie nach der Wäsche auf quietschnassen Polstern.
- Säubern Sie zuerst die Radhäuser, Felgen und Türschweller. Vorteil: Sie können die Karosserie danach in einem Rutsch abspülen.
- Reinigen Sie den Unterboden gelegentlich mit einem Hochdruckreiniger oder scharfen Wasserstrahl. Im Winter sollten Sie anlässlich jeder dritten Wagenwäsche auch den Unterboden Ihres Focus abspritzen.
- Die vorderen Felgen verschmutzen wesentlich schneller als die hinteren, an der Vorderachse entsteht bei jedem Bremsvorgang mehr Bremsenabrieb, der sich auf den Felgen absetzt. Berücksichtigen Sie das in Ihrem Pflegeplan und cleanen die Vorderräder einfach häufiger mit Felgenreiniger. Achten Sie beim Kauf unbedingt auf umweltverträgliche Produkte. Studieren Sie, bevor Sie loslegen, die Gebrauchsanweisung und spülen die Räder gründlich mit sauberem Wasser nach.
- Weichen Sie den Dreck mit einem dosierten Wasserstrahl gut ein. In Selbstwaschanlagen mit Hochdruckreiniger wählen Sie das Programm »Spülen«.
- Per Hand waschen Sie immer nur ganze Flächen. Nachdem Sie zuerst die Radhäuser, Felgen und Türschweller vorgewaschen haben, putzen Sie sich vom Dach nach unten vor.
- Verteilen Sie den Reinigungsschaum unter geringem Druck mit kreisenden Bewegungen und lassen ihn kurz einwirken.
- Die Schmutzbrühe spülen Sie mit einem Wasserschlauch ab. In der Selbstwaschanlage wählen Sie das Programm »Spülen«.
- Im letzten Waschgang reinigen Sie die Räder mit einer Waschbürste.
- Nach der Wäsche ledern Sie den Wagen sofort ab. Ansonsten hinterlassen luftgetrocknete Wassertropfen einen grauen Kalkbelag, der dem Lack schaden kann.
- Spülen Sie das Trockenleder vor Gebrauch gut in sauberem Wasser, danach wringen Sie es aus. Legen Sie das Leder möglichst großflächig auf die Karosserie und ziehen es langsam zu sich heran.

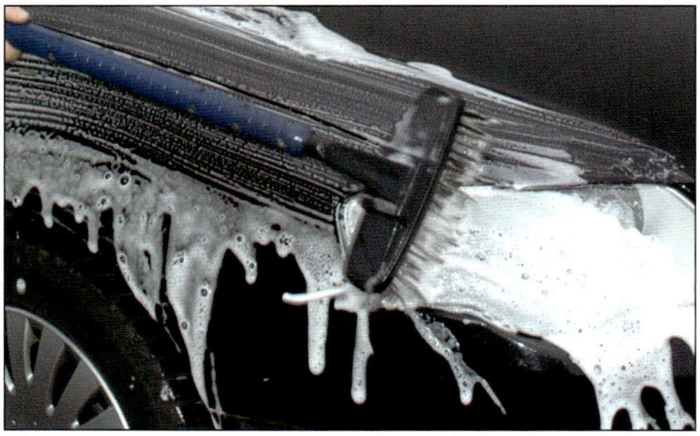

Hässliche Drecknester: Starke und hartnäckige Karosserieverschmutzungen lösen Sie zunächst mit der Waschbürste oder einem großen Schwamm. Doch bevor Sie loslegen, checken Sie den Bürstenkopf oder Schwamm auf eventuelle Dreckrückstände vom letzten Einsatz. Ansonsten können Sie die Lackoberfläche auch gleich mit Schmirgelpapier malträtieren.

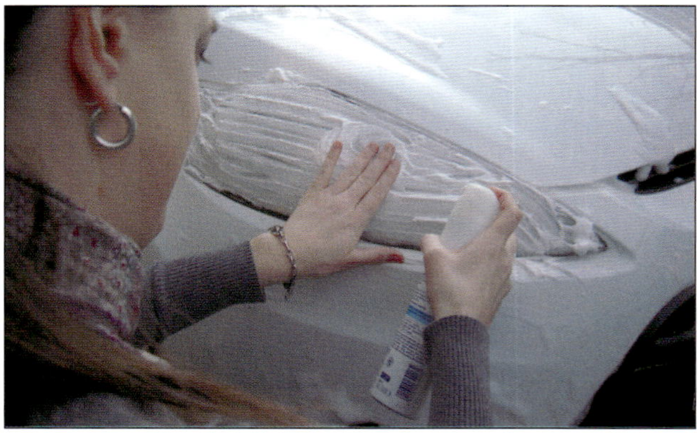

Widerspenstige Insektenkadaver: Um, etwa an der Front oder auf der Scheibe, widerspenstige Insektenreste gründlich einzuweichen, nutzen Sie einen handelsüblichen Insektenreiniger, alternativ tut's auch ein mit Essig und Spülmittel benetzter Schwamm. Danach spülen Sie den Wagen mit Wasser ab. Sollten Sie einen Hochdruckreiniger nutzen, gehen Sie überlegt damit um (siehe Kasten).

- Spülen Sie das Leder vor dem Auswringen immer durch: Schmutzrückstände ruinieren gleichermaßen die Lackoberfläche und das Leder. Trocknen Sie schlecht zugängliche Stellen besser mit einem Mikrofasertuch oder einem alten Leder.
- Zum Schluss geht's an die Scheiben: Checken Sie die Frontscheibe auf Steinschläge, Kratzer und Risse.
- Wischerblätter reinigen Sie mit einem Schwamm oder Trockenleder. Prüfen Sie die Gummilippen auf Beschädigungen und Elastizität – verhärtete Gummis erneuern Sie besser. Das ist preisgünstiger als eine zerkratzte Scheibe.
- Nach der Wäsche checken Sie den Lack, die Scheinwerfergläser und den Frontstoßfänger auf hartnäckigen Schmutz: Insektenreste, Vogelkot, Blütenpollenrückstände und Teerspritzer wirken aggressiv. Entfernen Sie die Rückstände mit Spezialreiniger oder Essig.
- Verwenden Sie Teerentferner nicht auf frischen oder frisch ausgebesserten Lacken – darin enthaltene Lösungsmittel können die Lackoberfläche angreifen.

Hartnäckiger Belag: Bremsstaub auf Felgen oder Radzierblenden sieht nicht nur schmuddelig aus, er greift auch die Oberflächen an. Schäumen Sie die verdreckten Partien gut ein und bearbeiten sie mit einem kleinen Haushaltsschwamm, bzw. einer alten Zahn- oder Abspülbürste. Gehen Sie vorsichtig mit chemischen Felgenreinigern um: Auf aggressive Produkte reagieren Leichtmetallfelgen, bis hinein in die Materialstruktur, empfindlich.

GEFAHRENHINWEIS

Vorsicht im Umgang mit dem Hochdruckreiniger

Darauf sollten Sie achten: *Halten Sie mit der Sprühlanze des Hochdruckreinigers mindestens 60 Zentimeter Abstand zum Objekt! Falsch bediente Hochdruckreiniger schaden mehr als sie nutzen!*

Der Hochdruckreiniger ist eine praktische Hilfe: Wasser, unter extrem hohen Druck (60 – 120 bar) auf der Karosserie verteilt, löst fast jede Schmutzkruste. Für den industriellen Einsatz gibt es übrigens auch Hochdruckreiniger, die ihr Wasser nicht nur unter Druck setzen, sondern zusätzlich noch erhitzen. Gute Geräte heizen das Wasser bis zu 60° C vor. Da hat der »dicke Dreck« im Motorraum natürlich keine Überlebenschance mehr – alles wie weggeblasen. Wir raten allerdings dringend davon ab: Die im Motorraum verbauten Elektronikteile können durch eindringende Feuchtigkeit erheblich Schaden nehmen. Folge: Früher oder später wird ein kostspieliger Austausch fällig. Das kann übrigens bei einem zentralen Motorsteuergerät schon mal schnell einen vierstelligen Betrag ausmachen. Gehen Sie darum gegen den Schmutz unter der Motorhaube besser nur mit geeigneten Kaltreinigern und einem normalen Wasserschlauch vor. Übrigens, auch wenn Sie bei der Vorwäsche den Hochdruckreiniger »scharf« vor den Kühlergrill halten, kann Ihnen das der Wärmetauscher dahinter verübeln: Der harte Sprühstrahl trifft die Kühlerlamellen mit voller Wucht und kann sie zerstören. Tatsächlich leisten Hochdruckreiniger allerdings im Kampf mit Bremsstaub und anderen Verschmutzungen viel Gutes. Es kommt eben nur darauf an, dass Sie die technischen Möglichkeiten ÜBERLEGT nutzen.

Immer auf Distanz halten: Den Sprühstrahl zur Fläche. Moderne Hochdruckreiniger beschleunigen das Wasser mit bis zu 120 bar aus der Sprühlanze. Nicht unbedingt vorteilhaft, wenn der Strahl geradewegs aufs »Ziel« prasselt.

Kleiner Schmierdienst
– damit alles in Bewegung bleibt

Wer gut schmiert, der gut fährt – ein Tröpfchen Öl, eine wohl dosierte Prise Fett oder ein Spritzer Silikon an der richtige Stelle verabreicht, wirken manchmal Wunder: Leichtgängig bleibt, was sonst quietscht, klemmt, reißt oder rostet. Machen Sie es sich einfach zur Gewohnheit, nach jeder Wagenwäsche einen kleinen Schmierdienst zu erledigen. Beherzigen Sie dazu folgende Faustregel: Überall dort, wo kein Fett eindringen kann, beispielsweise an Scharnieren und Gelenken mit engen Passungen, ist Öl oder Schmierspray die erste Wahl. Gegeneinander reibende Flächen glätten Sie besser mit Fettpaste oder Silikongleitmittel.

Hier »schmieren« Sie sinnvoll:

- Scharniere an Türen, Motorhaube und Heckklappe honorieren ab und an einen Spritzer Öl.
- Die Türfeststeller bleiben mit etwas Mehrzweckfett geräuschlos in Form.
- Schlossfallen an Türen, Motorhaube und Heckklappe behandeln Sie zweckmäßigerweise mit Sprühfett oder Gleitpaste. Dort, wo Seilzüge sichtbar sind, zum Beispiel an der Motorhaubenschlossplatte, tragen Sie etwas Fett auf und ziehen es mit wiederholter Hebelbewegung in die Zugumhüllung.
- Die Schließzylinder inklusive der Schlüsselführungen bereiten Sie, spätestens zu Beginn der kalten Jahreszeit, mit Silikonspray auf den Winter vor: Silikon schmiert, verdrängt Feuchtigkeit und schützt vor Rost.
- Die Arretierbügel der Motorhaube schmieren Sie am unteren Lagerbolzen mit Öl.

Hält die Schlossfallen beweglich: Eine regelmäßige Prise Silikonspray direkt in den Schließzylinder.

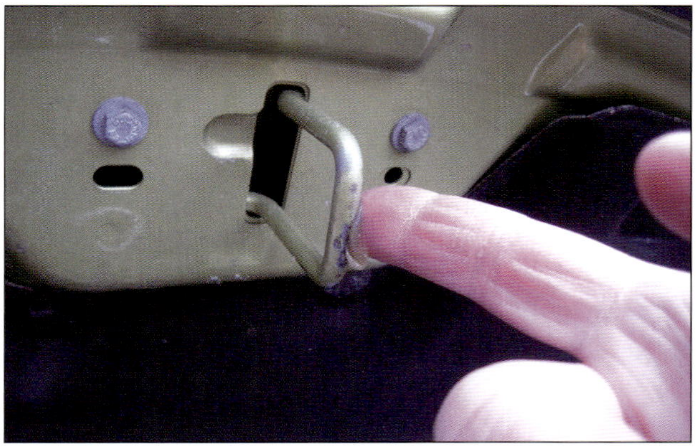

Bleibt mit Fett flexibel: Der Schließhaken unterhalb der Motorhaube am Motorhaubenschloss.

Hält die Gleitflächen fit: Eine regelmäßige Prise Siliconspray zwischen Schlossgriff und Schließzylinder.

Lackpflege

Die regelmäßige Lackpflege ist eine lohnende Arbeit. Denn stumpfe, verwitterte Lackoberflächen machen Ihren Focus für Ihre und die Augen anderer unansehnlich: Spätestens beim Wiederverkauf rächt sich ein stumpfer Lack mit ein paar Euro weniger in Ihrer Tasche. Neue Lacke sind zunächst pflegeleicht, regelmäßiges Waschen reicht ihnen völlig aus. Doch spätestens, wenn Wassertropfen nur noch mit unscharfen Rändern auf dem Lack abperlen, wird es Zeit zur Lackpflege. Sonne, Regen, Streusalz, Schmutz, auch gasförmige Umweltgifte greifen die Lackoberfläche ständig an.

Wirkt häufig Wunder – Lackreiniger

Welches Lackpflegemittel für Ihren Focus geeignet ist, hängt vom aktuellen Lackzustand ab. Einem neuen, noch gut erhaltenen Lack genügt eine milde Politur. Sie frischt die von Umwelteinflüssen und mechanischen Einwirkungen leicht angegriffene Lackoberfläche nachhaltig auf. Außerdem beinhalten moderne Polituren mikroskopisch feine Wachskomponenten, die den Lack im gleichen Arbeitsgang konservieren. Für neue Lacke sind scharfe Lackreiniger unbrauchbar – auf alten und verwitterten Lacken jedoch genau das richtige Mittel für glänzende Ergebnisse.

Immer einen Versuch wert – gründliche Lackpflege

Lackreiniger tragen Sie wie Politur auf. Seine Mixtur enthält Schleifmittel, die während des Auftrags Verschmutzungen beseitigen. Bevor Sie Ihrem verwitterten Focus also freiwillig eine Neulackierung spendieren, sollten Sie es zunächst mit einem guten Lackreiniger versuchen: Zur Lackpflege ist es nie zu spät. Konservierende Komponenten enthalten Lackreiniger in der Regel allerdings keine. Darum schützen Sie die angeschliffene Lackoberfläche mit Flüssigwachs in einem zweiten Arbeitsgang gegen Umwelteinflüsse.

»Gift« für den Lack – pralles Sonnenlicht

Neue und aufbereitete Lacke empfehlen wir Ihnen erst nach rund einem Jahr zu konservieren. Verwitterte oder ältere Lackoberflächen versiegeln Sie dagegen ruhig zwei- oder dreimal jährlich. Das erhält den Glanz, optimiert den Langzeitschutz und hält den Lackaufbau elastisch. Meiden Sie derweil allerdings pralles Sonnenlicht: Die meisten Polituren und Lackreiniger wirken unter Sonneneinstrahlung aggressiv. Suchen Sie darum lieber ein schattiges Plätzchen. Dort haben die chemischen Politursubstanzen keine Chance, den Lack über Gebühr anzugreifen. Wenn Sie in geschlossenen Räumen arbeiten, sorgen Sie für eine ausreichende Raumdurchlüftung – Pflegemittelausdünstungen sind in Konzentration nämlich gesundheitsschädlich.

Zu viel Geschäft? Dann lassen Sie doch pflegen: Neuerdings bieten immer mehr Autopflegefachbetriebe Oberflächenversiegelungen auf Basis der Nanotechnologie (siehe Kasten) an. Das kostet Sie zunächst zwar mehr als die Politur mit Wattebausch und eigenem Muskelschmalz, hält dafür aber auch bis zu drei Jahre.

Sie bleiben dennoch bei der alten Methode mit Watte, Politur und Co.? Dann waschen Sie Ihren Focus zunächst besonders gründlich. Geben Sie sich auch mit dem Trocknen besondere Mühe, das erleichtert Ihnen den Umgang mit der Politur. Danach…

- …prüfen Sie zuerst an einer relativ unauffälligen Stelle, ob der Lack auch Ihr Politurmittel verträgt. Vorsicht bei Lackreinigern: Tragen Sie immer nur dünne Schichten kreisförmig auf – zu viel Lackreiniger schleift mehr Decklack ab, als nötig. Reinigen Sie Ihren Focus besser in mehreren Durchgängen.

Strategisch vorgehen: Stark verwitterte Lackoberflächen schleifen Sie vor der eigentlichen Politur mit einem Lackreiniger an. Gut ausstaffierte Do-it-yourselfer erledigen den Job mit einem Exzenterschleifer inklusive angefeuchteter Schaumstoffscheibe. Lassen Sie die Scheibe nur mit gebremster Energie über die Lackoberfläche rotieren – mit voller Power könnte Ihnen sonst der Lack verschmoren. Teilen Sie sich zudem immer nur überschaubare Karosserieflächen ein.

Schlierenfreier Hochglanz: Brillanz kommt auf den aufgefrischten Lack, wenn Sie im letzten Arbeitsgang die Lackoberfläche noch einmal mit einem großen Wattebausch oder blitzsauberer Lammfellhaube glätten. Das entfernt auch noch die hartnäckigsten Politurreste. Sollten Sie, wie auf dem Motiv praktiziert, eine elektrisch angetriebene Lammfellpolierscheibe bemühen, wird das Finish umso tiefglänzender und langlebiger. Von der Zeitersparnis ganz zu schweigen…

- Politur oder Lackreiniger tragen Sie mit einem handballengroßen Polierwattebausch oder einem weichen Tuch (keine Kunstfaser) unter sanftem Druck in kreisförmigen Bewegungen auf. Behandeln Sie immer nur überschaubare Flächengrößen.
- Schon nach kurzer Einwirkzeit bildet sich ein trockener weißer Belag, den Sie in kreisenden Bewegungen mit einem sauberen Wattebausch auspolieren.
- Wenden oder erneuern Sie den Wattebausch gründlich regelmäßig – seine Oberfläche setzt sich nach geraumer Zeit mit Wachs- und Pflegemittelpartikeln zu.
- Um Poliermittel- und Watteflusenresten den Garaus zu machen, reiben Sie abschießend die polierte Lackoberfläche mit einem sauberen Baumwolllappen oder Viskosetuch ab.
- Den Konservierer tragen Sie unter sanftem Druck mit handballengroßen Polierwattefetzen oder einem weichen Tuch (kein Kunstfaserlappen) in kreisförmigen Bewegungen auf. Behandeln Sie immer nur überschaubare Flächen, das steigert den Tiefenglanz.
- Die Watte muss mit wenig Widerstand leicht über den Lack gleiten. Deshalb wenden Sie die Watte häufig und nehmen rechtzeitig einen neuen Wattebausch zur Hand.
- Erkennen Sie auf dem Lack danach noch Streifen oder Wolken, liegt das meist an verschmierten Farbpartikeln – häufig Rückstände einer vorhergehenden Politur. Wiederholen Sie den Vorgang an den schlierigen Stellen.

Schlierenfreier Hochglanz: Brillanz kommt auf den aufgefrischten Lack, wenn Sie im letzten Arbeitsgang die Lackoberfläche noch einmal mit einem großen Wattebausch oder blitzsauberer Lammfellhaube glätten. Das entfernt auch noch die hartnäckigsten Politurreste und steigert Ihr Arbeitsergebnis sichtbar.

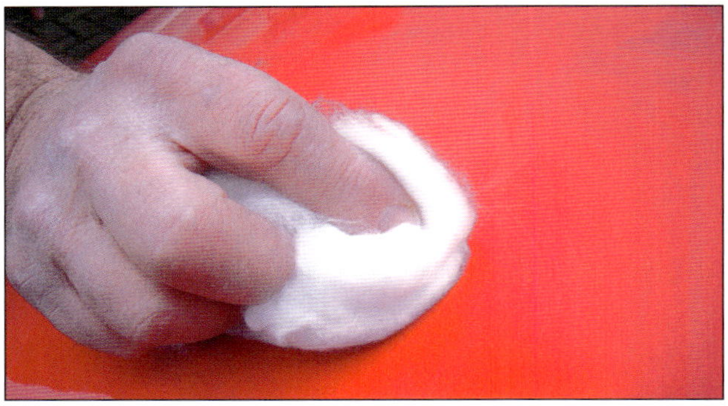

Muss Verbindung eingehen: Lackkonservierer auf der Lackoberfläche. Sollte der Konservierer auf der Lackoberfläche abperlen, ist entweder die Oberflächenspannung noch zu groß oder der Politur war bereits ein Konservierer untergemischt. Warten Sie in dem Fall bis zur nächsten Wagenwäsche und konservieren dann erneut.

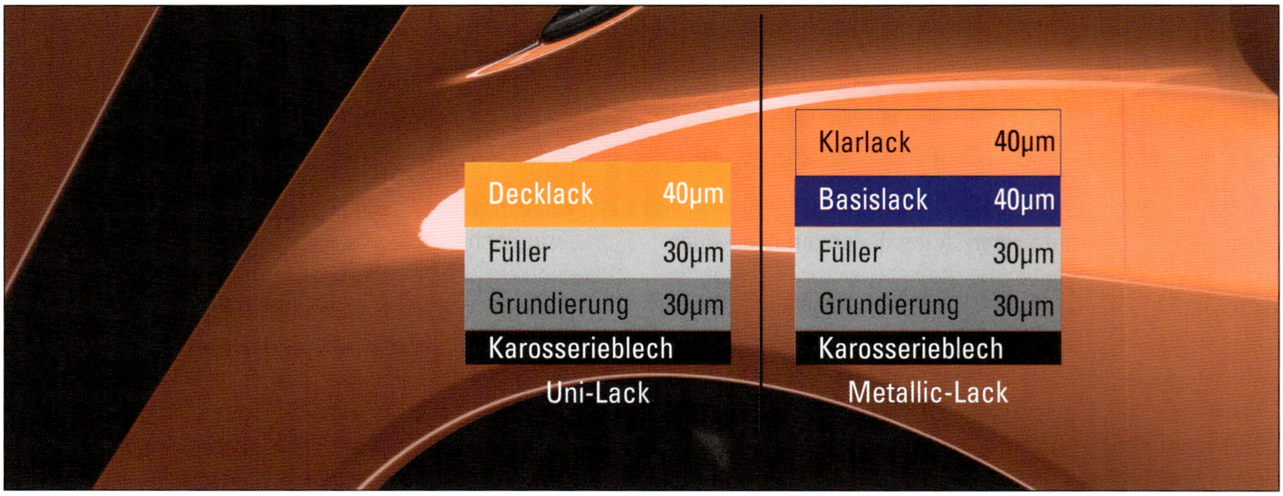

Lackschichten: Unterschiedlich stark aufgetragene Lackschichten verbessern den Verlauf der Lackoberfläche und schützen das Karosserieblech vor Korrosion.

WISSENSWERTES

Nanotechnologie

Was als Oberflächenschutz an Häuserfassaden bestens funktioniert, kommt auch am Auto immer mehr zum Zuge. Nanotechnologie erobert moderne Autogläser: Die Scheiben absorbieren Infrarotstrahlen und senken das Temperaturniveau, außerdem sind sie nahezu blendfrei.
Doch die derzeit wohl bekanntesten Nanoanwendungen, besser bekannt unter dem Namen »Lotusblüteneffekt«, sind selbstreinigende Oberflächenbeschichtungen. Nano-Oberflächen sind übrigens alles andere als glatt. Stattdessen weisen sie mikroskopisch kleine Raustrukturen auf, an denen

Von der Lotusblüte übernommen: Schmutzpartikel finden darauf keinen Halt.

der Schmutz keinen Halt findet. Und da liegt das Problem der Autobauer: Bewegliche Objekte, wie etwa Automobile oder Fugzeuge, kollidieren im Betrieb häufig mit Insekten oder sonstigen Fremdpartikeln, deren Überreste die Raustruktur von Nano-Oberflächen verstopfen. Der Schmutz findet somit wieder eine zusammenhängende Oberfläche, auf der er Halt findet. Dennoch, Nanotechnologie setzt zum Siegeszug an: Immer mehr Autopflegefachbetriebe bieten schon Langzeitschutz auf Nano-Basis an. Im Unterschied zu herkömmlichen Wachsprodukten versiegeln Nano-Polituren den Lack bis zu drei Jahre – und das zu durchaus vergleichbaren Kosten. Auch die ersten Neuwagen nutzen schon den Lotusblüteneffekt. Nanoschichtige Klarlacke halten unsere Autos nicht nur länger sauber, sie bieten zudem auch kratzfestere Oberflächen als normale Lacke. Weitere praktische Anwendungen stehen derzeit vor der Serienreife: Selbstreinigende Felgen zum Beispiel, oder auf Knopfdruck wechselnde Farben – mit Nanotechnologie mehr als nur kühne Visionen…

Lackschäden

Während der Fahrt stressen unterschiedlichste Fremdkörper die Karosserieoberfläche Ihres Focus: Kleine aufwirbelnde Steinchen, selbst Insekten oder winzige Sandkörner schlagen bei hohen Tempi wie Meteoriten auf dem Lack ein. Vor allem die Frontpartie und Motorhaube sind stark gefährdet, besonders auf winterlichen Straßen prasseln feste Streumittelbestandteile hörbar gegen die Karosserie. Steinschlagschäden sind jedoch kein Drama.
Auch ein leichter Parkrempler mit Kratzern und Schrammen bietet keinen Anlass zur Panik. In den meisten Fällen lassen sie sich relativ einfach mit Lackreiniger oder einer speziellen Schleifpolitur auspolieren.

Praktisch nach Steinschlägen – Lack-Reparaturset

Die meisten Hersteller bieten gegen kleine Steinschlagschäden praktische Reparatursets an. Sie lassen sich ähnlich leicht handhaben wie Nagellack. Eine gebräuchliche Alternative ist Tupflack, mit dem Sie Steinschlagkrater in mehreren Lackschichten auffüllen können. Bei normalen Lacken und kleinen Beschädigungen helfen übrigens auch Wachsstifte in Wagenfarbe. Das Reparaturwachs hält freilich nur einige Wagenwäschen lang. Sollten Sie die Lackbezeichnung und den Farbcode Ihres Focus vergessen haben, kein Problem: Die Angaben sind auf dem Typenschild im Motorraum oder im Kfz-Schein verewigt.

Umgehend beseitigen – frische Lackblessuren

Ignorieren Sie auch winzige Macken im Lack nicht. Rost leistet in kurzer Zeit ganze Arbeit: Bei ungünstigen Bedingungen (Nässe, Wärme oder unter Salzeinfluss) sogar schon in wenigen Tagen – auch an verzinkten Karosserieblechen. Lassen Sie dem Rost gar über Monate oder Jahre ungehinderten Freiraum, sind große Krater das traurige Resultat. In diesem Fall helfen keine punktuellen Behandlungen mehr, sondern nur noch aufwändige Restaurationsarbeiten.
Die bringen wir Ihnen in diesem Umfeld freilich ebenso wenig näher, wie die Reparatur von Unfall- oder Blechschäden. Dazu empfehlen wir Ihnen die Vertragswerkstatt oder den Kauf des Bands 175 aus der Reihe »Jetzt helfe ich mir selbst«.

So verschwinden Steinschlagschäden

- Beseitigen Sie abstehende Ränder rund um den Lackkrater vorsichtig mit einer feinen Nadel oder einem Uhrmacherschraubendreher.
- Rostschuppen kratzen Sie mit einem spitzen Messerchen vorsichtig aus. Danach träufeln Sie einen Tropfen Rostumwandler auf die Stelle und lassen ihn gemäß Produktbeschreibung einwirken.
- Jetzt waschen Sie die Schadstelle gründlich mit Lackverdünner aus und trocknen sie mit einem Haarföhn.
- Sprühen Sie etwas Haftgrund in den Sprühdosendeckel, tauchen einen Tupfpinsel oder Ihrer saubere Fingerkuppe in die Pfütze und füllen die Schadstelle passend auf. Lassen Sie den Haftgrund gut austrocknen.
- Drücken Sie mit Ihrer Fingerkuppe oder einem kleinen Kunststoffmesser, bündig zur umgebenden Lackfläche, ein wenig Spachtel in den Krater. Lassen Sie die Masse gut austrocknen. Überstehende Spachtelflecken wischen Sie umgehend mit einem in Lackverdünnung getränkten Lappen ab.
- Planen Sie die ausgehärtete Spachtelmasse vorsichtig mit feinem Schleifpapier. Umwickeln Sie dazu ein Bleistiftende mit einem schmalen Streifen, den Bleistift drehen Sie zum Schleifen zwischen den Handflächen.
- Sprühen Sie Decklack in den Dosendeckel und lassen ihn etwa eine Minute ablüften. Tragen Sie dann den verdickten Lack mit Ihrer Fingerkuppe oder einem spitzen Pinsel dünn auf.
- Um das Ergebnis zu toppen, polieren Sie die Übergänge des vollständig ausgetrockneten Lacks (im Sommer nach etwa zwei, im Winter nach rund fünf Tagen) mit Politur bzw. Lackreiniger aus.

Großflächig auspolieren – kleine Kratzer und Schrammen

- Reinigen Sie die Schadstelle gründlich mit Waschbenzin oder Verdünner und …
- … polieren dann die Fremdfarbe (falls vorhanden) in mehreren Arbeitsgängen mit Polierwatte, Schleifpolitur oder Lackreiniger aus dem Decklack. Legen Sie die Polierfläche möglichst großzügig an.
- Ausgefranste Schrammenränder schleifen Sie zunächst mit einem kleinen Streifen Wasserschleifpapier (mindestens Körnung 800) behutsam glatt. Wässern Sie ständig das Schleifpapier in einem Wassereimer und spülen gleichfalls die Schleifstelle. Vorsicht: Durchschleifen Sie nicht den Decklack.
- Polieren Sie die Schadstelle großflächig mit einer milden Politur nach. Sie verteilen dabei Farbpartikel aus der unmittelbaren Lackumgebung in die Schramme.
- Zuletzt versiegeln Sie die bearbeitete Stelle mit einem Lackkonservierer.
- Wenn Sie auf gleichmäßigen Glanz Wert legen, polieren Sie anschließend den gesamten Lack auf.

Lackneuaufbau – so verschwinden größere Schrammen

Vorsicht: Während des Lackierens entstehen giftige Dämpfe – lüften Sie Ihren Arbeitsplatz gut durch!

- Stark verschrammte Stoßfänger, Kotflügel oder Türen bauen Sie zur Reparatur besser aus. Das erleichtert die Arbeit und steigert das Ergebnis.
- Schleifen Sie schadhafte Stellen leicht mit Schleifpapier (Körnung 80 oder 100) an. Rost schleifen Sie natürlich bis aufs blanke Blech herunter und tragen dann Rostumwandler auf. Lassen Sie den Chemo-Cocktail vorschriftsmäßig einwirken.
- Im folgenden Schritt entfetten Sie die Stelle mit Lackverdünner. Lassen Sie alles gut ablüften.
- Vermischen Sie nun die Spachtelmasse mit dem Härter. Vorsicht: Zweikomponentenspachtel bleibt, je nach Temperatur, nur einige Minuten verarbeitungsfähig. Deshalb mischen Sie stets nur kleine Mengen an. Bei geringen Unebenheiten ist Spritzspachtel aus der Sprühdose eindeutig die bessere Wahl.
- Tragen Sie die Spachtelmasse gleichmäßig und zügig in mehreren dünnen Schichten auf. Nach etwa einer Stunde ist der Spachtel ausgehärtet.
- Unebenheiten egalisieren Sie mit Trockenschleifpapier (Körnung 180). Den Feinschliff erledigen Sie mit Nassschleifpapier (Körnung 400). Schleifen Sie die Fläche mit viel Wasser und verhaltenem Gegendruck plan.
- Verbliebene Riefen gleichen Sie nun erneut mit Spritzspachtel aus. Sobald sie ausgehärtet sind, schleifen Sie die Stellen mit Nassschleifpapier (Körnung 600) an.
- Spülen Sie den Schleifstaub vor dem Lackieren sorgfältig mit Wasser ab.
- Die gründlich vorbereitete Schadstelle müssen Sie

nun mit wasserfestem Abklebeband (Profiqualität) und /oder einer Folie bzw. alten Zeitungen abkleben. Verwenden Sie kein No-Name-Klebeband, es weicht schnell auf, hebt sich vom Untergrund und zerstört die Übergänge.

- Als Grundlage für den Decklack spritzen Sie Haftgrund (Füller) auf die gespachtelte Fläche. Arbeiten Sie sauber – Unebenheiten und Lacknasen verschwinden nicht mit zunehmendem Lackauftrag, sondern vergrößern sich. Den Haftgrund lassen Sie trocknen und schleifen dann die Fläche mit Nassschleifpapier (Körnung 600) plan. Spülen Sie die Schleifrückstände mit Wasser ab.
- Tragen Sie den Decklack gleichmäßig und zügig in mehreren Schichten auf. Der Abstand vom Dosensprühkopf zur Lackierfläche sollte etwa 20 bis 30 Zentimeter betragen. Erwärmen Sie die Sprühdose vor dem Lackieren kurz in heißem Wasser oder auf einem Heizkörper. Die Farbpartikel entweichen unter höherem Druck. Auch der Lackverlauf ist dann gleichmäßiger als bei kaltem Lack.
- Bevor Sie die Schadstelle nachsprühen, lösen Sie vorsichtig die Klebebandränder um die Reparaturstelle herum und knicken sie um. Der Übergang zum Originallack wird dann unscharf und lässt sich leichter beipolieren.
- Sobald der Reparaturlack vollständig ausgetrocknet ist (im Sommer nach etwa zwei, im Winter nach fünf Tagen), bearbeiten Sie die ausgebesserte Stelle mit Politur und die Übergänge mit Lackreiniger. Die besten Ergebnisse erzielen Sie, wenn anschließend das gesamte Auto aufpoliert wird.

> **GEFAHRENHINWEIS**
>
> **Sondermüll – Farbreste, leere Spraydosen, verdreckte Putzlappen, alte Pinsel**
>
> Farb- und Lösungsmittelreste gehören nicht in den Haus- dafür jedoch in den Sondermüll.
>
> Das gilt auch für verschmutzte Lappen, Pinsel und Spraydosen.
>
> In vielen Städten und Gemeinden gibt's heute mobile Annahmestellen. Fragen Sie bei Ihrem Umweltamt nach den Abholterminen oder den Öffnungszeiten der Deponie.

Scheibenwischer / Scheibenwaschanlage

Eine gute Rundumsicht ist die Grundvoraussetzung für Ihre und die Sicherheit anderer Verkehrsteilnehmer. Damit Ihnen im Focus der Ausblick auch bei Regen, Matsch und Schnee nicht abhanden kommt, putzen zwei Scheibenwischer mitsamt Scheibenwaschanlage die Front- gleichwie die Heckscheibe.

Die Frontwischer arbeiten grundsätzlich mit mehreren Geschwindigkeiten. Bei schwachem Nieselregen oder Nebel erweist sich der Einmaltippkontakt sowie eine zusätzliche Wischintervalleinrichtung als komfortabel. Im Focus taktet das Wischintervall die Frontwischer etwa alle fünf Sekunden.

Der Heckscheibe reicht ein Wischer mitsamt Scheibenwaschanlage. Duschen Sie stark verschmutzte Scheiben grundsätzlich zunächst gut ab – danach erst kommt der Wischer zum Einsatz. Stellen Sie die Scheibenwaschdüsen bitte so zur Sichtfläche ein, dass Sie das Waschwasser überwiegend im oberen Drittel des Wischfelds zerstäuben.

Vorbeugend – jährlich einmal neue Wischergummis

Die Lebensdauer von Wischergummis ist begrenzt: Bei jeder Wischbewegung malträtieren öliger Straßenschmutz, ausgehärtete Insektenreste sowie Salzrückstände die Wischerlippen. Ozon und UV-Strahlen härten die Wischergummis zusätzlich aus. Profis wechseln die Wischer daher vorbeugend einmal jährlich, vorzugsweise im Herbst gegen neue aus.

Bei korrekt anliegenden Wischerblättern sind lästige Schlieren auf der Scheibe der sichtbarste Beweis für verschlissene Wischergummis. Der Austausch ist einfach und problemlos selbst zu erledigen, wie übrigens die meisten Servicearbeiten an der Scheibenwaschanlage. Bei Störungen an der Elektrik werfen Sie zunächst auf die Sicherungen und elektrischen Zuleitungen einen prüfenden Blick. In einschlägigen Internet-Foren monieren Focus Fahrer mitunter leicht korrodierte Kabelanschlüsse an den Wischermotoren, bzw. Kontaktschwächen am Wischerschalter. Sollten Sie die gleichen Erfahrungen machen, informieren Sie sich vor der anstehenden Reparatur bitte im Kapitel »Elektrik« über praktikable Schritte.

Scheibenwaschwasser auffüllen

- Im Sommer ergänzen Sie den Waschwasservorrat mit klarem Wasser und präparieren das Nass mit einem satten Spritzer Reinigungsmittel oder Geschirrspüler. Im Winter mengen Sie der Waschlösung zusätzlich noch Gefrierschutzkonzentrat unter. Der Gebrauch vorgemischter Scheibenreiniger ist natürlich bequemer, wenngleich teurer. Darum haben wir auch keine großen Einwände gegen den Einsatz von Brennspiritus als Frostschutz im Winter. Sie sollten allerdings wissen: Über die Zeit trocknet Spiritus die Wischerlippen aus.

- Damit im Vorratsbehälter sofort eine homogene Mischung entsteht, füllen Sie zunächst das (die) Zusatzmittel ein, danach ergänzen Sie den Pegel mit Leitungswasser.

- Bei Minustemperaturen friert die Scheibenwaschanlage ein. Darum präparieren Sie Ihren Vorratstank in der kalten Jahreszeit immer mit dem nötigen Quantum an Gefrierschutzmittel oder einer vorgemischten Reinigungslösung. Damit im Ernstfall auch die Zuleitungen und Spritzdüsen geschützt sind, lassen Sie die Waschanlage nach dem Füllvorgang so lange pumpen, bis Sie die Mischung auf den Scheiben erkennen und riechen.

Leicht befüllbar: Waschwasserbehälter unter der Focus-Motorhaube.

Wischerblatt wechseln (vorne)

- Klappen Sie den Scheibenwischerarm von der Scheibe und ...

- ... schwenken das betreffende Wischerblatt etwa 90° um die Drehachse nach oben.

- Dann drücken Sie das Wischerblatt in Richtung Frontscheibe vom Wischerarm ab und ...

- ... ziehen das Wischblatt nach oben vo der Drehachse.

- Montieren Sie das neue Wischerblatt in umgekehrter Reihenfolge.

- Verfahren Sie mit dem anderen Blatt auf die gleiche Weise.

Etwa 90° um die Drehachse nach oben schwenken: Das Wischerblatt zur Demontage.

Wischerblatt wechseln (hinten)

- Klappen Sie den Scheibenwischerarm von der Scheibe ab und …
- … schwenken das Wischerblatt ein wenig um seine Drehachse nach oben. In dieser Stellung ziehen Sie das Blatt nun vorsichtig aus dem Wischerarm.
- Beenden Sie die Montage in umgekehrter Reihenfolge. Achten Sie bitte darauf, dass die Zunge hörbar in der Wischerblattaufnahme einrastet. Ansonsten fliegt Ihnen das Blatt beim nächsten Regen von der Scheibe.

Scheibenwischerarm demontieren

Frontscheibe

Werkzeug:
– Schlitzschraubendreher,
– Ratsche,
– 15er-Stecknuss

- Markieren Sie die Ruhestellung der Wischerblätter mit Klebeband auf der Scheibe. Vorschriftsmäßig eingestellt liegen beide Wischerblätter etwa 3,5 Zentimeter über dem unteren Scheibenrand auf.
- Liften Sie nun die Abdeckkappen der Wischerarmachsen mit einem Schlitzschraubendreher und …

Lösen: Die Zentralmutter am Wischerarm.

- …lösen zunächst die Wischerarmmutter ca. zwei Umdrehungen.
- Dann stellen Sie den Wischerarm auf und hebeln ihn seitlich leicht hin und her.
- Sobald der Arm lose auf dem Konus steckt, drehen Sie die Mutter ganz von der Wischerarmachse und …
- … ziehen den Wischerarm mitsamt Unterlegscheibe von der Wischerachse ab.
- Bei der Montage achten Sie darauf, dass der jeweilige Wischerarm mit Ihrer Scheibenmarkierung korrespondiert. Ziehen Sie die Arme gefühlvoll fest und checken dann den korrekten Wischerlauf: Eventuell müssen Sie die Ruhestellung korrigieren.

Heckscheibe

Werkzeug:
– Schlitzschraubendreher,
– Ratsche,
– 13er-Stecknuss

- Markieren Sie die Ruhestellung des Wischerblatts mit Klebeband auf der Scheibe und …
- …klappen die Wischerarmabdeckkappe (Pfeil) ab und lösen die Wischerarmmutter zunächst nur um zwei Undrehungen. Dann …
- … stellen Sie den Wischerarm auf und hebeln ihn mitsamt Gelenk beidhändig gefühlvoll seitlich etwas hin und her.

- Sobald der Arm lose auf dem Konus steckt, drehen Sie die Mutter ganz von der Wischerarmachse und …
- … ziehen den Wischerarm mitsamt Unterlegscheibe von der Wischerachse ab.
- Bei der Montage achten Sie darauf, dass der Wischerarm mit Ihrer Scheibenmarkierung korrespondiert. Ziehen Sie den Arm gefühlvoll fest und checken dann den Wischerlauf: Eventuell müssen Sie die Ruhestellung des Wischarms noch einmal korrigieren.

Muss richtig einrasten: Die Wischerarmabdeckung nach der Demontage.

Waschwasserdüsen prüfen und einstellen

Ihr Focus flutet die Frontscheibe mit zwei Waschwasserdüsen. Um deren Reinigungswirkung voll auszuschöpfen, stellen Sie die Düsen mit einer Nadel oder Büroklammer punktgenau auf das obere Scheibendrittel ein.
Reicht die Wassermenge nicht aus um die Scheibe zu cleanen? Sind die Düsen gar verstopft? Dann versenken Sie beide Düsen in eine scharfe Essiglösung und lassen beides in der Mikrowelle einmal gut aufkochen. Wenn die Düsen von Kalkablagerungen noch nicht vollends zugesetzt sind, hilft das meistens. Ansonsten ist ein Neuteil angesagt. Je nach Wasserqualität ist Kalk übrigens die häufigste Ursache für unzureichende Waschleistung. Begegnen Sie dem Ärgernis mit guten Waschwasserzusätzen oder einer sparsamen Portion Essig ins Waschwasser.
Zudem beklagen Focus-Fahrer ab und an gequollene oder gar geknickte Waschwasserschläuche. Bevor Sie also die Düsen verdächtigen, checken Sie auch die Zuleitungen unterhalb der Motorhaube – das ist mitunter preisgünstiger und zielgerichteter. Die Waschwasserpumpen sind erfahrungsgemäß ziemlich immun gegen kalkhaltiges Wasser.

Scheibenwaschdüse demontieren

- Öffnen Sie die Motorhaube, clipsen das Dämmmaterial unterhalb der Motorhaube ab und ziehen den Waschwasserschlauch von der jeweiligen Düse.
- Danach pressen Sie die Klemmzunge (Pfeil) an der Düse zusammen und...
- ... drücken gleichzeitig die Düse von unten aus der Motorhaube.
- Zur Montage rasten Sie die Düse von oben wieder in die Motorhaube ein. Achten Sie unbedingt darauf, dass die Klemmzungen hörbar einrasten. Falls nicht, können Sie die Einstellung des Waschstrahls gleich vergessen: Die Düse wandert eh beizeiten aus der Motorhaube.

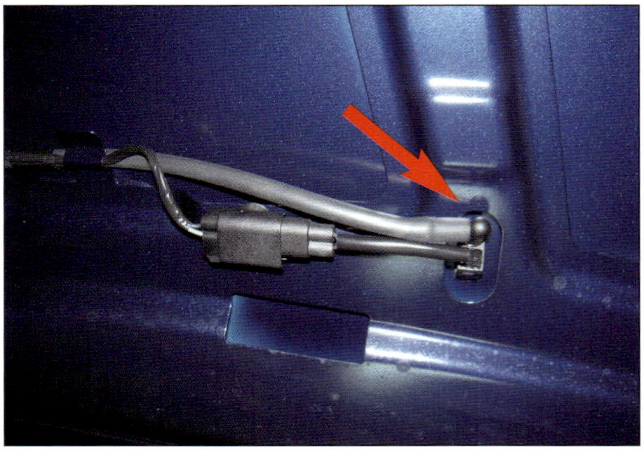

Gefühlvoll zusammendrücken: Die Klemmzungen an den Waschdüsen unterhalb der Motorhaube.

Heckdüse

Werkzeug:
– Ratsche,
– Torx T20-Stecknuss

- Schrauben Sie das Lampengehäuse der dritten Bremsleuchte an beiden Torxschrauben los und ziehen das Gehäuse aus der Heckklappe.
- Ziehen Sie dann das Schlauchende vom Düsenanschluss (Pfeil) ab und…
- … drücken danach die Klemmen am Düsenschaft mit einem Schlitzschraubendreher zusammen. Die Düse ziehen Sie einfach nach außen aus der Heckklappe.
- Zur Montage setzen Sie die neue Düse in die Hecklappe ein, quetschen den Waschwasserschlauch satt auf und beenden die Montage in umgekehrter Reihenfolge.
- Vergessen Sie nicht die neue Düse auf die Scheibe einzustellen und das Bremslicht zu checken.

Brechen bei der Demontage leicht ab: die Klemmzungen der Waschwasserspritzdüse.

Besser machen…

Damit Sie möglichst wenig Ärger mit verstopften Scheibenwaschdüsen bekommen, setzen Sie vor die Düsen einen handelsüblichen Kraftstofffilter (z. B. von einem Mofa) in die Waschwasserzuleitung ein. Der feinporige Filter bindet Schmutz- und Kalkrückstände – die Düsen bleiben ein Autoleben lang funktionsfähig.

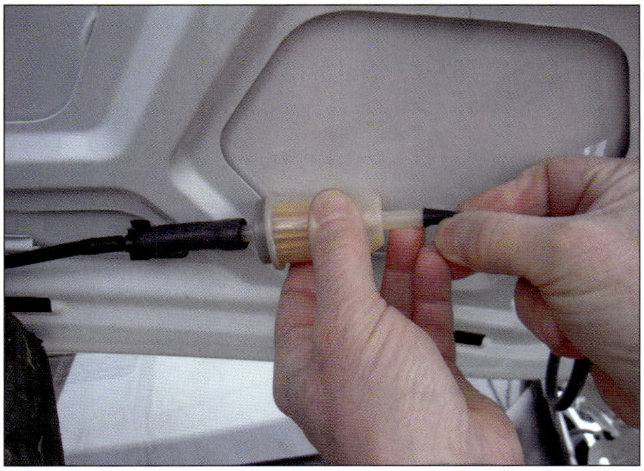

Hält die Düsen frei: ein Zweirad-Kraftstofffilter in der Waschwasserleitung.

Waschwasserdüsen einstellen

- Um den Waschwasserstrahl zu justieren, verkanten Sie zunächst eine Nadel- oder Drahtspitze vorsichtig in der Düsenöffnung.
- Damit Sie mit möglichst wenig Waschwasser eine gute Reinigungswirkung erzielen, richten Sie die Düsen etwa auf das obere Drittel des Wischfelds aus. Berücksichtigen Sie bei der Grundeinstellung, im Stand, auch den späteren Fahrtwind und lassen den Strahl von vornherein etwas höher auftreffen.

Besser machen…

Produzieren Ihre Scheibenwaschdüsen nach dem Einsatz ein hässliches Rinnsal auf der Motorhaube? Mit einem einfachen Rückschlagventil, z. B. aus dem Ford Escort (2 x FIS: 6745316) hat das ein Ende. Schneiden Sie kurzerhand den Waschschlauch nahe der Waschdüsen durch und setzen das Ventil jeweils dazwischen. Achten Sie, falls mit Pfeil markiert, noch auf die Ventildurchflussrichtung!

Auto Make-up zur Wertsteigerung

Wenn Sie Ihrem Focus nicht bis hin zum Schredder fahren möchten, steht irgendwann ein Neukauf an. In dem Fall sind Sie gut beraten, den Werteverfall über die Zeit möglichst gering zu halten. Kurz vor dem Verkauf brezeln Sie Ihren Alten dann noch einmal mit Augenmaß so richtig auf: Die Chancen, mit überschaubarem Aufwand den Kaufpreis zu heben, stehen nämlich nicht schlecht. Welchem Käufer würde es nicht leichter fallen, einem optisch gepflegten Auto sein Ja-Wort zu geben? Dem preislichen Verhandlungsspielraum sind mit gepflegter Optik einfach engere Grenzen gesetzt.

Doch zunächst sollten Sie dem Käufer die Angst vor einem technisch maroden Auto nehmen.
Prüforganisationen wie TÜV oder DEKRA, natürlich auch freie Kfz-Sachverständige, begutachten die möglichen Macken Ihres Focus gerne gegen Cash. Sie listen dazu detailliert ihre Erkenntnisse in einem Prüfprotokoll auf. Dazu gehören Bremsen, Lenkung, Fahrwerk, Antrieb, Auspuffanlage, Elektrik und Beleuchtung, die Karosserie mitsamt der Lackierung sowie der Innenraum. Ein spezielles Gebrauchtwagenzertifikat schafft zusätzliches Vertrauen und dient als neutrale Verhandlungsbasis zwischen Ihnen und dem möglichen Käufer.

Das leisten Profis

WISSENSWERTES

Kleider machen Leute – auch bei älteren Autos. Wir denken allerdings nicht unbedingt nur an das obligatorische Make up in Eigenregie: Wir schlagen Ihnen eher eine professionelle Aufbereitung Ihres Focus vor. Innenraum und Karosserie erhalten in dem Fall eine Komplettsanierung, die kleinere Mängel und Schönheitsfehler perfekt beseitigt oder zumindest bestmöglich retuschiert.

Fahren Sie dazu einen Auto-Kosmetiker an und erkundigen sich vorab über die technischen Möglichkeiten seines Wirkens und geben dem Blechvisagisten einen detaillierten Auftrag. Darin nämlich liegt Ihre große Chance: mit möglichst geringem Aufwand den Wiederverkaufswert Ihres Ford Focus zu pushen.

Sollten Sie Ihren Focus über die Jahre vordergründig als urbanes Fortbewegungsmittel genutzt haben, trägt er wahrscheinlich auch die typischen Spuren zur Schau: Kleine Kratzer oder Beulen außen, das eine oder andere Loch in den Kunststoffverblendungen, zum Beispiel von der Handyhalterung, oder einfach nur tiefere Kratzer auf den Oberflächen.

Sind Sie eventuell gar Raucher? Dann verunstalten vielleicht kleine Brandwunden die Polster oder Verkleidungen?

Keine Angst: Professionelle Gebrauchtwagenauf-bereiter stellen Ihre Unaufmerksamkeiten nicht unbedingt vor unlösbare Probleme. Die unter-schiedlichsten Make-up-Methoden beseitigen optische Schönheitsfehler mit relativ geringem Aufwand. Einen Neuwagen freilich – einen Neuwagen macht auch kein Profi aus einem heruntergekommenen »Schlorren«.

Dennoch, professionell aufbereitete Autos erzielen durch die Bank einen deutlich höheren Verkaufspreis als ungeschönte Oldies. In der Praxis steigt der Wert des Alten bis zu 1000 Euro. Dem gegenüber stehen Aufbereitungskosten zwischen 400 bis 500 Euro – macht einen satten Gewinn von mehreren hundert Euro. Das erleichtert den Gang zum Profi allemal......

PRAXISTIPP

Aufbereitung vom Profi

Die Abwägung, ob es sich für die vorhandenen Kleinschäden an Ihrem Fahrzeug lohnt, einen Profi zu engagieren oder nicht, wird dann relevant, wenn Sie sich von ihm trennen wollen oder müssen. Denn auch bei der Fahrzeugwartung und -pflege hat sich leider die »Geiz-ist-geil«-Mentalität in letzter Zeit bemerkbar gemacht.

Trotz des gestiegenen Anteils älterer Fahrzeuge in Deutschland, (das Durch-schnittsalter des bundesweiten Fahrzeugbestandes beträgt mittlerweile acht Jahre,) scheinen sich immer weniger Besitzer um den Allgemeinzustand ihres Fahrzeugs Gedanken zu machen. Wartung und Kundendienst werden vernachlässigt, die Motivation sinkt, in das Fahrzeug und den fälligen Service Geld zu investieren. Die Folge sind sich anhäufende Kleinmängel, die in ihrer Summe das Gesamtbild und die Erscheinung eines Kfz schnell trüben.

Dies ist eine Chance für Besitzer wie Sie, die pfleglich mit ihrem Automobil umgehen. Sie können sich mit Ihrem ordentlich gepflegten Fahrzeug hervorheben und zusätzlich durch eine optische Generalüberholung den Wiederverkaufswert steigern. Praxistests haben gezeigt, dass professionell aufbereitete Fahrzeuge in aller Regel einen deutlich höheren Verkaufspreis erzielen als ohne vorherige Verschönerungsmaßnahmen.

Die Schönheitskur kann so eine Wertsteigerung von bis zu 1000 Euro ausmachen. Nach Abzug der Aufwendungen von ca. 400 bis 500 Euro ein doch erfreulicher Überschuss.

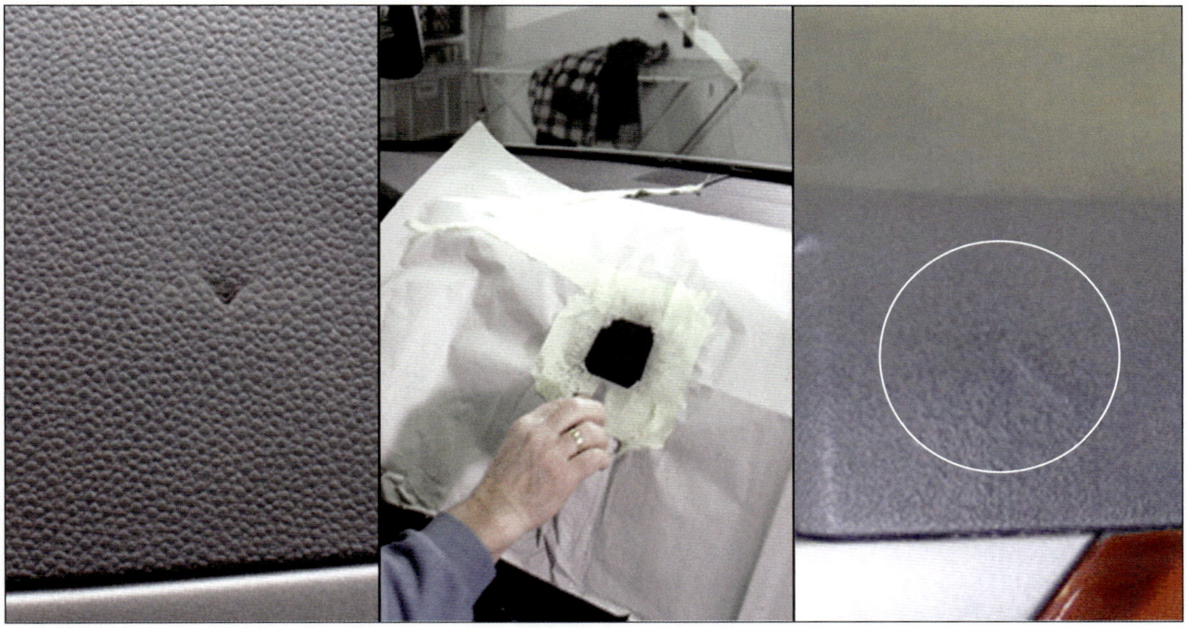

Schnell und gut kaschiert: Ein Loch im Armaturenträger vor und nach der Reparatur.

Wenn ferne Ziele locken...

... nimmt der Focus locker bis zu fünf Erwachsene samt deren Urlaubsutensilien an Bord. Mit seinen zeitgemäßen Außenabmessungen passt der Ford noch wie maßgeschneidert ins hektische Verkehrsgewusel europäischer Großstädte. Doch damit Ihre Urlaubsträume nicht irgendwo am Straßenrand als Alptraum enden, spendieren Sie dem Focus vor der großen Tour einen technischen Check-up. Auf den folgenden Seiten geben wir Ihnen passende Tipps, um den wohlverdienten Urlaub möglichst ohne Werkzeug zu genießen.

Ein Blick ins Internet beruhigt: Focus-Fahrer bescheinigen ihrem Auto große Zuverlässigkeit. Wie schon seine Vorgänger ist auch das aktuelle Modell ein relativ anspruchsloser Kumpel für dick und dünn: Mit ihm gestalten Sie Ihren automobilen Alltag – einerlei ob auf Kurz- oder Langstrecken, auf dem täglichen Arbeitsweg, als Schultaxi für den Nachwuchs, als Kleintransporter beim Wocheneinkauf, am Wochenende mit Surfbord auf dem Dach, Mountainbike auf der Heckklappe und diverser Freizeitoutfits im Gepäckraum. Der Focus macht nahezu überall eine gute Figur – auch wenn Sie ihn des Abends im kleinen Schwarzen oder mit Hut vor dem Theater oder einem guten Restaurant ausrollen lassen.

Doch einen Allzeit-Sorglosfreifahrtschein bietet Ihnen der Focus nicht. Es sei denn, Sie schauen Ihm von Zeit zu Zeit aufmerksam und zielorientiert unters Blech.

In dem Fall stehen die Chancen gut, die schönsten Wochen des Jahres nicht am Straßenrand in Irgendwo unterbrechen zu müssen. Egal ob mit gerissenem Antriebsriemen, geplatztem Kühlwasserschlauch, abgelatschten Bremssegmenten oder durchgebranntem Auspuff, die gute Laune ist perdu – erst recht, wenn Sie vor Ort vielleicht noch Sprachschwierigkeiten überwinden müssen.

Was wann machen?

Laut Kraftfahrtbundesamt (KbA) waren im Jahre 2010 mehr als 1,7 Millionen Fahrzeuge mit Saisonkennzeichen unterwegs. Unabhängig ob Sie zu jenen Automobilisten gehören und je nach dem wann es für Sie persönlich losgeht bzw. wohin die Reise führt, auf die Vorbereitungen Ihres Autos hat das gravierenden Einfluss. Folglich haben wir dieses Kapitel in die Teile Sommer und Winter gesplittet. So bereiten Sie Ihr Auto gezielt, der Jahreszeit entsprechend, auf die anstehenden Ziele vor.

Fit im Sommer

Stellen Sie sich bitte bildlich vor, Sie würden, gewissermaßen aus dem Stand, einen Kurzmarathonlauf bestreiten müssen. Eine bedrückende Vorstellung! Oder? Gleichwohl, wenn Sie den Lauf im Vorfeld akribisch planen und vorbereiten könnten, hätte nicht nur die Planung sondern gleichermaßen auch das Ziel gewisse Reize.

Ähnlich reagierte Ihr Focus, stünde er nach den schmuddeligen Wintermonaten unvorbereitet vor einer Alpenfernfahrt oder sonst wohin – samt Familie und Urlaubsgepäck im Schlepp. Wir möchten Ihnen hier keinen zeit- und kostenaufwändigen Rundumcheck aufdrängen, da sind Sie als Do-it-yourselfer eh ständig am Ball. Doch wichtige Sichtkontrollen sollten Sie – im eigenen Interesse – möglichst noch in der heimischen Garage abhandeln.

Wie steht's zum Beispiel mit der Bremsflüssigkeit? Hat sie schon ein paar Jährchen hinter sich? Stimmt der Pegel im Vorratsbehälter? Spurt der Antriebsriemen noch flexibel über die Riemenscheiben? Ist der Kühlflüssigkeitspegel im grünen Bereich? Wie steht's mit dem Luftfilter? Haben die Bremssegmente für Passfahrten mit voller Zuladung oder gar Anhänger am Haken noch genügend Reserven? Reicht das Scheibenwaschwasser? Hat die Lösung genügend Scheibenklar intus?

Vergessen Sie auch nicht die Reifen: Wie steht's mit dem Reifendruck? Hat das Reserverad noch ausreichend Profil und Luft? Läuft das Reifenprofil gleichmäßig ab? Erkennen Sie Auswaschungen an den Reifenflanken oder auf der Lauffläche? Reicht das Restprofil Ihrer Reifen noch ans Ziel und wieder retour?

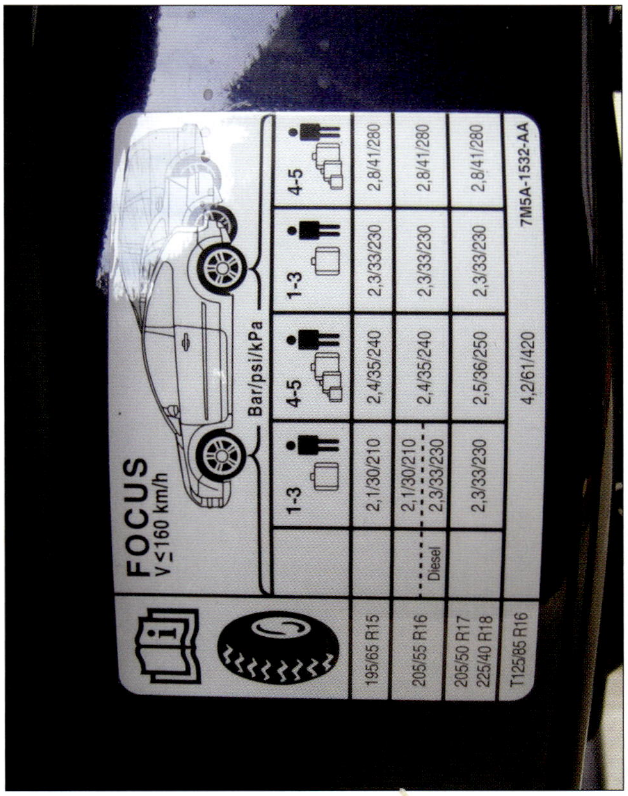

Reine Drucksache: Der Luftdruck muss immer dem Belastungszustand entsprechen. Die richtigen Werte stehen in dem Fahrertürfalz.

Laut Gesetzgeber sind Reifen mit lediglich 1,6 mm Restprofiltiefe noch fahrbar. Wenn Sie damit allerdings eine veritable Vollbremsung auf den Asphalt zaubern müssen, oder vielleicht nur in den Regen – ganz zu schweigen in ein deftiges Sommergewitter – kommen, haben Sie gehörig verwachst: Aquaplaning ist da vor programmiert – und das mit Kind und Kegel an Bord… Wussten Sie eigentlich: Schon bei ca. vier Millimeter Restprofil, dass entspricht etwa der Hälfte eines Neureifens, verlängert sich der Bremsweg aus 100 km/h bereits um mehr als zwei Wagenlängen.

Bremsweg aus 100 km/h (regennasse Fahrbahn)

Profiltiefe	Bremsweg	Verlängerung (relativ)
8 mm	70 m	–
4 mm	82 m	17%
3 mm	87 m	24%
2 mm	97 m	39 %

Zahlen lügen nicht: Millimeter entscheiden über Meter. Die Restprofiltiefe ist ein entscheidender Sicherheitsfaktor bei jedem Bremsmanöver – vor allem auf nassen Straßen.

Profiltiefe messen

1

2

Von Sicherheitsreserven gehörig entfernt: Ein bis zum Laufflächen-Abnutzungsanzeiger (Pfeil) auf 1,6 Millimeter Restprofil abgelatschter Reifen. Diese Pneus schwächeln besonders eklatant bei scharfen Bremsmanövern und auf regennassen Straßen (1). Das absolute Restprofil messen Sie in den Profilrillen. Der Profiltiefenmesser liefert exakte Ergebnisse (2).

WISSENSWERTES

Gesetzliche Regelungen

Seit Januar 2006 müssen laut Gesetzgeber alle Kraftfahrzeuge in ihrer Ausrüstung den herrschenden Witterungsverhältnissen angepasst sein (StVZO, §2 Abs. 3a). Hierzu gehört insbesondere eine »geeignete Bereifung«. Mit dieser Vorgabe sollte ALLEN Autofahrern unmissverständlich klar sein: Frühling, Sommer, Herbst und Winter benötigen, hinsichtlich Profil und Gummimischung, spezielle Reifen. Sie besteigen ja auch nicht die Zugspitze mit leichten Turnschuhen...

Gerade auf der Urlaubsfahrt sind »geeignete Reifen« ein wichtiger Sicherheitsfaktor. Moderne Reifen bestehen aus bis zu 16 verschiedenen Gummimischungen. Die von den Reifenbäckern streng gehüteten Mixturen sorgen für möglichst wenig Abrieb (Verschleiß), hohe Rissfestigkeitsreserven, größtmöglichen Rutschwiderstand, geringen Rollwiderstand, dynamische Beständigkeit sowie ein hohes Maß an Laufruhe und Alterungsbeständigkeit.

Allerdings bestimmen Gummimischung und Profilierung nicht allein die Leistungsfähigkeit eines Reifens, mindestens genau so wichtig sind genügend Profilreserven. Zwar fordert der Gesetzgeber hier nur einen Mindestwert von 1,6 Millimetern, in der Praxis sind 1,6 Millimeter für einen rundum sicheren Betrieb aber kaum ausreichend. Fachleute begrenzen das Mindestprofil eines Sommerreifens auf drei Millimeter und das eines funktionsfähigen Winterreifens auf vier Millimeter. Als aufmerksamer Autofahrer werden Sie der Fachwelt nicht widersprechen: Das Fahrverhalten Ihres Autos, speziell bei Nässe, lässt mit Mindestprofil bereits deutlich nach.

Die Gründe dafür sind technisch nachvollzieh- und beweisbar: Mit einem Restprofil von 1,6 Millimeter verlängert sich der Bremsweg auf regennasser Straße bereits um das Doppelte. Schon bei 80 km/h verdrängen die Drainagerillen auf nasser Fahrbahn bis zu 25 Liter Wasser pro Sekunde, bei 140 km/h sind es bereits 43 Liter. Anders gesagt: Geiz bei der Profiltiefe ist nicht geil…

Gönnen Sie also dem einzigen Bindeglied zwischen Ihrem Focus und der Straße ordentliches Profil: Die Kontaktfläche jedes Reifens macht nämlich nur die Größe einer Postkarte aus.

Die realistische Profiltiefe ermitteln Sie in den Hauptprofilrillen der Lauffläche. Das verlässlichste Ergebnis liefert Ihnen ein Profiltiefenmesser. Messen Sie ruhig auf den TWI-Stegen (**T**read **W**ear **I**ndikator, Laufflächen-Abnutzungsanzeiger), denn unterhalb der gesetzlichen 1,6 Millimeter Mindestprofiltiefe sind Reifen eh nur noch mit Vorsicht zu betrachten. Sie verlängern den Bremsweg und neigen zudem ganz unvermittelt zu Aquaplaning.

Reifen-Pannenset

Reifenpannensets ersetzen an Neuwagen immer häufiger das Reserverad: Auch Ihr Ford verzichtet ab Werk auf ein vollwertiges Reserverad. Wir möchten hier nicht die Diskussion um das Ersatzrad mit Ihnen führen: Doch argumentierten wir statistisch untermauert, stellten wir das E-Rad zumindest stark in Frage. Denn ein kapitaler Plattfuß ist für die meisten von uns Autofahrern die absolute Ausnahme, die etwa alle 70.000 Kilometer eintritt. In dieser Zeit schleppen Sie völlig nutzlos ein rund 5 Kilogramm schweres Ersatzrad über Stock und Stein. Das erhöht zwangsläufig den Kraftstoffverbrauch, minimiert die höchstzulässige Zuladung und senkt das Platzangebot im Gepäckraum.

Dabei helfen bei ganz »normalen Reifenplatten« mittlerweile praktikable Pannensets aus der Bredouille. Die Sets sind einfach zu bedienen und halten den Wagen bis zur nächsten Werkstatt mobil. Doch bevor Sie das Ersatzrad ausmustern, achten Sie unbedingt auf Preis und Qualität der angebotenen Pannensets: Nicht alle halten DICHT, viele sind ihr Geld nicht Wert.

Dichtet die meisten Plattfüße ab: Das Conti-Reifenpannenset mit Kompressor und Dichtschaum.

12V-Kühltasche fürs Auto

Getränke und ein Vesperbrot – auf langen Reisen eine willkommene Erfrischung: Sie erwecken die Lebensgeister und geben neue Kraft. Allerdings nur, wenn die Snacks möglichst frisch greifbar sind und die Butter samt Brotaufstrich nicht schon aus der Verpackung kriecht. Auch der Schluck aus der »Pulle« erfrischt Sie nur, wenn er zumindest noch kühler ist als Ihre Stirn.

Wenn Sie also Raststätten meiden wollen, sollten Sie zumindest eine geeignete Kühltasche oder Kühlbox an Bord haben. Kühltaschen reichen auf kleineren Reisen allemal aus, doch wenn die Kühlakkus erst geschmolzen sind, haben Kühltaschen allenfalls noch den Wirkungsgrad eines Einkaufbeutels.

Kühlboxen bieten gegenüber der Kühltasche »eiskalte« Vorteile. Das Angebot ist groß, und die meisten Boxen sind im Auto auch praktisch zu verstauen. Ihnen reicht in der Regel ein 12-Volt-Stromanschluss (Zigarettenanzünder, separate Steckdose), in der Mehrzahl arbeiten sie mit Piezo-Elementen. Besonders praktische Geräte docken Sie am Zielort übrigens auch ans normale 230-Volt-Stromnetz an. Solche Geräte halten ihren Inhalt rund 30 °C unterhalb der Umgebungstemperatur und im Umkehrschluss auch entsprechend warm: Der Nachwuchs in der Babywiege hat also immer sein vorgewärmtes Fläschchen an Bord. Übrigens, auch manch ein Pizzabäcker bringt seine Teigwaren damit »al dente« oder knusperfrisch bis vor die Wohnungstür.

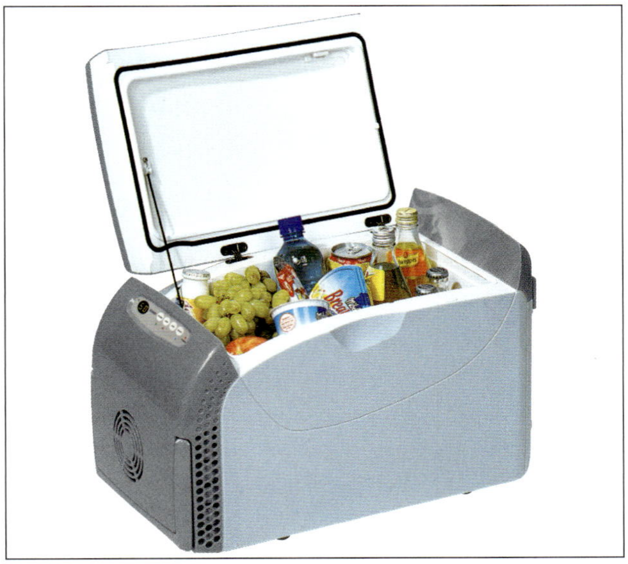

Snacks auf Reisen: Mit einer guten Multifunktionsbox (Kühl- und Wärmfunktion) kein Problem.

Bevor Sie durchstarten

CHECKLISTE

Bereich	worauf Sie achten sollten	was zu tun ist
A Motor	**1** Motorölstand	Motoren, die im Kurzstreckenbetrieb nur selten richtig betriebswarm werden, sammeln Kondensate im Ölsumpf an, die auf langen Strecken wieder vergasen. Folge. Der Ölstand sinkt bei heißem Motor dann schlagartig ab. Checken Sie den Pegel deshalb erneut während des ersten Tankstopps.
	2 Kühlmittelstand	Bei kaltem Motor muss der Kühlflüssigkeitspegel im Ausgleichbehälter zwischen »Min.« und »Max.« stehen. Falls nicht, bitte entsprechend ergänzen.
	3 Zustand der schläuche	Verlässliche Kühlmittelschläuche sind dicht und Kühlmittel elastisch. Die Schlauchschellen sitzen satt und fest. Kneten Sie die Schläuche vor großen Touren kräftig durch. Verhärtete oder brüchige Schläuche tauschen Sie aus. Auch Kalkablagerungen an den Schlauchenden sollten Sie akribisch inspizieren.
	4 Kühlerlüfter checken	Lassen Sie den Motor so lange laufen, bis der Kühlerventilator ein- und selbstständig wieder ausschaltet.
B Räder und Reifen	**1** Luftdruck	Der Reifenluftdruck muss der Beladung und Geschwindigkeit angepasst sein. Schauen Sie in dem Fahrertürfalz nach und korrigieren entsprechend. Drei Zehntel bar über Normal ist generell vertretbar und senkt zudem den Verbrauch.
	2 Zustand	Das Restprofil muss auch nach der Reise noch ausreichend sein. Messen Sie das vorher an den TWI-Stegen nach. Winterreifen sollten mindestens noch vier Millimeter Restprofiltiefe haben.
C Fahrwerk	**1** Stoßdämpfer	Achten Sie auf Schwitzspuren an den Stoßdämpferrohren und lassen eventuell einen richtigen Stoßdämpfertest durchführen. Mit Wippen an den Karosserieenden entlarven Sie keinen maladen Stoßdämpfer.
	2 Manschetten und Gelenke	Poröse oder undichte Achsmanschetten fördern den Verschleiß an Antriebswellen, Radaufhängungen und Spurstangen. Tauschen Sie die Gummis vorausschauend schon zu Hause aus.
D Sonstiges	**1** Beleuchtung	Schalten Sie alle Lichter durch und checken auch Ihr Ersatzlampenset auf Vollständigkeit.
	2 Scheibenwaschanlage	Prüfen Sie die Waschdüsen und stellen sie gegebenenfalls neu ein. Den Vorratsbehälter füllen Sie mit Reinigungslösung bis zur Gänze auf. Denken Sie im Winter an den Frostschutzzusatz.

Fit im Winter

Nach all den vielen Sommertipps könnten Sie fast schon auf die Idee kommen, wir wären Wintermuffel. Dem ist natürlich nicht so – Auto fahren macht auch im Winter Spaß! Vorausgesetzt, Sie stellen sich ernsthaft auf »Väterchen-Frost« ein und treiben Ihren Focus nicht gerade auf Turnschuhen über Eis und Schnee…
Von Haus aus hat Ihr Focus übrigens gute Wintereigenschaften: Seine angetriebenen Vorderräder sind gut belastet und das moderne Fahrwerk tut sein Übriges. Wenn dann noch moderne Winterreifen mit von der Partie sind, können Regen, Schnee und Eis Ihnen und Ihrem Ford so leicht nichts mehr anhaben. Es sei denn, Sie vergessen die Grenzen der Fahrphysik und glauben, gute Reifen allein bremsen den Winter schon aus. In dem Fall benötigen Sie recht bald einen stabilen Bergegurt oder das Abschleppseil, das Sie hoffentlich immer an Bord haben.
Wenn Sie allerdings mit klarem Kopf die Herausforderungen der kalten Jahreszeit annehmen und Ihren Focus mit der gebotenen Rück- und Vorsicht nutzen, kommen Sie immer gut an. Und wenn's denn mal ganz dick von Oben kommen sollte, wirkt ein Satz griffiger Schneeketten – auf den Antriebsrädern montiert – meistens weiter. Unser Tipp kommt weniger im Flachland denn im Gebirge zu Ehren, doch als Wintersportler wissen Sie ohnehin: Auf winterlichen Passstraßen sind Schneeketten gesetzlich vorgeschrieben – auch bei unseren europäischen Nachbarn. Beim Focus gehören Ketten übrigens auf die angetriebene Vorderachse.

Das sollten Sie im Winter an Bord haben

Manchmal hindert Sie nicht einmal das eigene Auto oder vielleicht sogar Ihr eigenes Unvermögen am Weiterkommen. Nein, es sind die äußeren Umstände, die sich gegen Sie verbündet haben. Und da ist es sinnvoll ein paar Utensilien an Bord zu haben. So zum Beispiel:

- Frostschutzgemisch für die Scheibenwaschanlage (A),
- Reservekanister, damit Ihnen im Stau das Benzin nicht ausgeht (B),
- warme Decke, falls Sie festsitzen und das Benzin zur Neige geht (C),
- kleine Schaufel zum Freischaufeln verschneiter Räder (D),
- Kopflampe, die Ihnen im Dunklen die Hände frei hält (E),
- Abschleppseil, besser noch einen langen Schwerlastspanngurt (F),
- Starthilfekabel zum Überbrücken schlaffer Batterien (G).

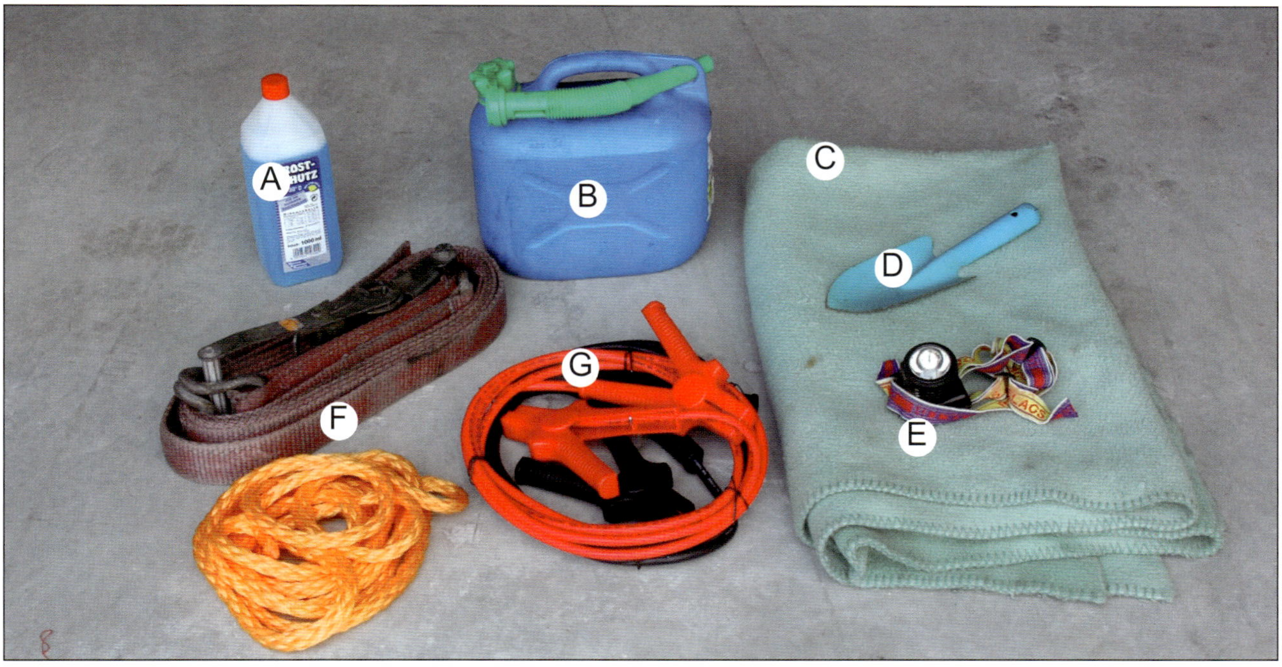

Erste Hilfe im Schnee: (A) Frostschutz für die Scheibenwaschanlage, (B) Reservekanister, (C) Decke, (D) kleine Schaufel, (E) Kopflampe, (F) Abschleppseil oder Spanngurt, (G) Starthilfekabel.

Weniger ist mehr – so unterstützen Sie den Anlasser

Unter winterlichen Bedingungen hat der Anlasser bei jedem Kaltstart Höchstleistungen zu erledigen: Der Starter Ihres Focus lutscht beim Kaltstart kurzfristig bis zu 2000 Watt aus der Batterie. Ein Großteil der immensen Leistung geht auf das Konto interner Reibungsverluste. Warmstarts realisiert der Starter dagegen schon mit rund einem Fünftel der Kaltstartpower.
Darum machen Sie es dem Anlasser und der Batterie bei jedem Start möglichst leicht: Verzichten Sie derweil auf alle unnötigen Verbraucher. Schalten Sie das Fahrlicht, die Innenraumlüftung, das Radio, die beheizbare Heckscheibe, kurzum – schalten Sie ALLE Verbraucher aus, die der Batterie jetzt unnötig Strom abziehen könnten. Der Starter tut sich nämlich mit jedem zusätzlichen Watt leichter, und die Batterie ist um jeden abgeschalteten Verbraucher froh.

Winterreifen, ein Sicherheits- und Komfortgewinn – auch im Flachland

Sie wissen es bereits aus Fahrschulzeiten und unzähligen Presseberichten – dennoch wiederholen wir den Rat: Grundvoraussetzung für sicheres Vorankommen auf winterlichen Straßen ist die richtige Bereifung. Seit 2006 schreibt die Straßenverkehrsordnung in §2 Abs.3a zwingend eine »geeignete Winterbereifung« vor. Was jedoch als »geeignete Winterbereifung« zählt, definieren die Gesetzestexter nicht näher. Dennoch, die bequeme Ausrede auf Winterreifen getrost verzichten zu können, ist gefährlich: Wer mit falschen Reifen ertappt wird, riskiert ein Bußgeld und im Falle eines Unfalls sogar den Versicherungsschutz!
Wir appellieren daher an Ihr Verantwortungsbewusstsein: Spätestens nach dem 15. Oktober bis zum 15. März sind ordentliche Winterreifen (Schlechtwetterreifen) angesagt. Besagte Pneus steigern die Fahrsicherheit und den Fahrkomfort. Übrigens nicht nur auf Eis und Schnee, Sie spuren zudem viel komfortabler auf nassen Straßen und reduzieren das Aquaplaning-Risiko ganz erheblich. Welche Winterreifen gut zu Ihrem Focus passen, verraten wir Ihnen an anderer Stelle.
Übrigens, auch Ganzjahresreifen können bei unkritischen Wetterlagen mit überwiegend milden Temperaturen schon »geeignet« sein. Bei plötzlichen Witterungseinbrüchen sind sie jedoch schlichtweg nicht mehr ausreichend.

Der Lamellentrick: Spikes sind in Deutschland tabu, aber Lamellen in der Lauffläche erreichen einen ähnlich guten Kraftschluss wie die Stahlnägel. Die Lamellen öffnen sich bei rotierenden Reifen und übertragen damit geringfügig mehr Drehmoment auf die Straße.

Die richtigen Winterreifen

Wer die Qual hat die Wahl – so auch bei den richtigen Winterreifen für Ihren Focus. Eines vorweg: Auch ein mittelmäßiger Winterreifen hat in seiner Jahreszeit immer noch größere Sicherheitsreserven als ein guter Sommerreifen. Damit ist dann auch schon die Frage

Euro-Schnelltest: Winterreifen verlieren ihre Wirkung unterhalb vier Millimeter Restprofilstärke. Das entspricht etwa dem goldenen Rand einer Ein-Euro-Münze.

WISSENSWERTES

Das Schneeflockensymbol

Die große Verunsicherung vieler Autofahrer, welche Reifen im Winter am besten geeignet sind, minimiert das Schneeflockensymbol. Die Entstehungsgeschichte dieses Symbols basiert auf dem zum Teil betriebenen Missbrauch mit der »M+S-Kennung« (Matsch und Schnee). Das Kürzel »M+S« ist nämlich, entgegen der öffentlichen Darstellung, keine offiziell geschützte Kennzeichnung für unbeschränkte Wintertauglichkeit. Und das völlig zu Recht, denn längst nicht alle »M+S«-Reifen« weisen in ihren Hauptprofilblöcken jene Lamelleneinschnitte auf, die für gute

Garant für richtige Winterreifen: Die Schneeflocke mit zusätzlicher M+S-Kennung auf der Reifenflanke.

Traktion auf Schnee und Eis sorgen. So tragen etwa auch waschechte Geländereifen das »M+S-Symbol« auf ihrer Reifenflanke. Und das, obwohl gerade grob profilierte Geländeprofile auf winterlichen Straßen allenfalls die Haftung von Turnschuhen auf den kalten Asphalt bringen. So ist die Schneeflocke auf der Reifenflanke, seit 2002 europaweit als freiwilliges Hersteller-Kennzeichen von »richtigen« Winterreifen, durchaus begrüßenswert. Sie prangt übrigens zusätzlich zur »M+S« Markierung auf der Reifenflanke. Ernstzunehmende Winterreifen sind Pneus, die, im Vergleich mit einem Standard-Referenzreifen, mindestens sieben Prozent mehr Traktion auf Schnee bieten und zudem auch den Bremsweg um mindestens sieben Prozent verkürzen. »M+S-Reifen« hingegen müssen – per Definition – nur ein besonders grobes Profil, jedoch keine besonderen Wintereigenschaften, haben. Anders als Sommerreifen sind Winterreifen hierzulande mit einem geringeren Geschwindig-keitsindex, als den im Fahrzeugschein angegebenen Wert, zugelassen. Die Umrüstung auf den »lang-sameren« Reifen muss dann allerdings ein Auf-kleber mit der gebotenen Höchstgeschwindigkeit im Sichtbereich des Fahrers kenntlich machen.

nach dem meist teuren High-Performance-Winterreifen für Ihren Focus schlichtweg beantwortet: Es muss nicht immer »Kaviar« sein. In aller Regel sind Sie mit einem guten Mittelklasseprodukt hinreichend bedient. Ihr Ford-Händler bietet Ihnen übrigens Ganzjahreskompletträder im Format 195/65 R15" zu durchaus günstigen Konditionen an.
In dem Fall verliert selbst der günstigste No-Name-Gummi an Charme.
Daher unser Rat: Halten Sie sich einfach an die Empfehlungen Ihres Vertragshändlers oder besser noch, informieren Sie sich in einschlägigen Reifentests der Motorpresse, der Stiftung Warentest oder bei großen Automobilclubs. Hier liegen Sie auf der sicheren Seite und finden zudem den für Sie richtigen Reifen. Der Rat sticht übrigens auch bei Sommerreifen.
Wenn Sie nicht nur das Profil sondern auch die Größe variieren möchten, linken Sie sich beispielsweise auf den Web-Seiten von Continental ein. Dort finden Sie unter dem Link »Reifenkonfigurator« alle für den Focus gängigen Größen aufgelistet. Seien Sie allerdings misstrauisch beim Kauf vermeintlich günstiger Gebrauchtreifen oder mit Runderneuerten aus dubiosen Quellen. Unser Rat: Finger weg – Sicherheit geht vor Sparsamkeit!
An dieser Stelle gleich noch ein Rat: Winterreifen mit weniger als vier Millimeter Profiltiefe sind keine vollwertigen Winterreifen mehr. Nichts spricht allerdings dagegen, sie im Frühjahr bis zur Mindestprofiltiefe aufzubrauchen.

Üben übt – moderne Schneeketten sind einfach zu montieren

Passende Schneeketten für Ihren Focus hat natürlich Ihr Ford-Händler am Lager, falls nicht, beschafft er sie. Zudem geizt auch der Zubehörhandel nicht mit passenden Angeboten. Egal wo Sie nun fündig werden, das Attribut »MONTAGELEICHT« schmückt heutzutage nahezu alle Verpackungen. Unser Rat: Seien Sie durchaus misstrauisch und lassen sich am eigenen Auto, nicht an einem bequemen Demonstrationsmodell, von der Montageleichtigkeit überzeugen. Lassen Sie es mit der Demonstration dann noch nicht gut sein, sondern legen die Antriebsräder Ihres Focus versuchsweise selbst erneut in Ketten. Üben übt – wir reden aus eigener Erfahrung. Sie wären sonst nämlich nicht der erste Schneekettenmonteur, der seine Feuertaufe unverrichteter Dinge frustriert und mit steif gefrorenen Fingern beendet.

Mit Bügel schneller zu montieren: Moderne Bügelketten passen sogar im Stand um die Räder. Was hier einfach aussieht, klappt in der Praxis mit Montageanleitung, Handschuhen und etwas Trockentraining noch reibungsloser.

Sollten Sie Mitglied eines Automobilclubs sein, können Sie dort übrigens Schneeketten ausleihen. Melden Sie Ihren Bedarf freilich rechtzeitig an, die Clubs verwalten lange Wartelisten…

Doppelnutzen – gutes Licht und gute Sicht

Hätten Sie's gewusst? Rund 10 Millionen Autofahrer nehmen jährlich an der traditionellen Beleuchtungsaktion im Oktober teil. Dazu stellen Kfz-Werkstätten an den untersuchten Autos regelmäßig zahlreiche Mängel fest. Im vergangenen Jahr beispielsweise hatten mehr als 37 Prozent der vorgestellten Wagen mangelhaftes Licht und unzulängliche Scheibenwischerblätter. Uns ist das unverständlich. Denn seit vielen Jahren findet alljährlich im Oktober die unentgeltliche Beleuchtungsaktion der Automobilclubs und Kfz-Werkstätten statt. Außerdem unterstützen alle Bosch Car Service und AutoCrew-Betriebe die Aktion.
Alle Werkstätten, die an der Licht- und Sicht-Aktion teilnehmen, sind übrigens an einem auffälligen Plakat »Licht, Sicht, Sicherheit« zu erkennen. Und das aus gutem Grund: Denn neben einer funktionierenden Beleuchtung sind in der dunklen Jahreszeit und bei

Synonym für gutes Licht: Die Beleuchtungsplakette am rechten, unteren Scheibenrand.

schlechtem Wetter im Herbst und Winter auch schlierenfrei wischende Scheibenwischer ein gewichtiger Sicherheitsaspekt.
Geprüft werden daher zum einen die Funktion aller Scheinwerfer und Heckleuchten sowie die korrekte Einstellung der Frontscheinwerfer. Bei gleicher Gelegenheit findet auch eine unentgeltliche Überprüfung der Scheibenwischer statt. Und besonders sicherheitsbewusste Autofahrer bekommen auf Wunsch vor Ort sogar Scheinwerfer-Glühlampen mit höherer Leuchtkraft montiert.

Gummipflege – so bleiben Türdichtgummis geschmeidig

Alle Dichtungsgummis sind bei Minustemperaturen besonderen Anforderungen ausgesetzt: Sie werden spröde und frieren leicht an den Dichtflächen fest. Das ist dann bereits der Anfang vom Ende einer intakten Dichtung. Denn angerissene oder spröde Dichtungen sehen nicht nur optisch unansehnlich aus, sie erledigen ihren Job auch nicht mehr richtig und lassen Wasser in den Innenraum. Sparen Sie also nicht bei der Gummipflege, der Wechsel defekter Gummidichtungen ist zeitaufwändiger als deren regelmäßige Pflege – teurer ist er allemal. Massieren Sie alle Tür- und sonstigen Dichtgummis mit einer Silikonpaste oder einem

Am besten griffbereit in der Tasche: Den Schlossenteiser nicht im Auto vergessen. Denn ist der Türschließzylinder erst eingefroren, bleibt der Enteiser im Innenraum völlig wirkungslos.

Schnell gemacht: Gummidichtungen sollten mit Vaseline oder einem speziellen Gummipflegestift mindestens einmal vor und nach der kalten Jahreszeit eingerieben werden – dann bleiben die Dichtungen geschmeidig.

besonderen Gummipflegestift ein. Das muss nicht unbedingt nach jeder Wagenwäsche sein, doch vor und nach dem Winter nehmen Sie sich die Zeit.

Hält Türschlösser fit – Enteiser aus der Spraydose

Wenn Sie Ihren Focus regelmäßig per Funkkontakt öffnen und verschließen, erscheint Ihnen unser Pflegetipp weltfremd. Wir raten Ihnen nämlich rechtzeitig vor dem Winter – und danach – die Innereien aller Schließzylinder mit einem Silikonspray gegen Frost zu schützen. Zudem sollten Sie ein kleines Sprühfläschchen Schlossenteiser in der Tasche haben. Denn der Trick mit dem Feuerzeug funktioniert bei Nichtrauchern nicht unbedingt und kann zudem ein Nachspiel haben. Ist der Schlüssel nämlich zu heiß, könnte der Elektronikchip der Wegfahrsperre darunter leiden: Im Zweifelsfall sitzen Sie dann zwar im Auto, doch Ihr Auto macht keinen Mucks: Das Zündschloss erkennt »seinen« Schlüssel nicht mehr und der Anlasser bleibt beharrlich stumm.

Scheibenwaschwasser – im Winter niemals ohne Frostschutz

Sowohl ins Kühl- als auch ins Scheibenwaschwasser gehört ein Frostschutzmittel. Während die Kühlflüssigkeit ständig frostgeschützt im Motor kursiert, reicht dem Scheibenwaschwasser im Winter ein Frostschutzmittel. Beide Frostschutzlösungen haben übrigens NICHTS miteinander zu tun. Vertauschen Sie die Flüssigkeiten also niemals. Die Folgen, zumindest für den Motor und sein gesamtes technisches Umfeld, könnten fatal sein!
Scheibenwaschmittel gibt's zur Genüge in jedem Zubehörshop oder an der Tankstelle. Zur Not können Sie dem Waschwasser auch Brennspiritus als Frostschutzmittel beigeben. Das ist preislich günstiger, kann auf Dauer jedoch die Wischblätter angreifen. Achten Sie jeweils auf die richtige Dosierung. Ergänzen Sie dagegen Kühlerfrostmittel nur in Erstausrüsterqualität. Sollten Sie auf der heimischen Werkbank nämlich das falsche Gebräu mixen, könnte das Ihrem Motor den Garaus bereiten – im Kapitel »Antrieb« gehen wir detailliert darauf ein.

PRAXISTIPP

Durchblick aus der Flasche

Für viele Laternenparker gehören zugefrorene Scheiben im Winter zum alltäglichen Ärgernis. Wer hat schon Lust auf regelmäßigen Früh- oder Abendsport am zugigen Straßenrand? Doch ohne geht's nicht. Wer etwa aus reiner Bequemlichkeit den Verkehr aus kleinen Sehschlitzen beobachtet, riskiert nicht nur einen veritablen Unfall, er riskiert zusätzlich ein saftiges Bußgeld. Der Gesetzgeber verlangt laut §23 StVO von jedem Fahrzeugführer »die Sicht weder

Alternative zum Eiskratzer: Flüssiger Scheibenenteiser aus der Sprühflasche.

durch Beladung noch durch den Zustand des Fahrzeugs zu beeinträchtigen«. Im Klartext: Alle Autoscheiben müssen sauber sein.

Was also tun im Sinne der eigenen Bequemlichkeit und der Scheibenlebensdauer? Wer den Eiskratzer verbannen möchte, steigt kurzerhand auf Thermomatten oder flüssigen Scheibenenteiser um. Thermomatten werden um die A-Säulen gezogen und mit den Türen auf der Scheibe fixiert. Scheibenenteiser in Spray- oder Pumpdosen taut die Scheibe wie von Geisterhand ab – der Doseninhalt ist mit Alkohol versetzt. In der Praxis gibt's allerdings große Qualitätsunter-schiede. Achten Sie zunächst auf das Sprühbild auf der Scheibe. Denn wird sie nur punktuell benetzt, verpufft die Wirkung im Nu. Wegen der Verdunstungskälte des Alkohols wird der Eispanzer auf der Scheibe sogar noch »stabiler«. Also doch ein Fall für den Eiskratzer! Sprühdosen die ihren Inhalt allerdings gleichmäßig auf der Scheibe verteilen, sorgen für Durchblick, zumindest dann, wenn Sie anschließend die Scheibe mit guten Wischerblättern weitgehend trocken- wischen.

Mollig warm und klare Scheiben – mit Standheizung keine Hexerei

Trotzt knapper werdender Ressourcen und starker Luftbelastung möchten wir nicht werten: Eine Standheizung ist im Winter fraglos ein Komfortzugewinn, erst recht bei besonders wärmedichten Dieselmotoren und für Laternengaragenparker. Denn sobald die Standheizung auch noch per Vorwahlzeituhr oder über Funkwellen zu aktivieren ist, steigen Sie nie mehr in ein kaltes Auto ein. Natürlich sind dann auch die Scheiben frei, bevor Sie den Motor starten. Sie haben fortan auch keine Kaltstartprobleme mehr zu befürchten, die Motorkühlflüssigkeit ist auch schon vorgewärmt. Ab Werk gibt's besagten Komfort im Focus nicht. Die Standheizung steht in der Aufpreisliste, programmierbar über den Bordcomputer und mit Zusatzheizungsfunktion.
Natürlich sind auch solide Zubehörangebote eine komfortable Alternative, erkundigen Sie sich einfach in einem nahe gelegenen Bosch Automotive-Stützpunkt oder Sie googeln das Angebot im Internet. Das klingt einfach und einladend, doch die Montage überlassen Sie besser einem Profi. Einen durchschnittlich begabten Heimwerker überfordern die notwendigen Eingriffe unter der Motorhaube und im Innenraum. Übrigens, eine Standheizung leistet auch im Sommer sinnvolle Dienste: Als Standlüfter kühlt Sie den parkenden Focus nämlich zumindest auf Außentemperaturniveau herunter.

Problemlos nachrüstbar – die Sitzheizung im Focus

Sollten Sie die Sitzheizungsoption beim Focus-Kauf ignoriert haben, können Sie später auch noch selber nachhelfen: Die von soliden Zubehöranbietern angebotenen Heizmatten haben teilweise Erstausrüsterqualität. Mitunter sind sie mit bruchresistenten Karbonheizmatten den Serienprodukten qualitativ sogar voraus. Der Fachhandel bietet für die gängigsten Sitzformate Nachrüst-Kits an. Geschickte Do-it-yourselfer bugsieren die Matten locker in Eigenregie unter die Sitzpolster. Der TÜV legt im Fall do it Yourself allerdings sein Veto ein. Demnach muss der ordnungsgemäße Einbau in einem Fachbetrieb erfolgen. Vielleicht finden Sie ja einen Fachmann, der Ihnen die ordnungsgemäße Montage schriftlich bestätigt.

Für rund 100 Euro pro Sitz zu haben: ein Sitzheizungsnachrüstkit mit Carbonwärmeleitern.

Macht müde Motoren munter – der Starthilfebooster

Wir haben Ihnen die außergewöhnliche Energieleistung des Anlassers und der Batterie, die beide bei jedem Kaltstart absolvieren, schon näher gebracht. Gleichfalls haben wir Ihnen die Vorzüge einer Standheizung gepriesen.

Verschwiegen haben wir dagegen bislang, dass Standheizungen nicht nur Benzin bzw. Diesel, sondern auch Strom konsumieren. Sollten Sie im Winter allmorgendlich nicht ganz auf Risiko setzen, ergänzen Sie Ihr Bordwerkzeug besser noch mit einem Starthilfebooster. Gute Booster helfen schlappen Batterien kurzfristig auf die Sprünge, sei es bei grimmiger Kälte oder wegen notorischer Unterladung, eine tiefentladene Batterie kompensieren sie freilich nicht wirklich zuverlässig.

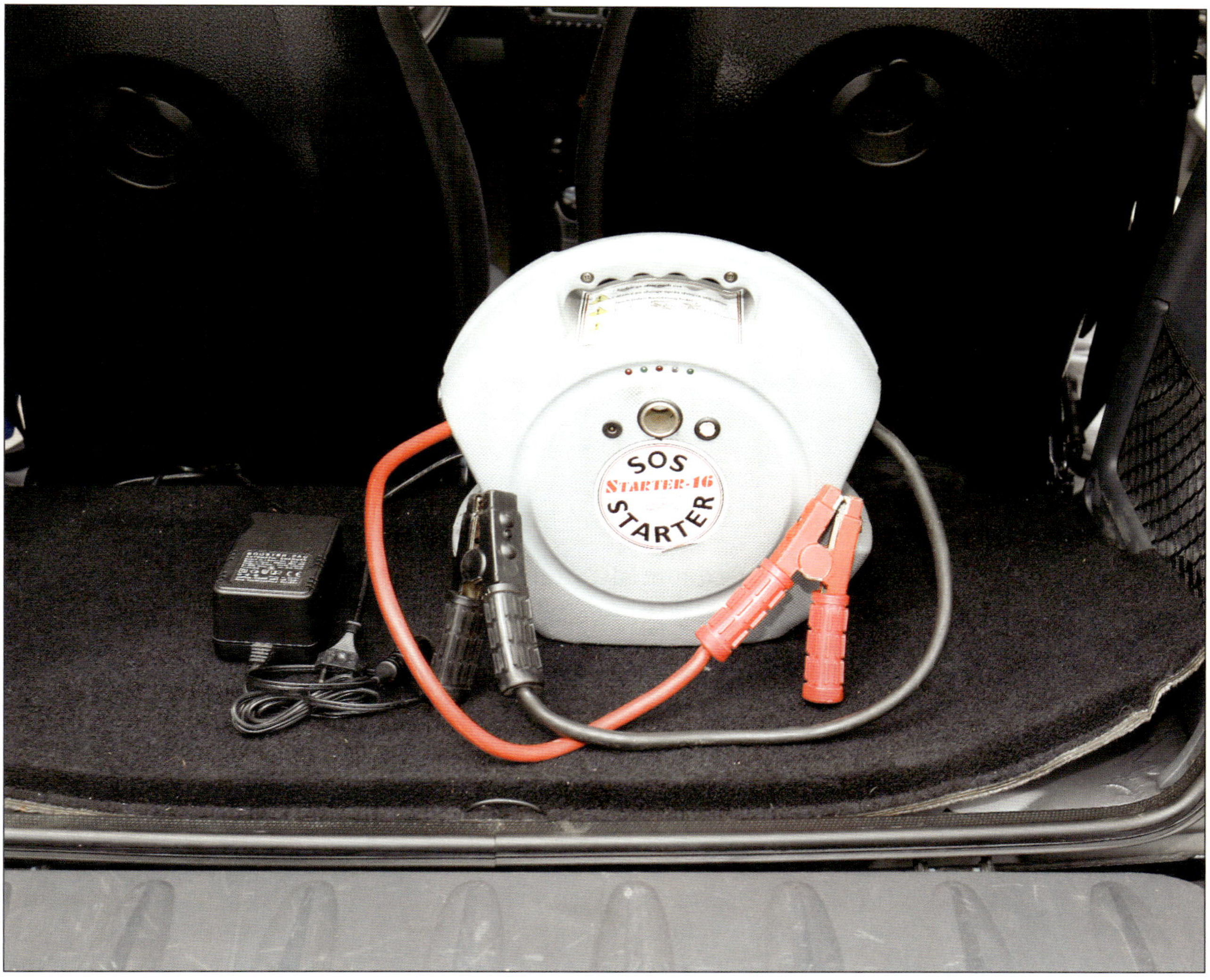

Dem Frost die Zähne ziehen: Mit einem Starthilfebooster haben Sie Ihr eigenes Kurzzeit-Kraftwerk an Bord.

CHECKLISTE

Den Winter entschärfen

Störung	Worauf zu achten ist	Was wann tun?
A **Motor**	**1** Motoröl	Häufige Kaltstarts und hohe Temperaturschwankungen belasten das Motoröl extrem. Verkürzen Sie eventuell die Wechselintervalle. Beachten Sie dazu unsere Hinweise im Kapitel »Antrieb«.
	2 Kühlmittel	Checken Sie auf jeden Fall die Kühlmittelkonzentration. Wird's frostiger als – 4 °C kann ansonsten schon der Motorblock platzen.
	3 Thermostat	Wenn im Winter der Thermostat nicht korrekt arbeitet, bleibt's dem Motor entweder zu kalt oder er wird zu heiß. In beiden Fällen zieht das teure Schäden nach sich. Halten Sie das im Auge und wechseln in beiden Fällen den Temperaturregler aus.
B **Räder und Reifen**	**1** Winterreifen	Winterreifen verdienen ihren Namen nur mit mindestens vier Millimeter Restprofilstärke. Montieren Sie die Reifen möglichst vor dem ersten Schnee. Fast abgefahrene Winterpneus können Sie bis weit ins Frühjahr hinein getrost abfahren. Halten Sie allerdings die maximale Höchstgeschwindigkeit ein.
C **Licht und Sicht**	**1** Beleuchtung	Kontrollieren Sie regelmäßig die Beleuchtungsanlage und reinigen regelmäßig die Scheinwerfergläser.
	2 Verglasung und Scheibenwischer	Die Scheiben sollten frei von Kratzern und Steinschlägen sein. Wechseln Sie im Herbst die Wischerblätter und präparieren den Waschwasserbehälter mit genügend Reiniger- und Frostschutzlösung.
D **Karosserie**	**1** Türen und Hauben	Massieren oder sprühen Sie die Gummidichtungen durchgängig mit Vaseline oder Silikonfett ein. Die Dichtungsoberfläche wird damit Wasser abweisend und friert weniger schnell an die Karosserie an.
	2 Schlösser und Scharniere	Schlösser und Gelenke bleiben mit einer fein dosierten Extraportion Silikon gelenkig und zudem widerstandsfähiger gegen Frost.
	3 Lacke	Gönnen Sie dem Lack regelmäßige Wäschen. So setzt sich erst gar keine Salzkruste fest.
F **Elektrik**	**1** Batterie	Batterien leiden unter Kälte, das gilt übrigens auch für die Schlüsselbatterie. Spätestens wenn der Anlasser nur noch quälend durchzieht, gehört der Speicher ans Ladegerät oder, bei entsprechendem Alter, erneuert.

Unverhofft kommt...

... oft: Kleine Ursache – große Wirkung! In unserem Fall gilt das geflügelte Wort jenen kleinen Autopannen, die uns allen schon Zeit und Nerven gekostet haben. Sie lassen Termine platzen, werfen die Tagesplanung über den Haufen oder reizen uns bis zur Weißglut. Meistens sind's nur Kleinigkeiten – im folgenden Kapitel kommen sie groß heraus. Natürlich haben wir auch Erste-Hilfe-Tipps.

Wir müssen zur Arbeit, sind ohnehin schon spät dran und der Anlasser streikt beharrlich. Ausgerechnet! Schon mal erlebt – oder?
In rund 90 Prozent aller Fälle streikt nicht der Anlasser sondern die Batterie. Nur selten trägt sie freilich die Schuld: Meistens sind Sie der Hauptschuldige, jawohl, der Hauptschuldige sind Sie!
Wie das? Womöglich haben Sie am Vorabend das Licht brennen lassen. Hand aufs Herz: Sind Sie nicht auch derjenige, der im Winter die beheizbare Heckscheibe mitsamt Außenspiegeln laufend unter Strom hält. Wärmt Ihnen vielleicht auch die Sitzheizung den Po ab der ersten Zündschlüsseldrehung? Oder dudelt nicht auch das Radio schon vor dem ersten Motorlebenszeichen? Das Heizgebläse pustet die Scheiben doch ohnehin fortlaufend mit erwärmter Luft an – ob sie beschlagen oder klar sind. Erkennen Sie sich in unseren Beispielen wieder?
Einerlei, all der Komfort ist längstens automobiler Alltag. Dass all die Goodies freilich auch Strom fressen, interessiert allenfalls am Rande. Und exakt hier liegt der wunde Punkt: Im Auto kommt Strom nicht einfach aus der Steckdose, stattdessen legt sich unterhalb der Motorhaube der Generator kräftig dafür ins Zeug. Mit seiner Überproduktion füttert er die Batterie.
Die Speichermöglichkeiten einer Batterie freilich sind eng eingeschränkt – erst recht, wenn sie schon in die Jahre gekommen ist. Und wenn der Generator im Kurzstreckenverkehr die Batterie dann zwangsläufig nicht ausreichend versorgen kann, streikt irgendwann der Anlasser – vornehmlich im Winter.
Leere Batterien, sind übrigens schon seit den Kindertagen des Autos der absolute Pannen-Klassiker. Dabei könnten sie mit etwas mehr Ein-, Weit- und Vorsicht längst von streikenden Türschließern oder Zündschlüsseln abgelöst sein.
Denn längst nicht jeder elektrische Bordverbraucher muss ständig an der Batterie lutschen. Und wenn doch, dann ist eben irgendwann ein Zwischenstopp am Batterieladegerät oder eine längere Fahrstrecke angesagt.
Für den Moment helfen Ihnen unsere Ratschläge zwar nicht weiter: Die Batterie ist leer. Sie müssen pünktlich zur Arbeit – die Zeit drängt. Mit einem Fremdstartkabel an Bord und einem hilfsbereiten Autofahrer könnte es jetzt eventuell noch zeitig klappen...

Motor fremdstarten – mit Starthilfekabeln kein Problem

Zur Starthilfe verwenden Sie besser nur spezielle Elektronik-Starthilfekabel mit Überlastschutz. Jene Kabel halten nämlich gefährliche Spannungssspitzen von den Elektronikmodulen Ihres Focus fern.

- Schalten Sie an Ihrem Auto zunächst alle elektrischen Verbraucher aus. Lassen Sie den Helfer so nah an Ihren Focus heranfahren, dass die Starthilfekabel möglichst bequem zwischen beide Batterien passen.
- Der Motor des Spenderautos läuft im Stand, derweil klemmen...
- ... Sie die Starterkabel an die leere und dann an die volle Batterie an.
- Verbinden Sie eingangs beide Batteriepluspole (rote Klemmanschlüsse) und ...
- ... danach beide Minuspole mit dem schwarzen Starthilfekabel. Sollte die Kabellänge des Massekabels nicht bis zur leeren Batterie langen, nutzen Sie eine stabile Masseverbindung im Motorraum, zum Beispiel am Federbeindom.
- Eile ist nun nicht unbedingt geboten, die leere Batterie bekommt bereits den ersten Anschub.
- Versuchen Sie den Motor zu starten. Sollte er sich verweigern, legen Sie immer wieder kleine Pausen ein – ansonsten könnten Sie den Anlasser überfordern und der Kat Schaden nehmen.
- Wenn der Motor brummt, nabeln Sie den Spenderwagen ab. Klemmen Sie zunächst das Minuskabel an der leeren und danach an der vollen Batterie ab. Mit dem roten Kabel verfahren Sie gleich.
- Belasten Sie auf den ersten Kilometern die leere Batterie mit möglichst wenigen Verbrauchern. Nach rund 30 Kilometern reicht die Batteriekapazität meist schon aus, um zumindest den nächsten Startvorgang zu realisieren.

Was tun bei einer Reifenpanne?

Statistisch gesehen erleben Sie am eigenen Auto etwa alle 70.000 km einen Plattfuß. Dann heißt es richtig zu reagieren und umsichtig zu handeln. Schätzen Sie das Gefahrenpotenzial für sich und andere Verkehrsteilnehmer realistisch ein.

Entscheiden Sie an Ort und Stelle, ob Sie den platten Reifen relativ gefahrlos wechseln können. Ist der Platz hinreichend mit Warndreieck und Pannelicht zu sichern? Falls nicht, vermeiden Sie unnötige Risiken. Bugsieren Sie den Havaristen besser im gemäßigten Tempo und mit Warnblinklicht an eine geeignetere Stelle. Denken Sie allerdings daran, ein platter Reifen überlebt schadlos nur wenige hundert Meter. Falls Sie der Reifenwechsel ohnehin überfordern sollte, rufen Sie Hilfe per Handy herbei.

Wagen richtig aufbocken

Für den Fall einer Reifenpanne oder eines Reifenwechsels, zum Beispiel von Winter- auf Sommerreifen, hat Ihr Focus, je nach Ausstattung, einen Wagenheber mit an Bord. In dem Fall beachten Sie bitte unseren Hinweis: Als Lifter oder Standhilfe, anlässlich größerer Instandsetzungs- bzw. Wartungsarbeiten, ist der Bordwagenheber denkbar ungeeignet – ja er ist dann sogar gefährlich!

- Ziehen Sie zunächst die Handbremse an und legen den ersten- oder den Rückwärtsgang ein. Auf öffentlichen Straßen müssen Sie laut StVZO auch den Warnblinker einschalten und ein Warndreieck in gebührendem Abstand hinter dem Auto aufstellen.
- Hebeln Sie zunächst die Radzierblende mit einem Schraubendreher (Concept) aus dem Bordpannenset ab. Den Schraubendreher setzen Sie als Hebel zwischen Felge und Blende an.
- Lösen Sie dann die Radschrauben um eine Umdrehung und…
- … heben den Wagen an.
- Liften Sie den Wagenheber so weit an, dass er noch leicht in den betreffenden Profilsteg vor dem zu liftenden Rad hineinpasst. Achten Sie unbedingt auf den stabilen Stand des Wagenheberfußes. Auf weichem Untergrund vergrößern Sie die Standfläche des Hebers sicherheitshalber mit einem entsprechend großen Unterlegholz.

Möglichst senkrecht unter dem Längsholm ansetzen: Den Wagenheber mit einem Auflageholz oder Gummi.

- Sobald das zu wechselnde Rad den Bodenkontakt verloren hat, drehen Sie die Radschrauben aus der Radnabe, ...
- ... ziehen das Rad von der Nabe und richten das Reserverad zunächst nur provisorisch vor der Radnabe aus.
- Versuchen Sie dann möglichst den obersten Radbolzen in der Nabe anzusetzen. Mit den anderen verfahren Sie gleich.
- Sobald sie sitzen, ziehen Sie alle Radbolzen handfest vor.
- Lassen Sie jetzt den Wagen ab und ziehen die Bolzen gleichmäßig über Kreuz fest. Mit einem Radkreuz können Sie das Rad übrigens gefühlvoller anziehen als mit dem Bordsteckschlüssel.
- »Knallen« Sie die Bolzen nicht bombenfest an. Fest ist fest – das vorgeschriebene Drehmoment beträgt 110 Nm.
- Wenn Sie nun die Radabdeckung (Concept) ansetzen, achten Sie darauf, dass die Ventilöffnung dem Ventil Platz lässt.
- Zur eigenen Sicherheit checken Sie das Rad nach ca. 10 Kilometern erneut auf festen Sitz.

Können platzen – gealterte Kühlschläuche

Platzt während der Fahrt ein Kühlwasserschlauch oder hat sich gar ein Marder ausgerechnet unter der Motorhaube Ihres Focus in einen Schlauch verbissen, muss guter Rat an Ort und Stelle nicht unbedingt schon teuer sein. Sollten Sie zufällig sogar Reserveschläuche an Bord haben, tauschen Sie den Schlauch sofort aus und der Schaden ist dauerhaft beseitigt. Falls nicht, und das wird die Regel sein, versuchen Sie den alten Schlauch provisorisch mit einem festen Gewebeband zu retten. Entfetten und trocknen Sie vorher die Schadstelle und lassen den Schlauch auch möglichst auskühlen. Erst dann umwickeln Sie die undichte Passage in mehreren Schichten möglichst fest mit einem Gewebeklebeband. Bevor Sie den Motor starten, vergessen Sie nicht, die Kühlflüssigkeit zu ergänzen.
Damit Sie nicht von vornherein für die Katz' gearbeitet haben, lösen Sie noch schnell den Verschlussdeckel des Kühlerausgleichbehälters um eine Umdrehung. Das Kühlsystem bleibt dann drucklos und Ihre Flickstelle hat, bis zur endgültigen Reparatur, immerhin eine faire Chance. Achten Sie während der Weiterfahrt stets auf die Motortemperaturanzeige und gehen keinerlei Risiken ein: Überhitzten Motoren droht ein kapitaler Hitzetod.
Zur Reparatur verwenden Sie besser nur Originalschläuche: Die passen garantiert und verhärten nicht schon nach kurzer Zeit. Inspizieren Sie gleichfalls die anderen Schläuche und Schlauchschellen – korrodierte Schellen erneuern Sie grundsätzlich.
In den meisten Fällen fehlt dem Motor Kühlwasser.

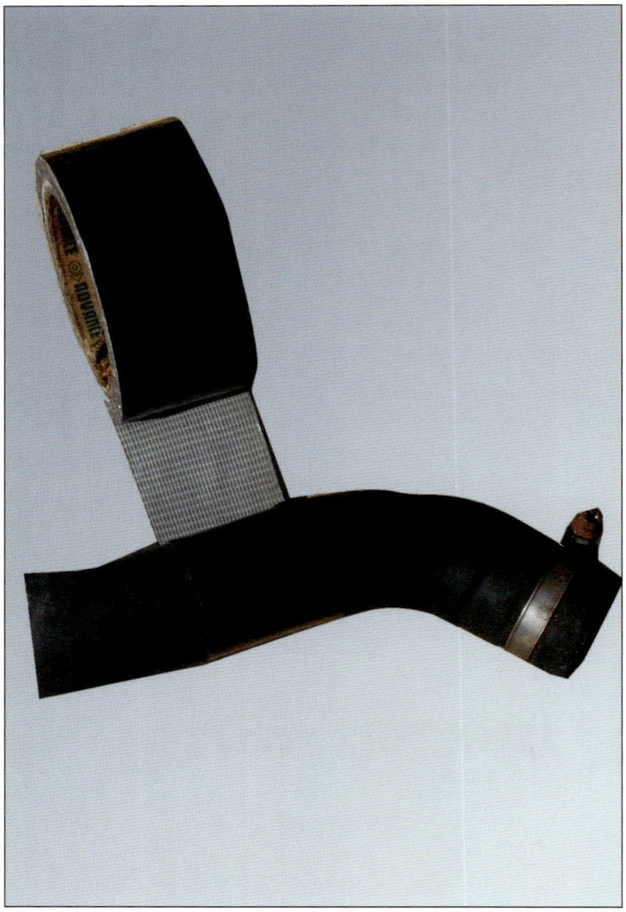

Notreparatur bis zum Austausch: Ein festes Gewebeklebeband dichtet kleinere Undichtigkeiten kurzfristig ab – zumindest auf fettfreiem, trockenen Untergrund.

Unmöglich im Focus – an der falschen Zapfsäule betanken

Lachen Sie bitte nicht: Diesel anstatt Benzin, Benzin anstatt Diesel – nichts ist unmöglich… Wenn Sie dem ADAC oder Chatteilnehmern glauben schenken möchten, kommt das häufiger vor als Sie bis soeben noch glaubten. Oder haben Sie etwa auch schon Ihre Erfahrungen an der falschen Zapfsäule gemacht? Dann sind Sie zwar besonders sensibel, doch im aktuellen Focus ist das kein Thema mehr: Sein Tankeinfüllstutzen akzeptiert nur noch die passende Zapfpistole: Passend heißt, in den Tankeinfüllstutzen passt nur die Pistole, die dem Motor den richtigen Kraftstoff liefert – EasyFuel macht's möglich.

Und noch etwas schickt EasyFuel aufs Altenteil: stinkige Kraftstoffhände! Sobald Sie nämlich die Tankklappe öffnen, schwenkt der Tankverschluss gleich mit nach außen. Er hängt fest an der Tankklappe und kommt mit den Händen nicht mehr in Kontakt.

Lässt nur die passende Pistole in den Tank: Das Ford Easy-Fuel-System.

Schaltet bei Unregelmäßigkeiten auf Notlaufprogramm – Motorelektronik

Untrügliches Indiz für eine zickende Motorelektronik ist zunächst die Cockpitwarnleuchte »Motorelektronik«. Sollten Sie allerdings den Hinweis übersehen, bemerken Sie das spätestens beim Beschleunigen – der Motor agiert schlapp.

Sie können dann zwar noch weiterfahren, doch möglichst nur bis zum nächsten Ford-Händler. Denn die Motorwarnleuchte warnt nicht ins Blaue: Der aktuelle Grund bedingt im Zweifelsfall teure Folgeschäden. Nehmen Sie die Warnung ernst und lassen das schnellstens checken. Das geht problemlos, Ihr Focus hat ein »Schadensgedächtnis« das Ihr Händler per Systemtester einfach abruft und ausliest.

In dem Fall ist Hilfestellung im Do-it-yourself-Verfahren nur selten erfolgreich, es sei denn, Sie lokalisieren die Fehlfunktion exakt. Und da löst mitunter schon ein wackeliger Steckkontakt, oxidierter Massepunkt oder einfach nur ein poröser Unterdruckschlauch das Rotlicht im Cockpit aus. In dem Fall können Sie den Fehlerspeicher übrigens auch selber wieder löschen. Klemmen Sie für rund eine halbe Stunde die Batterie ab, das elektronische Gedächtnis vergisst derweil und Sie können anschließend getrost weiterfahren – die Motorelektronik regeneriert auf den folgenden Kilometern selbstständig und speichert tatsächlich vorhandene Missstände natürlich erneut.

So gehen Sie vor:

- Lassen Sie den Motor für etwa drei Minuten im Stand laufen.
- Nachdem der Motor die Betriebstemperatur erreicht hat, steigern Sie die Drehzahl für rund zwei Minuten auf 1200 U/min.
- Dann starten Sie eine rund acht Kilometer lange Probefahrt. Schalten Sie währenddessen häufig die Gänge durch.
- Im Normalfall ist die Motorelektronik im Anschluss wieder fit.

Sollte der Fehler allerdings wiederholt auftreten, kommen Sie an einer ordentlichen Systemanalyse nicht vorbei: In dem Fall ist Ihr Ford-Händler erste Wahl!

Die gleichen Erfahrungen können Sie übrigens auch mit Ihrer ABS-Bremse machen. Checken Sie zunächst die Bremsflüssigkeit und den Zustand der Bremssegmente. Ist dort alles im grünen Bereich, fahren Sie die Werkstatt an und lassen den möglichen Fehler elektronisch auslesen.

Notlösung bei Elektrikfehlern: Zum Löschen des Fehlerspeichers hilft es mitunter die Batterie für etwa eine halbe Stunde abzuklemmen.

Grundausstattung für kleine Pannen

Mit dem serienmäßigen Bordwerkzeug wechseln Sie Ihrem Focus gerade einmal ein defektes Rad. Punkt! Natürlich können Sie auch andere Havaristen schleppen oder sich selber abschleppen lassen. Eine Abschleppöse ist gleichfalls mit im »Handgepäck« – für den Rest sorgen Sie selber vor – oder Sie sind im Ernstfall aufgeschmissen.

Sollte Sie das nicht gerade beruhigen, ergänzen Sie Ihr Bordwerkzeug eben nach eigenem Gusto. Wir haben Ihnen ein kleines Survival-Set zusammengestellt, das sich konsequent an Pannen-Klassikern orientiert. Große Sprünge sind damit nicht machbar, doch erste Hilfe allemal möglich.

- Reifendichtmittel: Dichtet kleinere Durchstiche im Reifen von innen ab. Vorsicht: Nicht in praller Sonne liegen lassen: Explosionsgefahr!
- Kühlerabdichtmittel: Funktioniert ähnlich wie das Reifendichtmittel und leistet bei Marderbissen oder kleinen Steinschlagschäden im Kühlernetz mitunter gute Hilfe.
- Hochfestes Klebeband: Damit können Sie lose Karosserieteile befestigen (zum Beispiel nach einem Unfall) oder auch Kühlerschläuche flicken.
- Kabelbinder: Funktionieren bei guter Qualität sogar als Schlauchschellenersatz.

Erste Hilfe am Straßenrand: (A) Reifendichtmittel, (B) hochfestes Klebeband, (C) Kabelbinder, (D) Kühlerdichtmittel, (E) Scheibenreinigungskonzentrat, (F) Insektenreiniger, (G) Reservekanister.

- Scheibenreinigungskonzentrat (auch pur anzuwenden) und Insektenentferner helfen Ihnen besonders in der Nacht oder wenn die Scheibe von Öl oder Kühlwasser verschmiert ist.
- Reservekanister: Streckt den Aktionsradius hierzulande meistens bis zur nächsten Tankstelle.

Wagen abschleppen – keine Hexerei

Wenn Ihr Focus unvermittelt zur Immobilie wird, haben Sie zwei Optionen: 1. Sie beauftragen einen Pannendienst, der Ihr Auto huckepack nimmt. 2. Sie suchen einen hilfreichen Automobilisten, mit dem Sie kurzzeitig eine Seilschaft eingehen. Seilschaft heißt: Sie schleppen Ihren Focus in die nächste Werkstatt. Die Abschleppöse finden Sie im vorderen Stoßfänger auf der rechten Seite unterhalb des Scheinwerfers, bzw. auf der linken Seite im Heckstoßfänger. Clipsen Sie die entsprechende Verkleidung aus dem Stoßfänger und schrauben die Öse möglichst weit ins Gewinde, ein paar Umdrehungen bieten zu wenig Sicherheit – der Haken könnte ausreißen. Sollte der Haken nur widerwillig zu schrauben sein, knebeln Sie die Öse kurzerhand mit dem Kurbelarm des Wagenhebers oder eines stabilen Schraubendrehers.

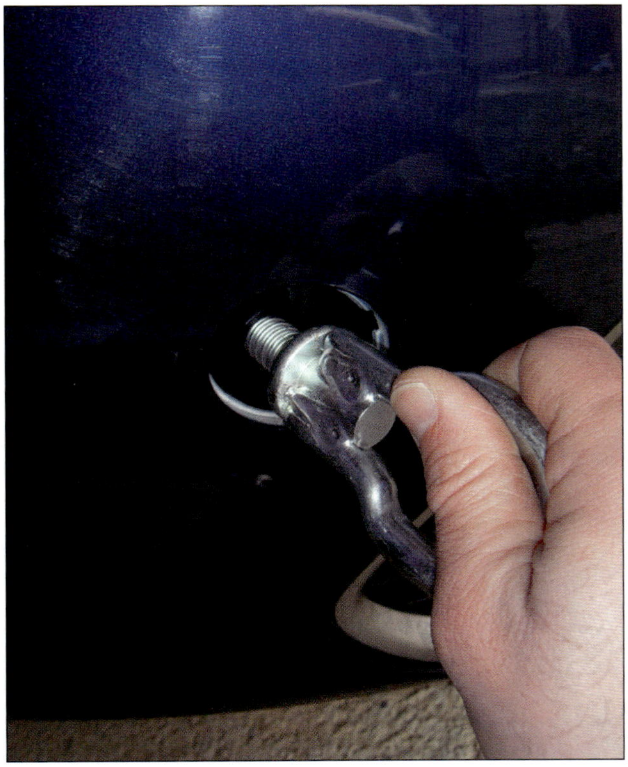

Vor der Seilschaft montieren: Abschleppöse in den vorderen bzw. hinteren Stoßfänger.

WISSENSWERTES

Gilt auch beim Abschleppen – die StVO

Einem jeden Abschleppen steht der Nothilfegedanke vor: Ein abzuschleppendes Auto ist NICHT über weite Strecken zu transportieren, sondern nur bis zur nächstgelegenen oder nächstgeeigneten Werkstatt. Der Fahrzeugführer des schleppenden Autos benötigt grundsätzlich die Fahrerlaubnis des schleppenden Autos. Der Fahrzeuglenker des geschleppten Autos benötigt indes keine gültige Fahrerlaubnis. Außerdem muss er keinem gesetzlichen Mindestalter entsprechen. Der Schlepper muss den Geschleppten mit dem Fahrzeug vertraut machen, der Geschleppte muss bremsen und lenken können.

Denken Sie außerdem daran, während des Schleppens gilt der §15a der Straßenverkehrsordnung. Demnach darf ein Auto auf der Autobahn grundsätzlich nur bis zur nächsten Ausfahrt geschleppt werden. Nur logisch, dass Sie natürlich auch kein havariertes Auto auf die Autobahn schleppen dürfen. Während des Schleppvorgangs müssen beide Autos das Warnblinklicht aktiviert haben.

Sobald das Abschleppseil, komfortabler und sicherer ist übrigens eine Abschleppstange, beide Autos verbindet, beachten Sie bitte ein paar Grundsätzlichkeiten, die zum sicheren Umgang mit Abschleppseil und Schleppstange einfach dazu gehören:

- Schleppen Sie einen Focus mit Automatikgetriebe möglichst niemals weiter als 50 Kilometer, der Automat könnte sonst Schaden nehmen.
- Fahren Sie im Doppelpack niemals schneller als 50 km/h, das Sicherheitsrisiko wäre zu hoch. Zumal...
- ... die erforderliche Bremskraft mit stehendem Motor um ein Vielfaches größer ist als bei laufendem Motor (Bremsservo arbeitet nicht).

Nahezu perfekt und komplett ...

... die werkseitigen Ausstattungsmöglichkeiten des Focus. Ford setzt beim Focus nicht nur äußerlich auf neue Linien, der Innenraum nimmt gleichermaßen die alternative Formensprache auf. Mit 2640 Millimeter Radstand und ausstattungsspezifischen Spurweiten von 1535 bis 1545 Millimeter (Focus RS 1586 bis 1607 mm) an der Vorder- sowie 1531 bis 1541 Millimeter (Focus RS 1587 bis 1607 mm) an der Hinterachse bietet der Focus in seinem Umfeld eine gute Raumökonomie, geschmackvolles Design und anspruchsvolle Sicherheitsfeatures: »Anti-Dive-Sitze« mit atmungsaktiven Polsterstoffen steigern gleichermaßen die passive Sicherheit und den Komfort. Kinder im »ISOFIX-, MaxiCosi- oder Reboard-Alter« reisen im Focus nicht unbequemer als erwachsene Familienmitglieder. Der Focus-Innenraum stellt eindeutig Ergonomie, Komfort und Funktionalität in den Vordergrund: Sämtliche Bedienungselemente, inklusive Radio und Bordcomputer, sind bequem zu erreichen und liegen gut im Blickfeld.

Keine Frage, das Image langweiliger Fortbewegungsmittel hat die akutelle Ford Focus-Familie gründlich revidiert. Fragwürdiger Designspeck oder unsicheres Makeup ist ihre Sache nicht. Im Sinne der Innenraumgestalter bieten die Focus-Derivate ein stilvolles Ambiente und – je nach Motorisierung bzw. Orderpaket – Ausstattungen, denen auch anspruchsvollere Käuferkreise zusprechen. Eine Sonderstellung nehmen die Focus-Innenraummaterialien ein: Ford schützt die Nasen und Augen der Bordcrew mit allergieminimierenden Werkstoffen.

Die passive und aktive Sicherheit sind überwiegend Stand der Technik. Jeder Focus bietet zum Beispiel ein programmiertes Rückhaltesystem. Auf allen Plätzen gibt's automatische Dreipunktgurte, auf den vorderen Sitzen verquickt mit pyrotechnischen Gurtstraffern und Gurtkraftbegrenzern. Das Ende der Frontsitzflächen optimieren außerdem Anti-Dive-Polster. Sie hindern bei einem Aufprall die Passagiere daran, ungebremst unter dem Beckengurt hindurch zu rutschen. Bei einem Frontalcrash oder Auffahrunfall taucht die Fußpedalerie kraftlos aufs Bodenblech ab.

Die Innenräume heutiger Autos sind mittlerweile hoch gesicherte Umgebungen. Ob und wo traditionelle Heimwerker noch selbst Hand anlegen können, lösen wir auf den folgenden Seiten auf. Wir empfehlen Ihnen allerdings bewusst nur jene Wartungs- und Reparaturarbeiten, die Sie als versierter Schrauber problemlos zu Ende führen können.

Wo der Profi gefragt ist

Übergeben Sie alle Arbeiten an Komponenten des passiven und aktiven Insassenschutzes einem gestandenen Fachmann!

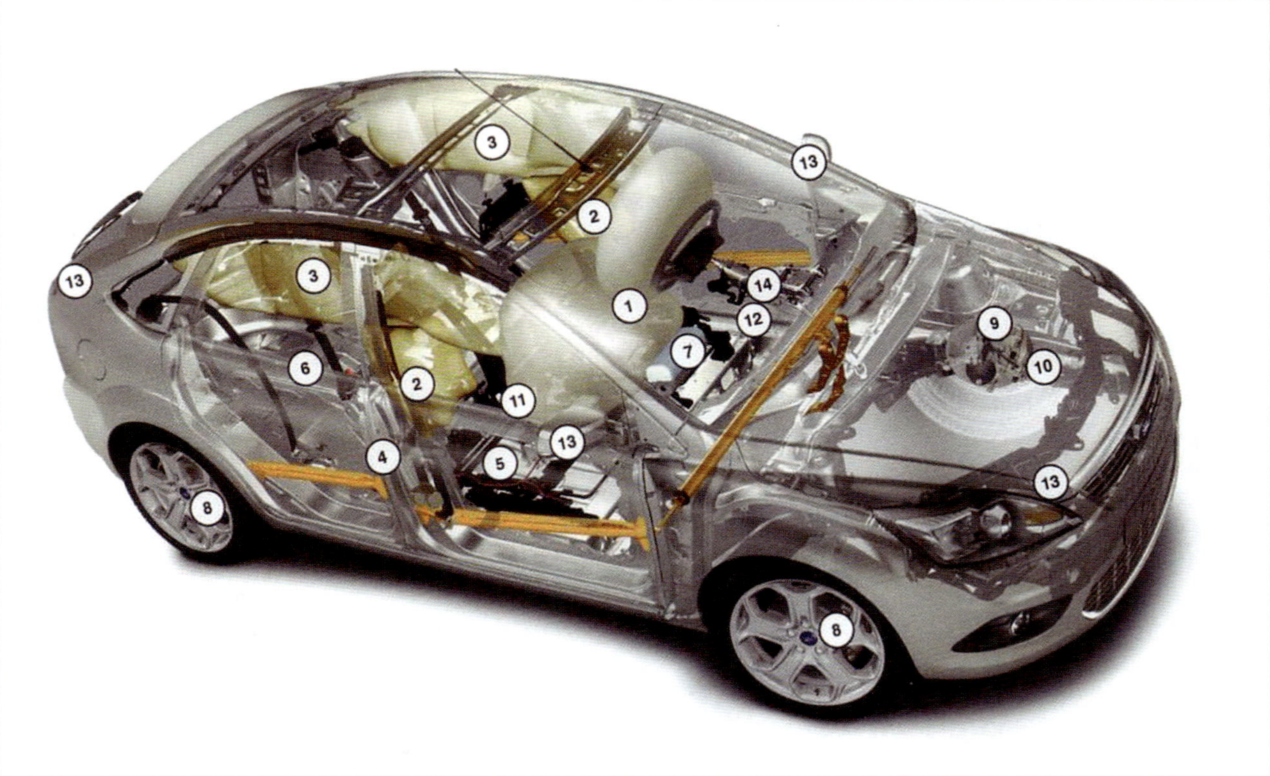

Mindert Unfallblessuren: Intelligent Protection System (IPS) im aktuellen Focus. Selbstverständlich sind alle Plätze mit Automatiksicherheitsgurten, vorne mit Gurtstraffer und -kraftbegrenzer, bestückt. Den vorderen Raum entschärfen zusätzlich Airbags im Lenkrad, im Armaturenbrett, zwei Seitenairbags sowie ein Knieairbag auf der Fahrerseite bei Frontal- und Seitencrashs. Kopf- und Schulterairbags gibt's gleichfalls in allen Modellen. Anti-Dive-Polster hindern die vorn Sitzenden bei einem Aufprall unter den Beckengurt zu rutschen. Und den Fahrerfüßen schafft bei einem Frontalcrash oder Auffahrunfall die kraftlos aufs Bodenblech fallende Fußpedalerie zusätzlichen Freiraum. 1 Frontairbags, 2 Fahrer-/Beifahrerseitenairbag, 3 Kopf- und Schulterairbags, 4 Sicherheitsfahrgastzelle mit Verformungszonen, 5 3-Punkt Sicherheitsgurte auf allen Plätzen, 6 ISOFIX-Halterung, 7, Antidive Sitze, 8 ABS-Bremse mit EBD-Funktion, 9 ESP, ASR, 10 EBA, 11 elektrische Fensterheber, 12 Allergiegetesteter Innenraum, 13 Notbremsleuchten.

> **GEFAHRENHINWEIS**
>
> **Arbeiten am Lenkrad oder unterhalb des Armaturenbretts**
>
> Klemmen Sie vor allen Arbeiten im Einflussbereich der Airbags die Bordbatterie mindestens eine halbe Stunde vorher ab. So lange nämlich benötigen erfahrungsgemäß die Zündkondensatoren, um ihre gespeicherte Hochspannung an die Karosserie abzuleiten. Erst danach sind Arbeiten, beispielsweise die Demontage des Fahrer- oder Beifahrerairbags sowie der vorderen Türverkleidungen, relativ gefahrlos möglich. Übrigens, sobald Sie einen neuen Airbag montieren, entladen Sie auf jeden Fall vorab die Airbagverpackung elektrostatisch. Airbags dürfen zudem nur mit der gepolsterten Seite nach oben und gleichfalls nur in dafür vorgesehenen, verschließbaren Sonderräumen lagern. Optisch beschädigte Airbags haben ohnehin ausgesorgt, entsorgen Sie die Dinger fachgerecht. Bevor Sie den Kondensator eines neu montierten Airbags erstmalig ans Bordnetz anschließen, verschließen Sie alle Autotüren und öffnen die Seitenfenster etwa eine Handbreit.

Unser Hinweis soll Sie nicht demotivieren selbst Hand anzulegen. Nutzen Sie Ihr Wissen als Anhaltspunkt auf mögliche Gefahrenpotenziale, die ein gestandener Profi mitunter besser im Griff hat. Das latente Risiko, bei solcherart Reparaturversuchen selbst verletzt zu werden, steht für uns nicht unbedingt im Vordergrund: Die Verantwortung für sich tragen Sie schließlich selber!
Viel wichtiger ist uns der Gefahrenhinweis, mit unfachmännisch manipulierten Sicherheitselementen in einen Unfall verwickelt zu werden. In dem Fall gefährden Sie nicht nur sich selber, in dem Fall gefährden Sie auch andere Menschen. Kurzum – hinterfragen Sie ständig Ihre Verantwortung für SICH und für ANDERE. Ehrliche Antworten machen Sie übrigens nicht arbeitslos: Der Focus bietet Ihnen noch genügend Freiräume, um Ihrer Schrauberlust sinnvoll zu frönen.

Schützt empfindliche Oberflächen vor Montagekratzern – Kunststoffkeil

Wenn Sie Ihre ersten Montageversuche an Kunststoffverblendungen nicht gleich mit verkratzten Oberflächen unvergessen machen möchten, empfehlen wir Ihnen als Trennwerkzeug einen handlichen Montagekeil – entweder aus Holz oder Kunststoff. Der Keil schont empfindliche Kunststoffe vor Beschädigungen. Einen zusätzlichen Sicherheitspuffer bilden Klebebänder, beispielsweise Tesa-Krepp, mit denen Sie das Umfeld sowie die Kanten der unmittelbaren Montagestellen abkleben. Praktisch zudem ein weiches Unterlegetuch, mit dem Sie die Pressstellen schützen. Kunststoffhalteclips fixieren im Focus die meisten Innenraumverkleidungen. Der eine oder andere Clip übersteht die Montage nicht unversehrt: Montageclips sind nämlich geplante Verschleißteile. Decken Sie sich vor der Arbeit also mit Ersatzclips ein.
Noch eine Bemerkung zum Umgang mit Kunststoffteilen: Ihre Elastizität nimmt mit der Umgebungstemperatur ab. Einstellige Temperaturbereiche erhöhen die Bruchgefahr erheblich.

Gut für Umwelt und Geldbeutel – recyclingfähige Kunststoffkomponenten

Grundsätzlich steht Ihr Focus für ein möglichst langes Autoleben. Dennoch prägten seine Entwicklungsphase schon Gedanken an sein geordnetes Ableben: Alle Focus-Varianten zeichnet daher eine zeitgemäße Widerverwertbarkeit aus. Neue Werkstoffkombinationen steigern demzufolge die Recyclingqualitäten des kompakten Ford. Insgesamt nutzt Ford in seinen europäischen Modellen rund 300 Bauteile und Baugruppen, die aus recyceltem Material bestehen. In einer Vielzahl weiterer Anwendungen werden nachwachsende Rohstoffe wie zum Beispiel Baumwolle, Jute oder Schilfgras genutzt. Am Ende steht ein stolzes Ergebnis: Der Ford Focus ist zu rund 95 Gewichtsprozenten wieder verwertbar.
Eine einfache Demontage insbesondere der Kunststoffkomponenten sowie deren möglichst sortenreine Recyclingeigenschaften, tragen ebenso dazu bei, wie die entsprechende Kennzeichnung aller Kunststoffe. Den Focus komplettieren übrigens gut zehn Prozent Recyclingkunststoffe. Neu aufgekocht erleben sie – zum Beispiel im Bereich des Armaturenträgers, in den Radläufen oder im Umfeld der Lampengehäuse – ihren zweiten Frühling.

Ablagen und Verkleidungen – nicht kopflos verändern

Den Focus-Innenraum schmücken zu großen Teilen Kunststoffverblendungen. Das schmeichelt zwar der Optik, doch Arbeiten hinter den Kulissen stehen Sichtblenden zunächst einmal im Weg: Sie verhüllen

schließlich den Tatort. Solange Sie freilich die Verblendungen an den richtigen Stellen liften, machen sie problemlos Platz. Andernfalls wird's problematisch, manchmal auch teuer. Dann nämlich, wenn die Fixierstifte bersten oder die gesamte Verblendung bricht. Planen Sie Ihr Vorgehen also schon im Vorfeld möglichst präzise.
Verstehen Sie unseren Hinweis gleichermaßen als Warnung und geldwerten Tipp...
Wo wir gerade schon dabei sind Ratschläge zu erteilen, hier noch ein weiterer: Sollten Sie den Armaturenträger, bzw. sein Umfeld, mit zusätzlichen Accessoires bestücken, bekleben Sie auf keinen Fall Airbagsichtblenden, etwa mit Halterungen oder sonstigen Utensilien. Im Falle eines Unfalls machen Sie oder Ihr Beifahrer nun nämlich nicht nur Bekanntschaft mit dem Airbag, Ihre Zusatzinstallationen »fliegen« Ihrem Gesicht oder Oberkörper jetzt gleichfalls entgegen.

Kindersitzlösungen – das gilt es zu beachten

Auf dem Beifahrersitz Ihres Focus dürfen MaxiCosi- oder Reboard-Kindersitze nur mit deaktiviertem Beifahrerairbag installiert sein! Das gilt nicht für ISO FIX-Sitzgelegenheiten: Sie fixiert eine spezielle Halterung unterhalb der Rückbank.

Vor der Montage von Reboard- oder MaxiCosi-Kindersitzen deaktivieren: den Beifahrerairbag sowie die Schulterairbags (Option). Schieben Sie dazu den Sitz ganz zurück.

Von Zeit zu Zeit prüfen – Sicherheitsgurte im Focus

Sicherheitsgurte haben ein Innenleben und bei Gebrauchtwagen selbstverständlich auch eine unbekannte Vergangenheit. Wir raten Ihnen darum, alte Bänder mit anonymer Historie zu erneuern. Machen Sie Ihren Entschluss bitte nicht allein von einer scheinbar properen Optik oder einem leidlich funktionierenden Aufrollmechanismus abhängig: Nach einem Crash sind gedehnte Gurtbänder so oder so unbrauchbar – und das sehen Sie den Materialfasern nicht auf den ersten Blick an.
Auch wenn Ihnen das Vorleben alter Gurte aus dem Effeff bekannt sein sollte, checken Sie die Bänder von Zeit zu Zeit. Ihr Focus hat vorn und hinten Automatiksicherheitsgurte. Etwaige Fehler im Sicherheitsrückhaltesystem signalisiert Ihnen die Airbagkontrollleuchte im Cockpit. Nervt das Lämpchen ständig, bitten Sie Ihren Ford-Händler den Fehler auszulesen. Übrigens: Airbagkomponenten dürfen weder Sie noch Ihr Händler zerlegen oder reparieren.
Die Rollgurte des Focus steuern zwei Sensoren: Der Bewegungssensor wird beim Bremsen, Kurven fahren, an steilen Bergauf-Passagen und bei ungünstiger Fahrzeuglage aktiv. Dahingegen bremst der Gurtsensor den Gurt nur dann ein, wenn er ruckartig abrollt. Beide Systeme ergänzen sich in ihrer Funktion – sie müssen unabhängig voneinander funktionieren.
Da Sicherheitsgurte auch im normalen Alltag Alterungsprozessen unterliegen, checken Sie immer mal wieder den optischen Zustand: Sollten Sie dabei...

- wellige Gurtbänder,
- ausgefranste Kanten,
- aufgeriebenes Gewebe oder gar
- angerissene Nähte

entdecken, ersparen Sie sich getrost die dynamische Prüfung. Hängen Sie in Ihrem Focus möglichst schnell neue Bänder auf.

Ansonsten gehen Sie der Reihe nach vor.

- Bremsprüfung
- Legen Sie den Gurt korrekt an (Ihr Beifahrer tut es Ihnen gleich),
- starten Sie den Motor und fahren im ersten Gang zehn km/h (nicht schneller).
- Dann bremsen Sie möglichst abrupt. Beide Gurte müssen sofort blockieren. Andernfalls sind die Bewegungssensoren nicht mehr einwandfrei, tauschen Sie den/die defekten Gurte aus.
- Checken Sie die Gurte auf allen Sitzplätzen.

Zusatzprüfung (Kurven fahren)

- Suchen Sie einen genügend großen Platz (Parkplatz), um mit voll eingeschlagenen Vorderrädern fahren zu können. Denken Sie daran, Ihr Focus hat einen Wendekreis von gut 10 Metern.
- Fahren Sie mit ganz eingeschlagener Lenkung und mit höchstens 16 km/h im Kreis umher.
- Derweil versucht Ihr Beifahrer, alle Automatikgurte langsam aus der Aufrollautomatik herauszuziehen. Klappt das, verschrotten Sie den betreffenden Gurt!

Gurtsensor prüfen

Halten Sie auf ebener Fläche und im stehenden Auto den Gurt nahe der oberen Verankerung fest. Ziehen Sie das Gurtband dann ruckartig aus der Aufrollautomatik. Nach spätestens 10 cm muss die Automatik blockieren. Falls nicht – verschrotten Sie den Gurt.

Bevor Sie Ihrem Focus neue Gurte spendieren, prüfen Sie alle Befestigungspunkte an den B- und C-Säulen sowie an der Bodengruppe. Treibt dort bereits der Rost sein Unwesen oder sind die Bleche bereits angefressen, seien Sie misstrauisch: Unsicher befestigte Gurte bieten allenfalls das Sicherheitspotenzial eines Hosenträgers.

Strenge Sicherheitsvorschriften – bei Arbeiten an den Vordersitzen

Fahrer und Beifahrer sitzen im Focus auf »Anti Dive«-Sicherheitssitzen. Die Sitzmöbel sind integraler Bestandteil des Sicherheitssystems (IPS – **I**ntelligent **Pro**tection **S**ystem). Zum serienmäßigen IPS gehören selbstverständlich Dreipunktgurte auf allen Plätzen sowie Airbags und Gurtstraffer mitsamt -kraftbegrenzern auf den vorderen Plätzen. Demzufolge montieren Sie die Vordersitze Ihres Focus nicht unbedarft in Eigenregie – Gurtstraffer und Co. könnten das irrtümlich als Crash interpretieren. Folge: Sie zünden unvermittelt und hätten ihr Pulver für den Ernstfall schon verschossen. Für den Fall, dass Sie selber tätig werden möchten, erkundigen Sie sich vorab bei Ihrem Ford-Händler nach den gültigen Sicherheitsvorschriften.

Augen auf – im eigenen Interesse: Das Gurtband darf keine optischen Beschädigungen haben. Falls doch, entsorgen Sie den Gurt umgehend.

Vordersitze demontieren

Werkzeug:
- Ratsche,
- kurze Verlängerung,
- Torx T40-Nuss

- Klemmen Sie das Batteriemassekabel mindestens 30 Minuten vor Arbeitsbeginn ab. In der Zeit verliert der Zündkondensator seine Spannung.
- Zunächst schieben Sie den Sitz nach hinten, lösen an der Konsole die vorderen Sitzschrauben (Pfeile) und ...
- ... ziehen kurzerhand den Mehrfachstecker unter dem Sitz auseinander.
- Schieben Sie jetzt den Sitz vollständig nach vorn ...
- ... lösen die hinteren beiden Sitzschrauben (Pfeile) an der Konsole und bugsieren den Sitz vorsichtig aus dem Innenraum.
- Beenden Sie die Montage in umgekehrter Reihenfolge und ziehen die Sitzkonsolen mit 35 Nm an.

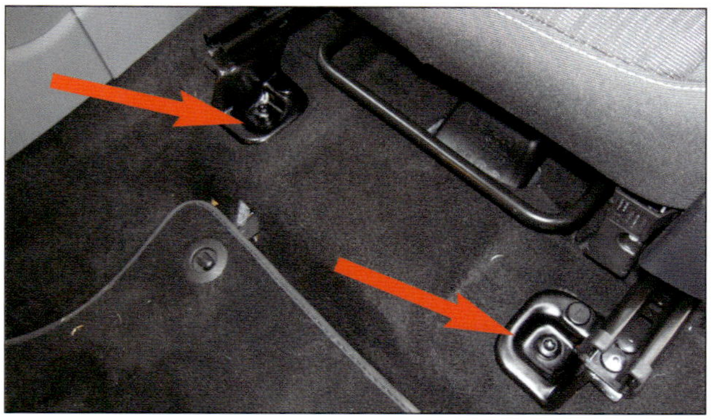

Zunächst zwei Schrauben lösen: an den Sitzkonsolen.

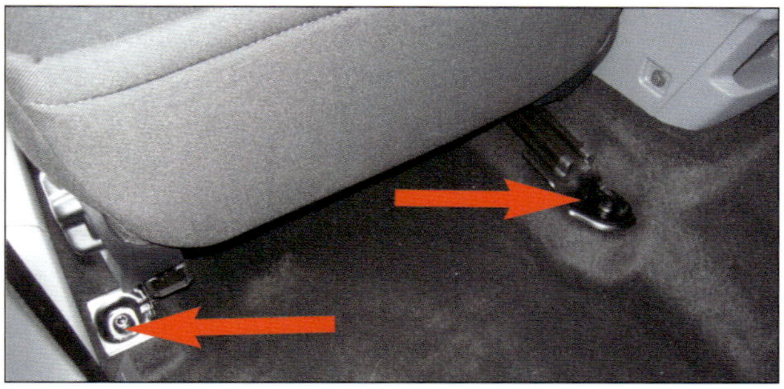

Auch die hinteren Schrauben lösen: zur Sitzdemontage.

Rücksitzbank demontieren

Werkzeug:
- Ratsche,
- kurze Verlängerung,
- Torxeinsatz T40

- Schieben Sie zunächst die Sitzflächen in Richtung Vordersitzleh-nen.
- Sobald die Aussparungen an den Sicherheitsgurtschlössern frei sind, schwenken Sie das Polster hoch und lösen die vier Schrauben (Pfeile).
- Das war's – heben Sie die Sitzflächen aus dem Innenraum.

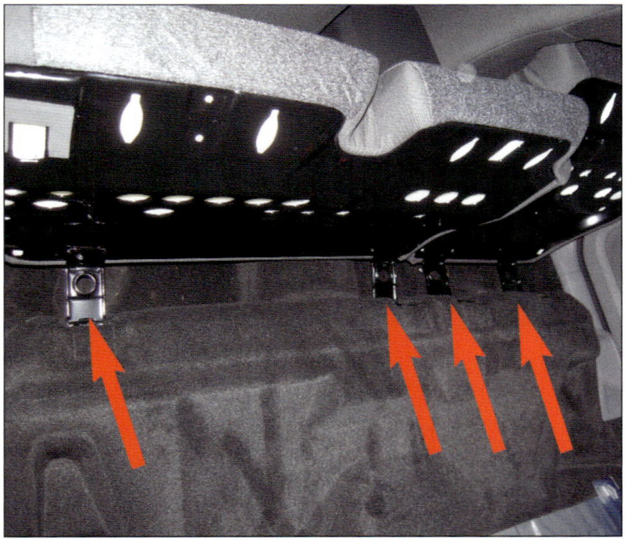

Gegen die vorderen Rückenlehnen verschieben und anheben: die Rücksitzflächen zur Demontage.

Rücksitzlehne demontieren

Werkzeug:
– Ratsche,
– kurze Verlängerung,
– Torxeinsatz T40

■ Die Lehnenscharniere sind insgesamt viermal verschraubt. Bauen Sie vorab die Sitzflächen aus.

■ Anschließend lösen Sie die vorderen Rücklehnenscharniere (Pfeile). Die äußeren Schrauben sitzen in Höhe des Seitenschwellers, die mittleren Schrauben (Pfeile) sind im Bodenblech verschraubt.

■ Um die hinteren Schrauben (Pfeil) zu lösen, schwenken Sie die Lehnenhälften nach vorne.

■ Anschließend heben Sie die Lehnenhälften aus dem Innenraum. Einerlei ob Zwei-, Viertürer oder Turnier, die Lehnenhälften müssen Sie leicht verkanten.

■ Die Montage beenden Sie in umgekehrter Reihenfolge.

■ Ziehen Sie die Torxschrauben mit 60 Nm fest. Achten Sie zudem darauf, dass nach der Montage die Sicherheitsgurte wieder leicht laufen.

Beginnen Sie mit dem Lösen der vorderen Schrauben: Die Rückenlehne bleibt zunächst aufgestellt.

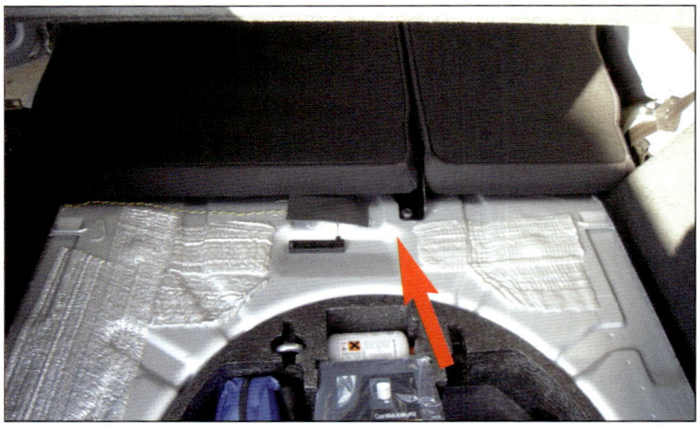

Im Gepäckraum lösen: die hinteren Scharnierschrauben.

Innenraumleuchten (Leseleuchten) wechseln

Werkzeug:
– Mittlerer Schlitzschraubendreher

■ Schließen Sie die Türen, damit an den Innenleuchten keine Spannung mehr anliegt.

■ Das betreffende Leuchtenglas hebeln Sie (Pfeil) mit einem Schlitzschraubendreher aus der Halterung und ...

■ ... drehen die Lampenfassung gegen den Uhrzeigersinn aus dem Lampengehäuse.

■ Jetzt ziehen Sie die defekte Soffitte (Typ: W6W, Leseleuchte W5W) mit spitzen Fingern oder einer Klammer aus der Fassung.

■ Die neue Leuchte drücken Sie vorsichtig in die Fassung und beenden die Montage in umgekehrter Reihenfolge.

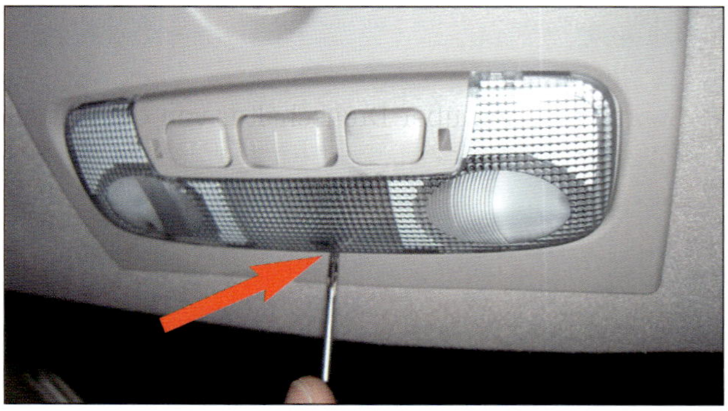

Mit einem Schlitzschraubendreher abhebeln: das Leuchtenglas aus der Dachlichtinsel.

Gepäckraumleuchte

Werkzeug:
– Mittlerer Schlitzschraubendreher

- Mit einem Schlitzschraubendreher hebeln Sie zunächst das Lampengehäuse vorsichtig aus der Seitenverkleidung, ...
- ... drehen die Lampenfassung nach links und ziehen sie samt Lampe aus dem Gehäuse.
- Jetzt ziehen Sie die defekte Soffitte (Typ: W5W) mit spitzen Fingern oder einer Klammer aus der Fassung.
- Stecken Sie die neue Soffitte vorsichtig in die Fassung und montieren das Lampengehäuse wieder ins Seitenteil – fertig!

Schnell gemacht: die Gepäckraumleuchte wechseln.

Handschuhfachleuchte erneuern

Werkzeug:
– Mittlerer Schlitzschraubendreher

- Hebeln Sie das Lampengehäuse an der Lasche mit einem flachen Schraubendreher aus dem Handschuhfach und ziehen folgend den Stromanschluss ab.
- Danach drücken Sie die Federzunge ein und heben das Leuchtenglas ab.
- Drehen Sie die Lampe aus der Fassung und setzen Sie die neue ein.
- Beenden Sie die Arbeit in umgekehrter Reihenfolge.

Die Schalter

Im Focus sind unterschiedliche Schaltertypen verbaut: Rechts und links der Lenksäule reichen die Betätigungshebel des Lenkstockschalters aus der Lenksäulenverkleidung. Das Heizgebläse und die Luftverteilung aktivieren Sie über Drehschalter von der Mittelkonsole aus. Die elektrischen Fensterheber (Option) setzen Kippschalter von den Türarmlehnen aus in Gang. Druckschalter steuern dagegen die Nebelschlussleuchte, die Zusatzscheinwerfer sowie die beheizbare Heck- und Frontscheibe. Mit etwas Geschick und dem nötigen Werkzeug wechseln Sie defekte Kipp- und Druckschalter ohne großen Zeitaufwand in eigener Regie, ansonsten beauftragen Sie eben Ihren Ford-Händler damit. So auch mit dem Tausch der Lenkrad-* und Lenkstockschalter, da kommt zwangsläufig nämlich der Airbag mit ins Spiel...
*Option

Aktiviert auch die Wegfahrsperre – das Lenk-/Zündschloss

Mit dem Lenk/Zündschloss starten Sie den Motor und binnen weniger Sekunden auch die automatische Wegfahrsperre. Zumindest dann, wenn der Zündschlüssel abgezogen ist. Ohne Zündschlüssel rastet übrigens auch das Lenkradschloss nach etwa einer halben Lenkraddrehung ein. An seiner Schließmechanik treten erfahrungsgemäß nur selten Störungen auf. Bei älteren Autos verkleben bzw. korrodieren schon mal die Kontakte auf der Schlossplatte. In dem Fall

haben Sie schlechte Karten, Sie müssen das gesamte Lenk-/Zündschloss tauschen – die Kontaktplatte separat ist nicht zu erneuern. Beauftragen Sie Ihren Ford-Händler mit der Arbeit.
Sollte Ihr Focus mit einem schlüssellosen Start-/Stoppsystem bestückt sein, rastet das Zündschloss, wenige Sekunden nachdem Sie den Wagen verlassen haben, automatisch ein. Sie starten den Motor zudem über den Start-/Stoppschalter in der Mittelkonsole.

Bestandteil der elektronischen Wegfahrsperre – Zündschloss und Zündschlüssel

Sollte Ihr Auto partout nicht in die Gänge kommen wollen, muss das nicht zwangsläufig am Zündschloss liegen – schließlich hat Ihr Auto ab Werk noch eine elektronische Wegfahrsperre an Bord. Einmal aktiviert, bleibt sie so lange aktiv, bis sie von ihrem eigenen Zündschlüssel eine Pause spendiert bekommt. Die Betonung liegt auf eigenen Zündschlüssel, denn der Schlüssel – ein Unikat – trägt einen Minisender mit eigenem Code in seinem Griff. Unprofessionelle Langfinger haben da schlechte Karten: Solange das Zündschloss seinen Zündschlüsselcode nicht erkennt, macht der Anlasser keinen Mucks. Organisierte Autoschieber überlisten gängige Wegfahrsperren mittlerweile allerdings mit High-Tech-Software.

Verhindert den Datenfluss – abgeschirmter Zündschlüssel

In der Praxis freilich kann es Ihnen auch passieren, dass der elektronische Zündschlüssel auch seinen eigenen Code nicht erkennt. Zum Beispiel dann, wenn Sie den Schlüssel irgendwann als Flaschenöffner zweckentfremdet oder als provisorisches Schlagwerkzeug missbraucht haben. Zudem verwirren die Elektronik auch andere Schlüssel oder Metallteile (Schlüsselbund). In dem Fall bleibt's unter der Motorhaube still, denn die Wegfahrsperre erkennt Ihren Schlüssel nicht mehr. Als aufmerksamer Fahrer bemerken Sie das Malheur an der Kontrollleuchte im Armaturenbrett. Ziehen Sie dann den Zündschlüssel ab und starten nach rund fünf Sekunden erneut. Streikt Ihr Focus immer noch, starten Sie mit dem Ersatzschlüssel und lassen den offenbar verstimmten Schlüssel von Ihrem Ford-Händler neu codieren.

Die Zentralverriegelung

Die Zentralverriegelung öffnet und schließt alle Türen sowie die Heckklappe mit kleinen Stellmotoren – vorausgesetzt, beide Vordertüren sind tatsächlich im Schloss. Focus-Türen reagieren übrigens auch ferngesteuert auf Knopfdruck: Der Sender sitzt im Zündschlüssel und die insgesamt vier Empfänger sind im Focus verteilt: zwei in der Mittelkonsole, je einer unter der Rücksitzbank bzw. am hinteren Stoßfänger. Die Signale gehen jeweils von beiden Vordertüren aus – von außen passiert das per Zündschlüssel und von innen mit dem Türöffnungshebel. Der Gepäckraum lässt sich per Knopfdruck von innen, ferngesteuert oder mit dem Zündschlüssel von außen öffnen. Nicht so die Motorhaube, ihr Schloss reagiert nur mechanisch auf einen Bowdenzug. Und da die Zentralverriegelung gleichfalls auch die Wegfahrsperre sowie die Innenraumbeleuchtung ansteuert, kommt Ihr Focus ohne herkömmliche Türkontaktschalter aus. Er begrüßt und verabschiedet Sie per Zeitrelais mit einem beleuchteten Innenraum.

Wegfahrsperre

Bei Funktionsstörungen der Wegfahrsperre fällt der Anfangsverdacht zunächst auf den Zündschlüssel. Die Wegfahrsperre wird beim Einschalten der Zündung mit einem korrekt codierten Schlüssel automatisch deaktiviert. Die Kontrollleuchte im Kombiinstrument leuchtet dabei für drei Sekunden und erlischt anschließend. Wenn die Kontrollleuchte ca. eine Minute leuchtet und danach unregelmäßig blinkt, wurde der Schlüssel von der Wegfahrsperre nicht erkannt. Ziehen Sie dann den Schlüssel ab und wiederholen den Startvorgang. Lässt sich der Motor nicht mit einem korrekt codierten Schlüssel starten, liegt eine Störung vor. Lassen Sie die Wegfahrsperre von Ihrem Fordhändler sofort überprüfen.

Zündschlüssel synchronisieren

Funktionsstörungen der Zentralverriegelung haben überwiegend ihren Ursprung in einem unerkannten Zündschlüssel. Synchronisieren Sie darum den Schlüssel (Sender) mit dem Empfänger. Übrigens, Sie können bis zu vier verschiedene Zündschlüssel für Ihren Focus prägen.

- Um sicherzustellen, dass keine akustischen Warnsignale während des Programmiervorgangs ertönen, schließen Sie alle Türen.
- Zum Programmieren drehen Sie den Zündschlüssel binnen sechs Sekunden vier Mal von Position »0« in Position »II«.
- Schalten Sie die Zündung aus. Ein Signalton fordert Sie jetzt auf, den Programmiervorgang innerhalb zehn Sekunden fortzusetzen.
- Dazu drücken Sie eine beliebige Taste auf der Schlüsselfernbedienung. Im Erfolgsfall ertönt dann ein Signalton.
- Sollten Sie noch weitere Schlüssel programmieren wollen, wiederholen Sie nur diesen Schritt!
- Zum Schluss schalten Sie die Zündung ein – der/die Schlüssel sind jetzt programmiert.
- Schlüsselbatterie wechseln
- Sollte trotzt synchronisiertem Zündschlüssel die Zentralverriegelung nicht funktionieren, ist meistens eine schlappe Batterie (Knopfzelle CR 2032) im Schlüsselgriff das Ärgernis. Wechseln Sie die Batterie einfach aus.

Klappschlüssel

- Stecken Sie einen Schlitzschraubendreher möglichst weit in den seitlichen Schlitz des Schlüsselgriffs (Pfeil) und drücken ihn so weit in Richtung des Schlüsselbarts, bis Griff und Schlüsselbart getrennt sind.
- Danach setzen Sie den Schraubendreher vorsichtig an der Senderseite (Pfeil) an und hebeln den Griff einfach auf.

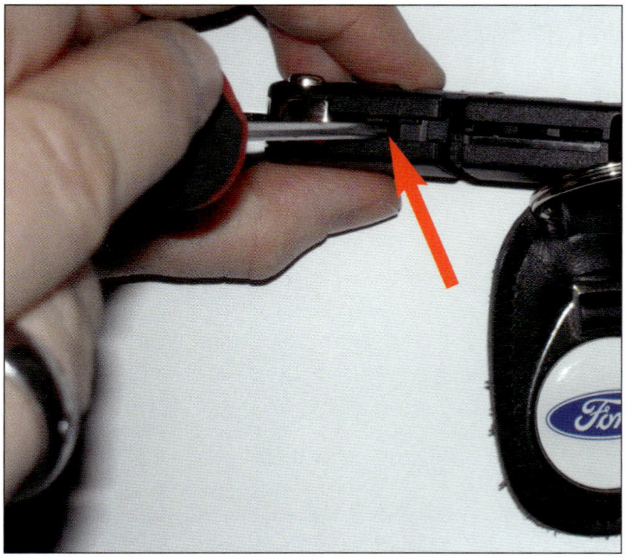

Vorsichtig auseinanderhebeln: den Klappschlüssel.

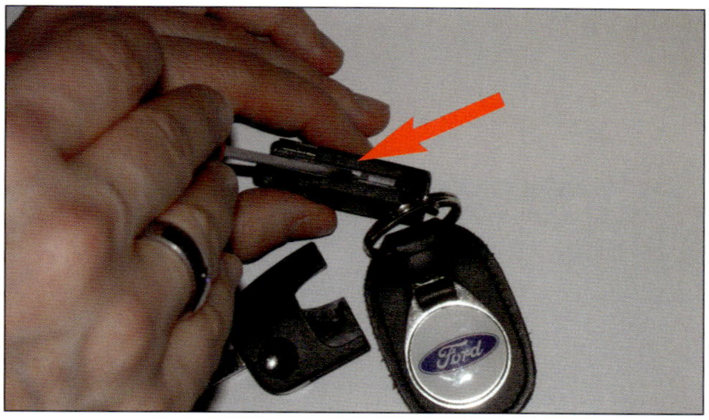

Im Schlüsselgriff erneuern: die leere Knopfzelle (beispielhafte Darstellung).

- Tauschen Sie die alte Batterie im Griffinnern und beenden die Arbeit in umgekehrter Reihenfolge. Achten Sie auf die Polarität.
- Die alte Batterie entsorgen Sie bitte umweltgerecht. Die meisten Supermärkte haben Batterierücknahmeboxen aufgestellt.

Standardschlüssel

- Setzen Sie in die hintere Nut des Schlüsselgriffs einen kleinen Schlitzschraubendreher, pressen den Griff auseinander und demontieren den Schlüsselbart aus der unteren Gehäusehälfte.
- Jetzt clipsen Sie die Sendeeinheit auf, nehmen die alte Batterie heraus und …
- … setzen die neue CR 2032-Zelle wieder ein. Achten Sie bitte auf die Batteriepolarität und komplettieren in umgekehrter Reihenfolge.
- Die alte Batterie entsorgen Sie bitte umweltgerecht. Die meisten Supermärkte haben Batterierücknahmeboxen aufgestellt.

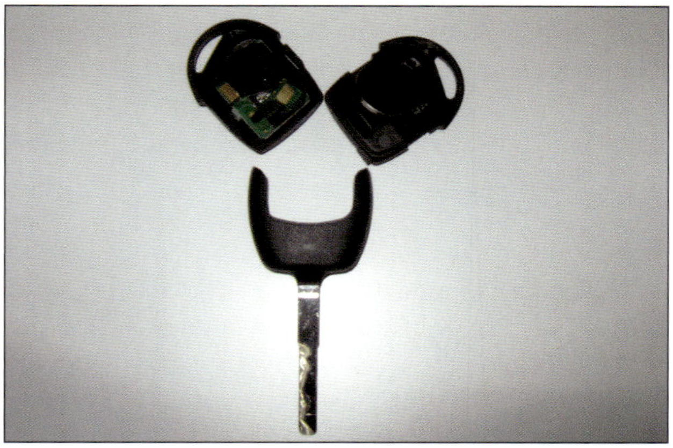

Vom Schlüsselbart trennen: den Schlüsselgriff inklusive Sendereinheit (beispielhafte Darstellung). Danach können Sie die Sendeeinheit öffnen.

Türgriff demontieren

Ob Sie die vorderen oder die hinteren Türgriffe bei einem Viertürer demontieren – die Arbeitsschritte unterscheiden sich nur unwesentlich voneinander. Wir beschreiben die Arbeit exemplarisch am Beispiel eines vorderen Türgriffs.

Werkzeug:
- Schlitzschraubendreher,
- Torx T20-Schraubendreher

- Öffnen Sie die entsprechende Tür, hebeln den Blindstopfen (Pfeil) mit einem Schlitzschraubendreher aus dem Türprofil.
- Jetzt lösen Sie die Befestigungsschraube der Schließzylinderabdeckung und ziehen die Verkleidung vom Türblatt ab.
- Nun können Sie den Türgriff vorsichtig aus der Türaußenhaut drehen. Achten Sie derweil auf den Anschlussstecker der Zentralverriegelung.
- Beenden Sie die Montage in umgekehrter Reihenfolge.

Aus dem Türrahmen hebeln: den Verschlussstopfen.

Türverkleidung demontieren

Da die Arbeit bei allen Karosserievarianten nahezu gleich ist, beschreiben wir die Montageschritte am Beispiel des Zweitürers mit elektrischen Fensterhebern. Bevor Sie die Batterie abklemmen, fahren Sie das Seitenfenster bis zum Anschlag hoch und notieren den Radio-Diebstahlcode. Falls Sie das vergessen, bleibt das Radio bzw. der Entertainmentbildschirm nach getaner Arbeit stumm oder dunkel…

Werkzeug:
- Schlitzschraubendreher,
- Torx T20- und T25-Schraubendreher

- Klemmen Sie das Batteriemassekabel ab und nehmen die Türgriffblende (1) ab. Sinnvollerweise hebeln Sie das zerbrechliche Stück mit einem passenden Schlitzschraubendreher aus den Verankerungen innerhalb der Türlende.

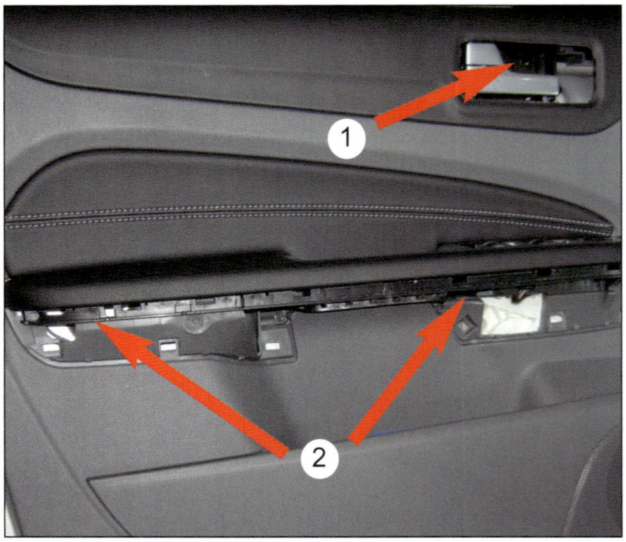

Nacheinander demontieren: zunächst die Blenden (1), danach beide Türgriffschrauben (2)

- Anschließend hebeln Sie mit einem breiten Schlitzschraubendreher die untere Türgriffblende aus der Armauflage...
- ... und lösen beide Türgriffschrauben (2).
- Hebeln Sie nun mit einem Holzspatel oder stabilen Schlitzschraubendreher die Türinnenverkleidung vom Türrahmen ab. Rundum fixieren die Verkleidung acht Klemmdübel. Beginnen Sie an der Unterseite und arbeiten sich dann Schritt für Schritt nach oben vor. Falls vorhanden, achten Sie darauf, dass die Dichtfolie möglichst nicht einreißt.
- Anschließend trennen Sie die Zentralstecker des Fensterhebermotors sowie der Tief- und Hochtonlautsprecher.
- Um an die Türinnereien zu kommen, ziehen Sie die Türdichtfolie, falls vorhanden, nur punktuell ab. Den Folienklebestreifen trennen Sie erfahrungsgemäß mit dem Kunststoffmesser eines Einwegbestecks am problemlosesten auseinander.
- Fassen Sie derweil möglichst nicht auf die Kontaktränder der Folie bzw. auch nicht auf die Klebeflächen, das würde die Klebe- und Dichtwirkung herabsetzen. In dem Fall kommen Sie am Auftrag einer neuen Dichtraupe nicht vorbei.
- Beenden Sie die Arbeit in umgekehrter Reihenfolge. Achten Sie rundum auf einen satten Sitz der Dichtfolie (falls verbaut). Falls Sie der Dichtfläche misstrauen, tragen Sie besser sofort eine neue Dichtraupe auf. Vermeiden Sie Silicon, nutzen Sie ein Dichtmittel auf Acrylbasis.

Heckklappenverkleidung demontieren

Da die Arbeit bei allen Karosserievarianten nahezu gleich ist, beschreiben wir die Montageschritte am Beispiel des Viertürers

Werkzeug:
– Schlitzschraubendreher,
– Torx T25-Schraubendreher

- Öffnen Sie die Heckklappe und hängen Sie die Halteseile der Hutablage aus.
- Die Verkleidung fixieren sieben Kunststoffclips an der Klappe.
- Um die Verkleidung unbeschädigt demontieren zu können, lösen Sie werksseitig in der Heckklappe montierten die Kunststoffdübel mit einem möglichst stabilen Spachtel oder Fleischwender. Das Werkzeug setzen Sie punktuell zwischen dem Heckklappenrahmen und der Verkleidung an.
- Lösen Sie zunächst beide Torxschrauben an der Verkleidungsunterseite und ziehen anschließend die restlichen sieben Clips hinter der Verkleidung. Behandeln Sie die Dichtfolie sorgfältig, ansonsten wir die Klappe später undicht werden.
- Beenden Sie die Montage in umgekehrter Reihenfolge.

Sitzen unterhalb der Verkleidung: zwei Torxschrauben. Die restlichen sieben Clips sind rundum unterhalb der Verkleidung verteilt.

Fensterheber-Motor demontieren

Da der Aufwand für alle Türen weitgehend identisch ist, beschreiben wir die Arbeit am Beispiel einer Vordertür. Ein neuer Motor muss per Ford-WDS initialisiert werden.

Werkzeug:
- Schlitzschraubendreher,
- Torx T20- und T25-Schraubendreher

- Demontieren Sie die Türverkleidung.
- Ziehen Sie die Elektrostecker von der Steckerleiste des Hebermotors (1) und lösen die drei Befestigungsschrauben (2) des Fensterhebermotors.
- Danach ziehen Sie den Motor von der Antriebswelle und beenden die Montage mit einem neuen oder instand gesetzten Motor in umgekehrter Reihenfolge.

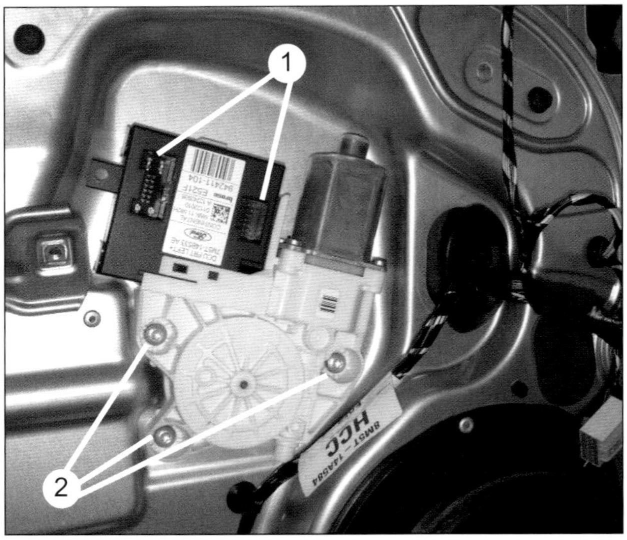

Vom Fensterhebermotor lösen: zwei Elektrostecker (1), drei Schrauben (2).

PRAXISTIPP – Elektrischer Fensterheber streikt

Schalter defekt:
Demontieren Sie den gegenüberliegenden Schalter und stecken den Mehrfachstecker um. Mit dem intakten Schalter schließen Sie das Fenster.

Sicherung defekt:
Überprüfen Sie im inneren Sicherungskasten die Sicherungen Nr. 25 (30A, vorn) und die Nr. 31 (30A, hinten).

Zuleitung zum Elektromotor unterbrochen:
Verlegen Sie eine Freiluftleitung mit Plus (wenn keine Spannung anliegt) oder mit Masse (wenn keine Masse anliegt) zum Motor und lassen den Motor anlaufen.

Motor blockiert:
Demontieren Sie die Türverkleidung, hängen die Scheibe aus und pressen sie mit Muskelkraft in die obere Endstellung. Sichern Sie die Scheibe mit Klebeband oder verkeilen sie von unten mit einer passenden Holzlatte.

Alle hier gegebenen Tipps sind natürlich nur Notlösungen zur ersten Hilfe auf der Straße. Zuhause beheben Sie das Ärgernis besser fundiert.

Mittelkonsole demontieren

Die Focus-Mittelkonsole ist ein mehrteiliges Formteil – je nach Orderpaket unterschiedlich konzipiert. Aufgrund unterschiedlicher Ausführungen beschreiben wir die grundsätzliche Demontage.

Werkzeug:
- Schlitzschraubendreher,
- Torx T20, 13er-Stecknuss,
- Ratsche

- Ziehen Sie zunächst mit einem Schlitzschraubendreher beidseitig die Blindstopfen an den vorderen Seitenverblendungen ab.
- Lösen Sie die darunter liegenden Schrauben und legen die Blenden beiseite.
- Danach hebeln Sie mit einem Holzspatel vorsichtig den Schaltsack und die obere Konsolenblende los. Lösen Sie nun beide Befestigungsschrauben.
- Jetzt ziehen Sie die Handbremse an – das schafft mehr Arbeitsplatz – und hebeln die Handbremshebelverkleidung vorsichtig mit einem breiten Schlitzschraubendreher oder Holzspatel von der Konsole ab.
- Nun ziehen Sie das hintere Konsolenstaufach komplett heraus und lösen die vier darunter befindlichen Torxschrauben.
- Heben Sie die Konsole in Höhe des hinteren Staufachs nun vorsichtig an, trennen – je nach Ausstattung – die Elektroanschlüsse, ziehen die Konsole dann bedächtig aus dem Armaturenträger und legen sie beiseite.
- Beenden Sie die Montage in umgekehrter Reihenfolge.

Reinluftfilter wechseln

Werkzeug:
- Ratsche,
- kurze Verlängerung,
- Torx T50-Nuss

- Schieben Sie zunächst den Fahrersitz nach hinten, tauchen im Fußraum ab und demontieren das Fahrpedal mitsamt Konsole (drei Schrauben).
- Jetzt haben Sie genügend Platz, um die Schrauben des Filtergehäusedeckels (Pfeile) zu lösen.
- Das Filterelement ziehen Sie einfach seitlich aus dem Gehäuse.
- Da der Filter atemgängige Umweltstäube bindet, entsorgen Sie ihn als Sondermüll und gönnen Ihrer Nase ein frisches Filterelement.
- Beenden Sie die Montage in umgekehrter Reihenfolge und setzen das neue Filterelement passgenau ein.

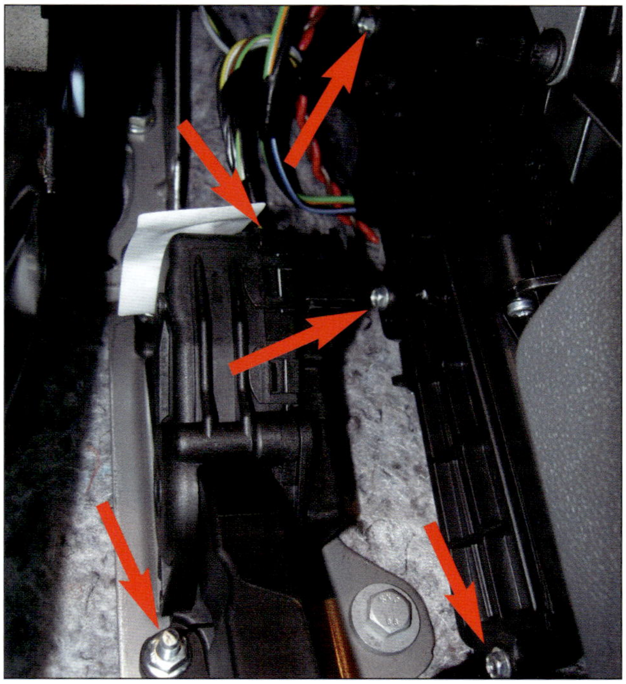

Im Focus schnell erledigt: Reinluftfiltereinsatz tauschen.

Lautsprecher demontieren

Vor der Arbeit schalten Sie grundsätzlich alle Verbraucher aus und ziehen außerdem den Zündschlüssel ab. Unabhängig davon, welchen Lautsprecher Sie nun ausbauen möchten: An der Demontage der jeweiligen Türverkleidung kommen Sie nicht vorbei. Sämtliche Lautsprecherkabel sind mit Steckverbindern ans Lautsprecherchassis montiert. Mitunter sind die Lautsprecherchassis aufgenietet. In dem Fall bohren Sie die Nieten aus und schrauben die neuen Lautsprecher kurzerhand mit Blechschrauben an den Montageplätzen fest.
Je nach Ausstattungs- und Modellvariante beschallt Sie Ihr Focus mit unterschiedlichen Lautsprechern. Wir beschränken uns hier auf die Demontage der Tieftöner in den Vordertüren. Die Montage im Heck gelingt analog, die Hochtöner in den Vordertüren sind in die Fensterrahmenverkleidungen gesteckt. Siehe auch »Außenspiegeldemontage«.

Werkzeug:
Torxschraubendreher T20,
Schlitzschraubendreher,
evtl. Bohrmaschine,
10-mm-Bohrer

Am Lautsprecherchassis lösen: die Befestigungshohlnieten.

Arbeitsschritte: (Vorder-/Hintertüren)

- Stellen Sie das Radio ab und ...
- ... demontieren die Türverkleidung, wie beschrieben.
- Drehen Sie die Befestigungsschrauben am Lautsprecherchassis los, bzw. bohren Sie die Hohlniete (Pfeile) aus.
- Ziehen Sie den Stecker vom Lautsprecherchassis ab und bugsieren den Lautsprecher aus der Tür. Nehmen Sie wirklich nur die Stecker und nicht etwa, weil's bequemer ist, unachtsam die Lautsprecherkabel in die Finger. Sie vermeiden damit Wackelkontakte in den Zuleitungen.
- Wenn Sie Lautsprecher nachrüsten oder neu installieren, haben Sie die Wahl zwischen Originalkabelsätzen mit Formsteckern oder Zwillingsleitungen als Meterware. Verlegen Sie Zwillingsleitungen in Eigenregie, achten Sie bei den Steckern unbedingt auf die Polarität. Zur besseren Orientierung sind Zwillingslitzen entweder farblich oder mit unterschiedlichen Isolierprofilen gekennzeichnet. Achten Sie zur Steckermontage auf die richtige Polarität, in dem Fall sind die Lautsprecher später auch belastbar.
- Beenden Sie die Montage in umgekehrter Reihenfolge.

WISSENSWERTES

Hecklautsprecher – die Größe muss stimmen

Bevor Sie Ihren Focus nachträglich zu einem rollenden Konzertsaal aufmotzen und ihm vielleicht noch ein paar zusätzliche Hecklautsprecher oder gar voluminöse Heckboxen spendieren, bedenken Sie bitte, dass üppige Lautsprecher zwar nachhaltig den Sound verbessern, ihre größeren Kernmagneten jedoch die Funktion der Heckautomatikgurte beeinträchtigen können. Auch elektronische Steuergeräte und Sensoren lassen sich von starken Magnetfeldern irritieren. Vor diesem Hintergrund wägen Sie Ihre tatsächlichen Prioritäten ernsthaft ab: Sind Ihnen gesteigerter Hörgenuss wichtiger als mögliche Fehlfunktionen vorhandener Sicherheitssysteme?

Dachantenne demontieren

Werkseitig montierte Radios schnüffeln per Dachantenne in den Ätherwellen. Die Ford-Antennen sind nahezu unverwüstlich. Vorausgesetzt, Sie muten ihnen keine rotierenden Waschbürsten zu und schrauben sie vor dem Duschbad vom Antennenfuß. Falls Sie das vergessen, fighten die Waschbürsten über kurz oder lang mit dem Antennenstab und »knicken« ihn ab.
Die dann fälligen Kosten lassen sich minimieren: Legen Sie selber Hand an und kaufen eine passende Antenne im Autozubehör. Die fälligen Montagekosten sparen Sie nämlich locker in die eigene Tasche. Mit etwas Glück passt sogar der neue Stab auf den alten Schraubanschluss der gebrochenen Antenne.
Sollten Sie die Antenne allerdings komplett installieren müssen, verstecken Sie das Antennenkabel unter dem Dachhimmel und im Vorderwagen unterhalb einer A-Säulenblende. Sollte das Kabel bereits liegen, achten Sie darauf, dass es dem neuen Fuß auch tatsächlich passt.
Für den Fall, dass das Radio nach der Montage unvermittelt mit unzureichendem Empfang oder, krasser noch, mit Wellensalat nervt, verdächtigen Sie getrost den Adapter des alten Antennenkabels.

Werkzeug:
– Torxschraubendreher T25,
– Schlitzschraubendreher

Arbeitsschritte:

- Demontieren Sie die Innenraumleuchte, wie bereits beschrieben.
- Lösen Sie die Befestigungsschraube des alten Antennenfußes, lassen das Antennenkabel auf dem Himmel liegen und ...
- ... ziehen den alten Fuß aus der Dachhaut.
- Bevor Sie den neuen Fuß fest montieren, sorgen Sie für eine saubere Masseverbindung zwischen Dachhaut und Antennenanschluss, ziehen die Befestigungsschraube nur handfest vor, schrauben die Antenne ein, richten den Fuß auf dem Dach aus und ziehen die Mutter dann mit 5 Nm fest.
- Beenden Sie die Montage in umgekehrter Reihenfolge.

Vom Antennenfuß demontieren: Antennenkabel oberhalb der Innenlichtampel.

Mobil Telefonieren

Zu Anfang steht die Frage: Möchten oder müssen Sie im Auto möglichst immer und überall erreichbar sein? Wir sind zwar keine Schwarzmaler, doch ein Kassandraruf sei uns erlaubt: Mobil telefonieren während der Fahrt lenkt ab und erhöht das Unfallrisiko!
Darum schränkt der Gesetzgeber den Handygebrauch während der Fahrt auch sinnvoll ein: Nutzen Sie Ihr Handy also niemals ohne Freisprecheinrichtung.
Welche Mobiltelefonlösungen bietet Ford für den Focus?
Vor der Wahl steht die Qual: Ab Werk bekommen Sie ein Audiosystem CD-Radio inklusive Mobiltelefon-Vorbereitung mit Bluetooth-Schnittstelle und Sprachsteuerung.
Das Ganze können Sie steigern per Mobiltelefon-Navigation (Symbian S60 v3.x Smart-Mobiltelefone).
Da alle Möglichkeiten den hier vorhandenen Umfang sprengten und zudem ständig dem Stand der Technik angepasst werden, verweisen wir an dieser Stelle auf die Internetadresse www.ford-mobile-connectivity.com
Sie möchten mehr individuelle Kommunikationsauswahl? Fehlanzeige ab Werk! Doch aus Focus-Internetforen leiten wir ab: Die Grenzen sind fließend – lesen Sie sich ein…
Sollte Ihnen das ganze Angebot nicht zusagen, aktualisieren Sie Ihr Wissen in Handy-Shops, oder fahren Sie einen lokalen Stützpunkt der großen Infotainment-Handelsketten an. Deren Experten kennen den Markt.
Sollten Sie in Ihrem Focus freilich nur gelegentlich telefonieren wollen, raten wir Ihnen zu einer technisch und finanziell überschaubaren Lösung: Freunden Sie sich mit Hardware an, die, mit ausklappbaren Mikrofonen bestückt, an der Fahrersonnenblende zu montieren ist. Die Auswahl ist üppig.
Immer noch zu viel Hightech? Dann kommunizieren Sie mit Head-Set, schnurgebunden oder drahtlos. Bei dieser Lösung ist allerdings der Rufannahmeknopf wichtig: Er aktiviert in der Regel auch die Spracheingabe des Handys.

Multimediaanschluss nachrüsten – relativ schnell möglich

Sollten Sie auf relativ einfache Art und Weise externe Audioquellen in Ihrem Focus nutzen wollen, bieten Infotainment-Shops, eventuell sogar Ihr Ford-Händler, spezielle Multimediaanschlüsse an. Binnen einer Montagestunde schließen Sie daran Ihren CD-Player, Walkman, MP3-Player oder auch einen iPod an. Die Musikboxen, sie verschwinden in einer Ablage oder unsichtbar im Handschuhfach, nutzen die vorhandenen Lautsprecher in Ihrem Focus.

Schnell zu installieren: Multimediaanschlüsse mit Aux-In-Buchse zu vertretbaren Kosten.

Intelligent gemacht

Aktuelle Sicherheitsstandards erfüllt der 2007er-Focus mit beruhigenden Sicherheitsreserven. Die Karosserie schluckt Verformungsenergie zu einem Großteil in Computer strukturierten Lastpfaden. Ihre Rohbaukomponenten bestehen zu rund 45 Prozent aus hoch- und höherfesten Stählen. Anti Dive-Vordersitze, diverse Airbags sowie Dreipunktgurte mit Gurtstraffern und Gurtkraftbegrenzern mindern in Crashsituationen die Verletzungsgefahr von Fahrer und Beifahrer. Die Hinterbänkler fixieren Dreipunktautomatikgurte.

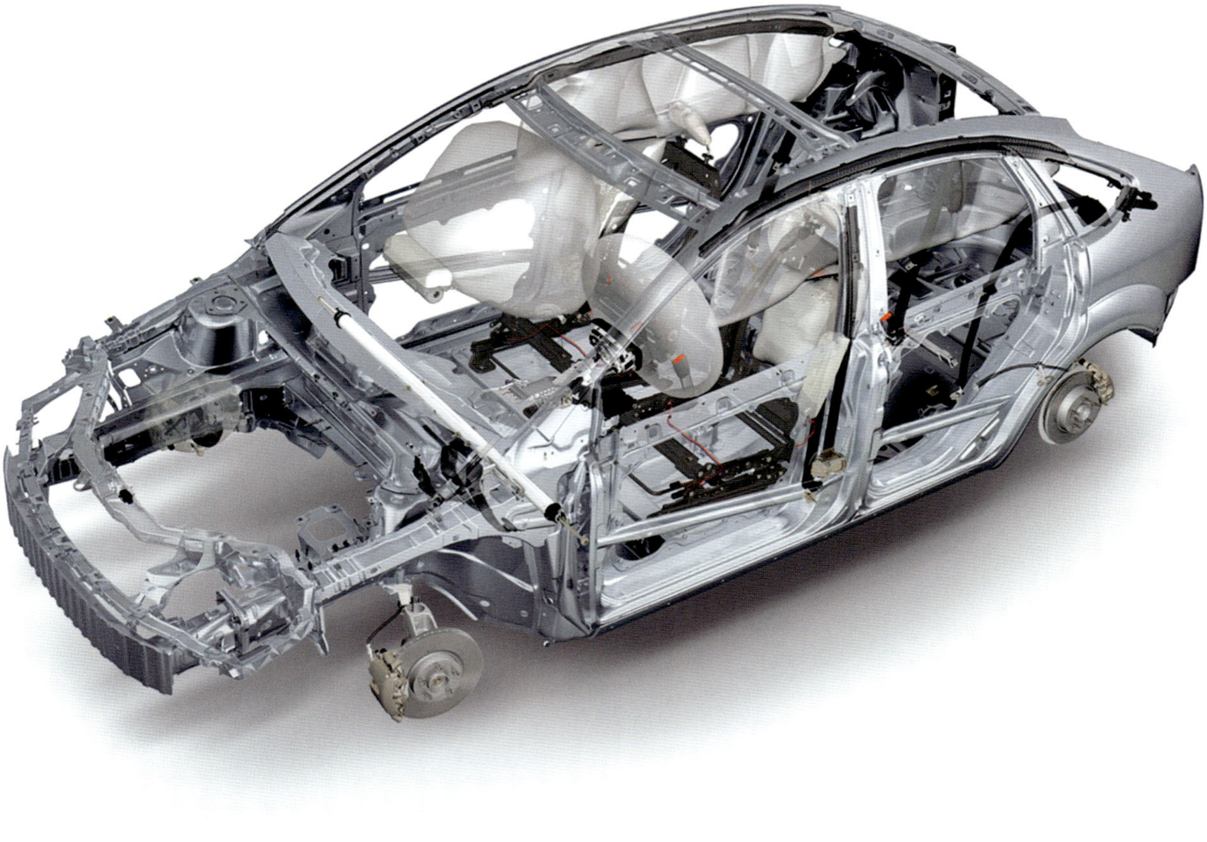

Grundsätzlich basiert der Focus 2007 auf der Plattform des Focus I. Nach Meinung von John Fleming, Ford Europa Präsident & CEO, verjüngte der damalige Escort-Nachfolger »das Ford-Image in Europa nachhaltig«. Laut Fleming sogar so gravierend, dass die folgenden Generationen, das Anfang der Siebzigerjahre kreierte Kinetic-Design »konsequent weiterführen mussten«. Gunnar Herrmann, Entwicklungsdirektor Focus-Baureihe, erklärt: »Bei Neukonstruktionen ist die Gefahr immer groß, ausgereifte Lösungen um des Ändern wollen zu verwerfen«. Besagtes »Ändern wollen« blieb den Nachfolgern weitgehend erspart. »Stattdessen«, so Herrmann, »korrigierten wir die Charakteristik nur dort, wo wir über die Jahre konkretes Potenzial erkannten.«

Herrmann spricht damit gleichermaßen die Optik wie die weitgehend verborgenen Strukturen der Rohbaukarosserie und des Fahrwerks an. Der Focus-Aufbau steht mit seiner einfach wie stabil profilierten Grundstruktur, mit seinen computerberechneten Lastenpfaden, mit einem großzügigen Platzangebot und mit praktischer Variabilität wieder in vorderster Reihe seiner Mitbewerber. Mit zu den größten Erfolgen der Entwicklungscrew zählt Herrmann letztlich die Tatsache, dass »der neue Focus, bei deutlich reduziertem Gewicht, viel robuster, sicherer, komfortabler und noch dynamischer auftritt als sein Vorgänger«.

WISSENSWERTES: Die Ford Plattform-Strategie

Automobilinsider bezeichnen als Plattform eine nahezu identische, technische Basis unterschiedlicher Modellvarianten. Die Praxis zeigt jedoch, dass die Plattform nur untergeordneten Einfluss auf die modellspezifische Erscheinung – also die endgültige Karosserieform – hat. Dennoch, die pekuniären Vorteile konsequent angewandter Plattformstrategien sind gravierend: Daraus resultierende Synergieeffekte schaffen, sowohl in der Entwicklungs- als auch in der späteren Produktionsphase verwandter Modelle, massive Kostenvorteile. Für plattformverwandte Modelle laufen beispielsweise alle Sicherheits- und Crashtests gemeinsam ab. Die wohl häufigsten Attribute einer gemeinsamen Plattform sind das Fahrwerk und der Antrieb. Zudem schicken global auftretende Hersteller nahezu identische Typen, lediglich mit unterschiedlichen Markenlogos, ins Rennen. »Umgelabelte«, also umbenannte Modelle schöpfen die praktischen Sparpotenziale noch effizienter als Plattform-Klone aus. Ford hat das längst erkannt und nutzt daher weltweit möglichst gleiche Plattformen bzw. »umgelabelte« Modelle.

Auf hohem Niveau – der Focus Vorderwagen mit computerberechneten Lastpfaden

Ein entscheidender Faktor für den hohen Focus-Sicherheitsstandard ist die weitgehend torsionssteife Fahrgastzelle. Die Karosseriefrontstruktur des Focus absorbiert in computerberechneten Deformationszonen auftretende Zerstörungskräfte. Während eines Frontalcrashs schluckt der Vorderwagen als Hauptlastpfad die meiste Energie. Durchaus gewollt verteilen sich die Verformungskräfte im oberen Karosseriebereich in Richtung der A-Säulen. Von dort aus geht's weiter über die Türschachtverstärkungen nach hinten. Den unteren Lastpfad bildet der Fahrschemel, dessen aufwändige Profilstruktur nachweislich am meisten Crashenergie vernichtet.

Zudem sind die Aggregate und mechanischen Baugruppen des Focus unter der Motorhaube so angeordnet, dass sie bei einer Kollision die programmierte Verformung der Karosseriestruktur zwar begünstigen, jedoch nicht in den Innenraum eindringen. Der Überlebensraum der Insassen wird von ihnen also nicht nennenswert eingeschränkt.

Stabile B-Säulen und widerstandsfähige Türen sorgen bei einem Seitenaufprall zusätzlich dafür, dass der Kontrahent die Fahrgastzelle möglichst wenig beschädigt. Während eines Heckaufpralls hindern der rückwärtige Querträger sowie die teilbare Fondbank das Ladegut daran, in den Passagierraum zu schleudern.

Im Dienste der passiven Sicherheit – IPS (Intelligent Protection System)

Das Ford-Insassenschutzsystem (IPS) setzt im Focus gleichermaßen auf Elektronik und Mechanik. Es bietet unter anderem zweistufig auslösende Frontairbags. Ein im Vorderwagen montierter Crashsensor erfasst dazu im Millisekundenbereich die Art des Unfalls sowie die zu erwartende Intensität des Aufpralls. Daraufhin lösen die Airbags mit entsprechenden Füllmengen aus.

Warum entsprechend? Weil ein im Bordrechner elektronisch gespeichertes Protokoll potenzielle Unfallsituationen auf Abruf bereithält und fortlaufend mit der

Realität vergleicht. Sechs Airbags – zwei Front-, zwei Seiten-, zwei Kopf- und Schulterairbags – sind serienmäßiger Bestandteil des IPS-Systems. Damit der Nachwuchs im Focus gleichfalls gut gesichert unterwegs ist, rüsten Vertragshändler den Focus auf Wunsch mit ISOFIX-Halterungen aus.

Qualität und Wirtschaftlichkeit

In puncto Qualität, Zuverlässigkeit und Robustheit standen bislang alle Focus-Jahrgänge gut da: Die Käufer profitieren von sinnvollen Serviceintervallen mit relativ geringen Wartungsumfängen. Solide Voraussetzungen also, um die laufenden Unterhaltskosten zu minimieren. Hohe Wertbeständigkeit verspricht gleichfalls die langzeitgeschützte Karosserie mit einem 24-stufigen Farb- und Korrosionsschutzauftrag. Das Anti-Rost-Paket beinhaltet unter anderem galvanisch verzinkte Bleche, Sprüh-Phosphatierung, elektrostatisch aufgetragenen Primer, Füller, Grundierung, eine Wachs-Hohlraumversiegelung, PVC-Unterboden- und Steinschlagschutz, rosthemmend versiegelte Karosserieverbindungsstellen, Kunststoffinnenkotflügel (vorne) sowie textile Innenkotflügel (hinten).

Aufwandsgemäß gewährt Ford eine zwölfjährige Garantie gegen Durchrostung. Ein weiteres Pfund für Focus-Käufer: Die zweijährige Neuwagen-Herstellergarantie mit weit über die gesetzlich vorgeschriebene Gewährleistung hinausreichenden Versprechen.

Arbeiten an der Karosserie

Die meisten in diesem Kapitel beschriebenen Reparaturen erledigen Sie mit einer soliden Werkzeuggrundausstattung. Motorhaube, Heckklappe und Türen sind jedoch, obwohl kompaktformatig, ziemlich sperrig. Spannen Sie anlässlich dieser Arbeiten also einen Helfer mit ein. Und sogleich noch Tipp: Die Montage von Motorhaube, Heckklappe und Türen geht Ihnen leichter von der Hand, wenn Sie an den Scharnieren vorab deren ursprüngliche Position mit einem wasserfesten Filzschreiber anzeichnen.

Arbeiten an der elektrischen Anlage

Früher oder später konfrontieren Sie Karosseriearbeiten zwangsläufig mit elektrischen oder elektronischen Komponenten. Klemmen Sie vor diesen Arbeiten

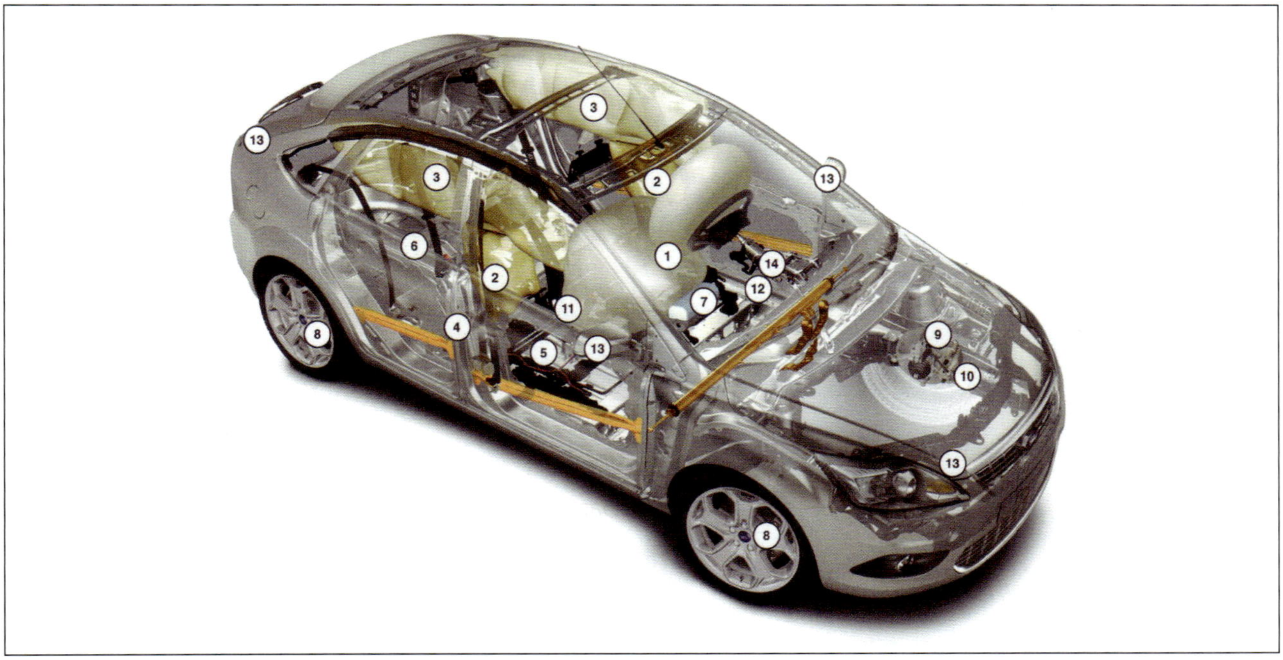

Luftig abgesichert: Die vorderen Passagiere sichern Front- und Seiten-Airbags gegen harte Kollisionen ab. Den Fahrer schützt zusätzlich noch ein Knieairbag. Kopf-/Schulter-Airbags gibt's in allen Modellen nur auf Wunsch und gegen Aufpreis. Dreipunkt-Automatikgurte sind ab Werk auf allen Plätzen mit von der Partie. 1 Fahrer-, Beifahrerairbag, 2 Fahrer-, Beifahrerseitenairbag, 3 Kopf-, Schulterairbags v. u. h., 4 Sicherheitsfahrgastzelle mit effizienten Knautschzonen, 5 3-Punkt Sicherheitsgurte auf allen Plätzen, 6 ISOFIX-Halterung, 7 Anti-Dive-Sitze, 8 ABS mit EBD, 9 ESP und ASR, 10 Sicherheitsbremsassistent (EBA), 11 elektrische Fensterheber, 12 allergiegetesteter Innenraum, 13 Notbremslicht, 14 Sicherheitslenksäule.

grundsätzlich immer die Batterieminusklemme ab. Sie müssen allerdings wissen: Eine abgeklemmte Batterie ist ein Eingriff in die Bordelektronik!
Demzufolge müssen das Motormanagement sowie diverse elektrische Bordverbraucher, zum Beispiel das Radio, erst wieder regenerieren. Nähere Hinweise zum Thema Batterie ab- und anklemmen entnehmen Sie bitte dem Kapitel »Elektrik«.

Arbeiten an der Klimaanlage (AC)

Lassen Sie zu Karosseriearbeiten die Komponenten der Klimaanlage möglichst unberührt. Öffnen Sie den Kühlmittelkreislauf bitte nicht: Austretendes Kühlmittel verursacht auf Ihrer Haut schlimme Erfrierungen. Muten Sie dem Verdichter, Verdampfer und den Zuleitungen, beispielsweise bei Schweiß- oder Lötarbeiten, gleichfalls keine hohen Temperaturen zu. Besser noch, Sie verstehen unseren Hinweis gleich als Tabu für Schweiß- oder Lötarbeiten im Umfeld der AC! Es sei denn, ein Fachbetrieb hat das Kältemittel bereits umweltkonform evakuiert.

Schweißarbeiten an der Karosserie

Bei den meisten Karosserieschweißarbeiten ist Widerstandspunktschweißen erste Wahl. Ab Werk fügen die Focus-Rohbaukarosserie rund 2500 Schweißpunkte zu einem stabilen Ganzen zusammen. Diese Präzision ist natürlich später an der heimischen Werkbank nicht mehr haltbar. In der Regel erledigen Sie Ihre Karosseriearbeiten ohnehin mit einem Schutzgasschweißgerät. Das provoziert mitunter gesundheitliche Probleme. Denn ein Teil der Karosserie ist verzinkt. Hohe Temperaturen und Zink reagieren negativ aufeinander – im Zusammenwirken entsteht Zinkoxid.
Zinkoxiddämpfe sind hoch toxisch! Sorgen Sie also für eine gute Belüftung des Arbeitsplatzes und führen Schweißarbeiten niemals ohne geeignete Atemschutzmaske aus. Zinkoxid entsteht übrigens auch bei Arbeiten mit dem Winkelschleifer – zumindest dann, wenn Sie verzinkte Oberflächen flexen.

Profi-Rat: Bevor Sie neue Bleche einsetzen oder andere Schweißarbeiten vornehmen, legen Sie eine Probenaht und stellen währenddessen Ihren Schweißautomaten genau auf das Material ein. Der zusätzliche Aufwand lohnt – Schweißprofis wissen das längst…

Klimaanlage: Die AC-Komponenten vertragen keine hohen Temperaturen. Das Kältemittel evakuieren Sie generell NICHT selber!

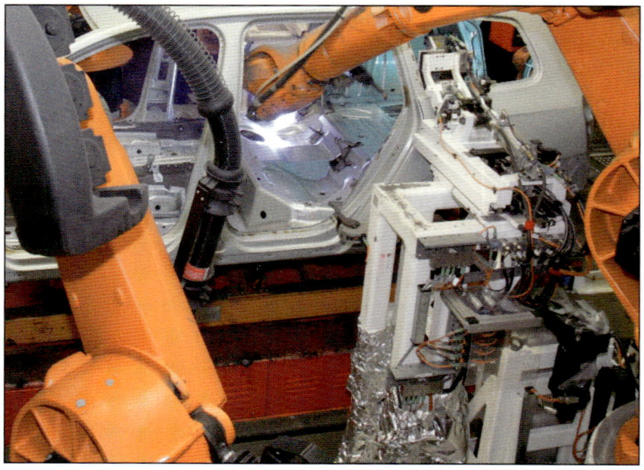

Karosse im Rohbau: Schweißroboter sind immun gegen Zinkoxid. Dennoch werden die giftigen Dämpfe direkt am »Tatort« abgesaugt und umweltverträglich gewaschen.

Es muss nicht gleich ein Neuteil sein - Kunststoffteile instand setzen

Beschädigte Kunststoffteile, etwa Stoßfänger oder Frontmasken, müssen nicht gleich Neuteilen weichen. Oftmals können Sie das Schadteil auch reparieren. Untersuchungen der Automobilhersteller, von Autoversicherern und Prüforganisationen wie TÜV oder DEKRA beweisen: Fachgerecht reparierte Kunststoffteile sind Neuteilen in Funktion, Stabilität und Optik gleichzustellen. Dementsprechend haben nahezu alle Automobilproduzenten Reparaturfreigaben erteilt. Gut so, denn reparierte Teile sind bis zu 50% günstiger als Neuteile.

Da Sie als gewiefter Heimwerker die Reparatur, bis auf partielle Lackierarbeiten, ohnehin selbst ausführen, schlummert da reichlich Sparpotenzial. Bevor Sie allerdings richtig loslegen, informieren Sie sich im guten Fachhandel über das erforderliche Reparaturset. Das Angebot an Kunststoffreparatursets ist mittlerweile so reichhaltig, dass Sie die Offerten auf den ersten Blick bestimmt nicht mehr überschauen.

Recherchieren Sie vor allem die Materialbeschaffenheit des zu reparierenden Kunststoffteils. Die meisten Kunststoffe tragen auf der Rückseite einen Materialstempel. Suchen Sie also den Stempel und kaufen das zum Material passende Reparaturset. Ganz auf Nummer sicher gehen Sie natürlich, wenn Sie den Rat Ihres Fachverkäufers oder, besser noch, eines Karosseriebauers einholen.

Kennzeichnungspflichtig: industrielle Kunststoffteile ab zwei cm².

GEFAHRENHINWEIS

Karosseriearbeiten – das sollten Sie vorab beachten

Klemmen Sie vor ALLEN nennenswerten Karosseriearbeiten die Batterie ab. Räumen Sie danach den Airbag- sowie den Gurtstrafferkondensatoren weitere 30 Minuten ein, um sich zu entladen. Falls nicht, interpretieren die Sensoren irrtümlich schon leichte Hammerschläge oder Schlagschraubervibrationen als Unfall und zünden mitunter unvermittelt und grundlos.

Bleiben Sie besser auch geklebten Karosseriescheiben fern. Als konstruktive Karosserieelemente sind sie ein typischer Fall für die Werkstatt. Überlassen Sie kleinere Steinschläge nicht ihrem Schicksal, sondern möglichst schnell dem Scheibenprofi. Der füllt die Scheibenkrater mit Spezialharz. Fachmännisch ausgeführt, ist die behandelte Scheibe hinsichtlich Stabilität und Transparenz einer Neuscheibe wieder ebenbürtig. Ihre Kaskoversicherung übernimmt die Reparaturkosten übrigens in vollem Umfang.

Das schaffen Sie locker...

Auf den folgenden Seiten beschreiben wir Ihnen ausschließlich Arbeitsschritte, die mit einigem Talent allesamt in Eigenregie zu bewerkstelligen sind. Doch bei allem handwerklichen Geschick, verheben Sie sich nicht an altem Blech! Anders gesagt – machen Sie nur das wirklich selber, was Ihnen leicht von der Hand geht. Ansonsten lassen Sie Ihren Ford-Händler oder einen professionellen »Blechklopfer« Hand anlegen.

Die relativ reparaturfreundliche Karosseriestruktur erbte der Focus übrigens von all seinen Vorgängern. Als Do-it-yourselfer werden Sie die Tatsache natürlich schätzen: Spätestens wenn nach einer Verkehrsrempelei ein neuer Stoßfänger, eine Tür, ein Kotflügel, die Motorhaube oder eine neue Heckklappe zum Tausch anstehen.

Karosseriewartungsarbeiten – verlängern die Lebensdauer

Vor dem Hintergrund Dauerhaltbarkeit ist zum Beispiel ein regelmäßiger Check des Unterbodenschutzes und des Decklacks sinnvoll investierte Zeit. Je früher Sie dort Schäden entdecken, umso preisgünstiger wird die erforderliche Reparatur.

Machen Sie es sich zur Gewohnheit, den Unterboden alljährlich vor dem Winter und zum Frühjahr hin auf Steinschlagschäden zu checken. Seien Sie besonders

wachsam an Stellen, denen der Straßendreck besonders dick anhaftet. Schauen Sie auch unterhalb der Radläufe, also in den Radhäusern, nach dem Rechten – vergessen Sie auch die Holme, Schweller und Traversen nicht. Schadhafte Stellen, sofern sie nicht schon zu groß geworden sind, bessern Sie einfach mit handelsüblichen Produkten aus. Das Angebot an Sprühflaschen ist riesengroß. Achten Sie nur darauf, dass der gekaufte Korrosionsschutz mit dem vorhandenen Material eine tragfähige Verbindung eingehen kann.
Ähnlich akribisch inspizieren Sie die Lackoberfläche Ihres Focus. Öffnen Sie dazu alle Türen und Hauben. Achten Sie besonders auf die Karosseriefalze sowie die Bereiche unterhalb der Tür- bzw. Haubendichtungen. Erfahrungsgemäß hat der Rost dort leichtes Spiel mit dem Decklack, wo zwei Karosseriebleche gegeneinander stoßen, verklebt oder gepunktet sind. Entdecken Sie dort Handlungsbedarf, fackeln Sie nicht lange und bessern die Schadstellen mit einem Lackstift oder Reparaturfarbset aus. Bei größeren Schadstellen im Außenbereich, speziell der Motorhaube, wägen Sie ab: Mitunter ist ein Lackprofi oder Lackdoktor dann nämlich die bessere, weil preisgünstigere Wahl.

Qualitätssicherung: Schon während der Produktion sind viele Maschinen auf Qualitätskotrolle geeicht.

Windlauf/Wasserabweiser demontieren

Werkzeug:
– 15-mm-Nuss,
– Ratsche,
– Kombizange.

- Zeichnen Sie auf der Scheibe mit einem Filzstift die Lage der Wischerblätter an.
- Demontieren Sie nun beide Scheibenwischerarme.
- Jetzt öffnen Sie die Motorhaube, ziehen den hinteren Teil der Seitenverkleidung (1) an und ziehen das Kunststoffteil aus der vorderen Halteöse.
- Danach ziehen Sie mit einer Kombizange sechs Halteklammern (Pfeile) vom Windlauf und heben das Kunststoffteil über die Wischerarmachsen von der Spritzwand.
- Beenden Sie die Montage in umgekehrter Reihenfolge.

Mit sechs Klammern fixiert: Der Windlauf/Wasserabweiser unterhalb der Motorhaube.

Außenspiegel demontieren

Werkzeug:
- Schlitzschraubendreher,
- 10-mm-Nuss,
- Ratsche.

■ Klemmen Sie das Batteriemassekabel ab und demontieren die entsprechende Kunststoffblende am Türrahmen. Achten Sie auf den Anschluss des Hochtöners, die Steckkontakte reißen leicht ab.

■ Ziehen Sie den dahinter liegenden Mehrfachstecker vom Außenspiegel ab.

■ Lösen Sie die Befestigungsmutter (Pfeil) inklusive Gummitülle.

■ Heben Sie das Spiegelgehäuse an und ziehen es vom Türblatt ab.

■ Beenden Sie die Montage in umgekehrter Reihenfolge.

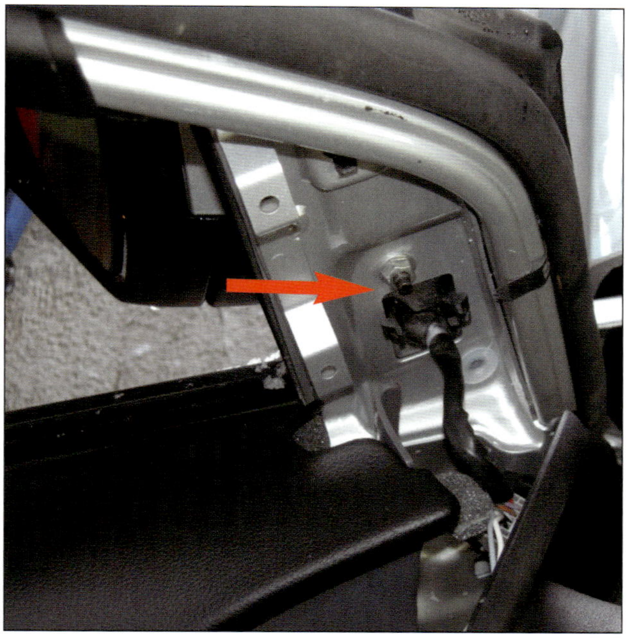

Schnell gewechselt: das Außenspiegelgehäuse.

Spiegelglas aus- und einbauen

Werkzeug:
- Kunststoff- oder Holzkeil,
- Handschuhe,
- Schutzbrille.

Vorsicht: Schützen Sie Ihre Hände mit Handschuhen und tragen eine Schutzbrille. Schützen Sie auch das Spiegelgehäuse vor Beschädigungen mit einem Textil-Klebeband.

■ Klappen Sie den Spiegel in Fahrtrichtung nach vorn und ...

■ ... drücken das Glas möglichst an der inneren, oberen Ecke so weit ins Spiegelgehäuse hinein, dass Sie es auf der gegenüberliegenden Seite mit einem Spachtel oder Holzspatel aus der Halterung hebeln können.

■ Falls vorhanden, trennen Sie den Anschlussstecker vom defekten Glas.

■ Zur Montage setzen Sie das Glas vorsichtig an und achten darauf, dass es hörbar in die Haltekäfige einrastet. Falls nicht, fällt es Ihnen beim nächstbesten Schlagloch von der Tür...

Mit einem Kunststoff- oder Holzkeil aushebeln: das Außenspiegelglas. Gegen eventuelle Glassplitter schützten Sie Ihre Hände mit Handschuhen.

Motorhaube demontieren

Lassen Sie sich bei der Arbeit von einem Helfer assistieren.

Werkzeug:
– 10-mm- Nuss,
– Ratsche,
– Markierstift.

- Stützen Sie die geöffnete Motorhaube sicher ab.
- Markieren Sie mit einem Filzstift die Scharnierstellung unterhalb der Haube.
- Trennen Sie den Waschwasserschlauch von den Waschdüsen, lösen danach die Scharnierschrauben und stellen die Haube beiseite.
- Komplettieren Sie die neue Motorhaube schon vor der Montage mit den Anbauteilen des Altteils.
- Danach legen Sie die neue Haube vorsichtig auf und richten die Scharnierflächen an Ihren Markierungen aus. Verwenden Sie eine neue Motorhaube, müssen Sie die Montageposition natürlich erst ermitteln.
- Sobald Sie das erledigt haben, ziehen Sie die Scharnierschrauben handfest vor und richten die Motorhaube exakt aus.
- Dazu richten Sie die geschlossene Haube so auf dem Vorderwagen aus, dass zu beiden Kotflügeln das Spaltmaß stimmt.
- Danach justieren Sie die Haubenvorderkante zu beiden Kotflügeln.
- Im Idealfall stimmen bei geschlossener Haube dann auch schon die Fuge zum Windlauf und die Höhe zu beiden Kotflügeln.
- Falls nicht, wiederholen Sie den Vorgang so lange, bis Sie mit Ihrem Ergebnis zufrieden sind.

Motorhaube justieren

Werkzeug:
– 10-mm-Nuss,
– Ratsche,
– Markierstift.

- Richten Sie die Haube mit leicht vorgezogenen Scharnierschrauben (Pfeile) so aus, dass Sie mit dem Stoßfänger fluchtet und die Spaltmaße zu beiden Kotflügeln gleich sind.
- Achten Sie auch auf die Haubenhöhe im Scharnierbereich. Falls die Flucht nicht stimmt, lösen Sie die Scharnierschrauben und ziehen die Haube hoch bzw. senken sie im Umkehrschluss ab.
- Schließen Sie die voreingestellte Haube und pressen die Haubenfläche mit beiden Händen bündig an die Kotflügel.

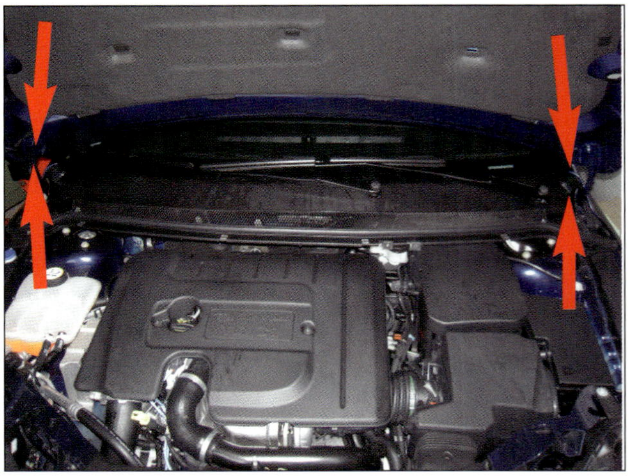

Ursprünglichen Scharniersitz anzeichnen: Dann klappt's später schneller mit den Spaltmaßen.

- Dann öffnen Sie vorsichtig die Klappe und ziehen die Scharnierschrauben (25 Nm) auf beiden Seiten gleichmäßig fest.

- Schließen Sie die Haube und kontrollieren die Spaltmaße.

- Passt noch nicht? Dann demontieren Sie, wie beschrieben, den Kühlergrill und lösen die Schlossschrauben.

- Bevor Sie die Haube erneut schließen, drehen Sie beide vorderen Haubenanschlagpuffer (Pfeil) ein und lösen das Haubenschloss so weit, dass der Schließbolzen bei zufallender Haube automatisch die Höhe korrigieren kann.

- Jetzt lassen Sie die Haube ins Schloss fallen, checken die Haubenstellung und korrigieren – falls erforderlich – die Höhe mit den Anschlagpuffern. Stellen Sie beide Puffer so ein, dass die geschlossene Haube unter leichter Vorspannung steht.

- Das ist dann gleichfalls auch die Grundstellung des Haubenschlosses.

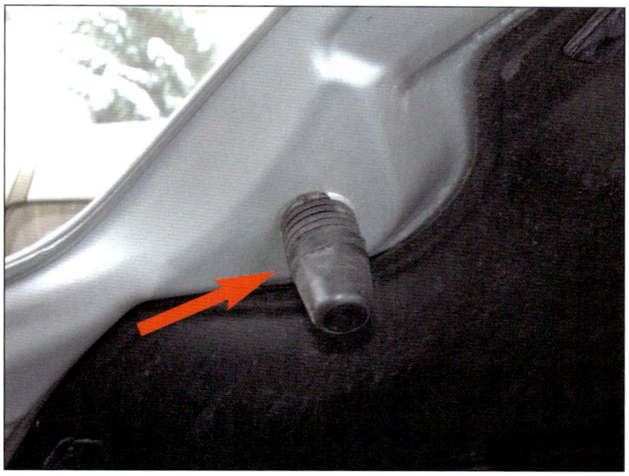

Von Fall zu Fall erforderlich: Motorhaube mit den Anschlagpuffern in der Höhe auf beiden Seiten anpassen.

- Wenn die Haube jetzt aus ca. 20 cm Höhe satt ins Schloss fällt, haben Sie gut gearbeitet. Aus geringerer Höhe muss zumindest der Sicherungshaken einrasten. Falls nicht, setzen Sie das Haubenschloss eben noch etwas tiefer.

- Beenden Sie die Arbeit in umgekehrter Reihenfolge.

Kühlergrill aus- und einbauen

Werkzeug:
– Mittlerer Kreuzschlitzschraubendreher.

- Öffnen Sie die Motorhaube und lösen beidseitig oberhalb der Stoßfängerblende die sechs Schraubdübel (Pfeile).

- Ziehen Sie danach den Motorhaubenöffner und entkuppeln die Schlossbetätigungsstange vom Öffnergriff.

- Jetzt ziehen Sie den Grilleinsatz vorsichtig aus der Stoßfängeröffnung und achten darauf, dass Ihnen die beiden unteren Arretierzungen nicht abbrechen.

- Die Montage erledigen Sie in umgekehrter Reihenfolge.

Geschraubt und gesteckt: der Kühlergrill des Focus.

Kotflügel demontieren

Vorsicht: Damit das Sicherheitsrückhaltesystem nicht ungewollt auslöst, klemmen Sie die Batterie mindestens 30 Minuten vor Arbeitsbeginn ab.
Die Arbeit auf beiden Seiten ist nahezu gleich. Wir beschreiben die linke Seite.

Werkzeug:
– Ratsche,
– 10er-Nuss,
– breiter Schlitzschraubendreher.

- Ziehen Sie die Handbremse an, sichern die Hinterräder zusätzlich mit Unterlegkeilen und bocken den Vorderwagen auf. Nehmen Sie das betreffende Vorderrad ab.

- Jetzt demontieren Sie, wie beschrieben, die Stoßfängerverkleidung und den linken Scheinwerfer.

- Lösen Sie jetzt im Kotflügel den Spritzschutz (acht Schrauben) und ziehen das Formteil aus dem Radkasten.

- Um die Schrauben (Pfeile) hinter der A-Säulenverkleidung sowie auf dem Innenkotflügel lösen zu können, liften Sie die Blende vorsichtig mit einem Schlitzschraubendreher.

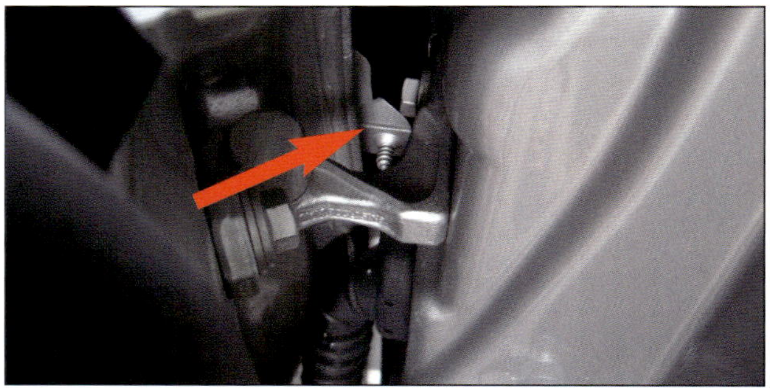

Vorsichtig abhebeln: die Innenkotflügelverkleidung.

- Nun lösen Sie die Kotflügelschrauben (Pfeile) im Radkasten und …

- … dann den Flügel an den restlichen Befestigungsschrauben im Kotflügelfalz, am Stoßfänger und am Türschweller.

Achtmal am Vorderwagen verschraubt: der Kotflügel.

- Trennen Sie nun mit einem schmalen Spachtel bzw. scharfen Messer vorsichtig den »verklebten« Kotflügel vom Stehblech. Das Prozedere gelingt Ihnen besser, wenn Sie vorher die Fläche mit einem Heißluftgebläse oder leistungsfähigen Föhn temperieren: Der Unterbodenschutz bzw. die Dichtmasse wird dann flexibel und lässt sich leichter trennen.

- Ziehen Sie den Kotflügel nun vorsichtig nach vorne ab.

- Den neuen Kotflügel lackieren Sie bereits vor der Montage und schützen ihn an den Innenfalzen und im Kontaktbereich des Innenflügels gegen Rost.

- Am Vorderwagen reinigen Sie nun sämtliche Kontaktflächen von der alten Dichtmasse und sonstigem Dreck. Arbeiten Sie mit einem Schaber oder scharfen Messer. Achten Sie jedoch darauf, dass Sie den Lack unversehrt lassen. Und zwar peinlich genau, ansonsten produzieren Sie Rostnester, oder Sie »bauen« die Lackschichten neu auf. Geben Sie jeder neuen Lackschicht jeweils genügend Zeit um gut auszutrocknen.

- Bevor Sie den neuen Kotflügel auflegen, schließen Sie die Tür und richten den Flügel entsprechend zum Türfalz aus. Fixieren Sie den Kotflügel provisorisch mit zwei passenden Durchschlägen in möglichst »bequemen« Befestigungslöchern.

- Montieren Sie nun die Motorhaube anhand Ihrer zuvor gemachten Markierungen und stellen sie auf.

- Setzen Sie dann jeweils von der Mitte nach außen alle Schrauben an und ziehen sie handfest vor. Reinigen Sie vorher die Gewinde und fetten sie leicht ein. Checken Sie das Türspaltmaß und korrigieren es eventuell.

- Jetzt ziehen Sie im Kotflügelfalz die Schrauben von der Mitte zu den Rändern hin fest. Richten Sie den Kotflügel währenddessen immer wieder aus.

- Ähnlich verfahren Sie anschließend mit den Schrauben im Türschweller.

- Checken Sie nach jeder »festen« Schraube auch das Spaltmaß zur Motorhaube.

- Abschließend prüfen Sie sämtliche Spaltmaße und ziehen den Flügel dann endgültig fest.

- Beenden Sie die Montage in umgekehrter Reihenfolge. Vergessen Sie nicht, die Scheinwerfer einzustellen.

- Eventuell müssen Sie jetzt noch die Motorhaube neu justieren.

Stoßfänger vorne demontieren (Drei-/Fünftürer)

Da die Arbeitsschritte an allen Modellen weitgehend identisch sind, beschreiben wir die Arbeit an den Drei-/Fünftürer-Varianten. Adaptieren Sie die Beschreibung bitte an den tatsächlichen Arbeitsumfang Ihres Modells. Um die Kotflügel möglichst nicht zu beschädigen, arbeiten Sie besser mit einem Helfer.

Werkzeug:
– Schlitzschraubendreher,
– T 25-Torxschraubendreher.

- Bocken Sie den Vorderwagen auf.

- Demontieren Sie den Kühlergrill mitsamt unterer Motorverkleidung, wie beschrieben.

- Jetzt schrauben Sie die Motorhaubenverriegelung vom Kühlergrill und, falls vorhanden, die Scheinwerferwaschdüsen. Dazu ziehen Sie die Düsen so weit nach oben aus dem Stoßfänger, bis Sie den Arretierclip des Waschwasserschlauchs per Schraubendreher lösen können.

- Lassen Sie den Vorderwagen ab und lösen auf beiden Seiten die Radhausverkleidungen (Pfeile).

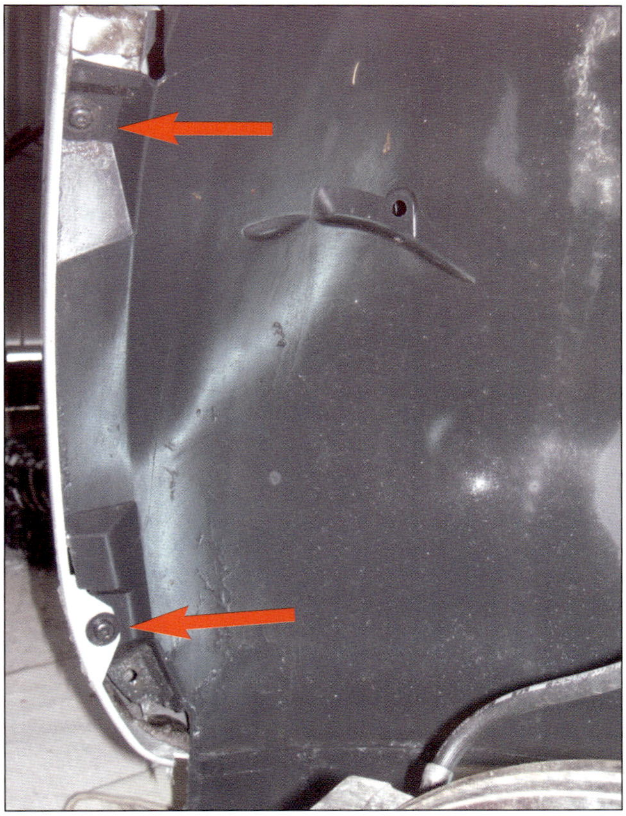

Auf beiden Seiten lösen: die Radhausverkleidung.

- Die nun innerhalb des Stoßfängerelements sichtbaren vier Torxschrauben (1) demontieren Sie gleichfalls. Falls an Ihrem Focus Einparksensoren/Nebelleuchten montiert sind, ziehen Sie die Anschlussstecker ab. Vermeiden Sie es, die Sensoren mit allzu starkem Druck aus dem Kunststoffgehäuse zu pressen.

- Danach demontieren Sie, wie beschrieben, beide Scheinwerfer und legen sie beiseite.

- Anschließen lösen Sie den Stoßfänger (sieben Schrauben, Pfeile) und zwei Klammern (2).

- Drücken Sie nun auf beiden Seiten die Stoßfängerabdeckung von den Kotflügelfalzen ab und ziehen Sie die Verkleidung mit einem Helfer vorsichtig vom Vorderwagen ab.

- Beenden Sie die Arbeit in umgekehrter Reihenfolge und richten, bevor Sie die Verkleidungsschrauben endgültig festziehen, den Stoßfänger zur Karosserie hin aus.

Mit Torxschraubendreher lösen: sieben Schrauben am Stoßfänger.

Stoßfänger hinten demontieren (Drei-/Fünftürer)

Da die Arbeitsschritte an allen Modellen weitgehend identisch sind, beschreiben wir die Arbeit an den Drei-/Fünftürer-Varianten. Adaptieren Sie die Beschreibung bitte an den tatsächlichen Arbeitsumfang Ihres Modells. Um die Seitenwände möglichst nicht zu beschädigen, arbeiten Sie besser mit einem Helfer.

Werkzeug:
– Blindnietzange,
– Bohrmaschine,
– 6-mm-Bohrer,
– 5-mm-Stecknuss,
– Ratsche.

- Bocken Sie den Hinterwagen auf und öffnen die Heckklappe.

- Falls Ihr Focus Schmutzfänger hat, demontieren Sie beide Lappen (je zwei Klammern und Schrauben) aus den hinteren Radläufen.

- Anschließend lösen Sie nahezu mittig unterhalb der Stoßfängerverkleidung beide Klemmschrauben (Pfeile)…

- … und danach, links und rechts im Klappenfalz, die Schrauben (1).

- Anschließend lösen Sie in beiden Radläufen jeweils zwei Befestigungsschrauben (Pfeile) sowie jeweils eine Befestigungsmutter samt Clip.

In beiden Radläufen lösen: jeweils zwei Schrauben und ein Clip.

- Sobald Sie auf der rechten Stoßfängerseite hinter der Abdeckung den Elektrostecker auseinandergezogen haben, bugsieren Sie mit einem Helfer die gesamte Stoßfängerverkleidung inklusive der Nebel- und Rückfahrleuchte sowie der Parksensoren so weit von der Karosserie, bis Sie die Anschlussstecker von den Parksensoren abziehen können. Üben Sie währenddessen möglichst wenig Druck auf die Sensorgehäuse aus.

- Sollte die Kunststoffverblendung einen Unfall- oder Rangierschaden haben, zerlegen Sie die Blende Schritt für Schritt. Bohren Sie die seitlichen Verstärkungen ab und ziehen Sie die Lampen- sowie die Sensorgehäuse aus den Montageplätzen.

- Beenden Sie die Montage in umgekehrter Reihenfolge. Falls Sie eine neue Verkleidung verwenden, komplettieren Sie das Formteil mit den noch brauchbaren Einzelteilen der alten Blende.

- Hängen Sie die komplettierte Blende zunächst nur provisorisch vor die Karosserie und richten sie grob aus. Während der Endmontage gleichen Sie dann regelmäßig die Flucht und Spaltmaße aus. Lassen Sie sich bei der Arbeit möglichst von einem Assistenten helfen. Sie kommen so schneller zum Ziel.

Tür demontieren

Vorsicht: Damit das Sicherheitsrückhaltesystem nicht ungewollt auslöst, klemmen Sie die Batterie mindestens 30 Minuten vor Arbeitsbeginn ab.

Die Arbeit ist auf beiden Seiten und an allen Türen nahezu gleich. Wir beschreiben die linke Vordertür. Um Kratzer zu vermeiden, arbeiten Sie besser mit einem Helfer.

Werkzeug:
- T40 Torx-Nuss,
- Schlitzschraubendreher,
- Ratsche,
- Markierstift.

- Klemmen Sie das Batteriemassekabel ab, öffnen die entsprechende Tür, zeichnen Sie die Scharnierstellungen an der A-Säule an und räumen dem Airbag-Kondensator bis zur Türdemontage rund 30 Minuten Pausenzeit ein.

- Lösen Sie den Türfeststeller an der A-Säule (eine Schraube, 1) und schieben den Feststeller in das Türblatt zurück.

- Anschließend hebeln Sie den Kabelschutz (2) aus der A-Säule und trennen den darunter liegenden Kabelstecker.

- Spätestens jetzt wird Ihr Helfer aktiv. Er setzt einen Hydraulikwagenheber mittig unter dem Türblatt an. Um derweil die Tür zu schonen, schützen Sie die Kontaktfläche zwischen Heber und Türfalz mit einem Holz inklusive Putzlappen.

- Sobald der Wagenheber die Tür spannungsfrei stabilisiert, hält Ihr Helfer das Türblatt in der Waage und Sie lösen die untere und obere Scharnierschraube (Pfeil) an der Tür.

- Die gelöste Tür ziehen Sie jetzt vorsichtig vom Scharnier und stellen sie kippsicher beiseite.

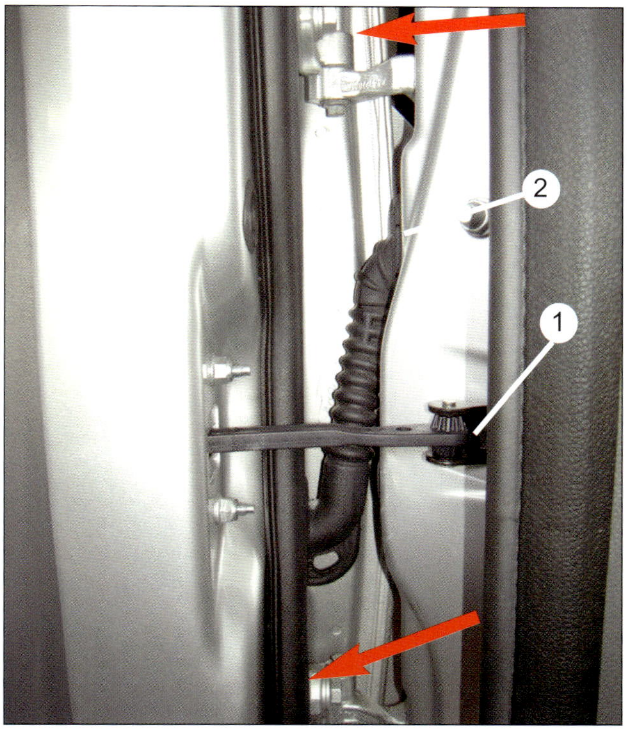

Schnell erledigt: Türdemontage am Ford Focus.

- Beenden Sie die Montage in umgekehrter Reihenfolge.
- Um die Tür möglichst effizient auszurichten, ziehen Sie die vier Muttern zunächst handfest vor. Achten Sie darauf, dass die Spaltmaße (vordere und hintere Nut 3, 5 mm ± 1mm, untere Nut 6 mm ± 2 mm, Scheibenrahmen 4,5 mm ± 1, 5 mm) möglichst stimmen.
- Falls nicht, korrigieren Sie den Türsitz so lange, bis die Spaltmaße in der Toleranz liegen.
- In dem Fall ziehen Sie die Scharniere mit 15 Nm fest. Die Muttern erneuern Sie generell und benetzen die Bolzengewinde, nachdem die Tür richtig eingestellt ist, leicht mit einem dauerelastischen Kleber. Das sichert die Muttern.

Heckklappe demontieren

Die Heckklappe ist sperrig, arbeiten Sie besser mit einem Helfer.

Werkzeug:
– 10-mm-Nuss,
– Ratsche,
– Markierstift.

- Klemmen Sie das Batteriemassekabel ab, öffnen die Heckklappe und zeichnen sich die Lage der Klappenscharniere an.
- Danach ziehen Sie die Kabelstecker von der beheizbaren Heckscheibe, der dritten Bremsleuchte, dem Heckscheibenwischer und der Zentralverriegelung ab. Vergessen Sie auch den Wasserschlauch von der Scheibenwaschdüse nicht.
- Stützen Sie die Heckklappe ab – geschickter wäre ein Helfer – und quetschen die Gummitülle der Versorgungsleitungen mit einem Schlitzschraubendreher aus der Bohrung.
- Hebeln Sie die Klappenaufsteller aus den Kugelkopfhalterungen. Zunächst quetschen Sie jedoch die Halteklammer vom Aufstellerkugelkopf ab. Der Aufsteller lässt sich dann leicht vom Kugelkopf abziehen.
- Lösen die vier Scharnierschrauben (Pfeile), liften die Klappe von der Karosserie und stellen sie möglichst kippsicher auf eine Unterlage.
- Um die Klappe möglichst effizient wieder auszurichten, ziehen Sie die Befestigungsschrauben zunächst nur leicht vor. Achten Sie darauf, dass die Klappe mittig in der Montageöffnung sitzt und Spaltmaße (seitlich 1 mm ± 1mm, Dach modellabhängig von 1 bis 4 mm ± 1 mm). Daraus ergibt sich automatisch das untere Maß von 5 mm ± 1 mm.

Beide Scharniere im Dachfalz losschrauben: zur Heckklappendemontage auch die Versorgunsleitungen kappen.

Gummidichtung ersetzen

Wenn Sie sich schon die Heckklappe vorgenommen haben, prüfen Sie gleich auch die Heckklappendichtung: Staub- oder Wasserlaufspuren auf beiden Seiten der Dichtfläche verraten undichte Stellen. Ist die Dichtung spröde oder rissig, spendieren Sie Ihrem Focus ein neues Formteil. Ziehen Sie dazu die alte Dichtung vollständig ab und säubern den Falz von alten Dichtmittelresten und Schmutz.

Pressen Sie neues Dichtmittel (z. B. Fugendichtmittel, Acryl) sparsam in die Dichtungsnut. Warum kein Silikon? Die im Silikon enthaltene Essigsäure fördert den Rostfraß. Falls Sie kein fertiges Formteil bekommen sollten, setzen Sie ein entsprechend profiliertes Dichtprofil in Schlossmitte an und pressen es nun rundum auf den Falz. Das überstehende Ende kürzen Sie einfach mit einem Seitenschneider passend ein. Passend heißt, Sie geben der Stoßverbindung etwas Vorspannung und schlagen dann die vormontierte Dichtung vorsichtig mit einem Gummihammer rundum auf den Karosseriefalz.

Wartung & Pflege

Welches Auto läuft auf Dauer schon ungeschmiert? Eben. Warum sollte da ausgerechnet Ihr Focus aus der Reihe tanzen? Wenn Sie selber Hand anlegen möchten, gehen Sie bitte nach Wartungsplan vor. Wir haben Ihnen eine Liste mit den sinnvollsten Prüf- und Wartungsarbeiten vorbereitet.

Was Service- und Wartungsintervalle anbetrifft, macht Ford beim Focus eindeutige Vorgaben: Alle 20.000 Kilometer steht ein Service an – einerlei ob Otto oder Diesel.
Damit die turnusmäßigen Wartungsarbeiten möglichst geringe Standzeiten verursachen, erfreut der Focus den Do-it-yourselfer mit durchaus überschaubarer Technik und praktischen Lösungen im Innenraum, dem Fahrwerk sowie unter der Motorhaube. Beispiel die Scheinwerferbirnen: Die wechseln Sie minutenschnell in Eigenregie.

24 Monate Händlergarantie – wann erlischt das Versprechen?

Doch im Einzelfall überlegen Sie freilich genau, welche Arbeiten Sie selber ausführen möchten, bzw. Ihrem Ford-Händler in Auftrag geben. Zumindest dann, wenn Ihr Auto noch in die 24-monatige – bzw. 100.000-Kilometer-Phase des »Ford Garantie-Schutzbrief plus« fällt. Das Garantieversprechen erlischt nämlich, sollten Sie die von Ford vorgesehenen Inspektionen nicht, bzw. nicht zeitgerecht oder nicht nach Herstellervorgaben erledigen lassen.
Focus-Eigner sollten zudem bedenken und wissen, dass ihr Auto nicht die Alternativkraftstoffe Ethanol E85 oder Biodiesel B30 klaglos verdaut und dauerhaft auch kein Rapsöl mag. Sollte Sie der Preisvorteil des Speiseöls dennoch reizen, tragen Sie etwaige Schäden an den Kraftstoffdichtungen, den Kraftstoffleitungen sowie an den Common-Rail-Injektoren aus eigener Tasche – die Neuwagengarantie ist in dem Fall perdu.
Ähnliche Einschränkungen formuliert Ford für den Einsatz nicht spezifikationsgerechter Betriebsflüssigkeiten. Dazu gehören beispielsweise das Motoröl, die Kühl- und auch die Bremsflüssigkeit.
Es lohnt also durchaus, vor geplanten Modifikationen oder Do-it-yourself-Aktivitäten einen Blick in die Händler-Garantiebestimmungen zu werfen – zumindest während der ersten 24 Monate ab Zulassungsdatum – danach sind Sie ohnehin auf Kulanz angewiesen.
Auf die Karosserie gewährt Ford eine zwölfjährige Garantie gegen Durchrostung. Hinzu kommt eine zweijährige Lackgarantie.

Der Wartungsplan

Dieses Kapitel umfasst, auf Basis der Ford-Vorgaben, die für Ihren Focus relevanten Arbeiten.

Doch Plan hin, Plan her – ignorieren Sie im Focus-Alltag bitte nicht Ihren gesunden Menschverstand und Ihr kritisches Auge: An modernen Autos sind nicht alle tatsächlich sinnvollen Handgriffe und Wartungsarbeiten fest zu umreißen – auch nicht im Zeitalter von Bordcomputer & Co. Ohne das nötige Quäntchen Erfahrung und Weitsicht wird Ihr Ford irgendwann zur Immobilie.

WISSENSWERTES

Altöl – nur an Sammelstellen als Sondermüll entsorgen

Es ist zwar eine Binsenweisheit, wir weisen dennoch darauf hin: Altöl gehört nicht in die »Gosse«, sondern verantwortungsvoll entsorgt!

Liefern Sie Altöl dort ab, wo Sie Ihr Frischöl gekauft haben: Gegen Vorlage des Kassenbons entsorgen sämtliche Verkaufsstellen Altöl in der Menge des an Sie verkauften Frischöls – der Gesetzgeber verpflichtet sie dazu. Zudem entsorgen Altölsammelstellen Ihrer Gemeinde oder Stadt die schmierige Brühe. Dort werden Sie auch den verdreckten Ölfilter und ölverschmutzte Putzlappen umweltverträglich los. Adressen erfahren Sie bei der Gemeindeverwaltung, bei Automobilklubs oder im Internet unter dem Suchwort »Altölsammelstellen«.

Ölverbrauch – wie viel ist NORMAL?

Ford hat da klare Vorstellungen: Ihr Focus darf maximal einen halben Liter auf 1000 Kilometer konsumieren. In der Praxis freilich rechnen Sie mit rund einem viertel Liter auf 1000 Kilometer. Das gilt jedoch nur, wenn Sie die Ölwechselintervalle einhalten, den Motor nicht übermäßig belasten und die Ölqualität den Ford-Spezifikationen entspricht.
Mindestens ebenso besorgniserregend wie ein übermäßig hoher Ölverbrauch ist ein konstanter oder gar steigender Ölpegel: Ihr Focus ist nämlich keine mobile Ölquelle. In dem Fall verdünnt kondensierter Kraftstoff oder Kondenswasser das Motoröl. Darunter leiden die ursprünglichen Schmiereigenschaften dramatisch. Das Phänomen der »Ölvermehrung« beobachten Sie vornehmlich im Winter oder im Kurzstreckenbetrieb. In dem Fall empfehlen wir Ihnen, das Motoröl auch zwischen den üblichen Intervallen zu wechseln.

Checkliste – was sporadisch anfällt

Arbeitspunkte / Bauteil	Was ist zu tun?
Probefahrt	
Instrumente, Warn- und Kontrollleuchten und Hupe	Funktion prüfen
Kupplung	Funktion / Zustand prüfen, ggf. einstellen
Scheibenwischer, Waschanlagen	Funktion / Zustand prüfen, ggf. einstellen
Innenraum	
Außenbeleuchtung und Kontrollleuchten; Instrumentenbeleuchtung	Funktion / Zustand prüfen
Handbremse	Funktion / Zustand prüfen, ggf. einstellen
Sicherheitsgurte, Gurtschlösser und Gurtpeitschen	Funktion / Zustand prüfen
Aktivkohlefilter	Wechsel jährlich
Warnweste	Vorhandensein prüfen – falls zutreffend
Erste-Hilfe-Ausrüstung	Vorhandensein / Verfallsdatum prüfen
Warndreieck	Vorhandensein prüfen
Motorraum	
Leitungen, Schläuche, Verkabelungen, Öl- und Kraftstoffleitungen	Prüfen auf Verlegung, Undichtigkeiten, Scheuerstellen und Beschädigungen
Motor, Vakuumpumpe, Kühler und Heizung	Prüfen auf Verlegung, Undichtigkeiten, Scheuerstellen und Beschädigungen
Kühlflüssigkeit	Frostschutz prüfen
Kühlmittel-Ausgleichsbehälter, Vorratsbehälter Scheibenwaschanlagen und Batterie	Füllstand prüfen (ggf. auffüllen)
Scheinwerfereinstellung	Prüfen, ggf. einstellen
Bremsflüssigkeit	Prüfen
Dieselfilter	Wasser ablassen (mit Ablassschraube)
Fahrzeugunterseite	
Motor	Motoröl ablassen; Ölfilter erneuern
Lenkung, Aufhängung, Kugelgelenke, Antriebswellengelenke, Manschetten	Prüfen auf Beschädigung, Befestigung und Verschleiß
Motor, Getriebe	Prüfen auf Beschädigung und Undichtigkeiten
Schläuche, Verkabelungen, Öl- und Kraftstoffleitungen, Auspuffanlage	Prüfen auf Verlegung, Undichtigkeiten, Scheuerstellen und Beschädigung
Unterbodenschutz	Prüfen auf Beschädigung, ggf. ausbessern
Reifen	Verschleiß, Luftdruck und Zustand prüfen
Bremsanlage	Bremsklötze und -scheiben bei angebauten Rädern auf Verschleiß prüfen. Bremstrommeln hinten prüfen
Reifenpannen-Soforthilfe-System	Dichtmittelflasche Verwendbarkeitsdatum prüfen

Zusätzliche Arbeiten:

Arbeitspunkte / Bauteil	Duratec	Duratorq-TDCi
Klimaanlage (AC)	Nach jeweils 2 Jahren: Füllstand prüfen, bzw. Kältemittel erneuern lassen. Nach jeweils 3 Jahren: Temperatur an der Auslassleitung Verdampfer prüfen. Leitungen Klimaanlage auf Beschädigung und Undichtigkeiten sichtprüfen	Nach jeweils 2 Jahren: Füllstand prüfen, bzw. Kältemittel erneuern lassen. Nach jeweils 3 Jahren: Temperatur an der Auslassleitung Verdampfer prüfen. Leitungen Klimaanlage auf Beschädigung und Undichtigkeiten sichtprüfen
Bremsanlage	Alle 2 Jahre: Bremsflüssigkeit erneuern	Alle 2 Jahre: Bremsflüssigkeit erneuern
Aktivkohlefilter	Jährlich erneuern	Jährlich erneuern
Kühlsystem	Alle 10 Jahre entleeren, spülen und neu befüllen	Alle 10 Jahre entleeren, spülen und neu befüllen
Nockenwellen-Zahnriemen	Nach 160.000 km, spätestens jedoch alle 8 Jahre erneuern	Nach 160.000 km, spätestens jedoch alle 8 Jahre erneuern
Mehrrippenantriebsriemen	Nach 160.000 km, spätestens jedoch alle 8 Jahre erneuern	Nach 200.000 km, spätestens jedoch alle 10 Jahre erneuern
Zündkerzen	Nach 120.000 km, spätestens jedoch alle 6 Jahre erneuern	–
Luftfiltereinsatz	Nach 60.000 km, spätestens jedoch alle 3 Jahre erneuern	Nach 60.000 km, spätestens jedoch alle 3 Jahre erneuern
Ventilspiel	Alle 120.000 km oder nach 6 Jahren prüfen bzw. korrigieren	–
Dieselfilter	–	Nach 60.000 km, spätestens jedoch alle 3 Jahre erneuern

Kraftpakete

Ab Werk bietet Ford den Focus III mit zehn verschiedenen Antrieben an: Sechs Duratec-Ottomotoren zwischen 59 kW (80 PS) und 166 kW (225 PS) sowie vier aufgeladene Duratorq-Common-Rail-Dieselmotoren mit 66 kW (90PS) bis 100 kW (136 PS) – alle Motoren erreichen Euro4. Die leistungsstärkste Ottovariante, der 2,5-Liter Duratec ST mobilisiert seine Leistung aus fünf Zylindern. Das höchste Drehmoment von 320 Nm gibt der Duratec ST bereits ab 1600 min^{-1} ans Sechsganggetriebe ab. Bis 4000 min^{-1} bleibt der Wert stabil – der Focus ST ist also gleichermaßen komfortabler Gleiter und engagierter Sprinter. Das Seitenmotiv zeigt den 1,6-Liter Duratorq-Basisdieselmotor mit 66 kW (90 PS), respektive 80 kW (109 PS). Beide Leistungsstufen haben relativ leichtes Spiel mit dem Focus.

Ottomotoren

Die Otto-Fraktion des Ford Focus besteht aus fünf quer über der Vorderachse montierten Duratec-Vierzylindermotoren sowie einem Fünfzylinder. Der Kleinste bemüht aus 1,4-Liter Hubraum 59 kW/80 PS. 200 cm^3 mehr Zylindervolumen machen dann in der zahmsten Version schon 74 kW/100 PS locker. Der zweite Einssechser liefert dann mit Hightech-Einsatz als 1,6-Liter Ti-VCT 85 kW/115 PS an die Schwungscheibe. In seinem elektronischen Motormanagement führen Chips und Bits das Kommando über die Steuerzeiten der beiden oben liegenden Nockenwellen. Mit 92 kW/125 PS hält der meistgefragte Focus Benziner, der 1,8 Liter Duratec, den Ti-VCT auf Distanz, doch gegen den 2-Liter mit 107 kW/145 PS kann er hinsichtlich Leistungskomfort naturgemäß wenig ausrichten. Dominiert wird das Quintett von einem 2,5-Liter Fünfzylinder, der den Focus fast auf Augenhöhe mit gestandenen Sportwagen bringt. 166 kW/225 PS sind allemal gut für 241 km/h Höchstgeschwindigkeit und für den Sprint von 0 auf 100 km/h in 6,8 Sekunden.

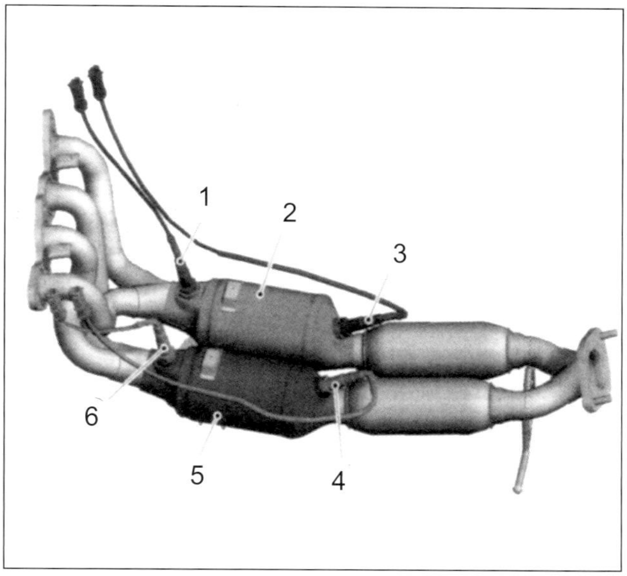

Entgiften im Doppelpack: Lambdasonden und Katalysatoren im Auspuffkrümmer des Focus – hier am Beispiel des 1,6-Liter Ti-VCT.
1 beheizte Lambdasonde für Zylinder 1 und 4
2 Katalysator für Zylinder 1 und 4
3 nachgeschaltete Lambdasonde für Zylinder 1 und 4
4 nachgeschaltete Lambdasonde für Zylinder 2 und 3
5 Katalysator für Zylinder 2 und 3
6 beheizte Lambdasonde für Zylinder 2 und 3

Standard unter den Focus Motorhauben – sequenzielle Kraftstoffeinspritzung und elektronisches Gaspedal

Obwohl die diversen Ottotreibsätze den Focus III in völlig unterschiedlichen Leistungsklassen ansiedeln, erkennen versierte Do-it-yourselfer sofort den gemeinsamen Duratec-Stammbaum. Beispielsweise am fortschrittlichen Motormanagement, das die Gemischaufbereitung, den Zündzeitpunkt, die Abgaswerte sowie weitere Lebensgeister im und am Focus bei Laune hält. Alle Otto-Motoren bekommen ihren Treibstoff sequenziell angeliefert (EFI), die Drosselklappen steuern unisono elektronische Signale (E-Gas). Mehrlocheinspritzventile verteilen den Kraftstoff vor den Einlassventilen: Die Gemischbildung der Ford Duratec-Aggregate sucht und findet bei jeder Kurbelwellenumdrehung den zeitgemäßen Kompromiss zwischen Leistung, Drehmoment, Laufkultur, Verbrauch und Abgaskonzentration. Jeweils zwei Lambdasonden – eine vor und hinter dem Kat – halten das Mischungsverhältnis konstant. Und was die Elektronik allein nicht realisiert, bringt letztlich eine Abgasrückführung auf den Punkt: Macht unter dem Strich Euro4 für die 1,4-, die 1,6- Ti-VCT sowie die 1,8- und 2,5-Liter-Ottomotoren. Euro5 schmückt die 1,6- und 2-Liter Duratec-Motoren.

Aufwändig – Duratec Antiklopfregelung in Realzeit

Die Abgase des Focus III behandelt ein zeitgemäßes Abgasmanagement. Zudem kommt eine reaktionsschnelle Antiklopfregelung mit ins Spiel. Sie checkt in Realzeit den jeweiligen Zünd- und Einspritzzeitpunkt der einzelnen Zylinder. Eine relativ aufwändige Regelelektronik optimiert den Verbrennungsablauf der Frischgase, reduziert zudem den spezifischen Kraftstoffverbrauch und stabilisiert die Leistungskurven der elastischen DOHC-Triebwerke.
Ford verzichtet bei den Focus Duratec-Motoren auf hydraulische Ventilstößel. Grund: Mechanische Stößel arbeiten präziser als ihre hydraulischen Pendants. Das beschleunigt den Gaswechsel innerhalb der Brennräume – speziell bei höheren Drehzahlen. Wichtig für Selbstschrauber: Ventilspielkorrekturen stehen im Focus jenseits der 100.000 Kilometer an. Verbesserte Materialien lassen die relativ hohen Standzeiten zu, sie grenzen den Verschleiß an Ventilen und Ventilsitzen überschaubar ein.

Aus dem Fiesta adaptiert – 1,4 Liter mit 71 kW (96 PS)

Der im Focus III angebotene 1,4 Liter 16V Duratec hat seine Feuertaufe zwischen den Vorderrädern des Fiesta längst bestanden. Hier wie dort leistet der Leichtmetallmotor mit Graugusszylinderlaufbuchsen 71 kW (96PS) bei 5750 min^{-1}, sein maximales Drehmoment beträgt 124 Nm bei 3500 min^{-1}. Vor der Transplantation adaptierten Ford-Ingenieure den kompakten Vierzylinder gründlich an seine neue Umgebung. Zum Beispiel mit einem modifizierten Motormanagement, das für mehr Laufruhe unter der Motorhaube, kräftigeren Durchzug und gesteigerte Wirtschaftlichkeit verantwortlich zeichnet. Der Fahrspaß kommt dennoch nicht zu kurz: Gepaart mit einem 5-Ganggetriebe startet der Einsvierer in 14,1 Sekunden von 0 auf 100 km/h, die Höchstgeschwindigkeit beträgt 164 km/h. Sein Superbenzin-Konsum bleibt, angesichts der gebotenen Fahrleistungen, mit durchschnittlich 6,6 Liter auf 100 Kilometer durchaus moderat. Mit leicht zurückhaltendem Gasfuß sind sechs Liter durchaus realistisch. Der Fiskus stuft den 1,4 Liter Focus III gemäß Euro4 ein – er emittiert 157 Gramm CO_2 pro Kilometer.

Als erste Leistungsstufe – zwei 1, 6 Liter Duratec mit 74 kW (100 PS) oder 85 kW (115 PS)

Die beiden im Focus angebotenen 1,6-Liter-Duratec-Motoren basieren auf der technischen Plattform des 1,4-Liter. Mit 81,4 Millimeter ist der Kolbenhub um 4,9 Millimeter größer, auch die Bohrung der Graugusszylinderlaufbuchsen fällt mit 79 Millimeter um 3 Millimeter größer aus. Angepasst an den neuen Arbeitsplatz wurde selbstverständlich auch das elektronische Motormanagement (PCM), die Blackbox steuert in allen Fällen Siemens zu. Jeweils zwei oben liegende Nockenwellen (DOHC) realisieren den Gaswechsel, sie takten vier Ventile pro Zylinder. Ein außen liegender Zahnriemen versetzt den Ventiltrieb in Rotation, die Kurbelwelle treibt den Riemen an.

Schon die 74 kW-Variante ist keinesfalls eine lethargische Kraftmaschine – sie hängt willig am Gas und erfreut mit einem durchaus widerstandsfähigen Drehmomentverlauf, der im Maximum 150 Nm bei 4000 min^{-1} erreicht. Genug für maximal 180 km/h und 11,9 Sekunden für den Start von null auf 100 km/h. Um den statistischen Alltag von Otto Normalverbraucher hinreichend zu mobilisieren, reicht es allemal. Zumal der Durchschnittsverbrauch mit 6,7 Liter Super/100 km nicht aus dem Rahmen fällt. Der Fiskus stuft den 74 kW Focus nach Euro5 ein, er emittiert 159 Gramm CO_2 pro Kilometer.

Der entscheidende Unterschied des 1,6-Liter 16V Ti-VCT Duratec zu seinem zahmeren Hubraumkollegen ist reine Kopfsache: Im Ti-VCT steuern die Ventile nämlich Nockenwellen, deren Steuerzeiten zwei elektronisch, hydraulisch wirkende Aktuatoren drehzahl- und lastabhängig variieren. Das Kürzel Ti-VCT steht für Twin independent Variable Cam Timing. Ti-VCT arbeitet ganz im Sinne eines breit gespreizten nutzbaren Drehzahlfensters. So liegt beispielsweise schon ab etwa 2000 min^{-1} bis 4050 min^{-1} nahezu das gleiche Drehmoment an: 155 Nm. Die maximale Leistung (85 kW /115 PS) erreicht der Ti-VCT bei 6000 min^{-1}. Die Fahrleistungen des »kopflastigen« Einssechsers sind dementsprechend munter: Der Sprint von 0 auf 100 km/h ist nach 10,8 Sekunden erledigt, weitere 90 km/h später ist dann V-max erreicht. Bei all dem Vorwärtsdrang, der Ti-VCT geht durchaus sensibel mit seinem Kraftstoff um – im Durchschnitt fehlen 6,6-Liter Super nach 100 Kilometer. Der Fiskus stuft die Ti-VCT Variante nach Euro4 ein – der Motor emittiert 157 Gramm CO_2 pro Kilometer.

Kräftig und standfest: Der Ford Duratec 1,6 TI-VCT mit 85 kW (115 PS)

Probate Mittelklasse – 1,8-Liter Duratec mit 92 kW (125 PS)

Im folgenden Leistungsschritt gibt's 200 cm^3 mehr Hubraum, ein auf 10,8:1 fixiertes Verdichtungsverhältnis, ein modifiziertes Motormanagement und 92 kW (125 PS) bei 6000 min^{-1}. 2000 min^{-1} früher steht das maximale Drehmoment von 165 Nm an. Der 1,8-Liter muss sich im Focus nicht verausgaben. Ab etwa 50 km/h geht alles im fünften Gang – vorausgesetzt, der Focus-Chauffeur nutzt die Kraft, die im Einsachter aus dem Drehzahlkeller kommt.
Voll gefordert beschleunigt der 1,8 Liter Focus aus dem Stand in 10,3 Sekunden auf 100 km/h, mit genügendem Vorlauf schafft er 198 km/h. 7 Liter Superbenzin verbrennt der Focus bei normalem Temperament. Mit der nötigen Portion Langmut rund einen Liter weniger und bei forscher Gangart oder im Kurzstreckenverkehr schlucken die 125 Pferdchen durchaus auch 9,5-Liter auf 100 Kilometer. Der Fiskus stuft den Focus 1,8 gemäß Euro4 ein – er emittiert 167 Gramm CO_2 pro Kilometer.

Bewährter Vierzylinder – 2,0 Liter Duratec mit 107 kW (145 PS)

Ähnlich wie der 1,8-Liter hat auch das 2-Liter-Triebwerk schon eine längere Historie an den unterschiedlichsten Arbeitsplätzen vorzuweisen. Immer wieder modifiziert und den gesetzlichen Vorgaben angepasst, hat das Aggregat jetzt, hinsichtlich Laufkultur und Leistungsbereitschaft, wohl einen vorläufigen Zenith erreicht. Mit 107 kW /145 PS bei 6000 min^{-1} brillierte er im Focus I bereits 2004. Im Focus III verrichtet er gleich stark, akustisch allerdings dezenter seinen Job, als seinerzeit im ersten Focus. Ford-Ingenieure beruhigten die mechanischen Nebengeräusche ohne die Spontaneität zu beeinträchtigen. Das höchste Drehmoment erreicht der Motor mit 185 Nm bei 4500 min^{-1}, auch da kein Unterschied zur Erstauflage, gleichfalls bei den Fahrleistungen und im Verbrauch: Der 2-Liter Duratec 16V konsumiert im Focus durchschnittlich 7,1-Liter Super auf 100 Kilometer und adelt, mit routinierter Weitsicht im Gasfuß, den Focus durchaus zu einem Fünfliter-Auto. Natürlich nicht, wenn das theoretische Sprintvermögen laufend den rechten Fuß inspiriert: Der Focus startet von null auf 100 km/h in 9,2 Sekunden und rennt je Stunde maximal 206 Kilometer weit. Der Fiskus stuft den Focus 2,0 gemäß Euro5 ein – er emittiert 169 Gramm CO_2 pro Kilometer.

Kultivierter Fünfzylinder – 2,5-Liter Duratec mit 166 kW (225 PS)

Die reinen Leistungsdaten adeln den fünfzylindrigen Focus ST zum lupenreinen Sportwagen. Mit 166 kW (225 PS bei 6000 min^{-1}, 0 bis 100 km/h in 6,8 Sekunden, Höchstgeschwindigkeit 241 km/h – Werte, die einem Focus nicht unbedingt unterstellt werden.
Im automobilen Alltag freilich wird schnell klar: Der große Duratec liebt nicht nur die lange Leine, er überzeugt auch mit straffem Halsband. Sein durchaus imposanter Drehmomentverlauf ist Beweis: Das maximale Drehmoment von 320 Newtonmeter produziert der Fünfzylinder zwischen 1600 – 4000 min^{-1}. Sein über 2400 Umdrehungen reichendes Drehmomentplateau lässt den Focus souverän mit allen Fahrsituationen umgehen – theoretisch geht ab 45 km/h nahezu alles im sechsten Gang.
Sollten Sie dennoch dem knurrenden Sound des Fünfzylinders erliegen, geht's bis 6000 min^{-1} zügig weiter. Wer die theoretischen Möglichkeiten des Motors angemessen nutzt, wird an der Tankstelle übrigens nicht überfordert: Im innerstädtischen Verkehr sind 13,8 Liter zwar schwer zu unterbieten, doch über Land trollt der ST mit knapp 7 Liter/100 km dahin. Im Durchschnitt verbrennen über den fünf Kolben rund 9,5 Liter Superbenzin auf 100 Kilometer. Der Fiskus stuft den Focus 2,5 gemäß Euro4 ein – er emittiert 224 Gramm CO_2 pro Kilometer.

Dieselmotoren

Effizientes Dieselquartett – 1,6 bis 2,0 Liter Hubraum, Duratorq-TDCi – 66/80/81/100 kW (90/109/110/136 PS)

Dieselfreunde wählen unter vier Antrieben aus. Alle Motoren arbeiten nach dem Common-Rail-Prinzip. Das Selbstzünderquartett ist dieseltechnisch rundum auf der Höhe der Zeit: Mit Ladeluftkühlung, Abgasturbolader, Oxidationskatalysator, Abgasrückführung und Partikelfilter bestückt, erfüllen beide Einssechser Euro5. Die Zweiliter erreichen Euro4.
Bereits der Basis-1,6-Liter ist mit 66 kW (90 PS) bei 4000 min^{-1} kein lustloser Schwächling, er produziert bei zivilen 1750 min^{-1} ein maximales Drehmoment von 215 Nm. Der zweite Duratorq leistet, bei gleichem Hubraum, 80 kW (109 PS) bei 4000 min^{-1}, sein maximales

Drehmoment beträgt 240 Nm bei 1750 min^{-1}. Ford kombiniert das ECOnetic-Modell mit dem Motor.
Die erste Leistungsstufe mit 2 Liter Hubraum zündet im Focus 81 kW (110 PS) bei 4000 min^{-1}, ihr maximales Drehmoment beträgt 265 Nm bei 2000 min^{-1}. Bei gleicher Drehzahl schickt der stärkste 2-Liter Diesel 320 Newtonmeter ins 6-Gang-Schaltgetriebe – mit Overboost sind kurzfristig 340 Nm möglich. Die Leistung des stärksten Duratorq beträgt 100 kW (136 PS) bei 4000 min^{-1}.

Mit Temperament gesegnet – die Dieselclique im Focus

Der Basis-Diesel beschleunigt den Focus bis zu 177 km/h, er spurtet aus dem Stand in 12,6 Sekunden auf 100 km/h, verbraucht durchschnittlich 4,4 Liter Diesel/100 km und glänzt mit einem CO_2 Ausstoß von 115 Gramm pro Kilometer. Der Gesetzgeber stuft den Focus gemäß Euro5 ein.
Mit gleichen CO_2 Werten bekommt die leistungsstärkere 1,6-Liter Dieselvariante natürlich auch Euro5 attestiert. Sie fährt stündlich maximal 188 km weit, eilt in 10,9 Sekunden von 0 auf 100 km/h und verbrennt gleichfalls 4,4, Liter Diesel je 100 Kilometer.
Der erste 2,0 Liter Duratorq zieht da nicht mit: Er beansprucht aus dem Stand auf 100 km/h 11,5 Sekunden und stellt bei 183 km/h den Vortrieb ein. An der Tanksäule bleibt der schwächere 2-Liter gleichfalls zweiter Sieger, im reinen Stadtbetrieb konsumiert er 7,8 Liter/110 km, über Land sind's 4,7 Liter über die gleiche Distanz, macht im Mittel ca. 5,8 Liter/100 km. Die CO2-Bilanz fällt mit 154 Gramm/km gleichfalls weniger überzeugend aus. Dementsprechend stuft der Gesetzgeber den 81 kW Duratorq gemäß Euro4 ein.

Weitestgehend unter Kunststoffdeckeln versteckt: Die Ford Duratorq-Motoren im Focus III.

Mit 203 km/h mischt der stärkste Focus Diesel im Club 200 mit. Für den Sprint von 0 auf 100 km/h nimmt er sich gerade mal 9,3 Sekunden Zeit. Seine Kraftstoffbilanz – angesichts der Fahrleistungen durchaus vorzeigbar: Innerstädtisch 7 Liter/100 km, über Land 4,5 Liter/100 km und im gemischten Fahrbetrieb passieren 5,5 Liter/100 km das Common-Rail.

Werkstatt oder do it yourself – eine Frage der Ausstattung und der eigenen Möglichkeiten

Über die Jahre bleiben zwangsläufig selbst die robustesten Motoren nicht ohne Fehl und Tadel. Regelmäßige Pflege hält sie zwar länger bei Laune, doch sobald die ersten größeren Wehwehchen den Umfang überschaubarer Wartungsarbeiten sprengen, wägen Sie nüchtern zwischen do it Yourself und professioneller Reparatur ab: Den Focus III-Motoren helfen Sie mit einem durchschnittlichen Werkzeugsortiment nicht zwingend wieder auf die Sprünge. Es sei denn, die Ausstattung Ihres Schrauberreichs ist höheren Ansprüchen gewachsen und Ihr persönliches Detail- und Fachwissen steht dem nicht nach. Sollten Sie beides vereinen, geht die vorliegende Serviceanleitung nicht tief genug ins Detail – wir empfehlen Ihnen stattdessen die zeitnah erscheinende Reparaturanleitung »Ford Focus III« des Bucheli-Verlags.
Motivierender Zuspruch klingt anders – wir widersprechen an dieser Stelle nicht. Uns liegt vielmehr daran, Ihnen ungeschönt die Realität zu skizzieren – und zwar bevor Ihnen die Probleme über den Kopf wachsen. Bewahren Sie daher bitte bei allem Do-it-yourself-Drang stets Augenmaß, stellen Sie Ihre technischen Fähigkeiten eher unter als über den eigenen Scheffel: Finanziell kommt Sie das ohnehin günstiger als unreflektierte Schrauberlust.
Unser Appell richtet sich lediglich an Ihr Selbstverständnis. Unter dem Strich bietet Ihnen der Focus III allemal noch genügend Betätigungsfelder. Denken Sie nur an die Prüf- und Wartungsarbeiten des Service-Hefts, da zahlt sich Eigenregie besonders aus. Wo do it yourself den Geldbeutel außerdem noch schont, lesen Sie auf den folgenden Seiten.

Motor durchdrehen

Bei einer Reihe von Arbeiten unter der Motorhaube kommt es darauf an, die Kolbenstellung des Motors genau zu fixieren. Ausgehend vom oberen Totpunkt

(OT) des ersten Kolbens ergeben sich die Arbeitsstellungen der übrigen dann automatisch.

OT-Stellung 1. Zylinder: Der Kolben des ersten Zylinders (im Focus III Fahrtrichtung rechts) steht im oberen Totpunkt, wenn sich die Ventile des vierten Zylinders überschneiden (Auslassventil schließt, Einlassventil beginnt zu öffnen). Die Ventile des ersten Zylinders sind dann geschlossen. Einprägungen an der Nockenwelle und an der Kurbelwellenriemenscheibe stehen dann deckungsgleich mit den Markierungen im Zylinderkopf- und Motorgehäuse.

Zur Kontrolle...

- ... demontieren Sie die Zündkerzen (Einspritzventile beim TDCi) und...
- ... legen den größten Gang ein. Schieben Sie dann den Wagen vorsichtig so weit vor, bis der Kolben im ersten Zylinder auf OT steht.
- Ohne fremde Hilfe können Sie den Motor auch mit einer Stecknuss durchdrehen. Die Nuss setzen Sie an der Antriebsriemenscheibe der Lichtmaschine an.
- Der Motor dreht besser, wenn Sie den Antriebsriemen etwas in den Riementrieb pressen.
- Achten Sie darauf, die Kurbelwelle immer nur im Uhrzeigersinn zu drehen.

Fehlerspeicher auslesen

Der Diagnosestecker, oder kurz »OBD-Stecker« (On-Board-Diagnose-Stecker) genannt, liegt links neben dem Lenkrad. Praktisch, doch den Heimwerker wird's dennoch frustrieren: Grundvoraussetzung um den OBD-Stecker anzuzapfen: ein Laptop, spezielle Software sowie ein Interface-Kabel. Das riecht stark nach maßgeschneidert für Ford-Händler – oder?

Links neben dem Lenkrad montiert: der OBD-Stecker (Pfeil) im Focus.

Ihr Focus III wird müde – prüfen Sie den Kompressionsdruck

Sollten Sie im Laufe der Zeit den Eindruck gewinnen, Ihrem Focus III ginge an Steigungen oder im Anhängerbetrieb langsam aber sicher die Luft aus, muss das nicht unbedingt Einbildung sein: Ihre Vermutung kann durchaus mechanische Hintergründe haben. Gehen Sie der Sache mit einem Kompressionsdruckcheck entweder selber auf den Grund, oder beauftragen Sie einen Profi damit.

Im Do-it-yourself-Fall benötigen Sie einen Kompressionsdruckmesser mit gerader Verlängerung und einen Helfer, der den Motor per Anlasser durchdreht. Doch zunächst schrauben Sie alle Zündkerzen/Injektoren aus dem Zylinderkopf.

Beginnen Sie mit dem ersten Zylinder (Fahrtrichtung rechts) und pressen die Gummitülle des Messgeräts fest auf die Zündkerzenöffnung. Ihr Helfer tritt das Kupplungspedal ganz durch und startet den Motor per Anlasser. Zählen Sie die Kurbelwellenumdrehungen: Nach etwa sechs bis acht Umdrehungen erreicht ein gesunder Motor den Maximaldruck. Mit den übrigen Zylindern verfahren Sie gleich.

Richtwerte für den Kompressionsdruck

Motortyp	Normal	Toleranzgrenze
1.4 Duratec	15 – 18	14
1.6 Duratec	15 – 18	14
1.6 Duratec Ti-VCT	15 –18	14
1.8 Duratec	15 – 18	14
2.0 Duratec	15 – 18	14
2.5 Duratec	14 – 17	13
1.6 Duratorq TDCi	25 – 30	23
2.0 Duratorq TDCi	25 – 30	23

Kompressionsdruck messen

Beim Ausbau des Kraftstoffpumpenrelais bzw. Abklemmen elektrischer Bauteile erhält das Motorsteuergerät eine Fehlermeldung. Die Information muss Ihre Ford-Werkstatt später aus dem Fehlercodespeicher löschen.

Werkzeug:

Zündkerzennuss, Ratsche, Kompressionsdruckmesser.

Ottomotor

- Fahren Sie vor der Messung den Motor warm (Betriebstemperatur). Alle beweglichen Teile laufen dann mit ihrem Einbauspiel.
- Öffnen Sie den Sicherungskasten im Motorraum und …
- … ziehen, um die Kraftstoffförderung während der Messung zu unterbrechen, das Kraftstoffpumpenrelais »R13« (Pfeil) aus der Fassung.

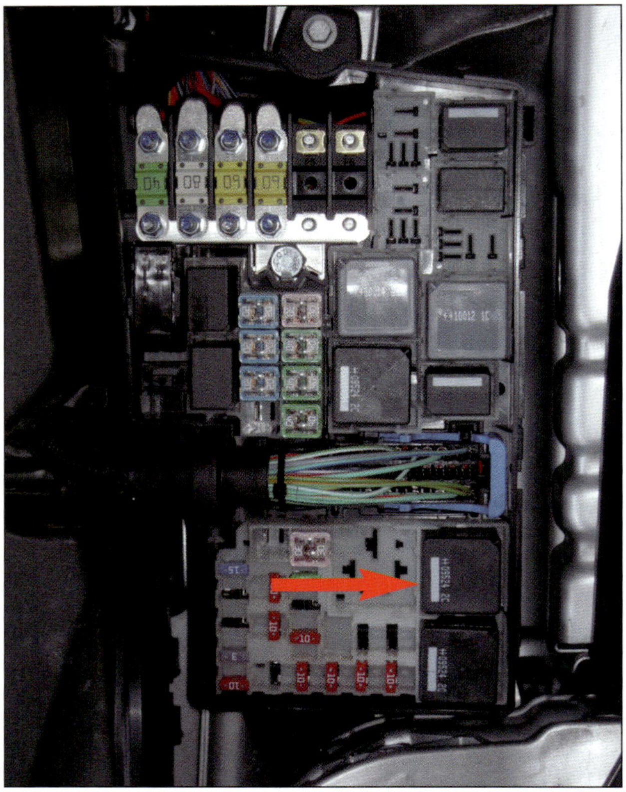

Direkt im Sicherungskasten gesteckt: Kraftstoffpumpenrelais.

- Lassen Sie danach den Motor so lange laufen, bis er von alleine abstirbt. Das Kraftstoffsystem ist dann entleert.
- Ziehen Sie jetzt den Zündmodulstecker (Pfeil) ab und demontieren alle Zündkerzen.
- Ziehen Sie die Handbremse an, schalten in den Leerlauf und treten das Kupplungs- und Gaspedal voll durch.
- Pressen Sie den Gummikonus des Druckprüfers auf das Kerzenloch des ersten Zylinders – bei Bedarf arbeiten Sie mit einem passenden Adapter.
- Ihr Helfer dreht den Motor per Anlasser etwa 6 bis 8 Mal durch. Wichtig bei Ottomotoren mit konven-

WISSENSWERTES

Kompressionsdruck messen – Anlasser und Batterie müssen fit sein

Es ist zwar eine Binsenweisheit, doch wir erinnern gerne daran: Die Basis für verlässliche Kompressionsdruckwerte sind ein durchzugsstarker Anlasser, eine geladene Batterie und ein betriebswarmer Motor. Denn sollte die Kurbelwelle nur gemächlich rotieren, baut sich der Kompressionsdruck nur widerwillig auf – in dem Fall macht die Messung wenig Sinn.

Sobald die einzelnen Zylinder große Abweichungen aufweisen, kreisen Sie den Fehler weiter ein:

- Bei zu geringem Kompressionsdruck dichten Sie den Kolben zur Zylinderwand kurzerhand mit ein paar Tropfen Motoröl ab. Tröpfeln Sie das Öl mit einer Spritzölkanne ins Zündkerzen-/Einspritzdüsenloch und wiederholen die Messung.
- Stellen Sie danach keinen Unterschied fest, können Sie sicher sein, der Druck entweicht entweder an den Ventilen, den Ventilsitzen, den Ventilführungen, am Zylinderkopf oder an der Zylinderkopfdichtung.
- Sind die Werte jedoch besser, sind entweder die Kolbenringe oder gar sämtliche Zylinderlaufflächen verschlissen.

Abziehen: Zündmodulstecker am 16V-Duratec.

tioneller Drosselklappensteuerung (kein E-Gas): Die beste Frischgasfüllung (äußere Gemischbildung) erreichen Sie nur bei voll getretenem Gaspedal.

- Lesen Sie den Messwert ab und notieren das Ergebnis. Bei einem Druckprüfer mit Messschreiber schalten Sie einfach auf den nächsten Zylinder.
- Beenden Sie den Kompressionscheck in umgekehrter Reihenfolge.

Dieselmotor

- Fahren Sie den Motor vor der Messung warm (Betriebstemperatur). Alle beweglichen Teile harmonieren dann besser zueinander.
- Demontieren Sie den Windlauf.
- Ziehen Sie die Anschlussstecker (Pfeile) der Einspritzventile ab. Anschließend ziehen Sie im Sicherungskasten die Glühkerzenrelais-Sicherung »F28« (Pfeil) aus der Fassung.

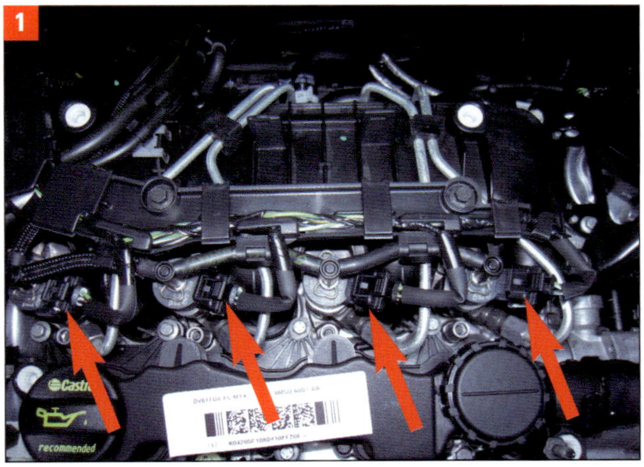

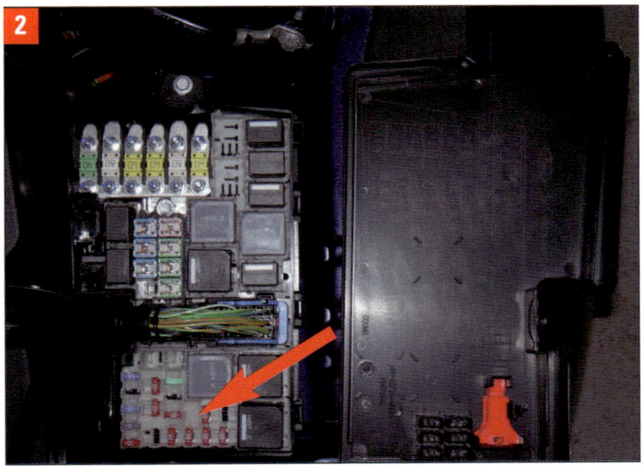

Vor der Messung abziehen: Anschlussstecker an den E-Ventilen und die Glühkerzenrelais-Sicherung.

- Jetzt demontieren Sie, wie beschrieben, die vier Glühkerzen aus dem Zylinderkopf.
- Ziehen Sie die Handbremse an, legen den Leerlauf ein und treten das Kupplungspedal voll durch.
- Pressen Sie den Gummikonus des Druckprüfers auf das Kerzenloch des ersten Zylinders – bei Bedarf arbeiten Sie mit einem passenden Adapter.
- Ihr Helfer dreht den Motor jetzt per Anlasser etwa 6 bis 8 Mal durch.
- Lesen Sie den Messwert ab und notieren das Ergebnis. Bei einem Druckprüfer mit Messschreiber schalten Sie einfach auf den nächsten Zylinder.
- Beenden Sie den Kompressionscheck in umgekehrter Reihenfolge. Die Glühkerzen bekommen ein Drehmoment von 7 Nm.

Luftdicht verschließen: Der Gummikonus des Kompressionsdruckprüfers dichtet das Kerzenloch ab.

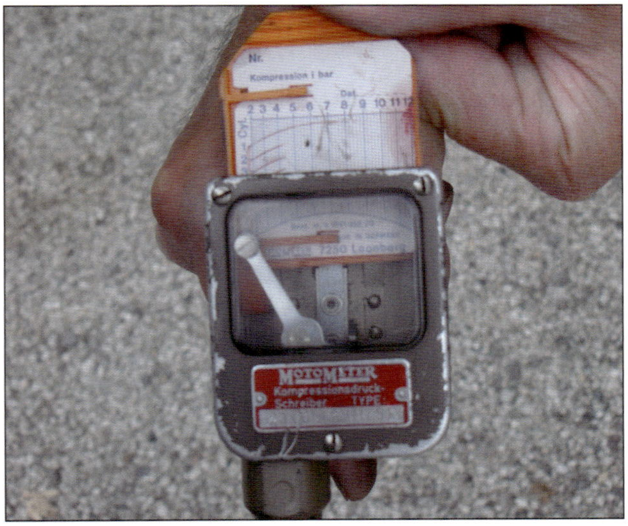

Gleichmäßigkeitsprüfung: Wichtiger als der absolute Spitzendruck sind gleiche Werte in allen Zylindern. Ford toleriert Differenzen bis maximal 1,5 bar.

Moderne Motorenöle

Moderne Motoröle sind aus Erdöl raffinierte Schmierstoffe. Bevor sie freilich ihre Karriere als Motoröl antreten, mischen die Ölhersteller ihnen noch spezielle Additive unter. Das macht am Schluss der Raffinationskette bis zu 20 Prozent des Motoröls aus. Additive schützen das Öl beispielsweise vor Oxidation und verhindern sein Aufschäumen bei hohen Drehzahlen. Eines der wichtigsten Additive sind die VI-Verbesserer (VI = Viskositätsindex). VI-Verbesserer sind lange Molekülketten, die unter Wärmeeinfluss quellen und beim Abkühlen wieder schrumpfen. Additive stellen somit das Motoröl automatisch in einem bestimmten Temperaturfenster auf die vorhandene Motortemperatur ein. Gekonnt gemischt, überspannen Additive gleich mehrere Viskositätsklassen.
Bei hohen Temperaturen büßen VI-Verbesserer jedoch einen Großteil ihrer Wirkung ein – zudem setzen Wasser, Kraftstoff und Verbrennungsrückstände ihrer Lebensdauer natürliche Grenzen. Über einen längeren Zeitraum widersteht ein dünnes Mineralöl den im Motor herrschenden Drücken und Temperaturen nur unzureichend. Regelmäßige Ölwechsel sind daher kein verzichtbarer Luxus, sondern schlichtweg eine technisch/chemische Notwendigkeit.

Hochpreisig – synthetische Leichtlauföle

Synthetiköle sind im Prinzip nicht synthetischer als mineralische Motoröle – jedoch durchweg teurer. Grund: Bei Synthetikölen wird der Molekülaufbau des natürlichen Rohöls in aufwändigen Verfahren (Cracken) aufgelöst und mit speziellen Additiven neu dosiert vermischt. Als Äquivalent zum hohen Einstandspreis versprechen Synthetikölhersteller einen geringeren Öl- und Kraftstoffverbrauch, eine größere Viskositätsbeständigkeit und längere Standfestigkeit. Sollten Sie sich den Luxus von Synthetikölen in Ihrem Focus III gönnen, spreizen Sie die ohnehin schon gedehnten Ölwechselintervalle nur mit kritischem Augenmaß noch weiter.
Wenn nach 20.000 Kilometern dann der reguläre Motorölwechsel ansteht, erneuern Sie grundsätzlich auch den Ölfilter. Ansonsten verschenken Sie leichtfertig einen Großteil der positiven Eigenschaften des neuen Motoröls.

Kann auch problematisch sein – erhöhter Öldruck

Um den Ölfilm zuverlässig aufzubauen, zirkuliert das Motoröl in einem filigranen Leitungs-, Kanal- und Bohrungs-Labyrinth. Den geregelten Transport organisiert eine Ölpumpe. Sie saugt Motoröl direkt aus der Ölwanne und fördert es unter definiertem Druck an die jeweiligen Schmierstellen.
Allein die Höhe des Öldrucks ist nicht unbedingt entscheidend für das Wohlbefinden des Motors: Zu hoher Druck, beispielsweise bei kaltem und zähflüssigem Öl, verursacht auf Dauer Motorschäden. Dem wirkt ein Überdruckventil (Bypass) im Ölfilteranschlussflansch entgegen. Der Bypass öffnet im Focus III bei etwa 4 bar und leitet das Öl direkt auf die Saugseite der Ölpumpe um. In technisch gesunden Triebwerken gelangt das Öl bei mittleren Motordrehzahlen mit etwa 3 bar (Öltemperatur ca. 80 °C; Mehrbereichsöl SAE 5W-30) an die Schmierstellen. Im Leerlauf reichen dem Focus III schon 1 bar bei rund 80 °C. Damit das Motoröl möglichst sauber zirkuliert, passiert es kurz nach der Ölpumpe einen feinporigen Ölfilter.

Signalisiert nur den Mindestdruck – die Öldruckwarnleuchte

Erwarten Sie von der serienmäßigen Öldruckwarnleuchte in Ihrem Focus III bitte keine kontinuierlichen Öldruckangaben. Sie leuchtet lediglich wenn der Öldruck unter 0,4 bar fällt und tritt somit erst dann auf

Stichwort »Besser machen«: Nachgerüstete Öldruckmesser sind ein durchaus sinnvolles Zubehör.

Begriffe / Normen rund ums Öl

WISSENSWERTES

Viskosität: Maß für die Fließfähigkeit des Schmieröls. Im Winter ist dünnflüssiges Motoröl, das nach dem Kaltstart sofort an alle Schmierstellen im Motor gelangt, erste Wahl. Im Sommer dagegen ist dickflüssigeres Öl gefragt, es hält den Schmierfilm bei höheren Temperaturen stabiler.

SAE-Klasse (Society of Automotive Engineers): Bezeichnet die Viskositätsklasse, zum Beispiel SAE 5 W-30. Je kleiner die erste Zahl, umso besser fließt das Öl bei Kälte (W = Winter). Ein Öl mit 0 W schmiert noch bei minus 30 Grad, bei 5 W steigt dieser Wert auf minus 25 Grad, bei 15 W auf minus 15 Grad. Je höher die zweite Zahl, umso temperaturbeständiger ist das Öl letztlich bei hohen Temperaturen.

ACEA (Association des Constructeurs Européen d'Automobiles): Die 1996 eingeführte europäische Ölnorm löst die CCMC-Norm ab. Für Ottomotoren gibt's die Gruppen A1 (Kraftstoff sparendes Öl), A2 (gering belastetes Öl), A3 (Hochleistungsöl). Für Dieselmotoren gilt die Einteilung B1, B2 und B3.

CCMC (Comittée des Constructeurs d'Automobiles du Marché Commun): Die Spezifikation besteht aus den Buchstaben G (Benzine) und PD (Diesel) sowie einer Zahl. Je höher die Zahl, umso besser ist die Ölqualität.

API (American Petroleum Institute): Die Spezifikation besteht aus den Buchstaben S (Ottomotor) und C (Dieselmotor) sowie einem weiteren Buchstaben. Je höher dieser im Alphabet rangiert, umso besser die Ölqualität.

den Plan, wenn Motorschäden bereits im Anmarsch sind. Solange die Kontrollleuchte beim leichten Gasgeben allerdings noch erlischt, ist das Öl erfahrungsgemäß überhitzt, bzw. zu dünnflüssig geworden. Lassen Sie es fortan etwas beschaulicher angehen, ein gesunder Motor kühlt während der Fahrt wieder ab.
Exakte Öldruckinformationen liefert Ihnen ein Öldruckmesser. Öldruckmesser sind relativ einfach zu montieren und im Zubehörhandel für vergleichsweise kleines Geld zu kaufen.

Vor dem Ölkauf lesen – das Kleingedruckte auf der Dose

Focus III-Motoren reichen herkömmliche Longlife-Mehrbereichsöle. Wichtig – der Schmiersaft muss alle relevanten Normen erfüllen. Im Zweifelsfall fragen Sie Ihren Händler, denn über die Eignung entscheidet nicht der werbewirksame Auftritt eines Ölherstellers, sondern allein die Ölspezifikation, die richtige Viskositätsklasse und das »Kleingedruckte« auf der Dose: Ford empfiehlt SAE 5W-30 Motorenöle, die mindestens der Ford-Spezifikation WSS-M2C913-B entsprechen. Sollten Sie andere Öle verwenden wollen, müssen Sie mindestens der Qualität SAE 5W-30, SAE 5W-40 oder SAE 10W-40 und den Bestimmungen gemäß ACEA A1/B1 oder ACEA A3/B3 entsprechen. Öle mit der Bezeichnung API SC, SD, SE oder SF (Diesel API CC) könnten Ihrem Ford sogar schaden. Wenn Sie alle Unwägbarkeiten vermeiden möchten, linken Sie sich im Internet ein – unter *http://ford*.de finden Sie eine Liste aller freigegebenen Motorenöle. Oder Sie fahren Ihren Ford-Händler an: Der hat das richtige Öl bestimmt auf Lager und bietet mitunter sogar gerade eine Ölwechselaktion zu besonders verlockenden Konditionen an.
Übrigens, sobald ein Schmiersaft den genannten Kriterien entspricht, können Sie Ölsorten verschiedener Hersteller durchaus mischen. Gehen Sie in dem Fall jedoch davon aus, dass spezielle Eigenschaften der ursprünglichen Rezeptoren nachlassen. Denn jedes Produkt basiert auf einer individuellen Additivrezeptur, deren Wirksamkeit im Mix mit anderen Ölen »ermüdet«. Das gilt übrigens auch für die Kombination von Mineral- und Synthetiköl – die Melange hat im Alltagsbetrieb ohnehin keinerlei Vorteile.

Völlig normal – geringer Ölverbrauch

Gänzlich ohne Ölverbrauch ist kein Motor: Auch technisch gesunde Ford-Triebwerke verbrennen geringe Ölmengen – mit rund einem Viertelliter auf 1000 km können Sie rechnen. Ford gibt einen maximalen Ölverbrauch von einem halben Liter (auf 1000 km) an. Zumindest dann, wenn Sie die Ölwechselintervalle nicht überziehen und den Motor nicht übermäßig belasten. Außerdem treiben defekte Dichtungen, verhärtete Ventilschaftkäppchen, verschlissene Ölabstreifringe, zu großes Kolbenspiel oder ausgeleierte Ventilführungen den Ölverbrauch in die Höhe.

Null Ölverbrauch – seien Sie misstrauisch

Vor allem im Winter und vornehmlich im Kurzstreckenverkehr steht der Ölpegel am Messstab wie eine Eins – der Motor erreicht dann selten seine Betriebstemperatur. Folglich vermengen sich an den Zylinderwänden kondensierte Kraftstoffrückstände oder Wassermoleküle zu einer Verschleiß provozierenden Melange mit dem Motoröl. Im Extremfall steigt dann sogar der Ölpegel. Seien Sie also bei Motoren misstrauisch, die null Ölverbrauch haben. In deren Ölsumpf sprudelt insgeheim ja keine Ölquelle. Sollte Ihr Focus III also kein Öl verbrauchen oder gar vermehren, lassen Sie das Gebräu in kürzeren Intervallen ab – etwa schon nach 10.000 Kilometern oder halbjährlich.

Nicht vergessen – regelmäßig den Motorölstand checken

Checken Sie den Motorölstand nach jedem dritten Tankstopp oder nach längeren Autobahnfahrten mit hohen Tempi. Fehlmengen ergänzen Sie frühestens, wenn der Ölpegel etwa mittig zwischen beiden Markierungen des Ölstabs steht. Ihrem Focus III fehlt dann etwa ein halber Liter.
Erhöhen Sie den Pegel niemals über Maximum: Das Zuviel an Motoröl sucht über Dichtflächen (Ventildeckel, Ölwanne) und Radialwellendichtringe (Kupplung, Riemenscheibe) einen Weg ins Freie. Mitunter verdreckt es über die Kurbelgehäuseentlüftung zunächst den Luftfilter und gelangt dann zurück in die Brennräume.
Vorsicht bei betriebswarmem Motor: Der Ölstab kann sehr heiß sein.
Benutzen Sie zum Nachfüllen aus größeren Gebinden einen sauberen Trichter.
Kontrollieren Sie den Ölstand möglichst bei betriebswarmem Motor. Im Idealfall parkt Ihr Auto vorher schon rund fünf Minuten, mit abgestelltem Motor, auf einer möglichst waagerechten Fläche.
Ziehen Sie den Peilstab und wischen ihn mit einem flusenfreien Lappen oder Papiertuch trocken. Bugsieren Sie den Stab dann wieder bis zum Anschlag in die Peilstaböffnung und ziehen ihn erneut heraus.
Liegt der Pegel, zwischen Minimum und Maximum, eher im oberen Viertel, ist das o. k. Reicht er bis zur Mitte, ergänzen Sie maximal einen halben Liter. Dümpelt der Ölstand dagegen unterhalb Minimum, ergänzen Sie die Fehlmenge sofort – Ihrem Focus fehlt rund ein Liter Motoröl.

IMMER gemeinsam wechseln – Motoröl und Ölfilter

Der Focus III bekommt neues Motoröl entweder nach 12 Monaten oder 20.000 Kilometern. Halten Sie die Wechselintervalle auch dann ein, wenn Sie überwiegend lange Strecken zurücklegen. Das Öl ist zwar weniger beansprucht, doch auch ein gutes Motoröl ist nach 20.000 Kilometern oder 12 Monaten nicht mehr topfit. Wenn Sie Ihre Kilometer gar ausschließlich in der Stadt oder auf Kurzstrecken abspulen, spendieren Sie dem Motor spätestens nach 15.000 Kilometern oder alle sechs Monate einen Ölwechsel.

Es muss nicht immer Maximum sein: Lassen Sie den Ölstand ruhig zwischen »min.« und »max.« pendeln. Die Nachfüllmenge zwischen beiden Markierungen beträgt je nach Motor zwischen 1,0 bis 1,5 Liter.

Ölwechsel – do it yourself lohnt nicht immer

Werkzeug:
- Ratsche,
- 13-mm-Nuss,
- Auffangschüssel (mind. 5 Liter Fassungsvermögen),
- universeller Ölfilterschlüssel.

Do it Yourself lohnt dann, wenn Sie ein preiswertes Öl mit den vorgeschriebenen Spezifikationen aus dem Zubehörhandel, Warenhaus, Internet oder von der Tankstelle nutzen. Zu einem konventionellen Ölwechsel (Öl aus der Wanne ablassen, Filtereinsatz wechseln, Öl an Sammelstelle entsorgen) müssen Sie Ihren Focus III aufbocken.

Schneller und sauberer erledigen Sie den Ölwechsel an einer SB-Station – dort saugen Sie in der Regel den alten Saft mit einem Ölheber aus der Ölwanne.

Die Methode ist zwar bequem, jedoch nicht ohne Nachteile: Ein Großteil des Ölschlamms verbleibt nämlich in der Ölwanne – und belastet zwangsläufig das neue Öl.

Am bequemsten sind Ölwechsel immer noch in der Fachwerkstatt. Natürlich arbeitet Ihr Ford-Händler nicht für Gotteslohn. Er berechnet Ihnen zudem die Entsorgung des Altöls mitsamt altem Ölfilter. Dennoch kann sich pekuniär der Gang in die Werkstatt lohnen. Zumal immer mehr Werkstätten saisonal befristete Ölwechselaktionen inklusive Motoröl und Ölfilter anbieten.

Fragen Sie also Ihren Händler und kalkulieren im Vorfeld: Werkstätten erledigen die Arbeit mitunter auch dann, wenn Sie Öl und Filter selbst anliefern.

So viel Motoröl passt in den Focus

Motortyp	Motoröl mit Filter* (l)
1.4 Duratec	3,8
1.6 Duratec	4, 1
1.8 Duratec	4,3
2.0 Duratec	4, 3
2.5 Duratec	6,4
1.6 Duratorq	3,8
2.0 Duratorq	3,8/5,4

*Der Ölfilter ist auf den Motor abgestimmt. Verwenden Sie nur Originalfilter und verzichten auf dubiose Wühltischangebote.

Wenn Sie den Ölwechsel selbst vornehmen

- Fahren Sie das Motoröl warm: Erst dann sind die Schmutzpartikel in der Schwebe.

- Bocken Sie Ihren Focus auf ebener Fläche waagerecht auf.

- Schieben Sie eine flache Wanne, Schüssel oder einen aufgeschnittenen Plastikölkanister mit ausreichendem Fassungsvermögen unter die Ölwanne.

- Lösen Sie die Ölablassschraube (Pfeil) mit einer Ratsche und lassen das alte Motoröl vorsichtig aus der Wanne ab. Wirklich vorsichtig! Denn beim Herausdrehen der Ablassschraube schwappt heißes Öl aus der Ölwanne in den Auffangbehälter.

Die herkömmliche Methode: Das alte Motoröl läuft direkt aus der Ölwanne.

- Sobald das Öl abgelaufen ist, montieren Sie die Ölablassschraube. Verwenden Sie grundsätzlich einen neuen Dichtring.

- Platzwechsel – schieben Sie die Auffangwanne nun unter den Ölfilter. Denn dort tropft's gleich.

Ottomotoren

- Den Ölfilter lösen Sie am besten mit einem Spannbandschlüssel. Falls Sie keinen besitzen, behelfen Sie sich mit einem stabilen Schraubendreher. Den stechen Sie einfach quer durchs Filtergehäuse (Vorsicht: Verbrühungsgefahr – heißes Öl läuft aus) und nutzen ihn dann als Knebel.

Schnell zu wechseln: der Ölfilter anlässlich des Ölwechsels nach 30.000 km.

- Bevor Sie den neuen Filter aufschrauben (einsetzen), ölen Sie den neuen Dichtring leicht ein und ziehen den Filter dann handfest.

Diesel

Typisch Diesel: Ölfiltergehäuse in Fahrtrichtung links am Motorblock.

- Lösen Sie den Ölfilterdeckel 1 mit einer Ratsche + Verlängerung (Nuss 27 mm), ziehen Sie den Filtereinsatz heraus, erneuern, bevor Sie den neuen Filter montieren, den O-Ring oben im Filterflansch und...

- ... ziehen den Deckel wieder an.

Alle

- Befüllen Sie den Motor mit der vorgegebenen Ölmenge (siehe Tabelle) und lassen ihn kurz im Stand anlaufen. Die Öldruckwarnleuchte erlischt erst, nachdem das Ölfiltergehäuse gefüllt ist.

- Checken Sie jetzt noch einmal, ob Ölfilter und Ablassschraube auch tatsächlich dicht sind.

- Erst dann stellen Sie Ihren Focus wieder auf die Räder.

WISSENSWERTES

Umweltgerecht entsorgen

Altes Motoröl liefern Sie bei Ihrem Frischölverkäufer ab. Sämtliche Verkaufsstellen müssen Altöl mindestens in der Menge entsorgen, wie sie frisches Öl verkaufen.

Zudem können Sie Altöl, zusammen mit dem Ölfilter und ölverschmutzten Putzlappen, auch an einer Altölsammelstelle Ihrer Gemeinde oder Stadt entsorgen. Adressen »googeln« Sie im Internet, bei der Gemeindeverwaltung oder bei Automobilclubs.

Kein Grund zur Sorge – Ölschwitzflecken an der Motorperipherie

Überschaubare Ölschwitzflecken unter der Focus- Motorhaube müssen Sie nicht gleich verunsichern: In überschaubaren Mengen sucht Motoröl sich – erst recht bei starken Temperaturschwankungen – vorbei an Gehäusedichtflächen und durch Dichtungsporen einen Weg ins Freie. Anders sieht die Sache aus, wenn sich im Motorraum oder unter dem abgestellten Wagen starke Ölspuren breit machen. Größere Leckagen dichten Sie möglichst schnell ab, ansonsten sind Folgeschäden im Anzug.

Steht ständig unter Druck – das Kühlsystem

Sobald der Motor läuft, baut das Kühlsystem einen definierten Überdruck auf. Erst wenn im Kühlsystem – abhängig von der Motorversion – der Druck 1,4 bar übersteigt, öffnet im Verschlussdeckel des Ausgleichsbehälters ein Überdruckventil und entlässt den Überdruck an die Atmosphäre. Ein gewollter Vorgang: Der Überdruck hindert den an die Wasserstoffmoleküle gebundenen Sauerstoff nämlich daran, schon bei rund 100 °C zu verflüchtigen. Dieser Trick erhöht den Siedepunkt der Kühlflüssigkeit und die Motorbetriebstemperatur, zudem senkt er den spezifischen Kraftstoffverbrauch. Das bei abgekühlter Flüssigkeit entstehende Vakuum gleicht ein zweites, so genanntes Vakuumventil im Verschlussdeckel aus.

Speziell bei Stadtfahrten oder im Stop-and-go-Verkehr reicht der kühlende Fahrtwind häufig allein nicht aus, um den Motor vor Überhitzungsschäden zu bewahren. Für diesen Sonderfall besitzt der Focus III einen elektrisch angetriebenen Kühlerventilator, der ihm die fehlende Kühlluft durch den Wärmetauscher fächelt.

Unter normalen Betriebsbedingungen können Sie das

Die Kühlkomponenten

WISSENSWERTES

Wasserpumpe. In allen Focus-Motoren beschleunigt eine auf der rechten Seite des Motorblocks montierte Kreiselpumpe die Kühlflüssigkeit im Kühlsystem. Ein flankenoffener Mehrrippenriemen treibt die Pumpe an.

Kühler: Besteht aus zwei Kunststoffwasserkästen, die eine Vielzahl dünnwandiger Leichtmetallröhrchen miteinander verbindet. Um die Leistungsfähigkeit des Kühlers zu steigern, vergrößern zwischen den Röhrchen leporelloartig gefaltete Aluminiumstreifen die Kühloberfläche. Sie leiten die Überschusswärme direkt an die Oberfläche ab.

Thermostat: Regelt die Kühlflüssigkeitstemperatur im Motor. Der Thermostat öffnet bei 92 °C (Diesel 88 °C), bei 101 °C ist er dann komplett geöffnet. Bei gebrauchten Thermostaten ist eine Toleranz von ± 3 °C. zulässig. Thermostate bestehen aus einem verschlossenen, mit Spezialwachs gefülltem Thermoelement (Zylinder), einer Druckfeder und einem Ventilteller. In dem Maße wie sich die Kühlflüssigkeit im Motor erwärmt, dehnt sich das Wachs im Thermoelement aus und hebt den Ventilteller, gegen den Widerstand einer Druckfeder, von seinem Sitz. Erst bei Betriebstemperatur ist das Ventil ganz geöffnet. Kühlt das Wasser ab, drückt die Feder gegen den Ventilteller und sperrt den Durchfluss entsprechend.

Ausgleichsbehälter: Ergänzt im Kühlsystem automatisch die umlaufende Kühlflüssigkeitsmenge. Der Systemüberdruck entweicht aus einem Überdruckventil

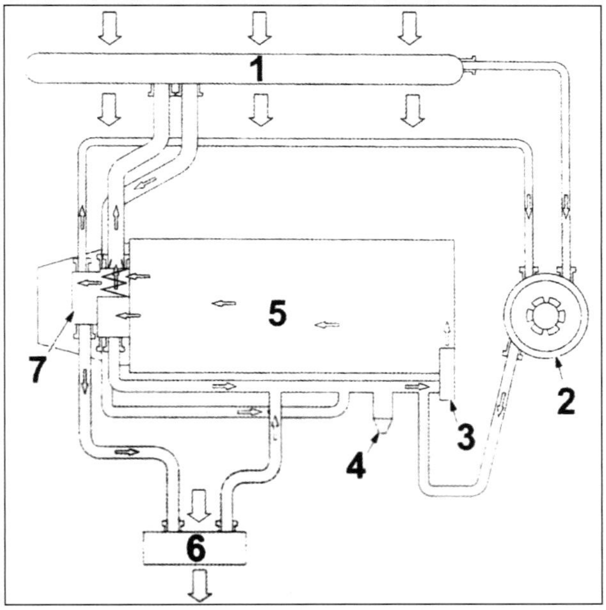

Unendlicher Kreislauf: Die Komponenten des Motorkühlsystems stehen hydraulisch in Kontakt. 1 Wasserkühler; 2 Kühlflüssigkeitsausgleichsbehälter; 3 Wasserpumpe; 4 Zusatzheizer (Option, Diesel); 5 Motorblock; 6 Heizungswärmetauscher; 7 Thermostatgehäuse.

im Behälterverschlussdeckel, ein zweites Ventil im Verschlussdeckel gleicht entstehendes Vakuum aus. Der transparente Kunststoffbehälter sitzt im Motorraum neben dem Bremskraftverstärker vor der Spritzwand.

Kühlerventilator: Alle Focus III-Motoren kühlt ab etwa 110 °C zusätzlich ein elektrisch angetriebener Kühlerventilator. Der Ventilator wird häufig auch als Kühlerlüfter bezeichnet.

Kühlsystem des Focus III weitgehend vernachlässigen: Es reicht, gelegentlich den Füllstand im Ausgleichbehälter sowie die Elastizität und Dichtheit der Kühlflüssigkeitsschläuche zu checken. Wenn Sie dort keine Unregelmäßigkeiten erkennen, wird's Ihrem Focus nicht zu heiß.

Temperaturabhängig – der Kühlmittelkreislauf

Das vom Thermostaten koordinierte Zusammenspiel der Elemente Luft und Wasser bewahrt den Motor gleichermaßen vor einem Kälteschock und Hitzekollaps: Nach jedem Kaltstart pulsiert das Kühlmittel zunächst im kleinen Kühlkreislauf. Der kleine Kreislauf beschreibt den Wassermantel des Motors inklusive Heizungswärmetauscher. In dieser Phase verschließt der Thermostat den Durchfluss zum Kühler. Erst wenn die Kühlflüssigkeit rund 89 °C erreicht hat, öffnet der Thermostat.
Mit steigender Motortemperatur steigt der Durchfluss ständig. Bei etwa 101 °C gibt der Thermostat den ganzen Durchfluss frei – die Kühlflüssigkeit durchströmt den Kühler jetzt ungebremst von oben nach unten. Währenddessen umspült der Fahrtwind die heiße Kühlflüssigkeit und entzieht ihr einen Großteil der Wärme. Wenn dass allein nicht mehr ausreicht, kommt bei rund 110 °C der elektrische Kühlerlüfter solange mit ins Spiel, bis die normale Betriebstemperatur wieder erreicht ist.
Bei betriebswarmem Motor strömt die Kühlflüssigkeit aus dem in Fahrtrichtung linken in den rechten Kühlwasserkasten und von dort zur Wasserpumpe. Nach der Wasserpumpe passiert die Flüssigkeit den Motorblock und Zylinderkopf: Die überwiegende Menge läuft über den geöffneten Thermostaten zurück in den linken Kühlwasserkasten, der Rest durchfließt den Heizungswärmetauscher. Die im Kühler von oben nach unten abfließende Flüssigkeit ändert auf ihrem Weg durch die Kühlerlamellen ihr spezifisches Gewicht. Mit abnehmender Temperatur wird Sie dichter (schwerer) und sinkt in den Wärmetauscher bis sie unten – im rechten Wasserkasten – Richtung Wasserpumpe wieder austritt. Der Kühlkreislauf ist damit geschlossen.

Das Kühlmittel

Die Kühlflüssigkeit (Kühlmittel) besteht im Focus aus einer Mischung von Frost- und Korrosionsschutzmitteln sowie Wasser. Ford stellt werkseitig die Kühlflüssigkeit (Farbe rot/orange) mit rund 50% Kühlkonzentrat (Ford Spezifikation: Kühlkonzentrat Super Plus, WSS-M97B44-D) und 50% Wasser ein. Das reicht allemal für einen zuverlässigen Schutz bis rund –37 °C. Erst bei etwa –38 °C beginnt die Flüssigkeit zu gelieren (Stockpunkt) – ein Wert, der in unseren Breitengraden meistens nur theoretische Bedeutung hat. Die Werksbefüllung mit silikatfreiem Kühlerfrostschutz hält laut Ford ein Autoleben lang. Mischen Sie darum das originale Kühlmittel bitte nicht mit x-beliebigen Frostschutzmitteln. Füllen Sie grundsätzlich nur von Ford freigegebene Flüssigkeiten, auf jeden Fall jedoch Mixturen mit entsprechenden Spezifikationen nach.

Auf Dichtheit prüfen – das Kühlsystem

- Undichte Wasserschläuche erkennen Sie leicht rund ums Leck an hellgrauen Ablagerungen.
- Checken Sie alle Wasserschläuche an Motor, Kühler und Heizungskühler von Zeit zu Zeit mit einem kritischen Blick oder, besser noch, mit Knetbewegungen an den Schläuchen. Harte, spröde oder rissige Schläuche tauschen Sie besser sofort aus.
- Kontrollieren Sie, ob die Schlauchenden weit genug auf den Anschlussstutzen sitzen…
- … und ob die Entlüftungsschraube fest angezogen ist.
- Prüfen Sie gleichfalls noch, ob alle Schlauchschellen fest sitzen: lockere Schellen sind ein potenzieller Gefahrenherd.
- Wechseln Sie auch korrodierte Schlauchschellen umgehend aus. All diese von uns empfohlenen Maßnamen beanspruchen Sie zwar zeitlich immer mal wieder. Unter dem Strich fahren Sie damit jedoch günstiger: Eine Kühlsystemleckage führt meistens zum Motorkollaps...

Kräftig zusammendrücken: Walken Sie die betriebswarmen Schläuche kräftig durch. Nur so entdecken Sie eventuelle Risse oder andere Beschädigungen.

Kühlflüssigkeit prüfen und nachfüllen

- Checken Sie bei kaltem Motor den realistischen Kühlflüssigkeitspegel im Ausgleichsbehälter. Das Kühlsystem ist dann fast drucklos und die Kühlflüssigkeit hat ihr normales Volumen erreicht.

- Bei kaltem Motor muss der Pegel mindestens die untere Behältermarkierung erreichen.

- Vorsicht: Bei warmem Motor dehnt sich das Kühlmittel automatisch aus. Der Behälter muss dann noch Platz für die überschüssige Flüssigkeit haben. Lassen Sie sich also nicht von dem höheren Stand blenden.

- Öffnen Sie zum Nachfüllen vorsichtig den Verschlussdeckel. Bei heißem Motor steht der Behälter unter Druck. Legen Sie darum vorher einen dicken Lappen über den Deckel. Sollten Sie den Deckel vorschnell öffnen, besteht Verbrühungsgefahr – die Kühlflüssigkeit sprudelt siedend heiß aus dem Behälter.

- Befüllen Sie den Ausgleichsbehälter nicht über die obere Markierung hinaus.

- Kleinere Fehlmengen ergänzen Sie getrost bei warmem Motor.

Nachschub aus dem Kanister: Sollte der Flüssigkeitsstand im Ausgleichsbehälter die »MIN-Markierung« unterschreiten, ergänzen Sie das Reservoir mit vorgemischter Flüssigkeit. Achten Sie beim Öffnen des Behälters auf Blasenbildung und Ölschlamm – daran erkennen Sie eine defekte Zylinderkopfdichtung.

Zehn Jahre alterungsbeständig – die Originalkühlflüssigkeit

Ford schreibt beim Focus III einen Kühlflüssigkeitswechsel nach zehn Jahren vor. Das gilt allerdings nur für die silikatfreie Originalflüssigkeit (Farbe: rot, orange). Sobald Sie das Original jedoch mit anderen Kühlflüssigkeiten mischen, laufen Sie Gefahr, dass der Mix über die Zeit erneuerte Aluminiumbauteile (z. B. Thermostatgehäuse) angreift. Sollten Sie Ihrem Focus also irgendwann ein Neuteil montieren müssen das mit der Kühlflüssigkeit kontaktet, wechseln Sie – unabhängig vom Alter oder der Laufleistung – die Melange gegen originale Ford-Kühlflüssigkeit aus. Und so wird's gemacht:

- Öffnen Sie mit Bedacht zunächst den Verschlussdeckel des Ausgleichsbehälters und lassen vorsichtig den Überdruck aus dem Kühlsystem entweichen. Die Betonung liegt auf »Bedacht« und »Vorsicht«: Bei heißem Motor besteht nämlich eine akute Verbrühungsgefahr!
- Nachdem das System drucklos ist, schrauben Sie den Verschlussdeckel ganz ab.
- Demontieren Sie die untere Motorverkleidung und stellen ein Auffanggefäß unter den Kühler.
- Jetzt, lösen Sie die Schlauchschelle des unteren Kühlerschlauchs, ziehen ihn vom Kühlerflansch und ...
- ... lassen die Kühlflüssigkeit ganz ablaufen.
- Befüllen Sie das System über den Ausgleichsbehälter mit dem neuen Konzentrat. Ergänzen Sie die Restmenge so lange mit möglichst kalkarmem Leitungswasser (bis etwa zwei Millimeter unterhalb die obere Markierung), bis keine Luftblasen mehr entweichen.
- Danach montieren Sie den Kühlerschlauch und starten den Motor.
- Lassen Sie ihn bei mittlerer Drehzahl (2500 min^{-1}) etwa 15 Minuten laufen, bis der Thermostat geöffnet hat. Ergänzen Sie dann im Ausgleichsbehälter die evtl. Fehlmenge mit kalkarmem Leitungswasser.
- Jetzt erhöhen Sie die Drehzahl kurzfristig auf ca. 5000 min^{-1} (Diesel 4500 min^{-1}) und lassen den Motor dann sofort in die Leerlaufdrehzahl fallen. Wiederholen Sie diesen Vorgang etwa sechs Mal.
- Das Kühlsystem ist erst dann befüllt, wenn bei betriebswarmem Motor der Flüssigkeitspegel im Ausgleichsbehälter konstant bleibt.
- Erst dann setzen Sie den Verschlussdeckel auf und lassen auf einer Probefahrt (rund 10 Kilometer) das Konzentrat mit dem destillierten Wasser vermengen. Außerdem haben die noch verbliebenen Luftbläschen dann Gelegenheit, restlos zu entweichen.
- Nach der Probefahrt öffnen Sie vorsichtig den Ausgleichsbehälter und lassen den Motor bei mittlerer Drehzahl laufen, der Kühlerventilator muss sich einschalten.
- Falls erforderlich ergänzen Sie mit kalkarmem Leitungswasser den Kühlflüssigkeitsstand bis zur oberen Markierung. Vergessen Sie nicht, den Deckel wieder fest zu verschrauben.

Damit trotzen Sie dem Winter – Frostschutz bis –37 °C

In unseren Breitengraden reicht allemal ein Frostschutz bis –37 °C. Das entspricht, auf Basis des Ford-Konzentrats, etwa einer 50%igen Mischung. Haben Sie ab und an jedoch den Flüssigkeitsstand mit destilliertem Wasser ergänzt, reicht für kältere Tage mitunter die Konzentration nicht mehr aus. Prüfen Sie darum die Mischung spätestens im Herbst mit einer Frostschutzspindel und lassen die Kühlflüssigkeit von Ihrer Werkstatt neu einstellen. Als Faustregel gilt: Etwa ¾ Liter Kühlkonzentrat erhöht den Kälteschutz um ca. 12 °C.

Vorsicht: Mischen Sie die Originalkühlflüssigkeit niemals mit irgendwelchen anonymen Produkten – der Korrosionsschutz und die Metallverträglichkeit könnten arg darunter leiden. Im Zweifelsfall programmiert der Mix sogar kapitale Reparaturen. Wenn Sie die Originalkühlflüssigkeit auf Reisen also mit einem anonymen Produkt ergänzen müssen, wechseln Sie die Kühlflüssigkeit zu Hause besser gleich komplett. Erst recht bei Leichtmetallmotoren, ansonsten könnten ungeeignete Frostschutzzusätze den Motor beizeiten wie eine trockene Semmel zerbröseln.

Gesamtfüllmenge – Mischungsverhältnis (bis –27 °C)

Motortyp	Kühlkonzentrat (Liter)	Wasser (Liter)	Gesamtfüllmenge (Liter)
1,4 l Duratec	ca. 2,8	2,7	5,5
1,6 l Duratec / Ti-VCT	ca. 3,0/3,1	2,8/2,9	5,8/6,0
1,8 l Duratec	ca. 3,3	3,2	6,5
2,0 l Duratec	ca. 3,2	3,1	6,3
2,5 l Duratec	ca. 3,8	3,7	7,5
1,6 l Duratorq TDCi	ca. 2,8	2,7	5,5
2,0 l Duratorq	ca. 3,0	2,8	5,8

- Beachten Sie unter »Kühlflüssigkeitswechsel« die Arbeitsschritte bis Punkt 5 und …
- … lassen dann rund 1 bis 2 Liter Kühlmittel ablaufen.
- Verschließen Sie den Kühler und …
- … befüllen den Kühlflüssigkeitsausgleichsbehälter mit der erforderlichen Konzentratmenge. Den Rest ergänzen Sie mit alter Kühlflüssigkeit.

WISSENSWERTES

Motor verliert Kühlflüssigkeit

Sollte Ihr Motor während der Fahrt größere Mengen an Kühlflüssigkeit verlieren, ergänzen Sie den Flüssigkeitsstand auf keinen Fall mit kaltem Wasser: Der heiße Motor bekommt dann einen Kälteschock. Im Extremfall reißt der Motorblock oder der Zylinderkopf verzieht auf der Dichtfläche. Im ersten Fall wandert der Motorblock vorzeitig auf den Schrott. Die zweite Möglichkeit endet mit einer undichten Zylinderkopfdichtung: Das Kühlmittel tritt sichtbar aus oder es vermengt mit dem Motoröl zu einer verschleißfördernden Emulsion. Sollten Sie also kein heißes Wasser parat haben, warten Sie genügend lang mit dem Nachschub. Lassen Sie im Anschluss einen Fachmann dem Kühlmittelverlust auf den Grund gehen.

Der Luftfilter (Ansauggeräuschdämpfer)

Um die Ansaugluft möglichst effizient zu säubern, durchströmt sie vor Eintritt in das Ansaugsystem den Luftfilter (Ansauggeräuschdämpfer). Im Focus III sitzt der Filter relativ gut zugänglich links im Motorraum. Das Filtergehäuse ist nicht etwa ein zufällig passender Kasten, sondern ein exakt berechnetes Konstruktionsteil. Es modelliert die Ansaugluft zu einer beruhigten Gassäule und minimiert zudem die Ansauggeräusche. Im Focus besteht der Ansauggeräuschdämpfer aus einem Kunststoffgehäuse mit einem feinporigen, harmonikaartig gefalteten Papierfiltereinsatz.

Nach spätestens 60.000 Kilometern tauschen – den Luftfiltereinsatz

Die Frischluft durchströmt das Luftfiltergehäuse von außen nach innen. Den Filtereinsatz (Filterelement) dichten zwei flexible Kunststoffringe gegen ungewollte Nebenluft ab. Dementsprechend passiert die gesamte Frischluftmenge auf ihrem Weg in die Brennräume den Filtereinsatz. Verschleißfördernde Schmutzpartikel verfangen sich zwangsläufig im Filterpapier. Größere Fremdkörper, zum Beispiel Insekten oder von der Straße aufgewirbelte Sandkörnchen, fallen ins Filtergehäuse. Luftfilter und Filterelement erfüllen ihre Aufgabe freilich nur bei regelmäßiger Wartung und Pflege.
Unter normalen Fahrbedingungen schreibt Ford alle 60.000 km einen Filterwechsel vor. Wenn Sie Ihren Focus überwiegend über verstaubte Pisten treiben, wechseln bzw. reinigen Sie das Element frühzeitiger. Denn ein verschmutzter Filtereinsatz schnürt dem Motor die Ansaugluft ab. Folge: Das Kraftstoff-/Luftgemisch gerät aus dem Gleichgewicht, die Motorleistung sinkt und der Kraftstoffverbrauch steigt.

Stichwort – Besser machen

Wenn Sie sich regelmäßige Wechselintervalle ersparen möchten, empfehlen wir Ihnen den Kauf eines Sportluftfilters auf Basis eines baumwollgeflockten Trägernetzes, wie es beispielsweise der Hersteller K&N (www.knfilters.com) anbietet. Unser Tipp stellt weniger eine mögliche Leistungssteigerung denn die Langlebigkeit und Filterwirkung in den Vordergrund: Entsprechende Filternetze sind auswaschbar, sie gewähren zudem höhere Luftdurchsätze bei besserer Filterwirkung und passen in das original Filtergehäuse. Der eine oder andere Chat-Besucher attestiert seinem Auto nach der Montage aggressivere Ansauggeräusche und geringfügig bessere Fahrleistungen.

Halten ein Motorleben lang: High-FLow-Luftfilter aus Baumwollvlies, so zum Beispiel von K&N.

Luftfiltereinsatz reinigen und auswechseln

Unabhängig von der zurückgelegten Fahrstrecke blasen Sie den Serienfilter mindestens einmal jährlich aus und erneuern ihn nach spätestens zwei Jahren. Neue Filtereinsätze bekommen Sie beim Ford-Vertragshändler, im Zubehörhandel oder per Internet. Es muss übrigens nicht generell ein Originalersatzteil sein – doch achten Sie unbedingt auf Qualitätsware und meiden billige Plagiate: Auf Wühltischen wechseln mitunter minderwertige Filter obskurer Produktpiraten den Besitzer. Im Moment sparen Sie vielleicht ein paar Cent, doch auf Dauer verübelt Ihnen der Motor den Kauf – er verschleißt zeitiger. »Billig ist nicht automatisch preisgünstig…«.

Schnell zu wechseln: Luftfilterelement unter der Focus-Motorhaube.

Werkzeug:
– Kreuzschlitzschraubendreher.

- Lösen Sie den Filtergehäusedeckel an den Befestigungsschrauben (Pfeile).
- ... liften danach den Deckel soweit, bis Sie das Filterelement herausziehen können.
- Reinigen Sie das Filtergehäuse mitsamt Deckel. Verwenden Sie dazu einen fusselfreien Lappen oder – besser noch – blasen Sie das Gehäuse mit Druckluft aus. Achten Sie zur Montage darauf, dass der neue Filtereinsatz plan auf dem Gehäuseunterteil aufliegt.

Luftfilterelement reinigen

- Reinigen Sie Papierfiltereinsätze niemals in Flüssigkeiten. Der Filter ist danach Schrott!
- Klopfen Sie das Filterelement stattdessen vorsichtig auf einer harten Unterlage aus. Die verdreckte Seite halten Sie währenddessen nach unten. Größere Verschmutzungen und Insektenkadaver übestehen die Prozedur nicht, sie fallen dann bereits ab.
- Danach blasen Sie den Filter von der Unterseite nach oben mit Druckluft aus.
- Sollten Sie die Blasrichtung verwechseln, gelangen die feinen Staubpartikel nur noch tiefer in die Filterporen.
- Achten Sie zur Montage immer darauf, dass beide Dichtflächen sauber gegen die Gehäuseteile abdichten.

Standard – elektronisch geregelte Kraftstoffeinspritzanlagen

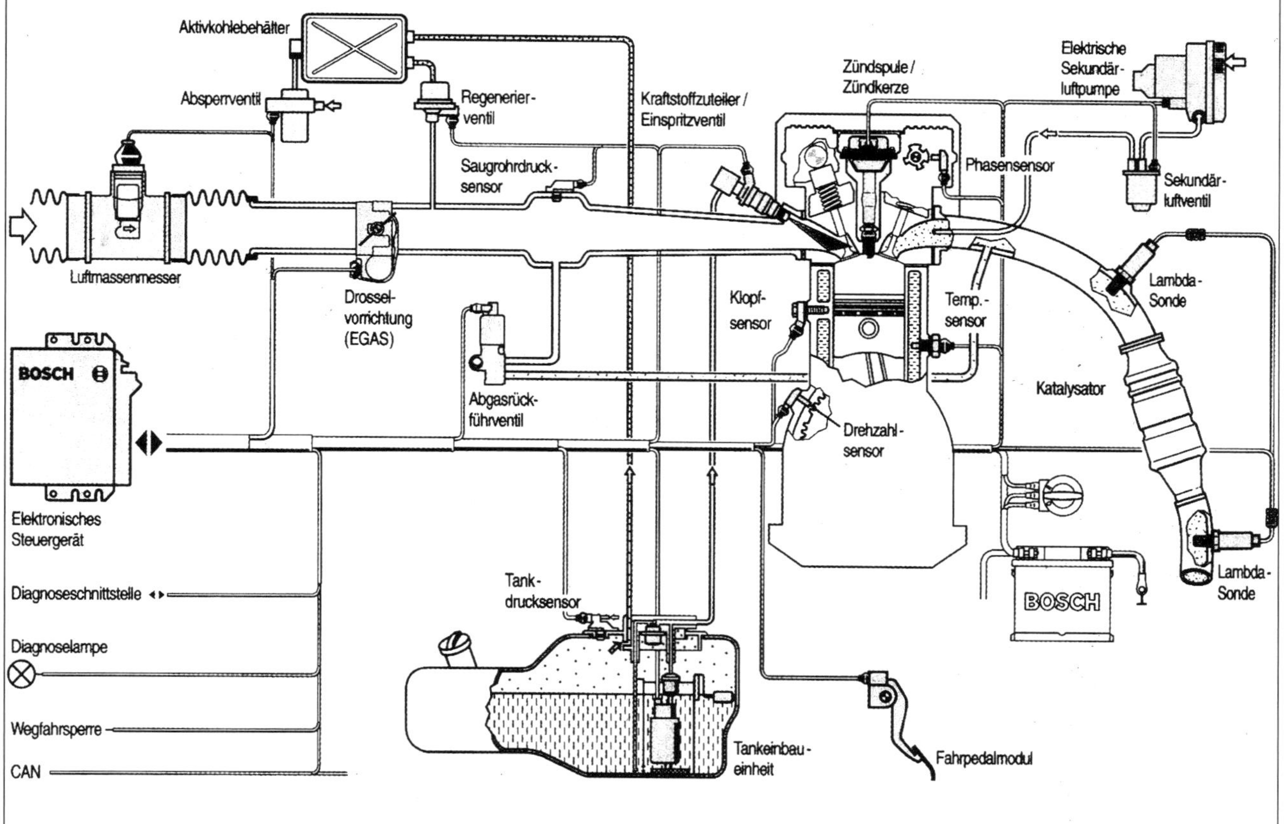

Ziehen alle an einem Strang: Die Managementmodule des elektronischen Motormanagements. Fällt in einem sekundären Regelkreis ein Modul oder ein Sensor aus, halten Notlaufprogramme den Motor weiter bei Laune. Doch Störungen in einem primären Regelkreis, beispielsweise »Motordrehzahl«, sind so entscheidend, dass der Motor sofort abstirbt oder erst gar nicht startet.

Unter den Motorhauben der Focus repräsentieren elektronisch geregelte Bosch-, Siemens- oder Visteon-Kraftstoffeinspritzanlagen den technischen Standard der Ottomotoren. Alle Diesel arbeiten nach dem Common-Rail-Verfahren mit Hochdruckpumpen und elektronischer Steuerung von Siemens oder Bosch. Die »Ottos« entgiften Dreiwege-Katalysatoren, überwacht von jeweils zwei Lambdasonden. Bei den Selbstzündern sind Oxidationskatalysatoren inklusive Abgasrückführung und Partikelfilter erste Wahl.
Verteilerlose 3-D-Kennfeldzündanlagen leiten im Rhythmus 1 – 3 – 4 – 2 bzw. 1 – 2 – 4 – 5 – 3 die Verbrennung bei den Benzinern ein. Die Anlagen stehen, wie alle Akteure des elektronischen Motormanagements, unter der Regie eines Bordrechners. Im gleichen Takt geht's bei den Selbstzündern zur Sache. Hier freilich sind die Zündimpulse keine Frage von externer Elektronik, sondern vielmehr das physikalische Resultat des Aufeinandertreffens hoch komprimierter Frischluft mit zündfähigem Dieselöl.
Das Focus-Motormanagement arbeitet weitgehend wartungsfrei. Erfahrungsgemäß lassen sich Fehlfunktionen nur mit einem gerüttelt' Maß an Praxiserfahrung, umfangreichen Fachkenntnissen und speziellem elektronischen Messequipment lokalisieren: Ohne stehen selbst hochbegabte Heimwerker auf verlorenem Posten. Vertrauen Sie Ihr Auto bei Motormanagement-Missfunktionen darum besser einem Ford-Händler oder einem ausgewiesenen Spezialisten an.
Damit Sie im Ernstfall nicht gänzlich im Dunklen tappen, ist es durchaus empfehlenswert und vorteilhaft, die theoretischen Grundzüge des Focus-Motormanagements ansatzweise zu kennen. Und sei's nur, um dem Werkstattprofi auftretende Unregelmäßigkeiten präziser beschreiben zu können: Je eindeutiger Sie am Werkstatttresen die Wehwehchen Ihres Focus benennen, umso überschaubarer fällt die spätere Rechnung aus.

Auf einen Blick – die Motormanagements der Ottomotoren (Bosch, Siemens, Visteon)

Kraftstoffsystem
- Sequenzielle Kraftstoffeinspritzung
- Mehrlocheinspritzventile
- Tankentlüftungssystem

Luftansaugsystem
- Saugrohrdruck/- und Temperaturfühler (TMAP)
- Luftmassenmessung (1,6 l Ti-VCT)
- Drosselklappenmodul (TCU)
- Leerlaufregelventil (IAC)

Zündsystem
- Digitales integriertes, elektronisches Zündsystem (EI)
- Zündspannungsüberwachung

Sicherheitssystem
- Sicherheitsschalter. Bei einem Unfall oder plötzlichem Druckabfall in der Förderleitung unterbricht er die Stromversorgung zur Kraftstoffpumpe.

Abgasregelung
- direkt am Abgaskrümmer angeflanschter Dreiwege-Katalysator
- zwei Lambdasonden – jeweils eine vor und nach dem Katalysator
- Kraftstoffverdunstungssystem (EVAP)
- Kraftstoffverdunstungssystem

Sensoren
- Drosselklappensensor (TP)
- Nockenwellensensor (CMP)
- Kurbelwellensensor (CKP)
- Kühlmitteltemperatursensor (ECT)
- Klopfsensor (KS)
- Fahrpedalpotenziometer (APP)
- Servopumpendruckschalter (PSP)
- Kupplungspedalschalter (CPP)

Diagnosemöglichkeiten
- Diagnosestecker (DLC) links neben der Lenksäule.

Digitale Datentankstelle: Der Diagnosestecker links neben der Lenksäule.

Im Detail – das Management der Duratec-Einspritzanlage

Motorsteuergerät (**P**ower **C**ontrol **M**odule – PCM): Die Regiezentrale des elektronischen Motormanagements sitzt neben dem Handschuhfach unterhalb des Armaturenbretts. Das PCM verwertet ständig aktuelles Datenmaterial aus den unterschiedlichsten Motorkennfeldern (Drehzahl, Saugrohrdruck, Ansaugluft-, Kühlflüssigkeitstemperatur, etc.) und vergleicht sie mit einem fest installierten Datenpool. Nach dem Abgleich ermittelt und berechnet das PCM unter anderem die Öffnungsdauer der elektromagnetisch betätigten Einspritzventile, die Kraftstoffmenge und das Kraftstoff-Luft-Gemisch. Das Motorsteuergerät ist ohne großen Aufwand neu einzulesen bzw. zu aktualisieren. Zum Beispiel dann, wenn modifizierte Strategien mit neuen Kennfeldern die vorhandene Software abgelöst haben. In dem Fall löscht die veralteten Datencocktails des EEPROM kurzerhand ein mobiles Diagnosegerät und frischt sie im nächsten Schritt mit der neuesten Software auf. Das geschieht ohne großen Umstand bei Ihrem Ford-Händler, denn das entsprechende Servicemodul hat jeder Focus bereits ab Werk an Bord.

Kraftstoff-Verdampfungskontrollsystem (**EVAP**orative Emission – EVAP): Das System bindet die im Tank entstehenden Kohlenwasserstoffe in einem Aktivkohlefilter außerhalb des Tanks. Den Taktstock dazu führt das PCM mit fest gespeicherten und kalibrierten Kennwerten. Zum System gehören ein Aktivkohlefilter, ein Verdampfungskontrollventil sowie ein Kraftstoffdampfabscheider. Der Aktivkohlefilter korrespondiert über diverse Kunststoff- und Gummileitungen mit dem Kraftstofftank, dem Verdampfungskontrollventil und dem Ansaugkrümmer: Solange das Verdampfungskontrollventil verschlossen ist, parkieren die im Tank aufsteigenden Dämpfe vorübergehend im Aktivkohlefilter. Erst wenn der Motor anläuft, öffnet das Kontrollventil und entlässt die im Aktivkohlefilter gebundenen Kraftstoffdämpfe in den Ansaugkrümmer. Dort gelangt die Mixtur zusammen mit den Frischgasen in die Brennräume und verbrennt.

Drosselklappenmodul (**T**hrottle **C**ontrol **U**nit – TCU): Das TCU-Modul (Pfeil) steuert ein Gleichstrommotor. TCU wandelt mechanische Fußtritte in last- und drehzahlabhängige, elektronische Signale. Zwei Sensoren mit Selbstdiagnosefunktion zeichnen dafür verantwortlich und veranlassen die Drosselklappe in Leerlaufstellung nur einen geringen und bei Volllast den gesamten Querschnitt des Drosselklappengehäuses freizugeben. Beide Sensoren sitzen direkt am Drosselklappengehäuse, sie arbeiten wie ein variabler Widerstand (Potentiometer): Je nach Winkelstellung der Drosselklappe tastet ein Schleifer eine Widerstandsbahn ab und variiert so, abhängig von seiner Stellung, die Ausgangsspannung an den Sensoren. Sein Tastsinn ist für das Motorsteuergerät von großer Bedeutung: Es interpretiert die Spannungskurven des TCU als Kraftstoffspeiseplan und leitet daraus die für jeden Zylinder passende Kraftstoffration ab.

Leicht am Drosselklappenmodul zu erkennen: Drosselklappensensor und Gleichstrommotor.

Drosselklappenstellungssensor (**T**hrottle **P**osition **S**ensor – TPS): Der Sensor sitzt direkt am Drosselklappengehäuse, er arbeitet nach dem Potentiometerprinzip. Je nach Winkelstellung der Drosselklappe tastet ein Schleifer eine Widerstandsbahn ab und variiert somit die Ausgangsspannung des Sensors. Die Daten verarbeitet das PCM und ordnet ihnen eine entsprechende Drosselklappenstellung zu.

Fahrpedalmodul (**A**ccelerator **P**edal **P**osition – APP): Das Fahrpedal steht im Focus III mit keinem mechanischen Bowdenzug mehr in Kontakt. Es funktioniert

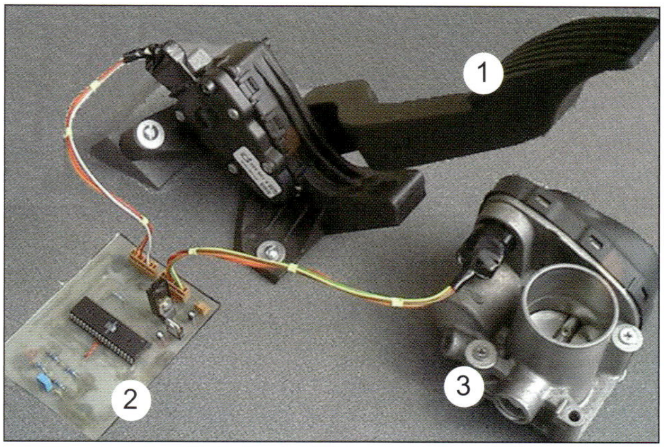

Interpretiert das Gaspedal: Das Fahrpedalmodul (APP) ersetzt den mechanischen Gaszug. 1 Fahrpedalmodul, 2 Steuerung, 3 Drosselklappenmodul.

elektronisch (Drive by Wire) mit zwei separaten Schleifpotentiometern.

Nockenwellenstellungssensor (**C**amshaft **P**osition – CP): Der CP-Sensor checkt die Stellung der Nockenwellen und leitet daraus die zur sequenziellen Einspritzung und Klopfregelung notwendige Zylindererkennung ab. Der Sensor besteht aus zwei Hall-Elementen und lokalisiert bei stehendem Motor mit eingeschalteter Zündung bereits die Nockenwellenstellung. Wichtig für das PCM. Es nutzt die Informationen, um vom Start weg jeden Zylinder mit der adäquaten Kraftstoffmenge und – last but not least – mit einem just in time-Zündfunken zu beliefern.

Saugrohr-Absolutdrucksensor mit integriertem Ansauglufttemperatursensor (**T**emperature and **M**onifold **a**bsolute **P**ressure – TMAP): Der TMAP-Sensor minimiert eventuell auftretende Leistungsverluste auf Berg- und Talstrecken, indem er bei eingeschalteter Zündung und Volllast den momentan herrschenden Motorbetriebszustand ermittelt. Als Messgröße interpretiert er den barometrischen Druck im Ansaugkrümmer. Die Erkenntnisse speichert und verarbeitet das PCM – bei unterschiedlichen Lastzuständen – als Referenzgröße für den jeweiligen Saugrohrdruck. Die Sensorsignale sind zunächst nur Bezugsgrößen für den Kaltstart und die Warmlaufphase. Zusätzlich dienen sie dem MAP-Sensor noch als Korrekturgröße, um unterschiedlich Zylinderfüllungsgrade auszugleichen. Aus sämtlichen Eingangssignalen des TMAP-Sensors errechnet das PCM letztlich die vom Motor angesaugte Luftmasse.

Kurbelwellenpositionssensor (**Crank**shaft **P**osition – CKP): Der CKP-Sensor sitzt bei den Duratec-Motoren seitlich des Kurbelwellenschwingungsdämpfers am Steuergehäusedeckel. Er erfasst induktiv an einer Zahnscheibe die winkelgenaue Position der Kurbelwelle sowie die momentane Motordrehzahl. Die Scheibe verteilt auf 360° 36 Zähne minus einen Zahn. Ihre gewollte Zahnlücke (Markierung für den 1. Zylinder) sitzt 90° vor OT. Die Messdaten des CKP-Sensors beeinflussen die Kraftstoffeinspritzmenge, den Einspritzzeitpunkt, den Zündzeitpunkt und die Leerlaufregelung. Streikt der Sensor, bleibt das Motormanagement im Tiefschlaf: Der Motor stirbt ab und bleibt stumm – bis zum Sensor-Austausch.

Servolenkungsdruckschalter (**P**ower **S**teering **P**ressure – PSP): PSP bezieht seine Informationen aus der Druckleitung zwischen Lenkhilfspumpe und Lenkgetriebe. Sobald der Druck abfällt, zum Beispiel bei Rangiermanövern mit vollem Lenkeinschlag, öffnet der Schalter: Anlass für das PCM, die Leerlaufdrehzahl geringfügig anzuheben.

Kühlmitteltemperatursensor (**E**ngine **C**oolant **T**emperature – ECT): Der ECT-Sensor ist ein temperaturabhängiger Widerstand mit negativem Temperaturkoeffizienten. In besagtem Fall variiert der ermitttelte Widerstandswert umgekehrt proportional zur eigentlichen Kühlmitteltemperatur.

Beheizbare Lambdasonde (**He**ated **O**xygen **S**ensor – HO2S): Den Focus III-Auspuff schnüffeln zwei Lambdasonden aus, im 1,6-Liter Ti-VCT sind's deren vier. Sie messen den Sauerstoffgehalt der Abgase jeweils vor und nach dem Katalysator. Ihre Analysen verarbeitet das PCM zu digitalen Steuerimpulsen für die Kraftstoffeinspritzung und das Kraftstoffverdunstungssystem. Um einwandfrei – im Sinne von Lambda 1 – zu arbeiten, sind die Sonden auf den ständigen Wechsel von leicht angefettetem bzw. abgemagertem Gemisch angewiesen. Lambdasonden haben starken Einfluss auf die Funktion und Lebensdauer des Katalysators.

Sicherheitsschalter Kraftstoffeinspritzanlage: Der Schalter unterbricht in der Kraftstoffförderleitung bei starken Erschütterungen oder plötzlichem Druckabfall, etwa nach einem Unfall, die Kraftstoffzufuhr.

Einspritzventile (Injektoren): Im mehrflutigen Ansaugrohr sitzt jeweils ein Einspritzventil vor jedem Zylinder (sequenzielle Einspritzung). Die Injektoren reagieren auf elektrische Impulse. Ihre Reaktionszeit beträgt etwa 1 bis 1,5 Millisekunden. Um die Gemischbildung schneller und homogener zu unterstützen, verteilen die Injektoren einen geteilten Kraftstoffstrahl vor die Einlassventile. Jeder Einspritzvorgang hebt die Injektorennadel nur etwa 0,1 Millimeter von ihrem Sitz.

Klopfsensor (**K**nock **S**ensor – KS): Der Klopfsensor registriert direkt zwischen dem zweiten und dritten Zylinder mechanische Schwingungen am Motorblock. Sobald die »Klingelgrenze« erreicht wird, signalisiert der

Unscheinbares Modul mit großer Wirkung: Der Klopfsensor am Motorblock.

KS dem CKP- und CMP-Sensor das Malheur. Das PCM nimmt daraufhin den Zündzeitpunkt des betreffenden Zylinders um 1,5° Grad zurück. Falls das nicht reicht, geht's so lange weiter in Richtung Spätzündung, bis die Verbrennung wieder normal verläuft. Schon zwei Sekunden später nähert das PCM dann den Zündzeitpunkt wieder kontinuierlich der Klopfgrenze oder – bei normaler Kraftstoffqualität – dem vorgegebenen Zündzeitpunkt an. Im montierten Zustand darf der KS keinesfalls Kontakt zu angrenzenden Schwingungsmassen haben.

Eingeschränkt möglich – Selbsthilfe an der Einspritzanlage

Mit Ihrem jetzigen Wissensstand über das Einspritzmanagement des Focus III verstehen Sie unsere anfängliche Empfehlung »Arbeiten an der Einspritzanlage besser einem Profi zu überlassen« bestimmt leichter.

WISSENSWERTES – Steuergerät reparieren

Defekte am Motormanagement sind äußerst selten – umso ärgerlicher sind Störungen, die ausgerechnet Ihren Focus aus dem Gleichgewicht bringen sollten. Zumal Werkstätten in dem Fall schnell mit neuen Geräten bei der Hand sind. Das muss nicht unbedingt Profitdenken Ihrer Werkstatt sein, denn der Diagnoseaufwand übersteigt mitunter den Gegenwert eines Neuteils.
Doch fabrikneue Rechner sind nicht grundsätzlich erste Wahl. Mitunter schießt nämlich nur eine schadhafte Lötstelle oder ein defektes Elektronikbauteil im Rechner quer. Solcherart Schäden sind durchaus nicht aus der Luft gegriffen sondern realistisch und somit bei Elektronik-Freaks relativ schnell behoben. Das Steuergerät funktioniert danach wieder wie am ersten Tag – für einen Bruchteil des Neuwerts. Auf der heimischen Werkbank erkennen Sie Fehlleistungen Ihres Rechners freilich, wenn überhaupt, nur zufällig. Macht nichts, mittlerweile befassen sich Spezialisten mit der professionellen Reanimation defekter Blackboxes. Schauen Sie bei Bedarf einfach ins Internet oder machen Sie Ihr Problem in den einschlägigen Focus -Foren offenkundig. Erfahrungsgemäß tischen Ihnen dort nicht irgendwelche Elektronikhexer blumige Versprechen auf, sondern Focus-Fahrer liefern Ihnen reelle Erfahrungsberichte frei Haus.

Zumindest für den Fall, dass tiefer gehende Korrekturen anstehen. Denn nur spezielle, in einer ganz bestimmten Reihenfolge ablaufende Tests offenbaren mögliche Defekte im elektronischen Motormanagement. Normales Heimwerkerwissen und Hobbyhandwerkzeug reichen da einfach nicht aus. Doch seien Sie ganz beruhigt: Ernsthafte Störungen am Motormanagement treten in der Praxis höchst selten auf – Ausnahmen bestätigen natürlich die Regel.

Fehlerteufel im Detail: Steuergeräte werden gern getauscht, dabei rechnet sich meistens eine Reparatur. Übergeben Sie die Platine einem Spezialisten zur Revision.

Sichtprüfung an der Einspritzanlage

Bei allem berechtigten Respekt vor dem Focus-Motormanagement, betrachten Sie das technische Umfeld der Einspritzanlage nicht grundsätzlich als Parc Fermé – wägen Sie im Einzelfall nur möglichst realistisch Ihre Erfolgsaussichten ab. Regelmäßigen Sichtprüfungen steht ohnehin NICHTS im Wege: Checken Sie ab und an die Kraftstoff- und Luftschläuche sowie deren Anschlussstellen auf korrekten Sitz und Ermüdungsrisse. Allen voran …

- den Unterdruckschlauch zum Bremskraftverstärker,
- die Schläuche der Motorbe- und Entlüftung (sind sie verstopft, verschmutzt oder aufgequollen?),
- die Kraftstoffschläuche und Kraftstoffleitungen (erkennen Sie Scheuerstellen, Altersrisse oder Schwitzspuren?),
- die Druckregleranschlüsse (sie müssen staubtrocken sein).
- Halten Sie gleichfalls die Kabelstecker im Auge: Falls Sie irgendwann einen Zentralstecker unter der Motorhaube trennen mussten, kann das schon die Erklärung für ärgerliche Kontaktschwächen sein.
- In dem Fall versuchen Sie die Stecker zunächst mit Kontaktspray zu reanimieren.
- Biegen Sie Kontaktzungen mit viel Gefühl lediglich im Notfall nach.

Verunsichert den Bordrechner – Nebenluft

Undichte Stellen im Ansaugsystem lassen Nebenluft unkontrolliert passieren. Das verunsichert den Bordrechner: Nebenluft provoziert unrealistische Steuerimpulse. Die Module der Gemischaufbereitung speisen den Motor dann beispielsweise mit der falschen Kraftstoffmenge ab: Das Gemisch magert in dem Fall unkontrolliert ab oder es überfettet. Gravierende Motorschäden sind in beiden Fällen das unvermeidliche Endergebnis.

Fehlfunktionen des Gemischaufbereitungssystems signalisiert übrigens auch ein ungleichmäßiger (sägender) Leerlauf. Nehmen Sie die Symptome bitte nicht auf die leichte Schulter, sondern seien Sie schon beim geringsten Anzeichen hellwach und kreisen den Fehler systematisch ein:

- Prüfen Sie die Unterdruckschläuche auf Risse und festen Sitz. Checken Sie an der Einspritzanlage oder am Ansaugkrümmer sämtliche Schläuche (Saugrohrdruck-sensor, Bremskraftverstärker, Kraftstoff-Verdunstungsanlage, etc.).
- Fahren Sie den Wagen etwa zehn Kilometer warm und lassen ihn anschließend im Leerlauf brummeln. Öffnen Sie die Motorhaube und ziehen den Stecker der ersten Lambdasonde (unmittelbar am Abgaskrümmer) – vergessen Sie nicht Ihre Finger mit hitzeresistenten Handschuhen zu schützen. Bei abgezogenem Stecker variiert die Leerlaufdrehzahl. Falls nicht, lesen Sie den Fehlerspeicher akribisch aus.
- Besprühen Sie nacheinander sämtliche Schlauchver-bindungen und Flanschdichtungen der Einspritzanlage mit einem handelsüblichen Kaltstartspray: Achten Sie aufmerksam darauf, wann die Motordrehzahl schwankt – an der Stelle zieht der Motor Nebenluft.

Leerlaufdrehzahl prüfen

Die Leerlaufdrehzahl justiert, je nach eingeschaltetem Verbraucher (z. B. Scheinwerfer, beheizbare Heckscheibe, Frischluftgebläse), das Steuergerät über den Leerlaufstellmotor. Focus-Ottomotoren drehen im Stand mit etwa 750 ± 50 min^{-1}. Zur Drehzahlkontrolle ist ein Drehzahlmesser erforderlich. Drehzahldifferenzen können Sie am Focus nicht isoliert justieren: Vielmehr gehören die Fehlfunktionen im gesamten Motormanagement eingekreist. Es sei denn, die Batterie war abgeklemmt: In dem Fall regeneriert der Bordrechner auf den ersten Kilometern (etwa 15 - 20 Kilometer) automatisch.

Systematisch einkreisen – Leerlaufschwankungen

Falls Sie die Batterie abgeklemmt hatten, lassen Sie dem Bordrechner rund zehn Kilometer Zeit, um das verstimmte Motormanagement erneut auf Kurs zu bringen. Falls das wider Erwarten nicht klappt, gehen Sie folgendermaßen vor:

- Kontrollieren Sie die Luftschläuche auf Risse und Befestigung.
- Prüfen Sie, ob alle elektrischen Anschlüsse einwandfrei sitzen. Die Steckkontakte dürfen nicht korrodiert sein. Für weitere Kontrollen verwendet die Werkstatt einen speziell auf das Steuergerät abgestimmten Motortester.
- Zu geringer Kraftstoffvordruck verursacht gleichfalls Leerlaufdrehzahlschwankungen. Lassen Sie das in der Werkstatt mit einem Drucktest checken.

Einspritzventile checken

Defekte Injektoren entlarven Sie unter Umständen schon durch bloßes Handauflegen: Im Gegensatz zu funktionierenden Düsen vibrieren defekte Ventile nicht im Takt. Machen Sie den Test möglichst nicht am knisternd heißen Motor, das erspart Ihnen schmerzhafte Brandblasen an den Fingerkuppen.

- Ziehen Sie zur Spannungskontrolle den Stecker eines Einspritzventils ab und legen dann einen LED-Spannungsprüfer (keine Prüflampe) an den Stecker an. Der Motor ist währenddessen selbstverständlich aus.
- Starten Sie nun den Motor: Die Leuchtdioden im Spannungsprüfer müssen flackern, ansonsten fließen keine Steuerströme. Das muss nicht unbedingt an der Zuleitung liegen, eventuell hat auch das Steuergerät einen Defekt. In diesem Fall ist die Werkstatt Ihre erste Adresse.
- Zur Widerstandsmessung ziehen Sie den Versorgungsstecker des betreffenden Einspritzventils ab und verbinden beide Kontaktzungen am Ventil mit einem Multimeter. Bei 20 °C beträgt der Messwert etwa 12 ± 1 Ohm.
- Falls die Abweichungen zu groß sind, lassen Sie zweckmäßigerweise gleich alle Ventile erneuern. Der Motor läuft dann fast wieder wie am ersten Tag...

Die Zündanlage

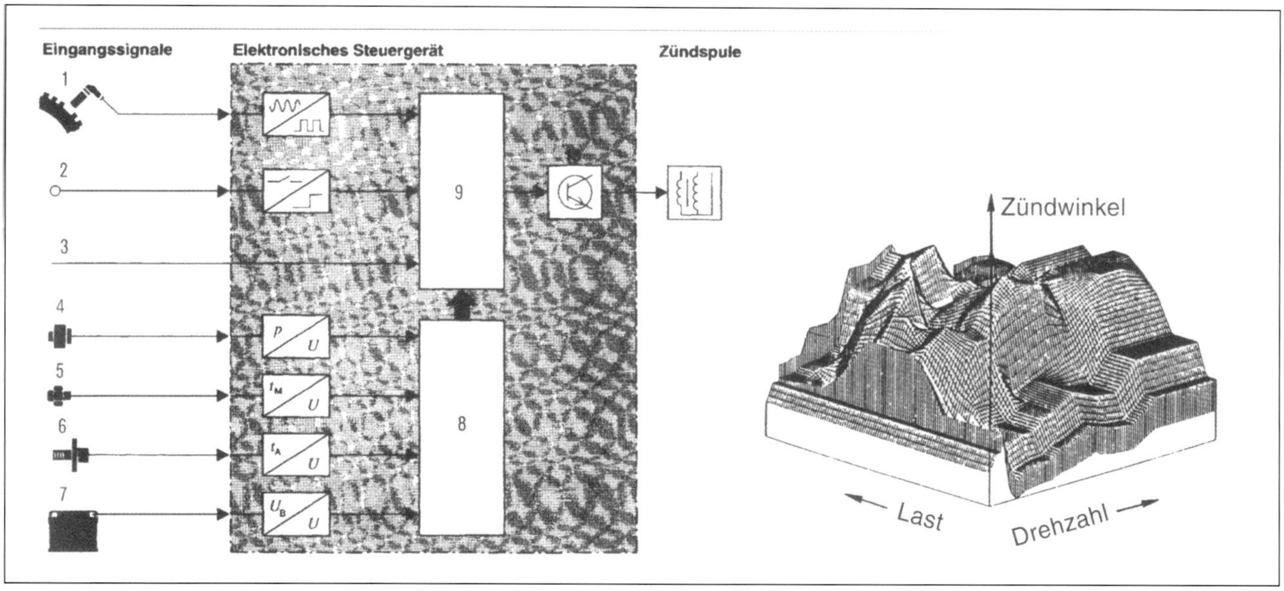

Hightech-Zündfunken: Grundaufbau einer modernen Zündanlage. Bevor der Zündfunke an der Kerze überspringt, verteilt der Focus-Bordrechner den Blitz detailgerecht an jede Zündkerze. Der Mikrocomputer (9) des Steuergeräts (linke Darstellung) nutzt dazu unterschiedlichste Eingangssignale, so zum Beispiel die Motordrehzahl (1), diverse Schaltersignale (2), den Saugrohrdruck (4), die Motortemperatur (5), die Ansauglufttemperatur (6) oder die Batteriespannung (7). Damit der Bordrechner die Datenflut auch differenziert wertet, ändert ein Wandler den Großteil der analogen Sensorsignale in digitale Informationen um (8). Die digitalisierten Signale gelangen aus der Zündendstufe an die Zündspule. Doch vorab bekommt jeder Zündfunke hinsichtlich Kraftstoffverbrauch, Drehmoment, Abgas, Abstand ur Motorklopfgrenze, Motortemperatur, Fahrbarkeit usw. seine ganz spezifische Prägung. Je nach Motorenbauerphilosophie sind die Gewichtungen untereinander verschieden. Die spezielle Handschrift ist dann im Zündwinkelkennfeld (rechte Darstellung) abgelegt. Heutige Kennfelder beschreiben ein dreidimensionales Berg-und-Tal-Gebilde, mittlerweile mit mehr als 4000 einzeln abrufbaren Zündwinkeln. Die Regie über diese Kraterlandschaft führt das Motorsteuergerät.

Vor dem Siegeszug des elektronischen Motormanagements funkten in Ottomotoren herkömmliche Spulenzündsysteme. Sie kappten das theoretische Leistungsvermögen der Zündfunken auf ein Minimum heutiger Standards. Im Focus III inszenieren elektronische Komponenten im Zündrhythmus 1 – 3 – 4 – 2 bzw. 1 – 2 – 4 – 5 – 3 flexible und für jeden Zylinder ganz individuelle Zündprogramme.

Immer auf der Lauer – die Zündspannungsüberwachung

Anders gesagt: An den Focus-Zündkerzen springt kein Funke über, den die Motorsteuerung nicht vorher auf den Kurbelwinkel genau berechnet hat. Der Bordrechner wertet dazu während jeder Kurbelwellenumdrehung Signale des Kurbelwellen- und Nockenwellensensors aus.

Der Nockenwellensensor analysiert den Betriebszustand eines jeden Zylinders, und der Kurbelwellensensor (CKP-Sensor) misst permanent die Drehgeschwindigkeit der Kurbelwelle.

Richtig gelesen: Der CKP-Sensor misst die Drehgeschwindigkeit der Kurbelwelle. Etwaige Fehlzündungen quittiert die Kurbelwelle nämlich bis zur nächsten Zündung mit einem kurzen Drehzahlabfall. Dem Sensor reicht die Zeit allemal, um der Blackbox den Verzug zu signalisieren. Das Steuergerät vergleicht sodann die Blitzinfo mit vorhanden Solldaten: Bei mehr als neun Prozent Fehlzündungen tritt dann die OBD-Kontrollleuchte (On Bord Diagnosis) im Armaturenbrett auf den Plan. Meistens sogar, bevor Ihnen überhaupt irgendeine Fehlfunktion auffällt.

So weit die Optik, das eigentliche OBD-Management findet hinter den Kulissen statt. Dort nämlich setzt es die Kraftstoffversorgung des betreffenden Zylinders auf Nulldiät, ganz im Sinne der Umwelt und des Katalysators. Denn unverbrannte Kohlenwasserstoffe (HC), wie sie bei Fehlzündungen entstehen, sind damit eliminiert. Der Kat überfettet und überhitzt demzufolge nicht. Das System arbeitet praxisbezogen, es ignoriert folgende Betriebszustände:

– die ersten fünf Sekunden nach dem Start
– Drehzahlen über 6000 min^{-1}
– Kraftstoffvorrat weniger als 20 Prozent
– extrem schlechte Straßenbeläge
– Batteriespannung unter 9 Volt

Ein Zündmodul für alle Zylinder – Standard bei den 1,4- und 1,6-l-Ottomotoren

Damit die Zündkerzen kräftig funken, springt an ihren Elektroden ein Funke von rund 30.000 Volt über. Das Zündmodul ist an den 1,4- und 1,6-Liter-Motoren in Fahrtrichtung links, seitlich am Zylinderkopf verschraubt. Die übrigen Duratec haben jeweils ein separates Zündmodul oberhalb der Zündkerzen. In beiden Varianten arbeitet eine Zündspule, bestehend aus zwei Wicklungen: einer Primärwicklung mit wenigen Windungen (ca. 100) aus dickem Kupferdraht (ca. 0,6 mm^2) und einer Sekundärwicklung mit einigen tausend Windungen dünnen Kupferdrahts (ca. 0,1 mm2). Beide Wicklungen umschließen einen lamellierten Eisenkern. Das Motorsteuergerät – über das integrierte Zündleistungsmodul getaktet – versorgt die Primärwicklung mit Bordspannung (12 Volt). Im Eisenkern entsteht dadurch ein Magnetfeld, das die Sekundärwicklung noch verstärkt. Sobald das Steuergerät diesen Stromkreis unterbricht, geht das Magnetfeld für Sekundenbruchteile schlagartig in die Knie. Automatisch entstehen jetzt in der Sekundärwicklung Spannungsspitzen bis zu 400 Volt. Diese wiederum produzieren einen Hochspannungsstromstoß (Induktion) von mehr als 30.000 Volt.

Vierfach verschraubt: das Zündmodul am Zylinderkopf der beiden kleineren Vierzylinder-Duratec-Motoren. Die großen Duratec-Motoren arbeiten mit Einzelmodulen oberhalb der Zündkerzen.

Liefert die Zündfunken-Grunddaten: der Kurbelwellen-/Nockenwellensensor

Die Focus III-Zündanlage nutzt Signale des Kurbelwellen-/Nockenwellensensors lediglich als eine von vielen Berechnungsgrundlagen. Nachdem vorab das Motorsteuergerät deren Signale digitalisiert hat, verleiht das Zündmodul jedem einzelnen Zündfunken seinen ganz individuellen Touch.

Gibt dem Zündfunken grünes Licht – Motorsteuergerät mit diversen Kennfeldern

Die Koordination findet allein im Motorsteuergerät statt. In seinem Speicher sind, unter anderem, theoretische Grunddaten (Zündwinkelkennfelder) unterschiedlicher Zündzeitpunkte abgelegt. Um die statische Theorie bestmöglich an die Praxis zu adaptieren, benötigt das Steuergerät entsprechend aktuelle Informationen der Motorperipherie, so zum Beispiel Signale von den Nockenwellen, der Kurbelwelle oder dem Klopfsensor. All die einlaufenden Informationen checkt das Steuergerät während jeder Kurbelwellenumdrehung mit auf der Festplatte abgelegten Datensätzen. Die Blackbox wiederum kommuniziert vor jedem einzelnen Gaswechsel mit der Einspritzanlage, der Lambdasonde vor dem Kat, mit dem Drehzahlsensor sowie mit diversen Temperatursensoren und dem Luftmengenmesser unter der Focus-Motorhaube.

Belastungsabhängig – der optimale Zündzeitpunkt

Der Zündfunke kommt immer dann zeitgerecht, wenn er das Frischgas im Moment der höchsten Verdichtung entflammt. Beim Viertaktmotor ist das präzise der Augenblick, in dem der Kolben von der Aufwärtsbewegung des Kompressionshubs in die Abwärtsbewegung des Arbeitstakts übergeht. So weit die Theorie: In der Praxis verbrennt das Frischgas, je nach Belastungszustand (Leerlauf, Teillast, Volllast) und Ansaugluftqualität, mit unterschiedlichen Geschwindigkeiten in den Brennräumen. Um die Kraftstoffenergie dennoch bestmöglich zu nutzen, variiert die Focus-Blackbox den Zündzeitpunkt entsprechend dem Belastungszustand für jeden Zylinder.

Zeitlich versetzt – Zündung und Verbrennung

Allerdings harmoniert der Zündzeitpunkt nicht exakt mit dem oberen Totpunkt (OT). Denn bis das Frischgas in Flammen steht, vergeht rund eine dreitausendstel Sekunde. Demzufolge springt der Zündfunken noch während der Aufwärtsbewegung des Kolbens über – und zwar mit steigender Motordrehzahl immer weiter vor OT. Der höchste Verbrennungsdruck setzt dann gewollt erst kurz nach OT ein.

Die Zündkerzen

Während des innermotorischen Verbrennungsvorgangs verkraften Zündkerzen Temperaturen von rund 2500 °C und Drücke bis zu 60 bar. Um diesen Belastungen dauerhaft und zuverlässig standhalten zu können, umgibt den Kerzenanschlussbolzen ein keramischer Isolator. Mittelelektrode und Anschlussbolzen stecken außerdem in einer elektrisch leitenden Glasschmelze, der gleichermaßen die Verankerung und Abdichtung gegenüber dem Brennraum obliegt. Sobald am Ende der Mittelelektrode die erforderliche Zündspannung ansteht, entlädt sie als Funken von der Mittel- zur Masseelektrode. Der kurze Blitz reicht aus, um die Frischgase zu zünden. Damit es ein möglichst konstanter und kräftiger Blitz wird, achten Sie darauf, dass die Kerzen in einer äußerlich sauberen und trockenen Umgebung arbeiten.

Unsichtbare Helfer

WISSENSWERTES

Druckgeber: Der Druckgeber liefert dem Steuergerät Informationen über den Unterdruck im Saugrohr. Der Sensor ist ein druckempfindlicher Kristallchip, er variiert seinen elektrischen Widerstand anhand des jeweiligen Unterdrucks. Aus diesen Differenzen sowie den Informationen über die jeweilige Drehzahl erkennt das Steuergerät den aktuellen Betriebszustand.

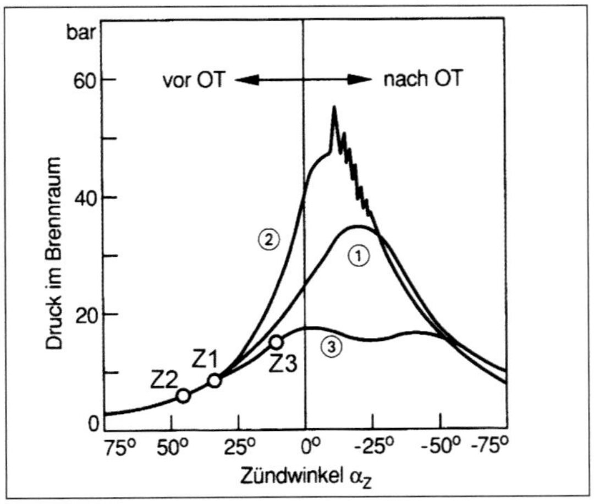

Drucksache: Bei falsch eingestelltem Zündzeitpunkt oder schlechter Kraftstoffqualität variiert der Verbrennungsdruck in den Zylindern. 1 korrekt eingestellter Zündzeitpunkt; 2 Frühzündung (klopfende Verbrennung); 3 Spätzündung.

Drehzahlgeber: Der Focus arbeitet mit einem Drehzahlgeber auf Induktionsbasis: Magnet und Spule sind im Geber integriert. Die Steuerung übernehmen spezielle Impulsstege an der Motorschwungscheibe: Immer, wenn ein Steg den Geber passiert, ändert sich das Magnetfeld im Dauermagneten – die Spule erzeugt dann Spannung. Um die Stellung der Kurbelwelle als plausibles OT-Signal zu erfassen, sind – an der Schwungscheibe für den ersten und letzten Zylinder – zwei Impulsstege als Orientierungshilfen ausgespart. Das Steuergerät interpretiert die Lücken – jeweils vor OT – als Informationsquelle zur Motordrehzahl.

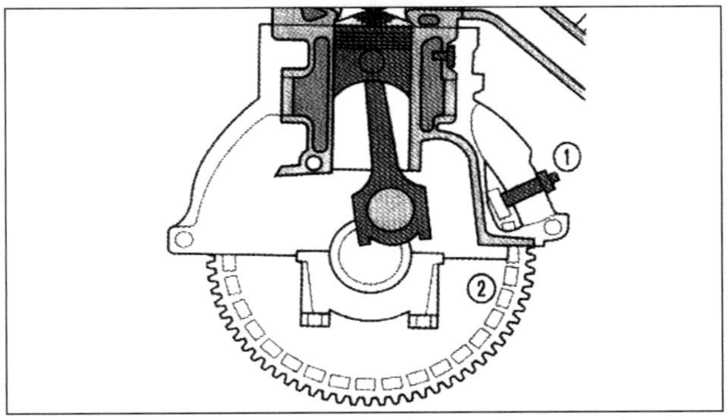

Arbeitet auf den Winkelgrad exakt: der Kurbelwellenpositionssensor in Höhe der Schwungscheibe. (1) Sensor, (2) Sektionsfelder.

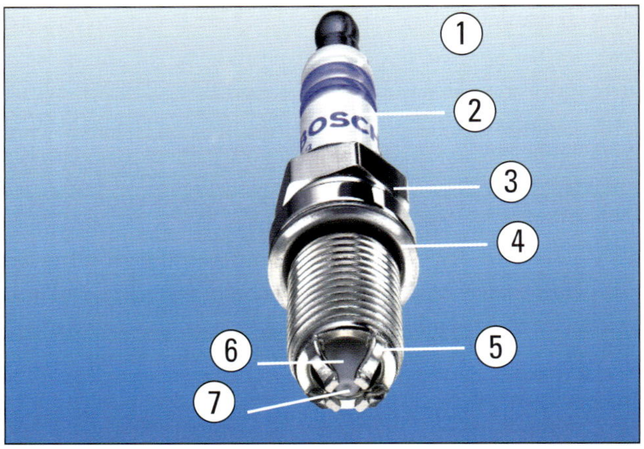

Optimal auf die Motoren abgestimmt: Gleitfunkenzündkerzen mit vier Masseelektroden. Die Kerzen garantieren mit ihrer hochwärmeleitfähigen Kupferkernmittelelektrode und Luftgleitfunkentechnik ein sicheres Zündverhalten sowie eine lange Lebensdauer. (1) Zündsteckeranschluss, (2) Keramikisolator, (3) Zündkerzenkörper, (4) Dichtring, (5) Masseelektrode, (6) Isolatorfuß, (7) Mittelelektrode.

Der Zündkerzenwärmewert

Um zuverlässig zu funktionieren, müssen Zündkerzen ihre Selbstreinigungstemperatur von etwa 400 °C möglichst schnell erreichen. Falls nicht, backen früher oder später Verbrennungsrückstände am Isolatorfuß fest. Bei Volllast allerdings darf die Temperatur nicht ins Uferlose steigen – die gesunde Arbeitstemperatur einer Zündkerze liegt bei rund 800 °C. Nicht alle Motoren bieten den Zündkerzen auch die gleichen Arbeitsbedingungen: Damit entscheidet erst der Wärmewert (auf der Zündkerze eingeprägt), ob Zündkerze und Motor auch tatsächlich zueinander passen. Bestücken Sie Ihren Focus zum Beispiel mit Kerzen eines zu geringen Wärmewerts, wird der Isolatorfuß stark überhitzen. Unkontrollierte Glühzündungen wären die unmittelbare Folge, Motorschäden das Ergebnis. Wählen Sie dagegen Zündkerzen mit zu hohem Wärmewert, bleibt die Selbstreinigungstemperatur auf der Strecke – der Isolatorfuß verschmutzt und blockiert alsbald den Zündfunken.

Was das Kerzengesicht verrät

WISSENSWERTES

Zündkerzen sind die Kronzeugen der Verbrennung. Ein Fachmann liest am Kerzengesicht den Zustand des Motors und seine Arbeitsbedingungen ab. Achten Sie bei ausgebauten Zündkerzen darum auf folgende Punkte:

- Isolatorfuß hellgrau, graugelb bis rehbraun gefärbt: Gut eingestelltes Kraftstoff-/Luftgemisch – der Motor läuft wirtschaftlich und mechanisch völlig gesund.

- Isolatorfuß weißlich gefärbt: Zu mageres Kraftstoff-/Luftgemisch – CO-Gehalt prüfen; eventuell falscher Zündzeitpunkt; Steuergerät defekt. Überhitzungsgefahr für Ventile, Kolben und Zylinder.

- Isolatorfuß, Elektroden, Zündkerzengehäuse mit samtartigem, stumpfschwarzem Ruß bedeckt: Zündkerze erreicht nicht ihre Selbstreinigungstemperatur (häufiger Kurzstreckenverkehr), falscher Wärmewert, Kraftstoff-/Luftgemisch zu fett, CO-Gehalt zu hoch. Motormanagement checken und korrigieren lassen.

- Isolatorfuß, Elektroden, Zündkerzengehäuse mit Öl-glänzendem Ruß oder Ölkohle bedeckt: Kolbenringe, Ventilführungen oder Abdichtungen der Ventilschäfte schadhaft. Möglicherweise haben Sie auch Motoröl oder Kraftstoff mit Zusätzen verwendet. In dem speziellen Fall tauschen Sie die Zündkerzen aus, wechseln Sie Öl und Kraftstoffmarke und prüfen dann erneut den Zustand der Kerzen.

Diese Zündkerzen funken im Focus III

Motortyp	Zündkerzen-Spezifikation	Zündkerzenintervall	Elektrodenabstand
1 4 Liter Duratec	Motorcraft AYFS32CJ Bosch HR 8 MCV+	60.000 km	0,95 mm
1,6 Liter Duratec	Motorcraft AYFS32CJ Bosch HR 8 MCV+	60.000 km	0,95 mm
1,6 Liter Duratec Ti-VCT	Motorcraft AYFS32CJ Bosch HR 8 MCV+	60.000 km	0,95 mm
1,8 Liter Duratec	Motorcraft AYFS32CJ Bosch HR 8 MCV+	60.000 km	0,95 mm
2.0 Liter Duratec	Motorcraft AYFS32CJ Bosch HR 8 MCV+	60.000 km	0,95 mm
2,5 Liter Duratec	Motorcraft AYFS32CJ Bosch HR 8 MCV+	60.000 km	0,95 mm

Der Elektrodenabstand

Neben dem richtigen Wärmewert (siehe Tabelle) müssen Zündkerzen auch den richtigen Elektrodenabstand aufweisen. Neue Zündkerzen sind auf etwa einen Millimeter eingestellt, mit zunehmender Laufzeit vergrößert sich der Abstand. Denn bei jedem Funken platzen kleine Metallpartikel von den Elektroden ab. Damit der Zündfunke dennoch überspringen kann, müsste mit größeren Elektrodenabständen auch die Zündspannung steigen. Eine technische Forderung, die Zündanlagen nicht leisten können. Folge: Früher oder später kommt es zu Zündaussetzern, der Motor springt nicht mehr zuverlässig an.

GEFAHRHINWEISE

Vorsicht ist angebracht

Völlig zu Recht stuft der Gesetzgeber elektronische Zündanlagen als gefährliche Bauteile ein. Beachten Sie darum vor und während aller Arbeiten an der Zündung besondere Sicherheitsvorkehrungen. Herzschrittmacher können im Kontakt mit elektronischen Zündanlagen zum Beispiel aus dem Takt geraten. Um sicher zu gehen, dass Sie sich keiner Gefahr aussetzen, überlassen Sie tiefgreifende Arbeiten darum besser Ihrer Werkstatt. Erledigen Sie auch turnusmäßige Wartungsarbeiten mit der nötigen Vorsicht.

– Berühren Sie bei eingeschalteter Zündung auf keinen Fall spannungsführende Teile des Primär- und Sekundärstromkreises – Lebensgefahr!

– Schalten Sie zu allen Servicearbeiten stets die Zündung aus. Das gilt gleichermaßen für den Zündkerzenwechsel wie für das An- bzw. Abklemmen elektrischer Leitungen oder den Anschluss von Prüfgeräten.

– Um an elektronischen Zündanlagen den Hochspannungsimpuls auszulösen, genügt – bei eingeschalteter Zündung – schon eine Erschütterung. Bei Arbeiten im Motorraum besteht dann Lebensgefahr, zudem können auch elementare Bauteile der Zündanlage zerstören.

– Wenn Sie Schweißarbeiten (Schutzgas, E-Schweißen) an Ihrem Focus erledigen, klemmen Sie grundsätzlich vorher die Batterie ab.

Zündmodule demontieren

Werkzeug:
- Ratsche,
- Verlängerung,
- T25-Torxschraubendreher.

1,4-, 1,6-Liter Duratec, 1,6-Liter Ti-VCT Duratec

- Ziehen Sie alle Zündkabel (Pfeile) vom Zündmodul. Ziehen Sie tatsächlich nur an den Zündsteckern und nicht auch an den Zündkabeln. Ansonsten sind die Zündkabel schnell zerstört.

- Anschließend trennen Sie den Anschlussstecker (1) vom Modul, ...

- ... lösen die vier Befestigungsschrauben und ziehen das Modul ab.

- Beenden Sie die Montage in umgekehrter Reihenfolge. Die Befestigungsschrauben des Zündmoduls sitzen mit 6 Nm fest am Halter. Prüfen Sie alle Anschlüsse auf festen Sitz.

In wenigen Minuten erledigt: die Zündmodul-Demontage an den Vierzylinder-Motoren.

1,8-, 2,0-, 2,5-Liter

- Ziehen Sie die Motorabdeckung vom Ventildeckel.
- Clipsen Sie die Kabelstecker (1) von den Zündmodulen ab.
- Nun lösen Sie mit einer Stecknuss die Befestigungsschrauben (2) und ziehen die Zündmodule einzeln von den Zündkerzen ab.
- Zur Montage pressen Sie die Module vorsichtig und gleichmäßig auf die Zündkerzen. Sobald das Modul sitzt, ziehen Sie die Befestigungsschrauben mit ca. 10 Nm an.
- Beenden Sie die Montage in umgekehrter Reihenfolge und prüfen alle Anschlüsse auf festen Sitz.

Einzeln von den Zündkerzen abziehen: Zündmodule bei den 1,8- und 2-Liter-Motoren.

Teamwork – Zündstrom prüfen

1,4-/1,6-Liter Duratec

- Ziehen Sie die Zündkerzenstecker ab, blasen die Kerzenschächte mit Druckluft aus und schrauben alle Zündkerzen aus dem Zylinderkopf.
- Die losen Kerzen stecken Sie jetzt in die Zündkerzenstecker und legen das Zündgeweih möglichst rutschfest auf dem Motorblock ab. Achten Sie darauf, dass alle Kerzen einen satten Massekontakt zum Motor haben.

1,6-Liter Ti-VCT Duratec

- Demontieren Sie danach das Zündmodul, blasen die Kerzenschächte gründlichst mit Druckluft aus und ...
- ... schrauben die Zündkerzen aus dem Zylinderkopf.
- Die demontierten Zündkerzen stecken Sie zurück ins Zündmodul und legen die komplette Modulleiste so auf dem Motorblock ab, dass sie möglichst nicht rutscht und alle Kerzen einen satten Massekontakt zum Motor haben.

1,8-/2,5-Liter Duratec

- Demontieren Sie die Zündmodule oberhalb der Zündkerzen, blasen die Kerzenschächte mit Druckluft aus und...
- ... schrauben die Zündkerzen aus dem Zylinderkopf.
- Die demontierten Zündkerzen stecken Sie zurück ins Zündmodul und legen die Module so auf dem Motorblock ab, dass sie möglichst nicht rutschen und alle Kerzen einen satten Massekontakt zum Motor haben.

Alle

- Lassen Sie Ihren Helfer per Anlasser starten. Sie beobachten währenddessen den Funkenüberschlag an den Zündkerzen: Gesunde Funken springen mit kräftig blauer Färbung an den Kerzenelektroden über. Gelblich gefärbte Funken signalisieren zu geringe Überschlagspannung oder verschlissene Zündkerzen.
- Bleiben die Funken gänzlich aus, nehmen Sie zunächst die Zündanlage in Augenschein. Fällt Ihnen dabei nichts auf, prüfen Sie die Spannungsversorgung.

Zündkerzen wechseln – spätestens nach 60.000 Kilometern

Ford empfiehlt dem Focus alle 60.000 Kilometer neue Zündkerzen. Klingt gewagt, ist jedoch realistisch: Normalerweise halten moderne Zündkerzen tatsächlich so lange. Die Betonung liegt auf »normalerweise«: Es kann durchaus passieren, dass Ihr Auto mit jüngeren Kerzen nur noch unwillig anspringt, oder nach dem Start bzw. beim Beschleunigen ruckelt. Die Störenfriede sind häufig frühzeitig verschlissene Kerzenelektroden oder feine Haarrisse im Keramikisolator. Darin lagern sich gerne Kraftstoffdämpfe bzw. Wasser aus der Umgebungsluft ab. Und weil jeder Zündfunke grundsätzlich den Weg des geringsten Widerstands geht, führt der auf dem schnellsten Weg an Masse. Sollten Sie alten Zündkerzen misstrauen, fackeln Sie nicht lange, sondern spendieren Ihrem Focus gleich einen neuen Kerzensatz. Wechseln Sie die Kerzen möglichst nur bei kaltem Motor und mit einer speziellen Kerzennuss (z. B. Hazet 4766-1). Zündkerzen sind nach wie vor bruchempfindliche Bauteile. Gehen Sie also fürsorglich damit um.

- Zunächst ziehen Sie die Zündkerzenkabel von den Kerzen.
- Dann lösen Sie alle Zündkerzen nur um etwa drei Umdrehungen. Nicht weiter, denn erfahrungsgemäß sind die Kerzenschächte verdreckt.

Mit spezieller Kerzennuss kein Problem: der Zündkerzenwechsel.

- Blasen Sie die Schächte also, bevor Sie die Kerzen ganz herausschrauben, gründlich mit Druckluft aus. Ansonsten fällt Ihnen der Dreck geradewegs in die Brennräume…
- Legen Sie die demontierten Kerzen außerhalb des Motorraums in der Reihenfolge der Zylinder ab. Prüfen Sie jedes Kerzengesicht, vergleichen Sie die Kerzen auch untereinander. Alle sollten möglichst gleich hellbraun mit dunkelgrauem Rand aussehen. Falls nicht, liegt eine Fehlfunktion vor. Ergründen Sie die Ursache.
- Zur Montage setzen Sie die Kerzen unbedingt gerade in den Gewindebohrungen an. Doch vorab bestreichen Sie die Kerzengewinde leicht mit hitzebeständiger Kupferpaste. Erst danach drehen Sie alle Kerzen handfest in die Kerzenlöcher und ziehen sie mit dem Zündkerzenschlüssel noch eine Viertelumdrehung (90 Grad) weiter an. Dies entspricht dann etwa dem vorgeschriebenen Anzugsdrehmoment von 15 Nm.
- Montieren Sie gebrauchte Zündkerzen, reinigen Sie das Kerzengewinde vor der Montage gründlich mit einer Messingbürste und fetten es dann leicht mit Kupferpaste ein. Zur Montage verfahren Sie wie bei neuen Zündkerzen. Den Kerzenschlüssel drehen Sie allerdings nur um rund 15 Grad weiter (der Dichtring an gebrauchten Kerzen ist ja bereits gepresst).
- Beenden Sie die Montage in umgekehrter Reihenfolge.

Abgebrannt: Kerzen mit dieser Optik entsorgen Sie besser sofort als Kernschrott.

Zündkerze sitzt fest

WISSENSWERTES

Festgebackene Zündkerzen schrauben Sie bitte auf keinen Fall mit roher Gewalt aus dem Zylinderkopf. Schiere Kraft könnte das Kerzengewinde im Zylinderkopf zerstören. Fahren Sie jetzt besser den Motor warm und versuchen dann erneut Ihr Glück. Doch Vorsicht – am heißen Motor verbrennen Sie sich schnell die Hände. Mit der Montage neuer Zündkerzen warten Sie auf jeden Fall so lange, bis der Motor abgekühlt ist. Unsere Empfehlung hat auch einen technischen Hintergrund – die Materialien der Zündkerze und des Zylinderkopfs dehnen sich unterschiedlich aus: Kalte Zündkerzen in einen heißen Motor implantiert, sitzen später bombensicher bombenfest...

Bevor Sie die neue Zündkerze montieren, tragen Sie auf das Gewinde einen dünnen Gleitfilm Kupferpaste auf. Kupferpaste haftet wärmebeständig auf den Oberflächen und verhindert demzufolge fest gebrannte Zündkerzen relativ sicher.

Zündmodul und Kabel – das sollten Sie im Auge halten

Sobald Sie den Motor mit abgezogenen Zündsteckern starten, kann das dem zentralen Steuergerät den Garaus machen. Klemmen Sie vorab also unbedingt die Zündung ab. Es reicht, wenn Sie den Mehrfachstecker vom Zündmodul ziehen.

– Haben die Kabelanschlüsse und Mehrfachstecker festen Kontakt zum Steuergerät?
– Vagabundierende Zündfunken hinterlassen auf ihrem Weg meistens Brandspuren.
– Verfolgen Sie die Spuren bis zum Massekontakt und erneuern die schadhaften Bauteile.
– Checken Sie zudem die Kerzenstecker mitsamt Zündmodul entsprechend penibel.
– Inspizieren Sie gleichsam die Anschlussklemmen. Haben sie satten Kontakt zu den Steckern – sind sie oxidiert?
– Reinigen Sie – vornehmlich im Winter – die Anschlusskabel von Streusalz- oder Kalkablagerungen.

Glühkerzen demontieren (Diesel)

Werkzeug:
- Ratsche,
- Verlängerung,
- 8-mm-Nuss.

Arbeitsschritte:

- Klemmen Sie das Batteriemassekabel ab und demontieren den Windlauf/Wasserabweiser, wie beschrieben.
- Anschließend ziehen Sie die Anschlussstecker von den Glühkerzen und binden den Kabelbaum außerhalb Ihres Arbeitsumfelds provisorisch beiseite.
- Jetzt haben Sie Freiraum – schrauben Sie die Kerzen aus dem Zylinderkopf und legen sie außerhalb des Motorraums in Zylinderreihenfolge ab.
- Beenden Sie den Austausch in umgekehrter Reihenfolge. Die Schraubgewinde der Glühkerzen bestreichen Sie vor der Montage leicht mit Kupferpaste und setzen Sie gerade vor den Kerzenbohrungen im Zylinderkopf an. Ziehen Sie die neuen Glühkerzen mit 7 Nm fest.

Heizt kalten Dieselmotoren ein – die Vorglühanlage

Dieselmotoren erwachen beim Kaltstart erfahrungsgemäß schwerer als ihre Kollegen von der Ottofraktion. Zwar springen in unseren Breitengraden moderne Direkteinspritzer auch im Winter noch höflich an, doch bei grimmiger Kälte täten sie sich, ohne vorzuglühen, mit ihren ersten taktvollen Lebenszeichen allerdings schwer.
Darum heizen leistungsfähige Glühkerzen ausgekühlten Dieselbrennräumen ein. Die Glühkerzen sitzen auf der Rückseite des Zylinderkopfs und stehen unter Aufsicht des elektronischen Dieselmotormanagements. Um die Zeitdauer des Temperaturschubs exakt festzulegen, vertraut das PCM in der Vorwärmphase den Signalen des Temperatursensors: Je niedriger die Temperatur, umso intensiver die Vorwärmphase. Die maximale Vorwärmdauer beträgt rund acht Sekunden, vorausgesetzt es herrschen mindestens –20 °C. Sobald die Motortemperatur höher als 80 °C ist, fällt nach einem Startvorgang die Vorwärmphase gänzlich aus.

Und damit der Duratorq im Focus auch nach den ersten Lebenszeichen nicht als Schüttelhuber agiert, geht's nahtlos in die Nachglühphase: Das stabilisiert den Leerlauf und minimiert die Kohlenwasserstoffemissionen. Bei Außentemperaturen unterhalb –20 °C glühen die Kerzen für etwa 30 Sekunden nach, bei Motortemperaturen oberhalb 50 °C läuft der Focus gänzlich ohne fremde Hilfe. Gleichfalls wenn der kalte Selbstzünder mehr als 2500 min^{-1} macht: Ein Hinweis für das elektronische Dieselmotormanagement, den Glühkerzen jetzt den Strom zu entziehen. Davon profitiert übrigens auch Ihr Geldbeutel – die Vorkehrung verlängert die Lebensdauer der Glühkerzen.

Vorglühanlage prüfen

Sollte Ihr Diesel unwillig anspringen und Sie den Grund dafür im Vorglühsystem vermuten, gehen Sie Ihrem Verdacht zielgerichtet auf den Grund:

- Ihr erster Blick gilt der Hauptsicherung der Vorglühanlage (Sicherung 8) und...
- ... danach den übrigen Sicherungen der Motorelektrik.
- Sollten alle Sicherungen o. k. sein, checken Sie mit dem Multimeter (Stellung »V«) die Spannung an den Schnellglühkerzen.
- Kommen dort mindestens 11,5 Volt an, misstrauen Sie den Glühkerzen.
- In dem Fall ziehen Sie das Anschlusskabel an einer der Glühkerzen ab und...
- ... klemmen eine Prüflampe zwischen Anschlusskabel und Masse.
- Jetzt ziehen Sie am Kühlmitteltemperaturgeber den Stecker (Pfeil) ab und legen ihn beiseite. Achten Sie darauf, dass der geparkte Stecker nicht an Masse kommt.
- Anschließend drehen Sie den Zündschlüssel auf Stellung »Vorglühen«.
- Die Prüflampe muss jetzt etwa 20 Sekunden aufleuchten.
- Falls nicht, prüfen Sie die Hauptsicherung und das Vorglührelais (R2) im Sicherungskasten.

Machen müde Diesel munter: Schnellglühkerzen auf der Zylinderkopfrückseite. Jedem Brennraum heizt eine eigene Glühkerze mit maximal 1050 °C ein. Im System auftretende Fehler oder Unregelmäßigkeiten archiviert der Bordrechner. Die Daten entschlüsselt Ihr Ford-Händler, er setzt den Speicher auch wieder auf null.

- Wenn Sie dort den Fehler nicht lokalisieren, freunden Sie sich mit einem neuen Steuergerät an.
- Bei geringen Selbstzweifeln verzichten Sie auf den Austausch und überlassen den Job Ihrem Ford-Händler.

Glühkerzen prüfen

- Demontieren Sie die Glühkerzen wie beschrieben und legen sie auf einer feuerfesten Unterlage ab.
- Schließen Sie nun jede Glühkerze per Fremdstartkabel an eine voll geladene Batterie an. Arbeiten Sie unbedingt mit dicken Lederhandschuhen – die Kerzen werden glühend heiß (max. 1050 °C)!
- Binnen 10 Sekunden muss jede Glühkerze hellrot anlaufen. Ansonsten erneuern Sie die träge(n) Kerze(n) – besser Sie erneuern gleich den kompletten Satz.

Vorglühanlage defekt

Defekte an der Focus-Vorglühanlage bemerken Sie wahrscheinlich erst bei klirrendem Frost (unter –15 °C). Dann nämlich nimmt Ihr Focus ohne fremde Heizenergie seinen Job nur widerwillig auf. Mit offenen Augen und einem feinen Näschen kommen Sie möglichen Fehlern allerdings schon früher auf die

Spur: Interessieren Sie sich für die Kaltstart-Dieselwolke hinter Ihrem Auto. Wenn dort stechende, blaue Rauchfahnen Ihre Nase verprellen und die Umwelt vernebeln, lassen Sie Ihre Werkstatt prophylaktisch den PCU-Fehlerspeicher auslesen. Denn Blaurauch mit einhergehender scharfer Duftnote signalisiert eine kalte, unvollständige Verbrennung. Kleinere Wölkchen hinter Ihrem Focus müssen Sie freilich nicht sonderlich beunruhigen.

Die Kraftstoffversorgung

Der Kraftstofftank liegt im hinteren Bereich der Bodengruppe unterhalb der Fondbank. Es ist ein tief gezogener Kunststoffbehälter mit 55 Liter (Diesel 53 Liter) Fassungsvermögen. Die Ottoversionen des Focus befördern ihren Lebenssaft mit einer elektrischen Intank-Kraftstoffpumpe bis unter die Motorhaube. Die vier Diesel saugen ihren Lebenssaft mit einer integrierten Förderpumpe in die Hochdruckpumpe des Common-Rail-Umfelds. In beiden Fällen hat der Focus-Tank keine Ablassschraube. Sollten Sie irgendwann also den Behälter demontieren oder seine Innereien näher in Augenschein nehmen müssen, entleeren Sie vorab das Reservoir über den Einfüllstutzen.

Fasst maximal 55 Liter: der Kunststofftank im Focus.

Ausgeklügelt – das Tankbelüftungssystem

Die Kraftstoffpumpe der Ottomotoren ist kombiniert mit dem Kraftstoffvorratsanzeiger (Intankkraftstoffpumpe). Um Verunreinigungen und Kondensate zu binden, sitzt ein Kraftstofffilter im Pumpenmodul. Die Kraftstoffvor- und -rücklaufleitung kommen zusammen mit dem Tankgeber aus dem Tank. Ihre Anschlüsse sind als leicht lösbare Schnellverschlüsse konstruiert. Ein Sicherheitsventil regelt die Be- und Entlüftung. Die im Tank oberhalb des Kraftstoffspiegels entstehenden Gase sammelt ein Aktivkohlefilter und speist sie bei laufendem Motor in das Luftfiltergehäuse und somit in den Ansaugtrakt ein.

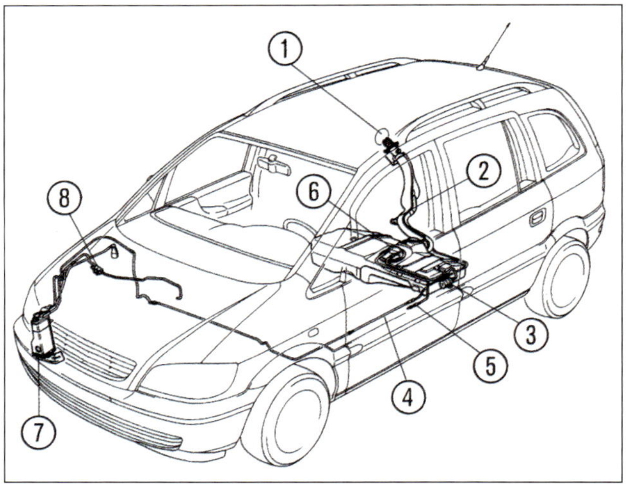

Werden bei laufendem Motor eingespeist: Kraftstoffdämpfe aus dem Tank.
1 Tankeinfüllstutzen, 2 Einfüllstutzenbe- und -entlüftung,
3 Kraftstofffilter, 4 Kraftstoffförderleitung, 5 Tankentlüftungsleitung, 6 Intankkraftstoffpumpe, 7 Aktivkohlefilter
8 Tankentlüftungsventil

Der Kraftstoff

Unisono verbrennen die Focus Duratec-Motoren Super (ROZ 95). Sie können sie jedoch auch mit Super Plus (ROZ 98) füttern. Das macht ab und an durchaus Sinn: Zum Beispiel wenn Ihr Auto im Gespannbetrieb oder bei hohen Außentemperaturen ständig Höchstleistungen abliefert. Mitunter sinkt der Kraftstoffverbrauch mit Super Plus sogar geringfügig. Doch wenn's ums Sparen geht, haben Ihr eigener Gasfuß und der richtige Umgang mit dem Schalthebel unvergleichlich mehr Einfluss auf den Appetit Ihres Autos, als hochoktaniger Super Plus-Saft.

WISSENSWERTES

Kraftstoff - Begriffe und Normen

Normal-/Superbenzin: Fast identische Reinheitsgrade, Verdampfungsverhalten (wichtig für Entzündbarkeit) und Energiebilanzen (Heizwert je Kilogramm Kraftstoff). Entscheidender Unterschied: Super hat eine höhere Klopffestigkeit (mind. 95 Oktan) als Normalbenzin (max. 90 Oktan).

Diesel: Ein Kraftstoff, der die physikalischen Eigenschaften des Selbstzünders perfekt bedient. Durch die hohe Zündwilligkeit des Dieselkraftstoffs und das extrem hohe Verdichtungsverhältnis in Dieselmotoren läuft die Verbrennung kontrolliert in Sekundenbruchteilen ab. Für Ottomotoren wäre Dieselöl freilich pures Gift – binnen weniger Sekunden würde der Motor absterben und die Zündkerzen verölen, respektive gnadenlos verrußen.

Sommer-/Winterdiesel: Sommerdiesel, nach DIN 51 601, paraffiniert schon bei geringen Minustemperaturen. Er kommt zwischen Frühjahr und Herbst ohne Fließverbesserer an die Zapfsäule. Danach ist Winterdiesel mit einem geringen Anteil an Fließverbesserern angesagt. Winterdiesel bleibt bis etwa -10 °C filtergängig und behält seine Fließfähigkeit laut DIN-Norm bis -12 °C. Erfahrungsgemäß können Sie handelsüblichem Winterdiesel jedoch Minustemperaturen bis etwa -22 °C zutrauen.

Autogas »LPG« (Liquified Petroleum Gas): LPG fällt als Abfallprodukt bei der Benzinherstellung aus Erdöl an. Autogas (DIN EN 589) ist ein Gemisch aus Propan (C3H8) und Butan (C4H10). Das wird bei geringem Druck (10 bar) flüssig. Daher sind LPG-Tanks und -Leitungen nur für niedrigen Druck ausgelegt. Der wesentlich höhere Arbeitsdruck einer Erdgastankstelle beispielsweise würde den LPG-Tank unweigerlich zum Bersten bringen.

Erdgas »CNG« (Compressed Natural Gas): CNG kommt in fossilen Lagerstätten vor. Es besteht hauptsächlich nach DIN-51624 aus Methan (CH4). Komprimiertes CNG wird unter hohem Druck (200–240 bar) gasförmig. Erdgastanks und -Leitungen müssen im Auto dementsprechend ausgelegt sein. Erdgasmotoren sind nicht für LPG geeignet. Ähnlich wie Ottokraftstoff kommt CNG in unterschiedlichen Güteklassen in den Handel: H-CNG, L-CNG sind die Bezeichnungen.
H-CNG (High caloric-Gas) hat einen Methananteil zwischen 87 und 99,1 Volumenprozent (Vol.-%). L-CNG (Low caloric-Gas) erreicht einen Methanolanteil zwischen 79,8 und 87 Vol.-% liegt. Das Methanol-dichtere und leistungsfähigere H-CNG hat zudem einen geringeren Stickstoff- (N2) und Kohlendioxidanteil (CO_2).

Klopffestigkeit: Je höher der Kompressionsdruck umso besser der thermische Motorwirkungsgrad. Doch wenn der Kraftstoff in Ottomotoren zur Selbstentzündung neigt, kommt es zu unkontrollierten Verbrennungen – der Motor klingelt. Superkraftstoff verkraftet höhere Verbrennungsdrücke als Normalbenzin, er neigt weniger zur Selbstentzündung.
Haben Sie Ihren Focus aus Versehen mit Normalbenzin betankt, wird er Ihnen, wenn Sie aus niedrigen Drehzahlen heraus voll beschleunigen, den Lapsus mit lauten Klingelgeräuschen quittieren. Um ernsthafte Schäden zu umgehen, sind die ECOTEC-Motoren daher mit einem Klopfsensor bestückt. Sobald der Sensor ungewohnte Schwingungen am Motorblock bemerkt, passt er den Zündzeitpunkt sukzessive dem schlechteren Kraftstoff an. Gehen Sie dann etwas sensibler und ruhiger mit dem Gaspedal um und verlangen dem Motor bis zum nächsten Tanken allenfalls mittlere Drehzahlen und nicht unbedingt ausgedehnte Gespannfahrten ab.

Oktanzahl: Steht für die Klopffestigkeit des Kraftstoffs. An der Zapfsäule finden Sie in der Regel die Bezeichnung »ROZ« (Research-Oktanzahl), seltener die Spezifikation »MOZ« (Motoroktanzahl). Die Oktanzahlwerte für die Mindestanforderungen an bleifreien Kraftstoff beschreibt heutzutage die grenzenübergreifende Euro-Norm EN 228. Sie ist verbindlich für alle Ölmultis und Autombilproduzenten.

Cetanzahl: Eine reine, im Labor ermittelte Verhältniszahl. Steht für die Zündwilligkeit eines Kraftstoffs. Dem sehr zündwilligen Cetan wird die Zahl 100 zugeordnet, dem extrem zündunwilligen Vergleichskraftstoff Methylnaphthalin dagegen eine 0. Die Cetanzahl gibt an, wieviel Volumenprozent Cetan ein Gemisch mit Methylnaphthalin enthalten müsste, um die gleiche Zündwilligkeit wie der zu messende Kraftstoff zu haben. Beim Diesel soll sie 45 betragen.

GEFAHRENHINWEISE

Vorsicht ist angebracht

Kraftstoffdämpfe in konzentrierter Form sind giftig und greifen Ihre Atmungsorgane an. Im Umgang mit Kraftstoffen ist Vorsicht das höchste Gebot. Nehmen Sie Wartungsarbeiten und Reparaturen an der Kraftstoffanlage niemals auf die leichte Schulter. Gehen Sie vor allem beim Entleeren des Kraftstoffbehälters umsichtig zu Werke und treffen folgende Sicherheitsvorkehrungen:

- Halten Sie einen CO_2-Pulver- oder Schaumlöscher der Brandklasse B griffbereit.
- Entleeren Sie Kraftstoffbehälter **niemals** über einer Grube: Die entweichenden Gase sind schwerer als Luft und könnten unter Ihrem Wagen über mehrere Stunden ein hochexplosives Gemisch bilden.
- Entleeren Sie Tanks entweder im Freien oder in exzellent durchlüfteten Räumen. Dazu benötigen Sie eine kraftstoffresistente Handpumpe (z.B. Balgen-Schlauchpumpe). Versuchen Sie auf keinen Fall, den Kraftstoff aus der oberen Tanköffnung auszugießen oder mit einem Schlauch per Mund abzusaugen – Vergiftungsgefahr!
- Klemmen Sie **vorher** die Batterie an beiden Polen ab.
- Stellen Sie sicher, dass während der Arbeit mit Kraftstoff keine eingeschalteten elektrischen Geräte, offenen Flammen, Wärme- und Funkenquellen im Raum sind.
- Füllen Sie Kraftstoff nur in verschließbare, klar beschriftete und resistente Gefäße um. Dazu gibt's spezielle Behälter mit Flammschutz und Druckausgleichsverschluss.
- Leere Kraftstofftanks sind über längere Zeit wie explosive Gasometer. Halten Sie sich in ihrer Nähe also mit offenen Flammen zurück – es besteht latente Explosionsgefahr.

Kraftstoff: Entzündlich, giftig, umweltschädigend

Mit gebotener Vorsicht kein Problem – Kraftstoffleitungen und Schläuche demontieren (allgemein)

Vorsicht: Das Kraftstoffsystem steht bei Einspritzanlagen auch dann noch unter Druck, wenn der Zündschlüssel bereits längere Zeit abgezogen war. Bandagieren Sie die Montagestellen deshalb grundsätzlich mit einem Putzlappen und tragen Sie eine Schutzbrille.

- Lösen Sie die Schnellkupplungen bzw. Schraubanschlüsse.
- Bei Quetschklemmen fahren Sie mit einem feinen Schraubendreher unter die Schelle und lockern sie, . Hebeln Sie dazu den Schraubendreher seitlich hin- und her und ...
- ... ziehen den Schlauch mit Drehbewegungen ab. Gelingt Ihnen das nicht, setzen Sie hinter das Schlauchende einen kleinen Gabelschlüssel an und pressen den Schlauch mit dem Schlüsselmaul beidhändig nach außen vom Leitungsende ab.
- Montieren Sie die Schläuche nicht mit Quetsch- sondern mit Schraubschellen.
- Dichten Sie Schraubflansche grundsätzlich mit neuen Dichtungen ab.

Kraftstofffilter wechseln (Dieselmotor)

Werkzeug:
- Ratsche,
- kurze Verlängerung,
- 8-mm-Stecknuss,
- Schlitzschraubendreher.

- Lösen Sie die drei Schrauben des Universalstativs oberhalb des Kraftstofffilters. Zwei sind von oben erreichbar, eine Schraube ist verdeckt zwischen der Spritzwand und dem Zylinderkopf montiert.
- Clipsen Sie die beiden Kunststoffleitungen aus dem Stativ für die Dauer der Montage und zwängen das Stativ hinter den Zylinderkopf.

- Danach ziehen Sie die Patentstecker der Kraftstoffvor- und -Rücklaufleitung sowie den Zentralstecker vom Filtergehäuse bzw. den Leitungsflanschen ab. Erfahrungsgemäß läuft dabei kein Kraftstoff aus.

- Verlegen Sie die losen Leitungen sowie den Stecker aus dem Arbeitsumfeld und…

- … lösen drei Schrauben oberhalb des Kraftstofffilters.

- Das Filtergehäuse fixiert ein Plastikring im Filterstativ. Sie müssen dem Filter zur Demontage also mit etwas Kraftaufwand nachhelfen.

- Komplettieren Sie den neuen Filter mit den Teilen des alten und setzen das Neuteil dann gefühlvoll in das Stativ ein.

- Den alten Kraftstofffilter entsorgen Sie als Sondermüll.

- Beenden Sie die Montage in umgekehrter Reihenfolge. Achten Sie darauf, dass die Schnellverschlüsse richtig einrasten. Falls nicht, springen die Schläuche irgendwann ab und fluten Ihnen den Motorraum mit Diesel. Vergessen Sie auch nicht den Zentralstecker wieder anzuschließen.

- Sollte der Motor wider Erwarten nach der Montage nicht sofort anspringen, öffnen Sie bitte die Entlüftungsschraube (Kunststoff) oberhalb des Filterkopfs mit einem Kreuzschraubendreher und füllen den Filter durch die Öffnung bedächtig mit frischem Dieselöl auf.

- Nachdem Sie den Filter wieder verschlossen haben, versuchen Sie erneut Ihr Glück mit dem Zündschlüssel. Der Motor wird jetzt sofort anspringen und nach ein paar Sekunden rund vor sich hin nageln.

Lassen Sie den Motor ruhig etwas mit Standgas laufen – derweil checken Sie alle Anschlüsse auf Dichtheit und versuchen zur Sicherheit die Schläuche per Hand von den Anschlüssen zu ziehen. Bei solider Arbeit gelingt Ihnen das natürlich nicht…

WISSENSWERTES

Darauf sollten Sie achten – Dieselkraftstoff und Kondenswasser

Dieselöl hat die unangenehme Eigenart Kondenswasser zu binden und flockige Schmutzpartikel zu führen.

Deshalb sollten Sie die vorgeschriebenen Wechselintervalle des Dieselfilters hierzulande unbedingt einhalten und nach ausgedehnten Fahrten ins außereuropäische Ausland mitunter sogar vorziehen.

Vom Dieselfilter abziehen: Kraftstoffvor- und Rücklaufleitung sowie den Zentralstecker.

Einsetzen und mit Dieselöl füllen: den Kraftstofffilter.

Das Abgassystem

In den Kindertagen des Automobils hatten Auspuffsysteme lediglich die Aufgabe, die Verbrennungsgeräusche des Explosionsmotors zu reduzieren. Das war einmal: Heutzutage übernimmt der Auspuff auch einen Großteil der außermotorischen Abgasentgiftung. Abgaskatalysatoren eliminieren bis zu 90 Prozent der giftigen Abgase.
Den Ersatzbedarf deckt Ford mit Serviceanlagen ab. Zur Montage des Serviceparts teilen Sie jeweils die Produktionsanlage an den entsprechenden Flanschen und setzen dann das Neuteil mit neuen Dichtungen dazwischen. Außer einer festen Halterung fixieren den Auspuff an exponierten Stellen mehrere Weichgummihalterungen. Sie halten die Anlage nahezu vibrations- und spannungsfrei in der Waage und auf erforderliche Distanz zum Unterboden.

Erfahrungssache – so bearbeiten Profis den Auspuff

Der Reparaturerfolg an einer rostigen Abgasanlage ist meist nur von kurzer Dauer: Stark oxydierte Bleche sind nicht mehr dauerhaft zu schweißen. Auch Auspuffkitt und Bandagen halten den Rost nur vorübergehend beieinander, direkt neben der Reparaturstelle blüht er schnell wieder auf. Abgasanlagen mit mehr als einem Schalldämpfer haben die unangenehme Eigenschaft, dass – nur wenige Monate nach dem Austausch des ersten – auch der zweite Schalldämpfer perforiert ist. Werkstätten wechseln Abgasanlagen deshalb gerne komplett.

Im Neuzustand einteilig: die Auspuffanlage im Focus. Im Bild das Flexrohr nahe am Katalysator.

Unser Tipp: Bevor Sie Hand anlegen, nehmen Sie den Auspuff Ihres Focus genau in Augenschein und entscheiden danach, ob Einzelteile reichen oder doch die komplette Anlage zu erneuern ist.

- Bocken Sie Ihren Focus standfest auf.
- Falls Sie festgerostete Verschraubungen nicht mehr lösen können, versuchen Sie's anders herum – meistens reißen überzogene Schrauben nämlich ab.
- Verwenden Sie grundsätzlich neue Schrauben, Federringe, Muttern und Dichtungen.
- Erneuern Sie gleichfalls alle Haltegummis. Der neue Auspuff hängt dann rüttelsicher in der Waage und verspannt nicht so leicht.
- Schützen Sie Ihre Hände, die Augen und das Umfeld der Arbeitsstelle mit robusten Arbeitshandschuhen, einer Arbeitsbrille bzw. einer feuerfesten Zwischenlage.
- Haben Sie den Auspuff bereits früher teilweise erneuert, trennen Sie die Steckverbindungen der Rohrenden am besten in erhitztem Zustand. Werkstätten nutzen dazu einen Schweißbrenner, ein guter Propangasbrenner tut's in der Regel auch.
- **Praxistipp:** Bevor Sie den Brenner anfeuern, versuchen Sie es zunächst mit Rostlösemitteln.

WISSENSWERTES

Zur Vorsicht schienen

Bei Arbeiten an der Abgasanlage sichern Sie das vordere Flexrohr gegen unkontrolliertes Durchhängen oder Verdrehen. Bandagieren Sie den Bereich einfach mit zwei passenden Dachlatten, die Sie mit

Mit drei Hölzern und Schellen fixieren: das Flexrohr zur Montage.

Schlauchschellen fest an das Flexrohr pressen. Schienen Sie das Rohr sorgsam: Sollte das Netz während der Montage verbiegen oder überdehnen, ist der vordere Auspuff schrottreif.

- Sobald offenes Feuer mit ins Spiel kommt, stellen Sie zudem einen Feuerlöscher griffbereit.
- Trennen Sie Rohre und Flanschen mit kräftigen Drehbewegungen. Evtl. erleichtern Ihnen leichte Hammerschläge auf das Außenrohr die Arbeit.
- Bleiben Sie damit erfolglos, flexen oder sägen Sie Steckverbindungen knapp 10 Zentimeter hinter der Verbindungsstelle ab. Den Rest des Rohrs schlitzen Sie dann bis zur Trennstelle in Längsrichtung auf und schälen es hernach mit einem kräftigen Schraubendreher ab.
- Auspuffschrauben lassen sich später leichter wieder lösen, wenn Sie vor der Montage hitzebeständige Kupferfettpaste auf die Gewinde verstreichen. Gleiches gilt erst recht für Steckverbindungen.

Trauen Sie keiner alten Aufhängungsschlaufe – Augen auf beim Auspuffcheck

Motorseitig ist das Auspuffsystem an einem Zweipunktflansch fest mit dem Auspuffkrümmer verschraubt. Unter dem Fahrzeugboden hängt es allerdings frei schwingend in Gummistegschlaufen und der Endschalldämpfer kontaktet zum vorderen Teil über einen Zweilochflansch mit flexiblem Dichtzwischenring. Wenn der Auspuff erst dröhnt und knallt oder gar an den Unterboden anschlägt, trauen Sie keiner Schweißnaht, keinem Schalldämpfer und erst recht keiner alten Aufhängungsschlaufe mehr. Inspizieren Sie den rostigen Rest penibel, schrecken Sie dabei auch vor Hammerschlägen nicht zurück.

- Checken Sie alte Gummistegschlaufen auf Brüchigkeit, Einrisse oder sonstige Beschädigungen. Zur Kontrolle rütteln Sie den Auspuff am Endrohr kräftig hin und her.
- Überprüfen Sie auch am Krümmerflansch sämtliche Verschraubungen auf festen Sitz.
- Starten Sie den Motor und verstopfen das Auspuffendrohr mit einem Lappen. Schon nach kurzer Zeit muss der Motor absterben. Hören Sie unter dem Focus-Bauch allerdings zischelnde Geräusche oder läuft der Motor unbeeindruckt weiter, ist die Anlage undicht.
- Laute Verbrennungsgeräusche und helles Patschen im Schiebebetrieb verraten untrüglich einen defekten Auspuff.
- Klopfen Sie gründlich alle Schalldämpfer und Rohre mit Hammerschlägen ab.
- Vergessen Sie auch die Schalldämpferstirnseiten nicht. Hämmern Sie übrigens nicht zu zaghaft, ein gesunder Auspuff verträgt das. Auf gesundem Blech klingen Ihre Schläge trocken und hell, morsches Blech erkennen Sie an dumpfen Klopfgeräuschen.

Besser gleich komplett erneuern: die Gummistegschlaufen zum Auspufftausch. 1 Halterung; 2 Gummistegschlaufe.

Hier entscheidet Ihr Portemonnaie – Auspuffkomplett- oder -teilreparatur

Aufgrund der Zulassungszahlen beschreiben wir Ihnen die Demontage am Bespiel des 1,6-Liter-Duratec-Motors. Der grundsätzliche Aufwand bei den anderen Motoren ist vergleichbar. Für den Fall, dass Sie nur Einzelteile erneuern möchten, berücksichtigen Sie natürlich nur den entsprechenden Reparaturabschnitt. Denken Sie beim Ersatzteilkauf daran, dass Sie generell alle Schrauben, Muttern, Dichtungen, Dichtringe und spröde Haltegummis erneuern.

Werkzeug:
- Ratsche, Verlängerung,
- 13er-Stecknuss,
- Schlitzschraubendreher.

- Klemmen Sie das Batteriemassekabel ab.
- Bocken Sie den Wagen standfest auf.
- Demontieren Sie die mittlere Traverse an vier Muttern und legen sie beiseite.
- Lösen Sie den vorderen Auspuff am Befestigungsflansch, hängen alle Aufhängungsgummis aus und senken den Auspuff vorsichtig ab.

Mit zwei Muttern am Krümmer verschraubt: das vordere Abgasrohr.

- Vor der Montage bestreichen Sie die Schiebestücke und neuen Dichtungen beidseitig mit zähem Fett. Die gefettete Krümmerflanschdichtung pappen Sie zunächst einfach an den Flansch und hängen dann den neuen Auspuff mit zwei Schrauben locker davor.
- Achten Sie darauf, dass die Dichtung später exakt vor den Schraublöchern sitzt.
- Jetzt komplettieren Sie den Auspuff Schritt für Schritt nach hinten und hängen die Rohre mit neuen Gummischlaufen auf. Vergessen Sie nicht, die Schlaufen vorher einzufetten.
- Hängt alles in Reih' und Glied? Dann richten Sie die Anlage unter dem Wagenboden aus.
- Dazu rütteln Sie den Auspuff am Endrohr kräftig hin und her. Falls er nicht mit dem Bodenblech kollidiert, ziehen Sie den vorderen Schraubflansch mit 20 Nm fest.
- Starten Sie den Motor. Halten Sie das Auspuffendrohr zu und warten, bis der Motor abstirbt. Falls er keine Anstalten dazu macht, ist die Anlage irgendwo undicht. In dem Fall ziehen Sie sämtliche Schraubverbindungen nach und checken die Dichtflächen – danach geben Sie dem Motor und Ihrer Arbeit eine zweite Chance.

WISSENSWERTES

So wird der Auspuff dicht

Verwenden Sie zu jeder Auspuffreparatur generell neue Dichtungen und Schrauben: Unbenutzte Dichtungen sind noch nachgiebig und passen sich daher den Flanschen besser an. Neue Schrauben sind einfach schneller zu handhaben. Vergessen Sie auch nicht, sämtliche Dichtflächen vor der Montage zu planen sowie die Stehbolzen und Schrauben mit hitzefester Kupferpaste einzustreichen. Die Chancen, dass Ihr Auspuff dann auf Anhieb dicht wird, sind so wesentlich größer. Undichte Anlagen klingen übrigens nicht nur nach Hinterhof, sondern sie wirken sich zudem negativ auf die Motorleistung und das Abgasverhalten aus.

Umgang mit dem Kat

WISSENSWERTES

Wenn eine leere Batterie Ihren Focus nicht anspringen lässt, schleppen oder schieben Sie den Wagen nicht allzu lange an. Währenddessen könnte unverbrannter Kraftstoff den Katalysator ertränken und dauerhaft zerstören.

Zündaussetzer oder Fehlzündungen verraten Unregelmäßigkeiten an der Zündanlage. Gehen Sie schnellstens den Symptomen nach bzw. beordern einen Fachmann mit Messequipment an Ihren Focus.

Bevor Sie frischen Unterbodenschutz auftragen, packen Sie vorab den Katalysator gut ein, ansonsten könnte es danach unter dem Focus-Bauch ungewollt zündeln.

Kontrollieren Sie gelegentlich auch den Hitzeschutz über dem Katalysator auf Beschädigungen.

Ein undichter Auspuff (verbrannte Dichtung, Hitzerisse, Rostschäden usw.) vor der Lambdasonde verfälscht die Messwerte (erhöhter Sauerstoffanteil). Folglich reichert das elektronische Motormanagement das Gemisch an. Sie sponsern in dem Fall den Irrtum der Elektronik mit überhöhtem Kraftstoffverbrauch und vorzeitig alterndem Katalysator.

Alternative zur Serienanlage – Sportauspuff nachrüsten

WISSENSWERTES

Wenn Ihnen Optik oder Sound der Serien-Auspuffanlage allzu eindruckslos erscheinen sollte, kommt eventuell ein Sportauspuff aus dem freien Handel in die engere Wahl. Zumindest der Endtopf des Focus ist relativ einfach gegen ein sportliches Exemplar zu wechseln.

Erheblich Mehrleistung sollten Sie von dem Neuen allerdings nicht unbedingt erwarten – die meisten Sportauspuffanlagen heutiger Prägung dienen in erster Linie der Optik und frönen dem gepflegten, sonoren Sound.

Von Anlagen mit getrennten Endrohren raten wir Ihnen allerdings ab. Zumindest dann, wenn die Doppelrohrversion nicht unter die serienmäßige Heckschürze passt. Grund: Sollte nach Jahren der verrostete Dämpfer nicht mehr verfügbar sei und möglicher Ersatz längst schon wieder einer neuen Endrohrmode frönen, stehen Sie mit dem angepassten Abschlussblech allein im Regen.

Informieren Sie sich per Internet in Focus-Foren, entscheiden Sie sich auf keinen Fall für eine Anlage ohne EWG-Betriebserlaubnis – es sei denn, Sie tragen die Kosten einer Einzelabnahme aus eigener Tasche.

Die Kraftübertragung

Wie viele Kilowatt Ihr Focus tatsächlich an den Antriebsrädern abliefert, bestimmt allein Ihr Gasfuß. Sobald das theoretische Leistungsangebot allerdings nicht mehr zur Motordrehzahl bzw. zur Momentangeschwindigkeit passt, liegen all die Kilowatt wie gelähmt an der Kette. Grund: Jeder Verbrennungsmotor ist nur in einem ganz begrenzten Drehzahlfenster leistungswillig. Den Zusammenhang zwischen Drehzahl, Leistung und Geschwindigkeit erhellen Ihnen Leistungsdiagramme, deren Kurven das Verhältnis von Motorleistung und Drehzahl ins Verhältnis setzen (siehe auch Kapitel Modellvorstellung) Je flacher der Verlauf der Drehmomentkurve, umso elastischer der Motor und um so weniger müssen Sie die Gänge wechseln.

Mit unterschiedlicher Charakteristik – die Focus-Schaltgetriebe

Ford verkuppelt die Focus-Motoren mit sechs unterschiedlichen Schaltboxen. Alle 1,4-, 1,6- und 1,8-Liter-Versionen nutzen ein vollsynchronisiertes 5-Gang-Schaltgetriebe mit Seilzug-Schaltung (Getrag Ford Durashift iB5).
Die 1,6-Liter-Duratorq sowie der 2,0-Liter-Duratec liefern ihre Kilowatt gleichfalls in einer vollsynchronisierten Fünfgangbox (Getrag Ford Durashift MTX-75) mit Seilzug-Schaltung ab.
Die beiden 2,0-Liter-Duratorq-Motoren gehen eine Kombination mit dem vollsynchronisierten **MMT6** Getrag Ford Durashift-Getriebe (Modular Manual Transmission 6-Speed), einem 6-Ganggetriebe mit Seilzug-Schaltung, und zwei Ausgangswellen ein.

Die Kilowatt des Fünfzylinder Focus ST kooperieren mit einem Sechsganggetriebe, gleichfalls vollsynchronisiert und mit Seilzug-Schaltung (Getrag Ford Durashift **M66**).
Käufer des 1,6- und 2,0-Liter-Duratec haben optional den Zugriff auf eine elektronisch gesteuerte Vierstufen-Automatik (Getrag Ford Durashift FN).
Gleichfalls optional: ein elektronisch gesteuertes 6-Gang-Doppelkupplungs-Getriebe mit zwei Ausgangswellen und Nasskupplungen (Getrag Ford PowerShift **MPS6**) im 2,0-Liter-Duratorq TDCi.

Elektronisch angesteuert: das Doppelkupplungs-Getriebe (MPS6) mit zwei Ausgangswellen und Nasskupplungen.

Theorie und Praxis – sparen mit Hintergrund

Theoretische Kenntnis und Hightech-Getriebe allein bringen Ihren Focus freilich nicht in Schwung: Sie müssen Ihr Wissen mitsamt der vorhandenen Hardware schon beherzt in die Praxis umsetzen. Denn sobald Motordrehzahl und Geschwindigkeit mit dem richtigen Gang korrespondieren, rollt Ihr Focus weder lustlos dahin, noch hängt er nervös am Gaspedal. Falls Sie das Bewusstsein um die Zusammenhänge zwischen Drehzahl und Drehmoment womöglich auf Ihre Fahrpraxis übertragen möchten, begreifen Sie Ihren Fahrstil fortan nicht als nervendes Korsett. Begreifen Sie Ihr Handeln besser als Herausforderung, Ihren Wagen mit möglichst geringer Motordrehzahl verbrauchsgünstig in einem möglichst hohen Drehmomentbereich zu fahren.

Mit wenig Gas »dahinrollen« – das senkt die Spritkosten

Beschleunigen Sie daher stets zügig (Gaspedal schnell etwa 2/3 durchtreten) und schalten möglichst früh in den nächsthöheren Gang. Sobald Sie Ihre Wunschgeschwindigkeit erreichen, lassen Sie den Wagen möglichst im größten Gang und mit wenig Gas dahinrollen. Drehen Sie den Motor lediglich beim Überholen oder Einspuren in den fließenden Verkehr höher aus. Stellen Sie ihn zudem während kurzer Stopps, beispielsweise vor Eisenbahnschranken, Baustellenampeln oder im Stau, ab: Das rechnet sich bereits nach 5 bis 7 Sekunden – und die Umwelt profitiert auch davon. Unsere Tipps konsequent umgesetzt, senken automatisch Ihre Tankrechnungen: Bis zu 20 Prozent Minderverbräuche sind keine Seltenheit – und zwar ohne zu trödeln, bei Überholvorgängen zu verhungern oder die Tachonadel ständig im Keller verharren zu lassen.

Manuelle Schaltgetriebe – so wechseln die Gänge

Damit Ihr Focus möglichst leichtfüßig aus dem Stand beschleunigt, sind seine Antriebsräder auf ein großes Drehmoment angewiesen. Wie allerdings die Leistungskurven der Benziner belegen, unterhalb eintausend Umdrehungen halten sich die Newtonmeter noch dezent im Hintergrund. Darum erleichtert der erste Gang, mit einer Übersetzung ins Langsame, den Motoren relativ schnell Drehzahl anzunehmen. Je höher der Gang, umso ausgeglichener wird das Verhältnis. Ab dem fünften Gang ändert sich die Situation: Nun wird eine Übersetzung ins Schnelle wirksam.
Die Motorleistung gelangt via Kupplung auf die Getriebeantriebswelle (Eingangswelle) mit ihren schräg verzahnten Gangrädern. Die passenden Pendants dazu sitzen allesamt auf der Abtriebswelle. Als Pärchen stehen zwar alle Gangräder in ständigem Kontakt zueinander, fest verkuppelt ist jedoch immer nur das gerade genutzte Gangradpaar.
Bis die Gangräder der Hauptwelle festen Kontakt zu ihren Konterparts auf der Vorgelegewelle aufnehmen, rotieren sie frei ineinander. Erst wenn ein Gang eingelegt wird, ist das betreffende Zahnradpaar kraftschlüssig verbunden. Der Schalthebel wirkt auf eine Schaltgabel, die über eine Schiebemuffe den Kraftschluss der Gangräder ermöglicht. Damit die Zahnräder während des Schaltvorgangs geräuschlos und schnell zueinander finden, bringen Synchronringe die Getriebewellen

auf gleiche Drehzahl: Dazu bremsen sie die schnellere Welle in einem Anlaufkonus so lange ab, bis die Schiebemuffe das neue Gangradpärchen geräuschlos miteinander verkuppelt.

Erst mit drei Zahnrädern komplett – der Rückwärtsgang

In allen Vorwärtsgängen stehen grundsätzlich zwei Zahnräder in festem Kontakt. Lediglich der Rückwärtsgang bemüht ein Zahnradtrio. Das dritte Zahnrad, auch Zwischenrad genannt, läuft unbelastet auf einer eigenen Welle. Es wird immer dann kraftschlüssig, wenn es gilt, zur Rückwärtsfahrt eine Drehrichtungsänderung der Abtriebswelle zu bewirken.

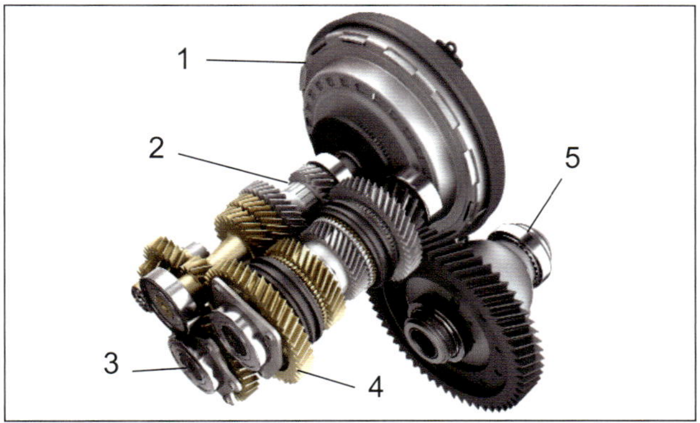

Typisch für moderne Frontantriebe: Dreiwellen-Getriebe mit integriertem Achsantrieb. 1 Kupplung, 2 Getriebeantriebswelle, 3 Vorgelegewelle, 4 Hauptwelle, 5 Achsantrieb.

Trennt Motor und Getriebe – die Kupplung mit Anti-Stall-Effekt

In Autos mit manuellem Schaltgetriebe unterbricht die Kupplung während jedes Anfahr- oder Schaltvorgangs den Kraftfluss zwischen Motor und Getriebe. Ihre Existenz ermöglicht weiche Anfahrvorgänge und ruckfreie Gangwechsel – vorausgesetzt die Schaltdrehzahl stimmt. Falls nicht, kann der Motor abwürgen oder im Umkehrschluss laut aufheulen.
Dem hat Ford im Focus jetzt mit der Anti-Stall-Anfahrhilfe einen technischen Riegel vorgeschoben: Anti-Stall hilft mit elektrischen Stellmotoren beim Anfahren, z. B. im Stop-and-go-Verkehr oder am Berg, das Abwürgen des Motors zu verhindern. Die Anfahrhilfe justiert die Leerlaufdrehzahl in genau dem Maß, dass der Motor nicht abstirbt und die Kupplung nicht unnötig gestresst wird.

Sitzt oberhalb des Bremspedals: der Kupplungspedalschalter (Pfeil) als Bestandteil der Anti-Stall-Anfahrhilfe. Rechts daneben der Bremslichtschalter.

Letzte Instanz vor den Antriebsrädern – der Achsantrieb

Als letzte Instanz auf dem Weg zu den Antriebsrädern passiert das Motordrehmoment den Achsantrieb. Die vom Getriebe angelieferten Drehzahlen variiert der Achsantrieb ins Langsame, demzufolge steigt das Drehmoment an den Antriebsrädern.

Die Kupplung

Im Focus III arbeitet eine Einscheiben-Trockenkupplung – eine gleichermaßen einfache und zweckmäßige Konstruktion. Für Heimwerker hat die Trockenkupplung freilich den Nachteil, dass ihre Verschleißteile (Mitnehmerscheibe, Kupplungsdruckplatte) und das Ausrücklager nicht ohne weiteres zugänglich sind. Um sie exakt zu inspizieren, muss das Getriebe zunächst vom Motor demontiert sein: Eine Arbeit, die solides Know-how gleichwie Spezialwerkzeuge voraussetzt. Falls Sie da für sich und auf Ihrer Werkbank Defizite erkennen sollten, überlassen Sie den Job besser einer Fachwerkstatt.

Teamarbeit in der Kupplungsglocke: Eine funktionsfähige Trockenkupplung besteht grundsätzlich aus der Kupplungsdruckplatte (Automat) 1, der Kupplungsscheibe (Mitnehmerscheibe) 2 und dem Ausrücklager 3. Im Focus setzt ein hydraulisch betätigtes Ausrücklager die Tellerfeder der Kupplungsdruckplatte unter Druck.

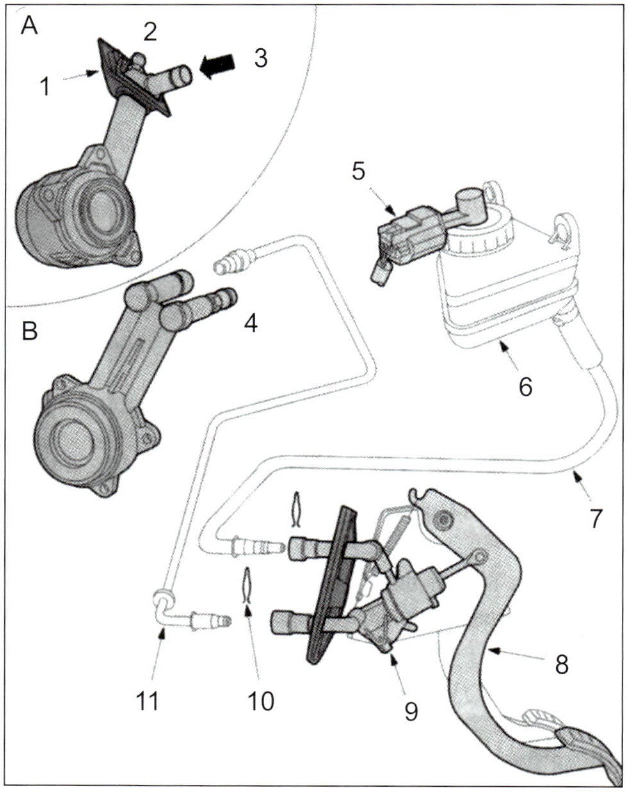

Hydraulische Kupplungsbetätigung:
A Kupplungsnehmerzylinder, mit integriertem Ausrücklager, 1 Kunststoffmanschette, 2 Entlüftungsanschluss, 3 Vorlaufleitung, 4 Entlüftungsanschluss, 5 Bremsflüssigkeitsstand-Niveauschalter, 6 Bremsflüssigkeitsvorratsbehälter, 7 Nachlaufleitung, 8 Kupplungspedal, 9 Geberzylinder, 10 Sicherungsklammer, 11 Druckleitung.

WISSENSWERTES

Die wichtigsten Kupplungskomponenten

– **Motorschwungscheibe:** Beim Focus, wie an den meisten Motoren überhaupt, drehfest mit der Kurbelwelle verschraubt.

– **Kupplungsscheibe (Mitnehmerscheibe):** Auf beiden Seiten einer Stahlscheibe sind Reibbeläge aufgenietet. Die Außendurchmesser der Kupplungsscheibe sind, abhängig von der Motorisierung, unterschiedlich dimensioniert. Die Mitnehmerscheibe sitzt axial verschiebbar und verdrehfest auf der Getriebeeingangswelle. Um den Anfahrvorgang weicher zu gestalten, dämpfen Torsionsfedern oder Gummielemente den Kraftschluss zwischen Reibbelägen und der Schwungscheibe respektive dem montierten Kupplungsautomaten.

– **Kupplungsdruckplatte (Kupplungsautomat):** Der Kupplungsautomat presst die schwimmend gelagerte Kupplungsscheibe über eine Tellerfeder gegen die Schwungscheibe. Die Kupplungsdruckplatte ist am Focus verdrehfest mit der Motorschwungscheibe verschraubt.

– **Ausrücklager:** Das Lager sitzt axial verschiebbar auf der Ausrückwelle und überträgt die vom Kupplungspedal erzeugte Druckkraft auf die Tellerfeder des Kupplungsautomaten. Das entlastet die Kupplungsdruckplatte, somit dreht die Mitnehmerscheibe frei zwischen Kupplungsdruckplatte und Motorschwungscheibe. Bei allen Focus-Modellen, wie bei vielen anderen Autos mittlerweile auch, ist das Ausrücklager eine komplette Einheit mit dem montierten# Kupplungsnehmerzylinder.

– **Nachstellautomatik:** Das Kupplungspedalspiel – bis hin zur Verschleißgrenze – regelt im Focus eine Nachstellautomatik. Lästige Nachstellarbeiten sind demzufolge überflüssig. Sollte die Kupplung irgendwann rutschen, gehen Sie von normalem Verschleiß aus. Nur in seltenen Fällen klemmt das Vordruckventil der Kupplungshydraulik, oder einer der beiden Radialwellendichtringe (Kurbelwelle, Getriebeeingangswelle) ist verschlissen und lässt Motor-, bzw. Getriebeöl auf die Reibbeläge der Kupplungsscheibe tröpfeln. In dem Fall kann keine kraftschlüssige Verbindung mehr zustande kommen.

STÖRUNGSBEISTAND

Checkliste – Kupplung

Störung	Was kann das sein?	Was kann ich tun?
A Kupplung rutscht.	**1** Spiel zu gering.	Grundeinstellung checken.
	2 Kupplungsbeläge verschlissen.	Mitnehmerscheibe erneuern lassen.
	3 Anpressdruck der Kupplung zu gering.	Kupplungsdruckplatte erneuern lassen. Mitnehmerscheibe gleich mit erneuern lassen.
	4 Kupplungsbelag verölt.	Radialwellendichtring an Kurbel- oder Getriebeeingangswelle undicht. Verschlissenen Dichtring erneuern lassen.
	5 Kupplung überhitzt.	Motorschwungscheibe prüfen, ggf. planschleifen, Kupplung komplett erneuern.
B Kupplung trennt nicht.	**1** Siehe A1	Dichtungen ersetzen, Verschraubungen nachziehen.
	2 Mitnehmerscheibe klemmt auf Getriebewelle.	Kerbverzahnung gründlich reinigen und leicht einfetten.
	3 Mitnehmerscheibe hat Schlag.	Mitnehmerscheibe ersetzen lassen.
	4 Mitnehmerscheibe verzogen oder Belag gebrochen.	Mitnehmerscheibe ersetzen lassen.
	5 Belag nach langer Standzeit an Schwungscheibe fest gerostet.	Anfahren, wie unter »Fahren ohne zu kuppeln« beschrieben. Kupplungspedal dauernd durchgetreten halten. Gaspedal ruckartig durchtreten und loslassen, um die Kupplung loszubrechen. Andernfalls schadhafte Teile wechseln lassen.
	6 Kupplungshydraulik defekt.	Entlüften, bzw. instand setzen lassen.
C Kupplung trennt nicht und rutscht gleichzeitig durch.	**1** Kupplungsautomat defekt.	Auswechseln lassen.
D Kupplung rupft	**1** Siehe A3	
	2 Motor- oder Getriebeaufhängung locker oder defekt.	Motor- oder Getriebeaufhängung festziehen bzw. ersetzen.
	3 Unebenheiten auf Schwungscheibe oder Druckplatte.	Defektes Teil ersetzen lassen

Checkliste – Kupplung

STÖRUNGSBEISTAND

Störung	Was kann das sein?	Was kann ich tun?
D	4 Falsche Beläge. Torsionsdämpfer verschlissen.	Mitnehmerscheibe erneuern lassen.
F **Kupplungsgeräusche**	1 Unwucht der Kupplungsdruckplatte bzw. Mitnehmerscheibe.	Defektes Teil ersetzen lassen.
	2 Torsionsdämpferfeder defekt.	Mitnehmerscheibe ersetzen lassen.
	3 Ausrücklager defekt.	Ausrücklager ersetzen lassen.
	4 Verbindungselemente im Kupplungsautomaten verschlissen.	Kupplungsautomat erneuern.

Getriebeölstand checken

Hochwertige Getriebeöle halten ein Getriebeleben lang – so auch im Focus III. Solange unter seinem Bauch also keine großen Getriebeöllachen glänzen, ignorieren Sie unseren Wartungshinweis getrost. Übrigens: Leichter Ölnebel im Umfeld der Getriebeentlüftung muss Sie nicht beunruhigen.
Sobald Sie dort allerdings schon dicke Tropfen oder kleine Rinnsale entdecken, blasen Sie zunächst die Getriebeentlüftung mit Druckluft frei. Anschließend checken Sie natürlich den Getriebeölpegel und ergänzen die Fehlmenge. Die Einfüllöffnung verschließt eine Schraube mittig auf der Getriebevorderseite. Kleinere Mengen können Sie durchaus mit einer Spritzölkanne ins Getriebe heben. Verlängern Sie das Steigrohr dazu mit einem Waschwasserschlauch.

Wichtig für Funktion und Lebensdauer – das richtige Getriebeöl

Synthetische Mehrbereichsöle, im Falle des Focus III mit der Ford-Spezifikation WSD-M2C200-C, halten die Getriebeinnereien bei Laune. Sollten Sie, beispielsweise nach dem Austausch einer Antriebswelle, den Ölstand ergänzen müssen, bleiben Sie unbedingt der gleichen Ölqualität treu. Ihr Ford-Händler hat die entsprechenden Schmiersäfte auf Lager. Werkstätten pumpen das Öl mit speziellen Saugdruckpumpen aus kleinen Fässchen direkt ins Getriebe. Doch kleinere Fehlmengen können Sie durchaus effizient mit einer Spritzölkanne und aufgestecktem Verlängerungsschlauch ergänzen. Der Ölpegel eines richtig befüllten Getriebes sollte etwa 2,5 Zentimeter unterhalb der Gewindebohrung des Rückfahrscheinwerferschalters stehen.

Getriebeölstand überprüfen

Werkzeug:
– Ölauffangschüssel,
– 7-mm-Inbusschlüssel.

- Bocken Sie den Vorderwagen auf und clipsen die Getriebeverkleidung ab.
- Jetzt öffnen Sie die Einfüllbohrung (Pfeil) des Getriebegehäuses. Wenn das Getriebeöl etwa 2,5 Zentimeter unterhalb der Bohrung steht, ist alles o. k.
- Positionieren Sie vorab jedoch eine Schüssel unterhalb der Öffnung, gegebenenfalls läuft etwas Öl aus dem Getriebe das in der Wanne besser als auf dem Boden aufgehoben ist.
- Falls das erwartete Rinnsal ausbleibt, nicht, ergänzen so lange frisches Öl, bis es über die Kontrollbohrung wieder ausläuft und ziehen die Kontrollschraube mit rund 25 Nm fest. Vergessen Sie auch die neue Dichtscheibe nicht.

Nur zur Kontrolle öffnen: Die Kontrollschraube am Getriebe.

Nicht zu überhören – wenn Antriebswellen Geräusche machen

Die Lebensdauer von Antriebswellen hängt natürlich von Ihrer Fahrweise ab. Vermeiden Sie Sprintstarts mit durchdrehenden Antriebsrädern und erst recht mit eingeschlagenen Vorderrädern. Geräusche, die einen Defekt signalisieren, treten erfahrungsgemäß von jetzt auf gleich auf. Lassen Sie sich nicht täuschen – auch wenn die Geräusche für eine geraume Zeit wieder verschwinden. Inspizieren Sie die Wellen dann auf jeden Fall akribisch.

- Rhythmische Schlag- oder Knack-Geräusche, die während der Beschleunigung oder im Schiebebetrieb auftreten (können sich beim Lenkeinschlag verändern), entlarven ein defektes Gelenk an der Radseite.
- Sollte Ihnen während der Kurvenfahrt Ihr Lenkrad kräftig in die Hand schlagen, gehen Sie gleichfalls von einem defekten äußeren Antriebswellengelenk aus.
- Beim Anfahren mit eingeschlagenen Vorderrädern verraten defekte Antriebswellen auch rhythmische Knackgeräusche.
- Verschlissene Radlager zeigen häufig übrigens die gleichen Symptome.

Antriebswellenmanschetten checken

- Bocken Sie den Vorderwagen standfest auf und kurbeln das Lenkrad von Anschlag zu Anschlag.
- Das jeweils kurvenäußere Rad drehen Sie mit der Hand und inspizieren dabei die äußeren Manschetten auf feine Risse und glänzende Stellen. Denn wenn sich erst Schmutz und Feuchtigkeit einnisten können, dauert es nicht mehr lange, bis das Gelenk schrottreif ist. Zur Kontrolle der inneren Manschetten legen Sie sich unter den Vorderwagen. Ein Assistent dreht dann langsam an den Rädern.
- Checken Sie gleich auch die Spannbänder mit. Sitzen sie fest in ihrer Gumminut, sind sie eventuell schon korrodiert? In dem Fall sorgen Sie für Ersatz.
- Fettspuren an den Manschetten sind ein untrügliches Verschleißindiz: Gehen Sie ihnen auf den Grund und dichten die Manschette(n) schnellstmöglich wieder ab. Andernfalls ist das Antriebsgelenk bald schrottreif. Die Gelenke sind ab Werk mit rund 100 Gramm Spezialfett befüllt – zu einem Manschettentausch reichen ca. 60 Gramm MoS2-Fett. Ford verwendet die Spezifikationen ESP-M1C207-A.

Schauen Sie genau hin: Überprüfen Sie beim Check der Antriebswellenschutzmanschette auch den Sitz des äußeren und inneren Schlauchbinders. Gelockerte Lochbandklemmen spannen Sie mit einem Seitenschneider am Verschluss. Biegen Sie dazu in das Spannband eine Ausbuchtung – in Form einer Delle – und drücken dann mit dem Seitenschneider gerade einmal so fest zu, dass die Antriebsmanschette nicht abgequetscht wird. Am Manschettensitz muss die Antriebswelle peinlich sauber sein.

Komfortabel und spurtreu,...

das Focus-Fahrwerk mit spurkorrigierenden Eigenschaften. An der Fahrschemel-Vorderachse führen die Räder zwei McPherson-Federbeine (1) als versetzte Schraubenfeder-/Gasdruckstoßdämpfer-Kombinationen, achsparallele Dreiecksquerlenker mit optimierten Lagerbuchsen (vorn Gummi-, hinten Hydrolager) und ein Querstabilisator. Die Multilinkhinterachse (2) folgt dem Konstruktionsprinzip einer Schwertlenkerachse (3) mit Schraubenfedern (4), Gasdruckstoßdämpfern (5) inklusive Zuganschlagfedern und Querstabilisator. Das optionale Sportfahrwerk basiert auf modifizierten Querstabilisatoren und Feder/Dämpfer-Einheiten. Die Bodenfreiheit wurde, gegenüber dem Serienfahrwerk, vorne um zehn Millimeter und hinten um acht Millimeter reduziert.

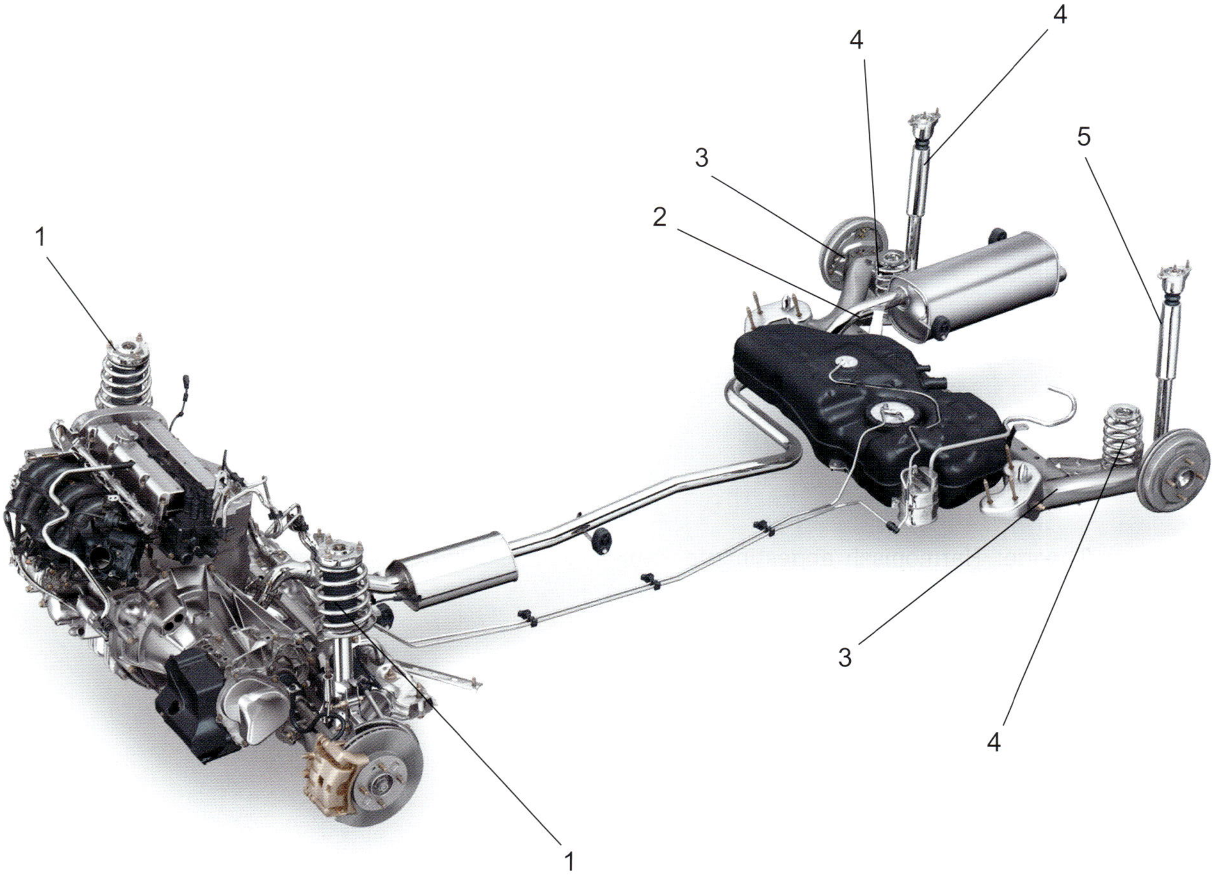

Zum Fahrwerk gehören die Federung und Dämpfung, die Radaufhängungen der Vorder- und Hinterachse, die Lenkung sowie Räder und Reifen. Die Bremsen, ebenfalls Bestandteil des Fahrwerks, handeln wir im folgenden Kapitel ab.

Um dem Fahrwerk des Focus möglichst gutmütige Eigenschaften anzuerziehen, erfanden Ford-Ingenieure das Zusammenspiel zwischen Achsen, Rädern und Straße nicht grundsätzlich neu. Warum auch? Der Focus steht seit jeher im Ruf ein fahraktives Auto zu sein. Schon die erste Auflage heimste von der Fachwelt regelmäßig nur Bestnoten ein. So steht die dritte Generation nicht nur in guter Tradition, sie trägt die positiven Gene ein gutes Stück weiter in die Zukunft: Der Focus ist nach wie vor ein beherztes Fahrerauto mit einem gehörigen Schuss Komfort. Unter Seinesgleichen gräbt ihm in Sachen Handling so schnell kein Mitbewerber das Wasser ab.

Die von den Ingenieuren gekonnt aktualisierte Kombination aus McPherson-Vorderachse und Multilinkhinterachse hält Vergleichen mit vermeintlich aufwändigeren Lösungen allemal stand. An ABS, EBD und ESP ab Werk freilich kommt auch ein Focus nicht mehr vorbei. Dermaßen an die elektronische Leine gelegt und kombiniert mit einem Radstand von 2640 Millimetern sowie einer Basisspurweite von 1535 Millimeter an der Vorder- und 1531 Millimeter an der Hinterachse, legt der kompakte Ford damit ein vorbildliches Fahrverhalten an den Tag. Gegenüber den normalen Ausführungen steht der Focus mit Sportfahrwerk vorne um zehn Millimeter und hinten um acht Millimeter tiefer in den Federn.

Diffizil – die Fahrwerksauslegung des Focus III

So viel zur Theorie: Harmonisch abgestimmte Fahrwerke liegen freilich nicht zum Abgreifen im Ersatzteilfundus parat. Auch zaubert sie kein Computer selbstständig unter den Autobauch. Die Radaufhängungen des Focus III sind nicht einmal mit Chips und Bits übermästet, vielmehr passen die Fahrwerkskomponenten vortrefflich zueinander.

Das ist natürlich kein Zufall: Hinter dem vorzeigbaren Endergebnis stehen ein großes Erfahrungspotenzial, gigantische Bitleistungen industrieller Großrechner, modernste Entwicklungssoftware und unzählige Testfahrer rund um den Globus.

Denn ein koordiniertes Teamwork wird das nur, wenn sämtliche Komponenten aufeinander abgestimmt sind und letztlich auch zueinander passen. Schließlich drehen die Räder nicht nur um die eigene Achse, sie absolvieren während der Fahrt noch gezielte Auf- und Abwärtsbewegungen, gleichfalls leiten die Vorderräder planmäßige Richtungsänderungen ein. Destabilisierende Kräfte setzen dem Fahrwerk auch beim Bremsen und Beschleunigen gehörig zu. Die gilt es natürlich zu eliminieren.

Leichter gesagt als getan – überquert Ihr Focus zum Beispiel eine Bodenwelle oder durcheilt soeben eine Kurve, beeinflusst das die Radgeometrie. Würden die Räder dabei auch nur kurzfristig den Fahrbahnkontakt verlieren, ginge es, der Fliehkraft gehorchend, auf dem kürzesten Weg ins Abseits. Um den Ausritt möglichst zuverlässig zu vermeiden, stützen sich die Räder im Zusammenspiel mit Stoßdämpfern und Federn gegen die Karosserie ab. Übrigens dämpfen Stoßdämpfer keine Stöße, Sie halten lediglich die Eigenschwingungen von Federn und Reifen im Zaum. Demzufolge müssten Stoßdämpfer folgerichtig Schwingungsdämpfer heißen.

Zusammengehörig – Lenkung und Fahrsicherheit

Fahrverhalten und Fahrsicherheit profitieren unter anderem auch davon, dass die Vorderräder geradlinig auf Kurs bleiben. So ist natürlich das Ansprechverhalten der Lenkung exakt auf die Vorderachskinematik, das Fahrzeuggewicht, die Lenkgeometrie und die Lenkelastizität der Räder abgestimmt.

Den Focus III dirigiert übrigens keine Zahnstange mit hydraulischer Unterstützung mehr. Den Job verrichtet eine geschwindigkeitsabhängige, elektrische Servolenkung EPAS (Electric Power Assist Steering). Vorteil: Elektrische Lenksysteme fordern nur dann Energie, wenn sie auch tatsächlich arbeiten. In mehr als 85 Prozent aller Fahrsituationen sind das nur 4 A, die maximale Stromaufnahme der EPAS beträgt 60 Ampere. Das erspart in Summe rund zwei bis fünf Prozent Kraftstoff.

Außerdem ist die Servokraft elektrisch unterstützter Lenkgetriebe feinfühliger zu programmieren als bei rein hydraulischen Lenksystemen. Als Fahrer bemerken Sie das spätestens beim Einparken. Nämlich dann, wenn Ihnen im Schritttempo das Volant leicht durch die Hände gleitet. Je zügiger Sie allerdings unterwegs sind, umso geringer wird die Servowirkung. Das macht durchaus Sinn: In höheren Geschwindigkeitsbereichen wenden Sie ohnehin weniger Lenkkraft auf – die tatsächlichen Lenkkräfte nehmen mit zunehmender Geschwindigkeit ab. Techniker sprechen in dem Fall von einer degressiven Servowirkung.

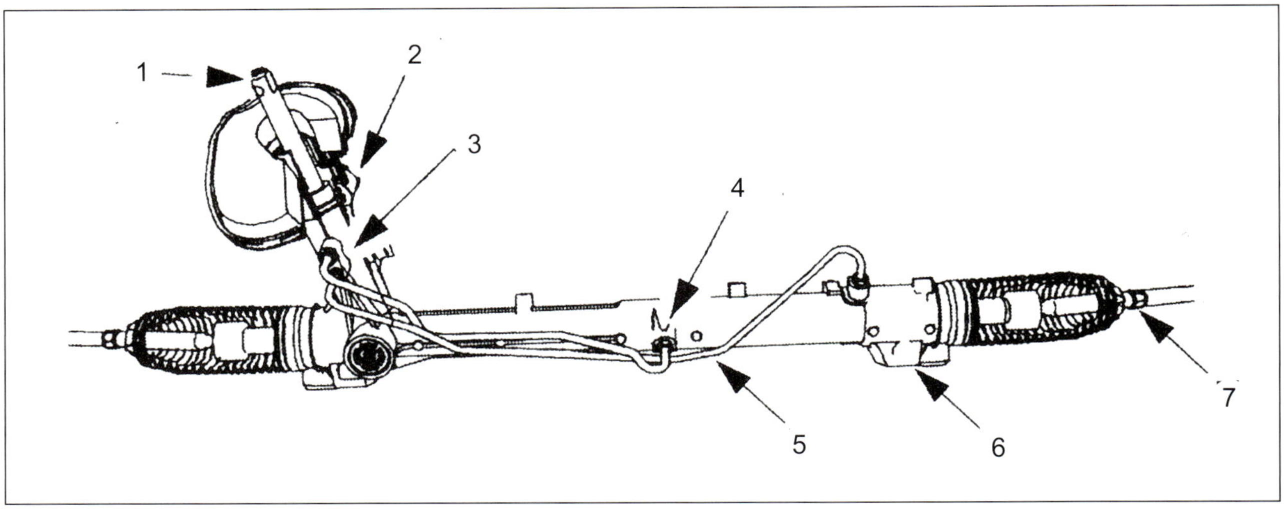

Arbeitet mit degressiver Unterstützung: EPAS-Lenkung im Focus III. 1 Lenkwelle, 2 induktiver Lenkwinkelsensor, 3 Ventilgehäuse, 4 Hydraulikzylinder, 5 Hydraulikölleitung, 6 Lenkgehäuse, 7 Spurstangen.

Lenkung und Fahrwerk

GEFAHRENHINWEISE

Arbeiten an Fahrwerk und Lenkung setzen Erfahrung, häufig auch Spezialwerkzeuge sowie optische oder elektronische Messgeräte voraus. Wenn Sie darin für sich oder Ihre eigene Werkbank Nachholbedarf erkennen, suchen Sie besser eine Fachwerkstatt auf. Seien Sie sich stets bewusst: Unzulänglich ausgeführte Reparaturen gefährden nicht nur Sie und Ihre Mitfahrer, andere Verkehrsteilnehmer gefährden sie gleichfalls. Erliegen Sie unter keinen Umständen der Versuchung, beschädigte Radaufhängungen zu richten oder zu schweißen. Verbogene, vom Rost zernagte oder gerissene Formteile müssen grundsätzlich Neu- oder brauchbaren Secondhandteilen weichen. Und weil wir gerade den Zeigefinger ausfahren, gleich noch ein Rat: Überlassen Sie die Feineinstellung der Focus-Räder nach tiefer gehenden Fahrwerksreparaturen grundsätzlich einer Fachwerkstatt mit optischem Achsmessstand. Ein vorschriftsmäßig vermessenes und justiertes Fahrwerk hat maßgeblichen Einfluss auf das Fahrverhalten und den Reifenverschleiß. Bereits ein deftiger Bordsteinschubser bringt die Achsgeometrie empfindlich aus dem Lot. Ausgeschlagene Achsgelenke, Spurstangenköpfe oder Gummilager beeinflussen das Fahrverhalten gleichfalls negativ.

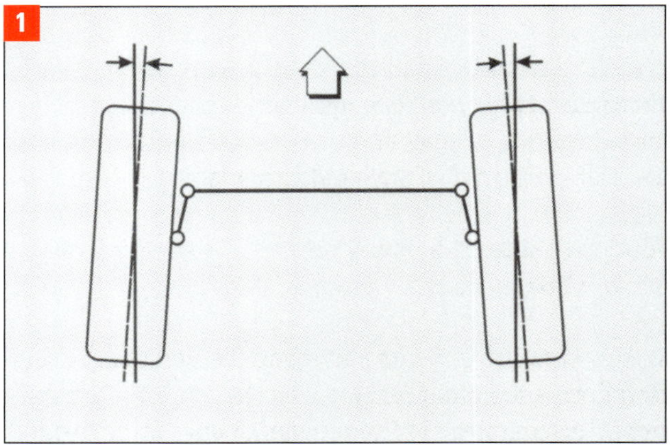

Vorspur: Die an Vorder- und Hinterachse gegeneinander eingeschlagenen Räder verbessern den Geradeauslauf.

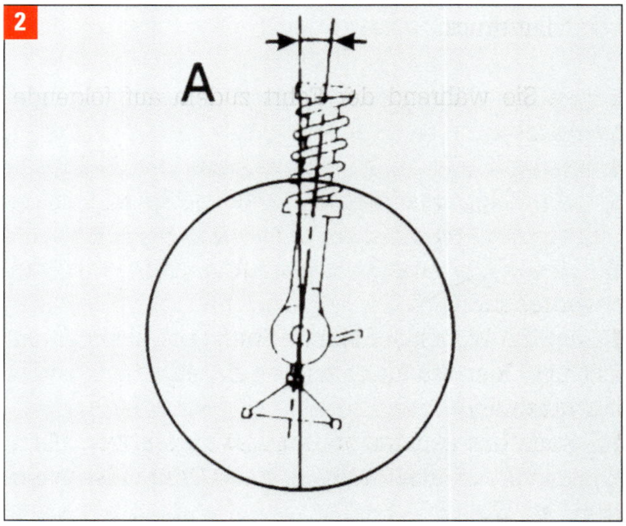

Teewageneffekt: Durch den Nachlauf an der Vorderachse zentriert sich das Rad in seiner Mittelachse selbst.

3

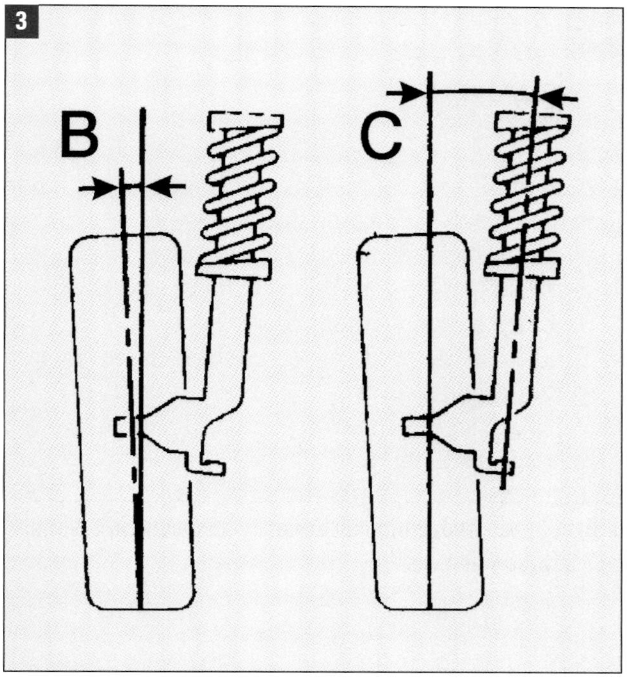

Die Radeinstellungen: Der Radsturz (B) beträgt ca. 2° an der Hinterachse und sorgt für ein besseres Kurvenverhalten. Die Spreizung (C) dient der Radzentrierung.

Von Fall zu Fall sinnvoll – do it yourself am Fahrwerk

Als aufmerksamer Fahrer kommen Sie verstellten Vorderrädern auch ohne Achsmessstand auf die Schliche: Ihr Focus legt damit in Kurven, auf ebener Strecke oder langen Autobahngeraden ein nervöses Fahrverhalten an den Tag. Zumindest bei gleicher Bereifung, vergleichbarer Profiltiefe und natürlich dem vorgeschriebenen Luftdruck.

Achten Sie während der Fahrt zudem auf folgende Symptome:

- Bei vorschriftsmäßig eingestellten Vorderrädern steht das Lenkrad in Geradeausfahrt grundsätzlich geradeaus. Ein urplötzlich schief stehendes Lenkrad ist untrügliches Indiz für verstellte Vorderräder.
- Läuft Ihr Wagen auf ebener Straße von allein in der Spur? Oder drängt er an den linken oder rechten Straßenrand?
- Kommt das Lenkrad am Kurvenausgang von allein in die Geradeausstellung zurück? Oder müssen Sie nachhelfen?
- Nutzen die Vorderreifen gleichmäßig ab? Oder waschen die Profilkanten unterschiedlich aus?

WISSENSWERTES

Grundbegriffe der Lenkgeometrie

Vorspur: Die Vorderräder stehen vorne enger zusammen als hinten – sie rollen aufeinander zu. Diese Eigenart minimiert den Reibkoeffizienten zwischen Radaufstands- und Straßenoberfläche: Demnach drängte das linke Rad nach links und das Rechte nach rechts. Zur Unterstützung der Lenkbewegung und der Lenkkräfte schwenkt bei Kurvenfahrt das kurveninnere Rad stärker ein als das kurvenäußere (Spurdifferenzwinkel) – die Vorspur geht in Nachspur über. Im Fall von Nachspur stehen die Räder hinten enger zusammen als vorn.

Sturz: Der Sturz beschreibt die Radneigung zu einer theoretisch gedachten Senkrechten. Er vermindert Fahrbahnstöße in die Lenkung, reduziert die Lenkkräfte und Reibung der Räder auf der Straße. Die Focus-Vorderräder haben ab Werk leicht negativen Sturz – sie stehen oben im Radkasten geringfügig enger beieinander als unten am Boden.

Spreizung: Neigung der Lenkungsdrehachse zu einer Senkrechten. Denkt man sich eine Linie dieser Achse zum Boden und misst den Abstand zur Mittellinie durch das Rad (Mittelpunkt der Reifenaufstandsfläche), ergibt das den Lenkrollradius. Um die Störkräfte in der Lenkung zu verringern, soll der Lenkrollradius möglichst gering sein. Zusammen mit dem Nachlauf bewirkt die Spreizung außerdem, dass sich das Auto bei eingeschlagenen Rädern vorne etwas anhebt. Sobald das Lenkrad während der Fahrt lockerer geführt wird, stellen sich die Räder selbst in die Mittelstellung zurück (Rückstellmoment).

Nachlauf: Abstand (in Fahrtrichtung) zwischen der gedachten Verlängerungslinie der Lenkdrehachse zum Boden und dem Mittelpunkt der Reifenaufstandsfläche. Durch den Nachlauf werden die Räder gezogen (und nicht geschoben). Vorteil: Gezogene Räder um die Lenkdrehachse neigen dazu, sich selbstständig zu stabilisieren (Teewageneffekt) und somit automatisch die Geradeauslaufstellung beizubehalten.

Stoßdämpfer prüfen – ohne Prüfequipment nur bedingt möglich

Damit Stoßdämpfer möglichst wenig Fahrgeräusche in den Innenraum übertragen, sind sie elastisch mit der Karosserie und dem Fahrwerk verbunden. Nach etwa zwei verschlissenen Reifensätzen arbeiten die Dämpfer noch mit etwa 50 Prozent ihres ursprünglichen Leistungsvermögens. Da die Dämpferwirkung jedoch langsam und nicht abrupt nachlässt, fällt der Verlust dann meistens erst in Extremsituationen auf: Sie haben nämlich unbewusst, wie übrigens die meisten Autofahrer, Ihren Fahrstil längst dem nachlassenden Stoßdämpfer angepasst. Lassen Sie Stoßdämpferfunktionen darum einmal jährlich auf dem Prüfstand eines Automobilklubs, vom TÜV oder Dekra checken. Die Schaukelmethode, bei der Sie Ihren Wagen an den Kotflügeln aufschaukeln, um sein Nachschwingverhalten zu testen, ist kein ernstzunehmender Check. Sie entlarven damit allenfalls total verschlissene Stoßdämpfer. Als sicherheitsbewusster Fahrer achten Sie während der Fahrt besser auf folgende Symptome:

- Flattert die Lenkung? In diesem Fall tanzen die Räder über dem Boden oder sie sind falsch ausgewuchtet.
- Wie verhält sich Ihr Auto in Kurven? Taucht es schwammig ein oder wankt gar jeder Straßenunebenheit hinterher?
- Schwingt Ihr Auto nach Bodenwellen kräftig nach?
- Nutzen die Reifen ungleichmäßig ab (partiell ausgewaschene Lauffläche)?
- Sind die Stoßdämpfer dicht? Geringe Ölschwitzspuren am Gehäuse sind durchaus normal.

Lenkmanschetten checken – Sichtprüfung reicht

Auf beiden Seiten schützt die aus dem Lenkgetriebegehäuse austretende Zahnstange je eine Gummimanschette. Beide Manschetten müssen staubtrocken sein. Ersetzen Sie feuchte Manschetten unmittelbar: Eindringender Schmutz oder Feuchtigkeit verwandeln das Fett im Lenkgetriebe in kürzester Zeit zu einer Schleifpaste, die der Lenkung den Garaus macht.

- Leuchten Sie mit einer Taschenlampe die Faltenbälge ab.
- Schlagen Sie die Lenkung voll nach rechts und links ein und ziehen dann den Faltenbalg Stück um Stück auseinander. Sind Risse zu erkennen?
- Spannbänder müssen auf beiden Manschetten fest sitzen.

Regelmäßig checken – das Lenkungsspiel

Das Lenkungsspiel Ihres Focus ist eine feste Größe. Sollten Sie der Meinung sein, die Vorderräder entwickelten zu viel Eigenleben, machen Sie die Probe aufs Exempel. Dazu parkieren Sie Ihren Wagen zunächst auf einer ebenen Stein- oder Asphaltfläche.

- Dann stellen Sie die Vorderräder geradeaus, stellen sich neben den Wagen und...
- drehen durchs geöffnete Seitenfenster das Lenkrad ruckartig hin und her.
- Achten Sie währenddessen aufs linke Vorderrad, besser noch auf sein Felgenhorn: es muss Ihre Lenkausschläge rhythmisch übertragen. Falls nicht, sind entweder das Lenkgetriebe oder ein – bzw. gleich mehrere – Spurstangenköpfe ausgeschlagen. Der elastische Reifen bremst die Bewegungen grundsätzlich geringfügig ab.
- Bemerken Sie um die Geradeausstellung kein Spiel, bei stärkerem Lenkeinschlag jedoch ein Klemmen, ist die Zahnstange verschlissen. In dem Fall sehen Sie besser von einer Do-it-yourself-Reparatur ab und überlassen den Wagen einem Fachmann zur Reparatur.

Von Zeit zu Zeit prüfen – die Querlenkerlager

Beide Lager und das Kugelgelenk der vorderen Querlenker sind wartungsfrei. Das äußere Kugelgelenk sitzt in einer Kunststoffschale mit Fettdauerfüllung. Dennoch inspizieren Sie die Querlenker regelmäßig. Dazu drücken Sie das Spiel mit einem Montierhebel ab. Den Hebel setzen Sie außen zwischen Achsschenkel und Querlenker an. Bei zu viel Spiel suchen Sie eine Fachwerkstatt auf.

Zum Check ...

- schlagen Sie die Lenkung mehrmals ruckartig nach links und rechts ein.
- Inspizieren Sie beide Kugelgelenke auf Beschädigungen.
- Setzen Sie danach einen Montierhebel an die Querlenker an und wippen die Gelenke gefühlvoll hin und her. Beachten Sie allerdings, dass die Lager von Haus aus eine gewisse Elastizität haben (müssen). Sobald sich der Montierhebel jedoch widerstandslos schwenken lässt, sind die Lager längst verschlissen.

Versierte Schrauber werden jetzt zur Selbsthilfe greifen wollen. Wir raten Ihnen eindeutig davon ab, die Arbeit ist nicht allein mit dem Tausch eines Lagers oder Kugelgelenks beendet: Stattdessen müssen Sie den kompletten Querlenker demontieren und die Vorderachse, nach beendeter Reparatur, optisch neu vermessen lassen. In der Fachwerkstatt sind Sie damit von vornherein besser aufgehoben.

Spurstangenköpfe und Manschetten prüfen

Die Spurstangenköpfe sind jeweils links und rechts mit den Spurstangenenden verschraubt. Bei defekten Spurstangenköpfen reicht es daher, nur den verschlissenen Kopf und nicht etwa die gesamte Spurstange zu erneuern. Die stählernen Spurstangenköpfe sitzen in einer selbstschmierenden Kunststoffschale, eine mit Spezialfett gefüllte Manschette schützt sie vor Schmutz und Feuchtigkeit. Und so kommen Sie verschlissenen Köpfen auf die Spur:

- Checken Sie die Kunststoffmanschetten der Spurstangenköpfe auf äußere Beschädigungen (z. B. Haarrisse).
- Vergessen Sie bei der Gelegenheit auch nicht das Spiel innerhalb der Gelenke zu prüfen. Sinnvollerweise machen Sie das über einer Grube oder auf einer Vierstempel-Hebebühne – die Räder müssen dazu nämlich Bodenkontakt haben.
- Lassen Sie das Lenkrad ruckartig von einem Helfer hin und her bewegen. Währenddessen fassen Sie die Gelenkpfannen an. Verschlissene Gelenke spüren Sie ganz deutlich in Ihren Fingerkuppen – intakte Gelenke gleiten geräuschlos und spielfrei in den Kunststoffschalen.
- Sollten Sie in Ihren Fingerkuppen leichte Stöße verspüren, tauschen Sie das betreffende Gelenk schnellstens aus.

Radlagerspiel prüfen

Die Räder drehen sich um wartungsfreie Doppelkugellager. An der Hinterachse halten moderne Radlager heutzutage gut und gerne rund 150.000 Kilometer. Ihre Pendants an der Vorderachse sind naturgemäß stärker belastet, sie überleben häufig nicht ganz so lange. Radlager wie Ford sie montiert, sind bereits mit der Montage eingestellt. Bei Schäden bleibt Ihnen übrigens nur der komplette Radnabentausch übrig. Aufmerksamen Ohren kündigt sich die anstehende Reparatur rechtzeitig an: Verschlissene Radlager nerven mit monotonen Geräuschen. Mahlgeräusche in Rechtskurven signalisieren Verschleiß am linken Lager, solche in Linkskurven disqualifizieren das rechte Radlager. Bevor Sie Hand anlegen, machen Sie noch folgenden Test:

Stellen Sie den Wagen auf einer Stein- oder Asphaltfläche ab. Greifen Sie das Rad im oberen Radlauf und kippen es rhythmisch im Radlauf kräftig hin und her. Einwandfreie Lager verkraften das lautlos und ohne Spiel.

Sollten Sie an den vorderen Radlagern zu viel Spiel feststellen, lassen Sie einen Helfer die Bremse treten – Sie ruckeln derweil am betreffenden Rad. Bleibt das Spiel unverändert, haben Sie auf diese Art und Weise zufällig ein defektes Achsgelenk entdeckt.

Staubtrocken und ohne Spiel: So sehen unversehrte Spurstangenköpfe aus.

Oben mit beiden Händen ans Rad greifen und kräftig rütteln: zur Kontrolle des Radlagerspiels.

Lenkgetriebemanschetten auswechseln – das schaffen Sie locker

Werkzeug:
– Seitenschneider,
– Wasserpumpenzange.

■ Demontieren Sie zunächst das Spurstangenendstück wie beschrieben. Vergessen Sie auf keinen Fall die sichtbaren Gewindegänge vorher exakt zu zählen (siehe Spurstangenköpfe erneuern).

■ Falls an Ihrem Focus verbaut, demontieren Sie die untere Motorabdeckung, säubern die Spurstange und lösen die Kontermutter des Spurstangenendstücks.

■ Danach lösen Sie die Klemmschellen (Pfeile) von der Lenkmanschette und ziehen die Manschette von der Spurstange ab.

■ Bevor Sie die neue Manschette montieren, fetten Sie die Öffnungen gut ein und schieben die Manschette vorsichtig auf die Spurstange. Achten Sie darauf, die Manschette nicht zu verdrehen.

■ Richten Sie die Manschette in den Spurstangen- sowie den Lenkgehäusenuten spannungsfrei aus. Falls Sie das nur lässig erledigen, verspannt die Manschette und reißt früher oder später ein.

■ Sichern Sie die Manschette mit einem neuen Halteband/Klemmschelle.

■ Lassen Sie in einer Fachwerkstatt die Vorderachsgeometrie neu vermessen.

Spannungsfrei montieren: den Faltenbalg am Lenkgetriebe, ansonsten gibt's Spannungsrisse.

Spurstangenköpfe erneuern – zählen Sie die Gewindegänge

Die Spurstangenköpfe sind jeweils links und rechts mit den Spurstangen verschraubt. Vorteil: Bei defekten Spurstangenköpfen reicht's, den verschlissenen Kopf und nicht die komplette Spurstange auszutauschen. Wechseln Sie Spurstangenköpfe möglichst nur paarweise und achten auf die richtige Spezifikation für Ihren Focus.

Werkzeug:
– Wagenheber,
– Unterstellbock,
– Ratsche,
– 17er-Nuss,
– 17er-Maulschlüssel,
– Spurstangenabzieher.

■ Bocken Sie den Wagen standfest auf und bauen die Vorderräder ab.

Ohne Abzieher gibt's Probleme: Der Spurstangenkopf sitzt nämlich bombenfest im Konus.

- Lösen Sie am Lenkhebel des Lenkschwenklagers die selbstsichernde Mutter des Spurstangenkopfs zunächst nur um einige Umdrehungen und ...

- pressen den Spurstangenkopf mit einem Klauen- oder Kugelgelenkabzieher aus dem Lenkhebel. Schrauben Sie die Mutter dann ganz ab und ziehen den Spurstangenkopf ganz aus dem Konus.

- Lösen Sie jetzt die Klemmmutter am Spurstangenkopf und schrauben das Endstück von der Spurstange ab.

- Nicht jedoch, ohne vorab die freien Gewindegänge außerhalb der Spurstange exakt zu zählen. Den neuen Kopf montieren Sie dann mit gleicher Einbaulänge. Wenn Sie das präzise hinbekommen, also exakt wieder die gleiche Anzahl an Gewindegängen frei liegt, können Sie eventuell auf eine Spurkorrektur verzichten.

Federbein demontieren und montieren – mit Helfer machbar

Wechseln Sie die Federbeine immer nur paarweise und achten auf die richtige Spezifikation für Ihren Focus. Arbeiten Sie immer nur an einer Achsseite – niemals gleichzeitig an beiden. Da die Arbeiten für beide Seiten nahezu gleich sind, beschreiben wir die Arbeit am rechten Federbein.

Werkzeug:
– Ratsche,
– 10er-, 13er- und 17er-Nuss,
– 15er-Ringschlüssel,
– 5er-Inbusschlüssel.

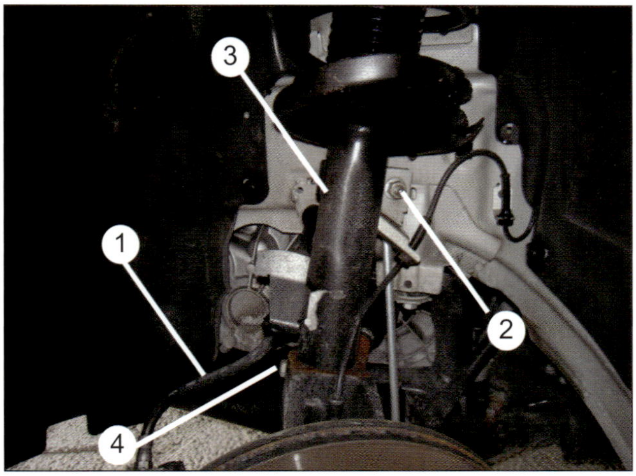

Vom Federbein lösen: die Pendelmutter (2)
1 Bremsschlauch, 3 Federbein, 4 Klemmschraube

- Bocken Sie den Vorderwagen rüttelsicher auf und demontieren das betreffende Vorderrad.

- Ziehen Sie den Bremsschlauch (1) aus der Bremsschlauchhalterung.

- Lösen Sie die Pendelmutter (2) am Federbein (3). Kontern Sie das Pendel mit einem Inbusschlüssel.

- Danach schrauben Sie die Befestigungsschraube (4) vom Federbein los und schwenken den Achsschenkel vorsichtig nach außen ab.

- Anschließend öffnen Sie die Motorhaube und demontieren, wie beschrieben, die Motorabdeckung und den Windlauf.

- Lösen Sie nun an den Federbeindomen jeweils drei Schrauben (Pfeile) der Domstütze und heben die Stütze ab.

- Danach lösen Sie am Federbeindom die verbliebene Mutter und bugsieren das komplette Federbein nach unten aus dem Radhaus.

Stabilisiert die Federbeine: Federbeindomstütze zwischen den Federbeindomen.

Montage

- Stellen Sie das vormontierte Federbein zentrisch im Federbeindom auf und beenden die Montage in umgekehrter Reihenfolge.

- Verwenden Sie nur neue Schrauben und Muttern. Beide Schraubverbindungen am Achsschenkel ziehen Sie mit 90 Nm an. Den oberen drei Muttern und der Pendelschraube reichen 37, bzw. 48 Nm.

- Kontrollieren Sie nach einer besonnenen Probefahrt sämtliche Schraubverbindungen. Vergessen Sie auch nicht, die Vorderachsgeometrie auf einem optischen Achsmessstand checken bzw. neu einstellen zu lassen.

Stoßdämpfer hinten erneuern – grundsätzlich nur paarweise

Wechseln Sie die Stoßdämpfer grundsätzlich nur paarweise und achten zudem auf die richtige Spezifikation für Ihr Auto. Arbeiten Sie beide Seiten unbedingt nacheinander ab.

Werkzeug:
- Ratsche,
- Verlängerung,
- 10er/15er-Nuss,
- hydraulischer Rangierwagenheber.

- Sichern Sie die Vorderräder mit einem Unterlegkeil, bocken den Hinterwagen rüttelsicher auf und demontieren die Hinterräder.

- Jetzt platzieren Sie einen Rangierwagenheber unter den Hinterachskörper und heben die Achse so weit an, dass die Stoßdämpferschrauben später gut zu lösen sind.

linke Seite

- Um das Hitzeschutzblech zu demontieren, ziehen Sie den Endschalldämpfer gefühlvoll aus der hinteren Aufhängung und …

- lösen drei Befestigungsclipse. Das lose Blech legen Sie beiseite.

beide Seiten

- Lösen Sie die Stoßdämpferschrauben (Pfeile) auf beiden Seiten und.

- Ziehen Sie die Dämpfer nach unten aus der Halterung.

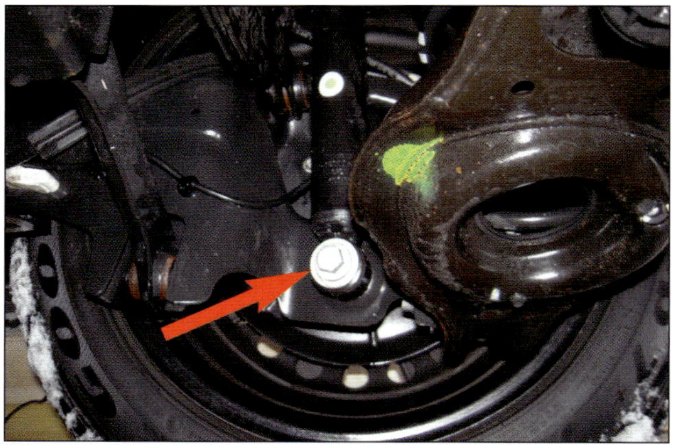

Oben und unten lösen: die Stoßdämpferschrauben.

- Beenden Sie die Arbeit in umgekehrter Reihenfolge. Die obere Mutter ziehen Sie mit 115 Nm an.

- Damit Sie das Arbeitsspiel der Stoßdämpfergummis minimieren, stellen Sie den Wagen wieder auf die Räder und ziehen die untere Mutter gleichfalls mit 115 Nm fest.

Räder und Reifen

Auf einer – je Rad – etwa Postkarten großen Aufstandsfläche tragen die Pneus Ihren Focus über Stock und Stein, parieren die unterschiedlichsten Fahrbahnen und übertragen sämtliche Antriebs-, Brems- und Fliehkräfte. Sie wissen es längst: Reifen leisten einen immensen Beitrag zum guten Fahrverhalten und somit zur aktiven Sicherheit. Die Karkasse, die Gummimischung, deren Silikatanteil und das computerberechnete Reifenprofil machen heutige Radialreifen zu Hightech-Produkten. Bei durchschnittlicher Belastung müssen Sie Ihren Focus etwa alle 30.000 – 40.000 Kilometer auf der Vorder- und nach rund 50.000 – 60.000 Kilometern auf der Hinterachse neu bereifen.

Unabhängig von der Laufleistung – Reifen gehören nach spätestens zehn Jahren erneuert

Wechseln Sie die Reifen – unabhängig von der Laufleistung und Restprofiltiefe – nach acht bis zehn Jahren. Winterreifen geben Sie am besten schon nach fünf Jahren den Laufpass. Das verbliebene Restprofil fahren Sie ins Frühjahr hinein ab.
Warum die generelle Empfehlung?
In den angegebenen Zeiträumen setzen Straßendreck, chemische Umwelteinflüsse, interne Alterungsprozesse und nicht zuletzt die Sonne den Pneus dermaßen zu, dass sie verhärten und spröde sind. Trauen Sie übrigens auch keinem alten, wie neu aussehenden Ersatzrad: Die neuwertige Optik ist mitunter nämlich nur Fassade – darunter sieht's häufig gefährlich brüchig aus. Reifen altern nämlich auch im Kofferraum, im dunklen Keller oder in der Garage. Ein Großteil ihrer Ingredienzien diffundiert an die Oberfläche – der Pneu härtet künstlich von innen nach außen aus.

Das sollten Sie kennen – die Bezeichnungen auf der Reifenflanke

Auf den Reifenflanken sind eine Reihe von Ziffern und Buchstaben eingeprägt, die Fachleuten als verschlüsselte Visitenkarte dient. Die meisten Autofahrer interessiert ohnehin nur das Reifenformat. 195/65 R 15" bedeutet zum Beispiel, dass die Reifenbreite 195 Millimeter beträgt. Die zweite Zahl bestimmt das Verhältnis von Höhe und Breite des Reifens. Im Beispiel beträgt es 65 Prozent. Je kleiner dieses Verhältnis, umso flacher ist der Reifen. Der Buchstabe »R« steht für Radialbauweise (Gürtelreifen) und die Zahl hinter der Kombination (15) beschreibt den Felgendurchmesser in Zoll.

WISSENSWERTES: Ultra-Light-Weight-Reifen (ULW-R)

In der Rennszene sind **U**ltra-**L**ight-**W**eight-**R**eifen (ULW-R) längst ein alter Hut. Auch unter normalen Straßenautos werden die Superleichtgewichte schon seit geraumer Zeit immer aktueller – und das aus gutem Grund: Gegenüber einem herkömmlichen Stahlgürtelreifen bringen ULW-Reifen etwa drei Kilogramm weniger Gewicht auf die Waage.

Wie das? Anstelle von Stahlcord-Gürteleinlagen fesseln ULW-Karkassen ultraleichte Aramidfasern. Die Hightech-Kunststofffaser wiegt etwa sechsmal weniger als Stahl, übertrifft seine Zugfestigkeit jedoch um das Zehnfache. Das erfreut landauf landab nicht nur Reifenbäcker, sondern gleichermaßen auch Bremsenkonstrukteure. Denn mit geringeren rotierenden Radmassen sind höhere ABS-Regelfrequenzen möglich. Im Klartext: Ultra-Light-Weight-Reifen können schneller stoppen – auch auf rutschigen Pisten. Und weil Aramidfasern zudem weniger verletzlich als Stahlfäden sind – sie oxidieren beispielsweise nicht nach Reifenpannen – haben sie auch gute Chancen, als Runderneuerte ein zweites Leben zu erleben. Darüber hinaus spielen die Pneus über die Zeit den Aufpreis beim Kauf wieder ein: Ultra-Light-Weight-Reifen senken die Kraftstoffkosten.

Synonym für die Höchstgeschwindigkeit – der Großbuchstabe hinter der letzten Ziffer

Der Großbuchstabe hinter der letzten Ziffer auf der Reifenflanke verrät die zulässige Höchstgeschwindigkeit des Reifens. Ein 195/65 R15-Reifen mit dem Kennbuchstaben »S« ist für ein Topspeed bis 180 km/h, mit »T« bis 190 km/h zugelassen. Maximal 210 km/h vertragen Reifen mit dem Kennbuchstaben »H«, »V« steht für 240 km/h, »W« reicht bis 270 km/h und »Y« bis 300 km/h. Herkömmliche M+S-Reifen mit dem Kürzel »Q« sind bis 160 km/h freigegeben.

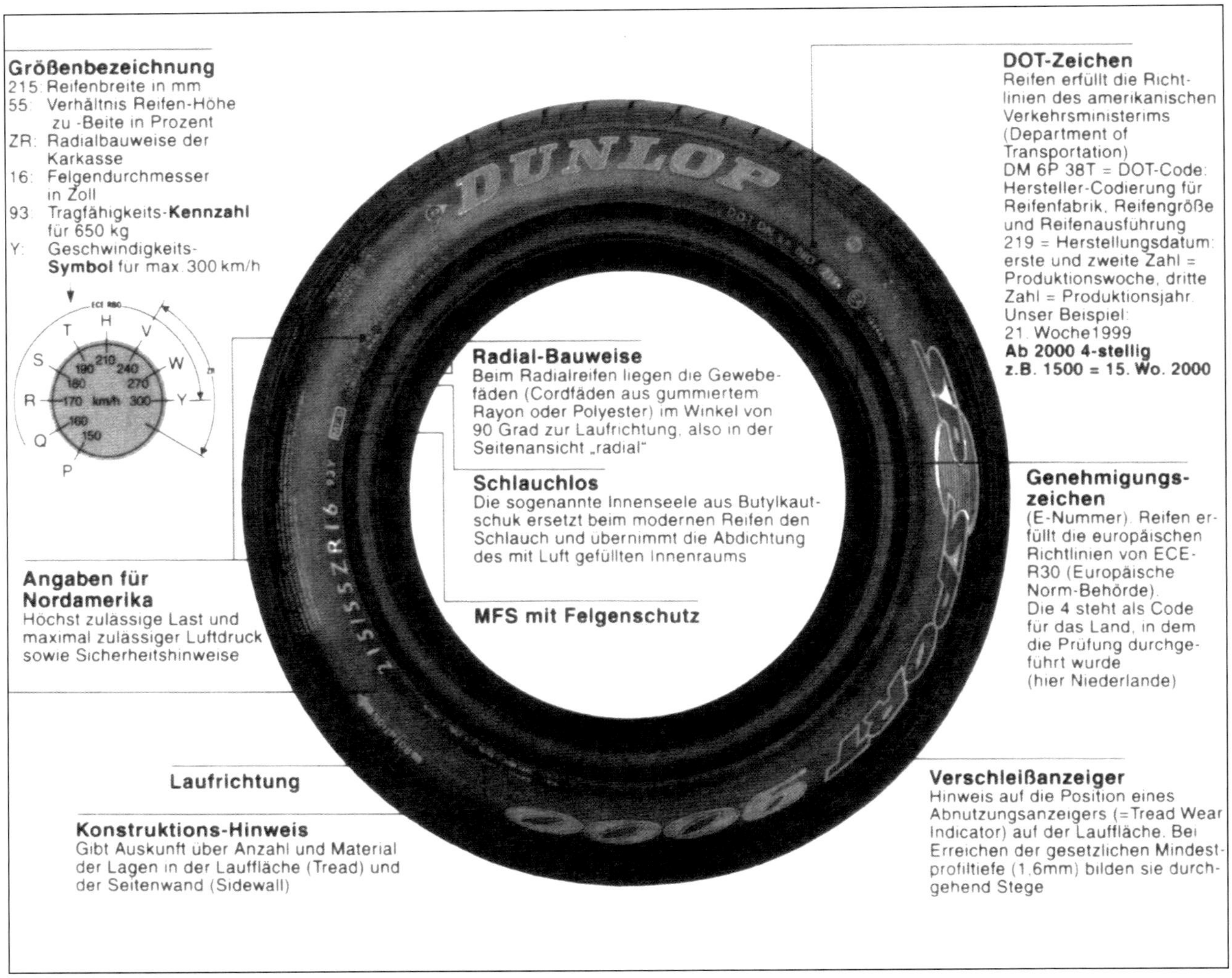

Bringen sichtbar Transparenz: Reifendaten auf der Flanke. Achten Sie beim Kauf auf die Spezifikationen, damit der neue Reifen Ihrem Auto wirklich passt.

Reifengeburtstermin – die DOT-Nummer

Das tatsächliche Herstellungsdatum verrät Ihnen die vierstellige »DOT-Nummer« (DOT – Department of Transportation, amerikanisches Verkehrsministerium) auf der Reifenflanke: Die beiden ersten Ziffern nennen die Produktionskalenderwoche, die folgenden beiden Zahlen das Produktionsjahr. Lautet die DOT-Nummer beispielsweise 4210, wurde der Pneu in der 42. Woche des Jahres 2010 produziert. Neureifen, die nach dem 01. Oktober 1998 gebacken wurden, tragen eine ECE-Prüfnummer auf der Reifenflanke. Die Prüfnummer garantiert ein typgeprüftes Bauteil, entsprechend dem Qualitätsstandard der Economic Commission of Europe (ECE-R 30). Sollten Sie Ihren Wagen mit Neureifen ohne ECE-Prüfnummer bestücken, fahren Sie fortan ohne Allgemeine Betriebserlaubnis.

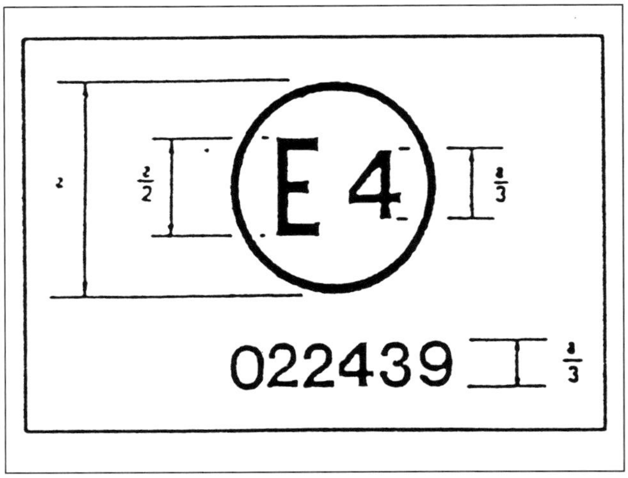

Am großen »E« erkennbar: Die ECE-Prüfnummer mit der Kennzahl für den Ländercode. Die »4« steht im Beispiel für die Niederlande, »1« stünde für Deutschland.

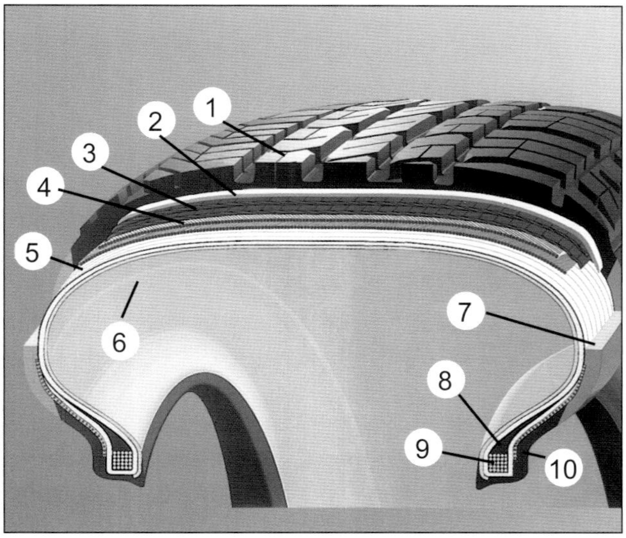

Lage für Lage: Das vielschichtige Innenleben eines Pkw-Reifens. (1) Laufstreifen: Profil und Gummimischung beeinflussen die Eigenschaften, (2) Base: senkt den Rollwiderstand, (3) Nylon-Spulbandagen: erhöhen die Hochgeschwindigkeitstauglichkeit, (4) Stahlcord-Gürtellagen: steigern die Fahrstabilität, (5) Karkasse: Form- und Festigkeitsträger des Reifens, (6) Innenseele: gasdichte Innenschicht ersetzt den Schlauch, (7) Seitenteil: schützt die Karkasse vor Beschädigungen, (8) Kernprofil: unterstützt Lenk- und Fahrpräzision, (9) Kern: sorgt für festen Sitz auf der Felge, (10) Wulstverstärker: für präzises Lenkverhalten und hohe Fahrstabilität.

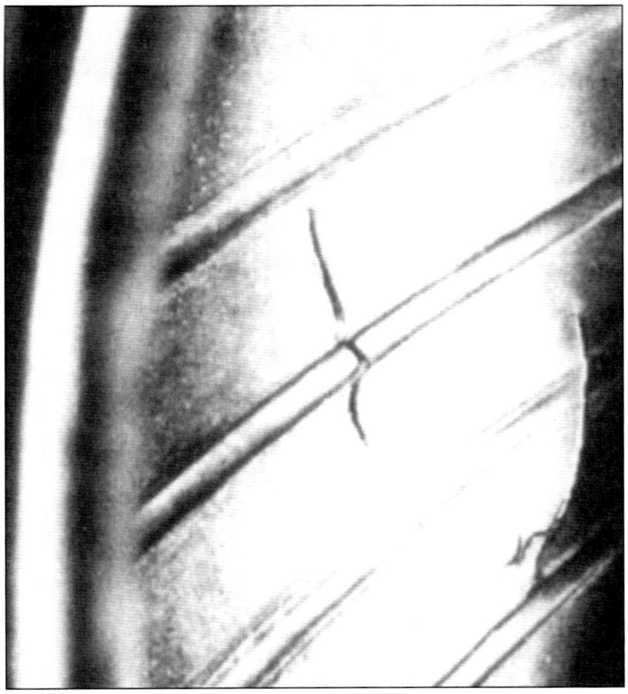

Karkassenbruch: Häufig nur im Reifeninneren erkennbar.

Profilmitte verschlissen: Nach häufigen Fahrten im Hochgeschwindigkeitsbereich oder gleichfalls bei viel zu hohem Reifendruck.

Einseitig abgefahren: Folgeschaden von falsch eingestellter Achsgeometrie.

Winterreifen – Profis bei Wind und Wetter

Winterreifen, besser tituliert als Schlechtwetterreifen, sind bereits auf herbstlichen Straßen unangefochten erste Wahl. Bei Eis und Schnee sind sie ohnehin unschlagbar.
Warum eigentlich? Die Laufflächen moderner Winterreifen bestehen aus einem extrem filigranen Lamellen-

profil und einer speziellen Gummirezeptur, die Naturkautschuk und Silikat in besonderer Konzentration miteinander vermischt. Diese spezielle Kombination baut auf feuchten, glitschigen Straßen und bei Temperaturen unter 7 °C eine bessere Haftfähigkeit als herkömmliche Sommerreifen auf.

Grundvoraussetzung dafür, dass Schlechtwetterreifen die Antriebs- und Bremskräfte sicher auf die Straße übertragen, ist jedoch eine Mindestprofiltiefe von vier Millimetern – weniger Profil disqualifiziert den Pneu als Winterprofi. Bestücken Sie in jedem Fall alle vier Räder mit gleichwertigen Reifen – eine Kombination aus Sommer- und Winterpneus provoziert in Gefahrensituationen ein schlechtes Fahrverhalten. Da die Entwicklungsfortschritte bei Winterreifen immens sind, achten Sie bitte auch darauf, dass die Reifen Ihres Autos möglichst dem gleichen Produktionsjahr entstammen – zumindest jedoch als gleichaltriges Pärchen auf einer Achse laufen.

Besser auf eigene Felgen montieren – Winterreifen

Untauglich für den kommenden Winter: Winterreifen mit weniger als vier Millimetern Reifenprofil. Machen Sie nach jeder Saison den Euro-Test – sobald Sie den Goldrand an der Profiloberkante erkennen, fahren Sie das Restprofil getrost im Frühjahr ab.

Winterreifen müssen nicht unbedingt breit sein: Das kleinste freigegebene Reifenformat reicht, um Ihren Focus auf winterlichen Straßen mobil zu halten. Außerdem sind Standardpneus allemal preisgünstiger als üppige Breitreifen. Die gesparten Euro investieren Sie sinnvoller in einen zweiten Felgensatz, der im Laufe der Jahre die anfänglichen Mehrkosten mehr als einspart: Das alljährliche Montieren und Auswuchten der Räder entfällt damit.

Fahren Sie Winterreifen mit 0,2 bar höherem Luftdruck als Sommerreifen. Liegt die zulässige Höchstgeschwindigkeit Ihrer Winterpneus unter dem Speedlimit Ihres Autos, ist hierzulande ein Warnaufkleber im Sichtbereich des Armaturenbretts vorgeschrieben. Ihr Reifenhändler hat entsprechende Aufkleber vorrätig. Übrigens, servicefreundliche Reifenhändler oder Fachwerkstätten lagern Ihre Reifen bis zum nächsten Wechsel auch gegen eine geringe Gebühr fachgerecht ein.

WISSENSWERTES

Notlaufreifen – ersetzen das Reserverad

Nach dem ersten verschlissenen Reifensatz können Sie Ihren Focus alternativ mit Notlaufreifen (Run Flat Tyres) bestücken. RFT's haben verstärkte, selbsttragende Reifenflanken, die den Pneu auch luftleer eingeschränkt fahrbar halten. Notlaufreifen tragen auf der Flanke entsprechende Bezeichnungen: Goodyear stempelt seine Notlaufreifen auf der Flanke mit »ROF« (RunOnFlat), Continental tituliert sie »SSR« (Self Supporting Runflat) und nennt den Pneu ContiSeal. Der Seal ignoriert etwa 85 Prozent aller auftretenden Reifenschäden: Seiner Laufflächeninnenseite haftet eine selbstheilende Schutzschicht an, die eindringenden Fremdkörpern bis etwa fünf Millimeter standhält. Der Reifen benötigt zudem keine Spezialfelge, wie die meisten anderen RunFlat Tyres.

RFT's sind im Pannenfall nicht mit herkömmlichen Reifenreparatursets, wie etwa dem ContiComfortKit, instand zu setzen. Liefern Sie den platten Reifen bei Ihrem Ford- oder einem Reifenhändler zur Reparatur ab. Wenn Sie nicht zu lange ohne Luft gefahren sind, stehen die Chancen nicht schlecht, dass der RTF problemlos zu reparieren und dementsprechend wieder verwendbar ist. Lassen Sie im eigenen Interesse die Unversehrtheit der Flanken jedoch genauestens checken.

In 85 Prozent aller Pannenmöglichkeiten »unkaputtbar«: die selbst heilende Schutzschicht des ContiSeal. Er passt übrigens auch auf normale Felgen

Häufigster Grund für Reifenplatzer: Zu geringer Luftdruck. Unter hoher Belastung wird die Karkasse zu heiß und stößt die Reifenlauffläche abrupt ab.

GEFAHRENHINWEISE

Reifendruck regelmäßig prüfen

Den vorschriftsmäßigen Druck lesen Sie auf der Innenseite der Fahrertür ab. Ein Druckverlust von 1,5 Prozent im Monat ist übrigens völlig normal. Messen Sie den Druck an möglichst kühlen Reifen.

Sollten Ihre Pneus dagegen mehr Luft verlieren, gehen Sie der Sache akribisch auf den Grund: Oftmals gärt es dann schon unter der Oberfläche.

Nach dem Luftcheck vergessen Sie bitte nicht die Schutzkappen auf den Reifenventilen zu verschrauben. Falls doch, hat's bald mit der relativen Dichtheit ein Ende. Denn wenn erst einmal Schmutz ins Ventil gelangt, verliert der Reifen ständig Luft. Sie potenzieren damit die Gefahr eines Reifenplatzers.

Ein höherer Luftdruck (etwa 0,2–0,3 bar) kann dagegen durchaus vorteilhaft sein: Die Lenkung arbeitet feinfühliger, die Reifen halten länger und der Kraftstoffverbrauch sinkt geringfügig.

Nachteil: Der Wagen rollt etwas straffer ab. Doch das fällt Ihnen nach wenigen Kilometern nicht mehr unangenehm auf - unter dem Strich überwiegen die Vorteile geringfügig strafferer Reifen.

Reifenwechsel: Mit Spezialmaschinen bei Ihrem Reifenhändler ist das eine Sache von Minuten. Es empfiehlt sich, vor allem bei Jahreszeitenwechsel, einen Termin abzusprechen – oft sind in Stoßzeiten die Lager geräumt.

Rad wechseln – sichern Sie vorab den Arbeitsplatz

Nach einer Reifenpanne auf öffentlichen Straßen schalten Sie den Warnblinker ein, ziehen eine Signalweste über und stellen hinter dem Havaristen in gebührendem Abstand ein Warndreieck auf. Ansonsten verstoßen Sie gegen die StVZO. Das Reserverad suchen Sie im Focus vergeblich, alle Modelle halten für den Ernstfall ein Reifenreparaturset im Kofferraum bereit. Sollten Sie dem Rep.-Set misstrauen, deponieren Sie halt nachträglich ein Rad inklusive Wagenheber in der vorhandenen Wanne. Achten Sie nach einem Reifenplatzer dann allerdings auf den richtigen Luftdruck im Reserverad, ansonsten könnte Ihr Ersatzreifen schon recht bald nach der Montage die Segel streichen.
Wenn Sie nach einem Reifenschaden das Reparaturset aufgebraucht haben, sorgen Sie schnellstmöglich für adäquaten Ersatz. Es muss nicht unbedingt das Original-Reparatur-Set sein, doch zuverlässig sollte der Ersatz schon sein. Die Betonung liegt auf »zuverlässig«, was auf die meisten Pannensprays in Sprühflaschen nicht unbedingt zutrifft. Wir empfehlen Reifenreparatursets bestehend aus Dichtschaum inklusive Kompressor, so zum Beispiel das Conti-Pannenset. Es ist durchaus geeignet, kleinere Reifenschäden direkt vor Ort zu kurieren. Schadstellen größer als vier Millimeter, oder eine beschädigte Reifenflanke, überfordern es allerdings maßlos.

Werkzeug:
- Wagenheber,
- Radkreuzschlüssel,
- eventuell Schlitzschraubendreher.

Möglichst senkrecht im Ansatzpunkt ansetzen: den Wagenheber mit Holzauflage unter dem Seitenschweller.

- Ziehen Sie zunächst die Handbremse an und legen sicherheitshalber noch den ersten Gang oder Rückwärtsgang ein.
- Rollt Ihr Auto auf Stahlfelgen, ziehen Sie jetzt die Radzierblende mit den Händen von den Felgen ab.
- Sobald das erledigt ist, lösen Sie die Radmuttern zunächst nur um eine Umdrehung und …
- … heben dann den Wagen an. Den Wagenheber setzen Sie bitte nur waagerecht in Höhe der Aufnahmepunkte unter die Seitenschweller. Der richtige Platz hat eine Aussparung in der Presskante. Um Zeit zu sparen, drehen Sie den Heber zunächst per Hand auf die richtige Grundhöhe, setzen den Adapter dann möglichst senkrecht unter den Ansatzpunkt des Seitenschwellers und heben den Wagen an. Achten Sie darauf, dass auch der Wagenheberfuß möglichst senkrecht unter dem Schweller und satt auf dem Untergrund steht.
- Erst wenn der Wagen stabil auf drei Rädern steht, drehen Sie die Radschrauben ganz aus, ziehen das zu wechselnde Rad von der Nabe und setzen das neue provisorisch wieder an.
- Richten Sie das Rad so an der Nabe aus, dass die Radbolzenöffnungen mit den Gewindebohrungen in der Radnabe fluchten.
- Erledigt? Dann ziehen Sie die Radbolzen handfest vor.
- Lassen Sie den Wagen ab und ziehen die Radbolzen fest. Spätestens jetzt drängt sich ein Radkreuzschlüssel auf, damit können Sie nämlich die Bolzen gefühlvoller anziehen. Das Anzugsdrehmoment soll 110 Nm nicht übersteigen. Anders gesagt: Ziehen Sie die Radbolzen gefühlvoll an und knallen sie nicht etwa mit einem verlängerten Radschlüssel bombenfest.
- Wenn Sie die Radabdeckung (Stahlfelge) ansetzen, achten Sie darauf, dass die Ventilöffnung dem Ventil Platz lässt.
- Nach etwa 10 Kilometern ziehen Sie die Radbolzen noch einmal kurz nach.

WISSENSWERTES

So lagern Sie Reifen richtig

■ Nehmen Sie die Räder ab, reinigen Sie zunächst mit Wasser und danach gründlich einem guten »Schuss« Geschirrspülmittel. Trocknen Sie die nassen Reifen gut ab und vergessen auch nicht, sämtliche Fremdkörper vor dem Einlagern aus den Profilrillen zu entfernen.

■ Nach der Wäsche zeichnen Sie die Position der Reifen mit Ölkreide auf der Reifenlauffläche (VR = vorne rechts, HR = hinten rechts, usw.). Der Hinweis erspart Ihnen im Frühjahr oder im Herbst unsicheres Rätselraten um die tatsächliche Laufrichtung Ihrer Pneus.

■ Pausierende Pneus lagern am besten in einem dunklen, kühlen und trockenen Raum.

■ Wenn Sie eigene Lagermöglichkeiten nutzen, halten Sie Benzin, Öl, Fett und andere Chemikalien von den Reifen fern.

■ Komplette Räder stapeln Sie liegend übereinander – am besten auf einer Holzpalette. Die im Fachhandel und in Baumärkten angebotenen Reifenbäume sind natürlich bequem, doch den Rädern geht's darauf nicht besser...

■ Reifen ohne Felgen stellen Sie einfach nebeneinander auf. Doch in dem Fall denken Sie bitte daran – drehen Sie die Pneus von Zeit zu Zeit.

Breitreifen/Felgen – Ford lässt sich nicht lumpen

Ab Werk rollt der Focus III »Ambiente« auf Stahlfelgen mit 175/65 R 14"-Reifen durch die Lande. Alternativ dazu gibt's allenfalls Ganzjahresreifen des gleichen Formats. Schicke Beine – im »Ambiente« Fehlanzeige. Ford macht da ganz auf Eintopf.

Doch schon ab »Trend« geht's los. Leichtmetallfelgen im Fünf-, Doppelfünf- oder Siebenspeichen-Design mit 15, 16 oder 17 Zoll, alles machbar. Die Felgenbreite variiert zwischen 6", 6,5" und 7", darauf sitzen Reifen von 195/50 R15" bis hin zu 205/40 R17".

Auch Felgengourmets müssen beim Focus-Kauf nicht darben. Doch nichts geht ohne Speichendesign, die Designer bringen davon bis zu 15 pro Rad unter. Kenner machen daran beispielsweise den »Titanium« mit werkseitigen Sonderrädern aus.

Mehr geht nicht ab Werk – obwohl viel mehr geht: Hardcore-Reifenfreaks schöpfen ihr Grundwissen zu ausgefallenem Focus-Schuhwerk aus dem Internet. So zum Beispiel unter http://www.focus-forum.de/index.php. Sie stehen da zudem in direktem Kontakt mit anderen Focus-Fahrern und können deren Erfahrungen mit Sonderbereifung nutzen.

Wir beschränken uns in der Tabelle auf das Angebot ab Werk.

Räder und Reifen – so kombinieren Sie ab Werk

	Serie		Sonderwunsch	
	Räder	**Reifen**	**Räder**	**Reifen**
Focus Ambiente	6 J x 15 Stahl	195/65 R 15		
Focus Style	6 J x 15 Stahl* 6 ½ J x 16 Stahl**	195/65 R 15 205/55 R 16	7 J x 16 Leichtmetall 7 J x 17 Leichtmetall	205/55 R 16 205/50 R 17
Focus ECOnetic	6 J x 15 Stahl	195/65 R 15		
Focus Ghia	7 J x 16 Leichtmetall	205/55 R 16	7 J x 17 Leichtmetall 7 ½ J x 18 Leichtmetall	205/50 R 17 225/40 R 18***
Focus Titanium	7 J x 16 Leichtmetall	205/55 R 16	7 J x 17 Leichtmetall 7 ½ J x 18 Leichtmetall	205/50 R 17 225/40 R 18***
Focus ST	8 J x 18 Leichtmetall	225/40 R 18		

*ausgenommen 2-Liter Otto- und 2-Liter Dieselmotor, **nur in Kombination mit 2-Liter Otto- und 2-Liter Dieselmotor, ***ausgenommen mit 1,6-Liter Otto und 1,6-Liter Dieselmotor. Ab Werk alle Modelle mit Reifen-Reparatur-Set. Optional auch mit Notrad oder Stahlrad in serienmäßiger Rädergröße (ausgenommen Focus ST).

Checkliste – Reifen/Luftdruck

Typ	Reifengröße	Reifenluftdruck (bar) für normale Belastung Dauergeschwindigkeit < 160 km/h		Reifenluftdruck (bar) für hohe Belastung Dauergeschwindigkeit < 160 km/h	
		vorn	*hinten*	*vorn*	*hinten*
Benziner	175/65 R14	2,1	1,8	2,4	3,2
	195/50 R15	2,1	1,8	2,4	3,2
	195/60 R15	2,1	2,1	2,4	2,6
	195/45 R16	2,1	1,8	2,4	3,2
	205/40 R17	2,1	1,8	2,4	2,8
Diesel	175/65 R14	2,3	1,8	2,4	3,2
	195/50 R15	2,3	1,8	2,4	3,2
	195/60 R15	2,1	2,1	2,4	2,6
	195/45 R16	2,1	1,8	2,4	3,2
	205/40 R17	2,1	1,8	2,4	2,8
Reserverad	175/65 R14	3,5	3,5	3,5	3,5

Bis die Funken fliegen …

… rein physikalisch gesehen wandelt jeder Bremsvorgang kinetische Energie in Wärme. Je nach Gefahrenmoment geht's währenddessen in der Praxis genauso heiß zur Sache, wie auf dem Bremsenprüfstand. Beispielsweise mit Caravan am Haken, bei zügigen Bergabfahrten oder Vollbremsungen aus hohen Geschwindigkeiten. Nicht selten laufen derweil zumindest die vorderen Bremsscheiben glutrot an. Ein Großteil der entstehenden Wärme heizt nicht nur die Scheiben, sondern auch die Bremszangen samt Radbremszylinder inklusive der gesamten Bremshydraulik auf. Praktisch besteht sogar die Möglichkeit, dass währenddessen selbst neue Bremsflüssigkeit ihren Siedepunkt überschreitet. Die Vorderachse Ihres Focus verzögern Faustsättel und innen belüftete Bremsscheiben. Die massiven Hinterradbremsscheiben nehmen gleichfalls Faustsättel in die Zange. Die Handbremse wirkt per Seilzug mechanisch auf die Faustsättel. Die Focus-Bremse ist selbstnachstellend.

Die Straßenverkehrs-Zulassungsordnung (StVZO) schreibt allen Kraftfahrzeugen zwei unabhängig voneinander wirkende Bremssysteme (Fuß- und Feststellbremse) vor. Die Betriebsbremse Ihres Focus ist übrigens nicht nur zwei- sondern zudem diagonal geteilt: Die Bremskreise wirken jeweils auf ein Vorder- und das gegenüberliegende Hinterrad. Bei Ausfall eines Kreises bleiben somit das Vorder- und Hinterrad des anderen Kreises weiterhin intakt – Ihr Focus verzögert in dem Fall natürlich nur mit halbierter Bremsleistung. Sei's drum – die Chance den Wagen doch noch rechtzeitig vor einem Hindernis abzubremsen, ist durchaus realistisch. Realistischer zumindest, als wenn die Bremskreise einfach nur zwischen der Vorder- und Hinterachse unterschieden. Den Ausfall eines Kreises bemerken Sie übrigens nicht nur am längeren Bremsweg, sondern vorab bereits am etwa doppelt so langen Bremspedalweg. Zudem signalisiert Ihnen im Instrumententräger die brennende Bremskontrollleuchte: Gefahr in Verzug!

Bremsencheck – beim geringsten Selbstzweifel ein Fall für die Werkstatt

Grundsätzlich sind Wartungsarbeiten an der Bremsanlage kein Parc Fermé. Dennoch legen Sie nur dann Hand an die Bremse an, wenn Ihnen die anstehende Reparatur routiniert von den Händen geht: Ansonsten nutzen Sie das aktuelle Know-how einer Fachwerkstatt. Schließlich entscheiden die Bremsen ja auf jedem Meter über Ihre und natürlich über die Sicherheit anderer Verkehrsteilnehmer.

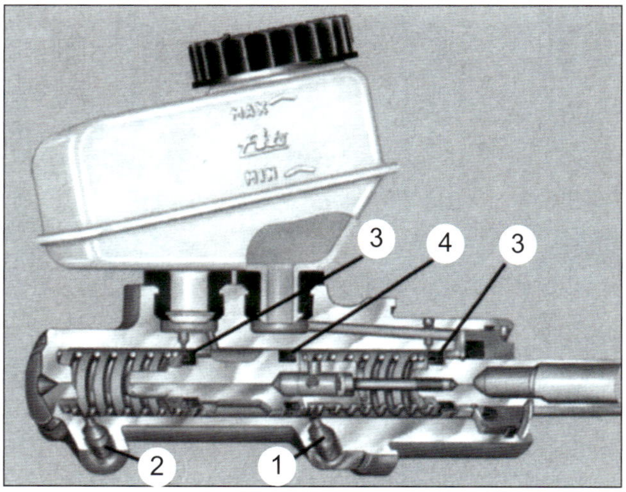

Jobsharing: In einem Tandem-HBZ wirken zwei Bremskolben hintereinander.. (1) Druckstangenbremskreis, (2) »schwimmender« Hauptbremskreis, (3) Primärmanschetten, (4) Trennmanschette.

Die Besonderheiten der Betriebsbremse – ABS, EBV und EBA

Ford hat die Bremse im Focus III nicht neu erfunden. Doch das Ergebnis ist auf Höhe der Zeit: Jeder Focus stoppt mit elektronischem **A**ntiblockier**b**rems**s**ystem (ABS) und verteilt seine Bremskraft, gleichfalls elektronisch zwischen Vorder- und Hinterachse (EBV, **E**lektronische **B**remskraft **V**erteilung). ABS steigert die aktive Fahrsicherheit, EBV ersetzt den mechanischen Bremskraftregler an der Hinterachse. Zudem greift ein **e**lektronischer **B**rems**a**ssistent (EBA) automatisch immer dann ganz energisch in den Bremsvorgang ein, wenn Ihre Trittgeschwindigkeit aufs Bremspedal nicht dem tatsächlichen Bremsdruck entspricht.
Aktive Raddrehzahlsensoren steuern die ABS-Funktion im Focus schon ab 0,2 km/h. Sie sichern, praktisch aus dem Stand heraus, die volle Lenkfähigkeit auch bei Vollbremsungen. Die EBV-Sensoren variieren – unter Mithilfe der vorhandenen ABS-Sensorik – den maximalen Bremsdruck an der Hinterachse. EBV verzögert die Hinterräder also immer hart an der Blockiergrenze. Selbstverständlich orientiert sich das gesamte Bremssystem automatisch am Reibwert der aktuellen Straßenoberfläche und zudem am jeweiligen Beladungszustand.

Wertet die Raddrehzahlsignale aus – ABS-Steuergerät

Das ABS-Steuergerät überwacht alle elektronischen Komponenten und speichert Fehlerdaten. Bei einge-

Kompakt und leistungsstark: Das beispielhafte 4-Kanal ABS-Steuergerät. Es dosiert unter anderem auch die Bremskraft zwischen Vorder- und Hinterachse (EBD). Außerdem nimmt das Steuergerät vor jedem Neustart einen Selbstcheck vor.

schalteter Zündung initiiert es vor jedem Fahrtbeginn einen Systemselbsttest. Auch während des Fahrbetriebs stehen die ABS-Komponenten kontinuierlich unter Aufsicht des Steuergeräts. Das funktioniert mit Polaritätenchecks, bzw. über Durchgangsprüfungen der einzelnen Stromkreise.
Gleichfalls unterliegen auch sämtliche Magnetventile im System einer regelmäßigen Funktionskontrolle: Das Steuergerät gibt hierzu einen Prüfimpuls ab. Eventuelle Störungen sammelt ein elektronischer Speicher, den Ihr Ford-Händler – spätestens bei der nächsten Inspektion – zielgenau mit seinem Systemtester ausliest. Der erforderliche Diagnoseanschluss liegt links neben der Lenksäule.

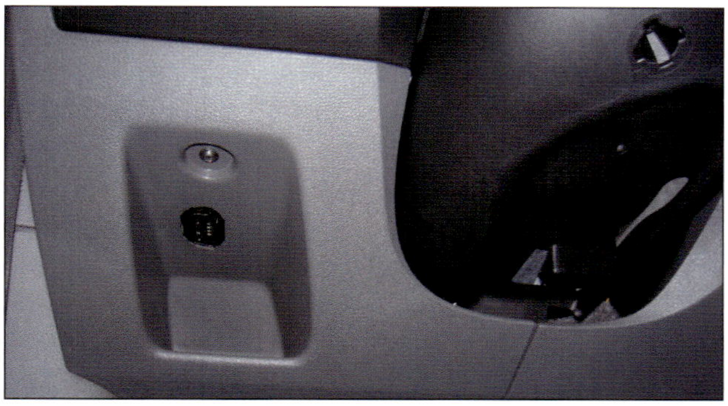

Liegt links neben der Lenksäule: Der Diagnoseanschluss des Fehlerspeichers.

Begrenzt den Hinterradschlupf – EBV

EBV ersetzt im Focus III den mechanischen Bremskraftregler. Die EBV-Sensorik begrenzt den Hinterradschlupf um Millisekunden vor dem Hauptsystem. Dazu vergleicht die Systemsensorik ständig den Schlupf an den Vorder- und Hinterrädern und dosiert bzw. verteilt die Bremskraft entsprechend. Die EBV-Funktion bleibt gewöhnlich unwahrnehmbar. Sie realisiert jedoch – unabhängig vom Beladungszustand des Wagens – kürzeste Bremswege.

Verkürzt den Bremsweg – EBA

Jeder Focus hat einen automatischen Bremsassistenten (EBA) an Bord. Der elektronisch gesteuerte Assistent erkennt anhand der Trittgeschwindigkeit aufs Bremspedal die aktuelle Gefahrensituation vor dem Auto und leitet in Sekundenbruchteilen notfalls eine Vollbremsung ein. Das verkürzt den Bremsweg ohne Zutun des Fahrers – im Ernstfall um die alles entscheidenden letzten Zentimeter.

Mit genügend Sicherheitsreserven – die Focus-Bremsanlage

Der Focus verzögert ab Werk mit Faustsattelbremszangen, die auf vier Bremsscheiben wirken. Vorne sind die Scheiben innenbelüftet, hinten sind sie massiv. Jeden Bremsvorgang unterstützt zudem ein pneumatischer Bremskraftverstärker.

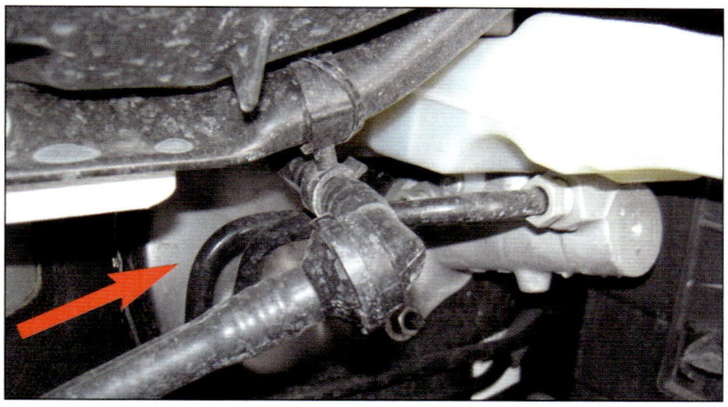

Serienmäßig in jedem Focus: pneumatischer Bremskraftverstärker (Pfeil) vor dem Tandemhauptbremszylinder an der Spritzwand im Motorraum

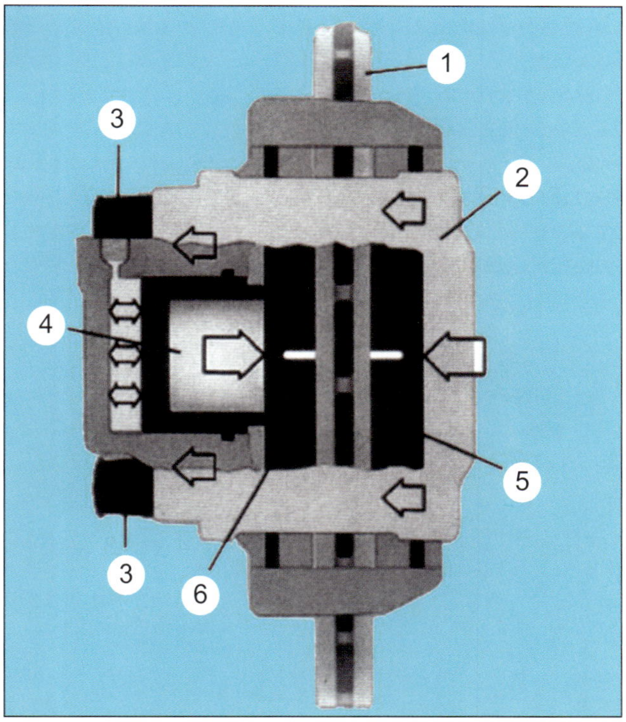

Umkrallt die Bremsscheibe (1)*:* der Faustbremssattel (2) im Schnitt. Der Sattel schwimmt auf den Gleitstiften (3) und presst bei jedem Bremsvorgang mit nur einem Bremskolben (4) das äußerere Bremssegment (5) automatisch gegen die Scheibe. Faustsättel gleichen den Bremsbelagverschleiß automatisch aus.

Die vorderen Bremsscheiben sind im Focus unisono 25 Millimeter stark. Ihre Durchmesser fallen je nach Motorisierung unterschiedlich aus. Die Ottomotoren bis 1,8-Liter Hubraum verzögern mit 278-Millimeter-Scheiben, gleichfalls die beiden Einssechser Diesel. Ab 2 Liter Hubraum sind 300er-Scheiben installiert, der 2,5-Liter-Fünfzylinder verzögert mit 320-Millimeter-Bremsscheiben.
An der Hinterachse misst die Scheibenstärke bei allen Modellen elf Millimeter. Bis 1,8-Liter Hubraum und für beide 1,6-Liter-Diesel verbaut Ford 265 mm große Scheiben. Ab zwei Liter Hubraum sind's dann 280er-Bremsscheiben, die verzögern auch den Fünfzylinder.

Signalisiert Störungen am ABS-Bremssystem – Kontrollleuchte im Cockpit

Bei eingeschalteter Zündung leuchtet während des automatischen Systemchecks die Kontrollleuchte des ABS-Bremssystems auf. Soweit der Check negativ bleibt, erlischt die Leuchte bei laufendem Motor nach spätestens zwei Sekunden. Falls nicht, liegt eine Systemstörung vor. Meistens können Sie trotzdem weiterfahren – in dem Fall allerdings ohne elektronische Bremsassistenten. Lassen Sie den Fehler schnellstmöglich von Ihrem Ford-Händler elektronisch auslesen und korrigieren.
Heimwerker sind damit erfahrungsgemäß schnell überfordert: Ohne spezielles Prüfequipment checken Sie allenfalls den korrekten Sitz der Steckverbindungen zum Steuergerät, zu den Relais, den Radsensoren und zur Hydraulikeinheit. Immerhin, doch meistens streiken irgendwelche Sensoren.

Leuchtet beim Neustart für etwa zwei Sekunden: Die ABS-Kontrollleuchte (Pfeil) im Armaturenbrett.

Bremsflüssigkeitsstand prüfen – von Zeit zu Zeit angemessen

Den Bremsflüssigkeitspegel checkt Ihr Focus automatisch. Dennoch schauen Sie ab und an besser selbst unter die Motorhaube – und dort auch nach dem Bremsflüssigkeitsstand. Der Bremse sind insgesamt drei Kontrollleuchten zugehörig. Normalerweise bleiben Sie während der Fahrt dunkel. Andernfalls liegt ein Systemfehler vor. Im harmlosesten Fall haben Sie den Handbremshebel nicht vollständig gelöst.
Haben Sie doch! Dann checken Sie zunächst den Bremsflüssigkeitsstand im Vorratsbehälter.

- Der Bremsflüssigkeitsvorratsbehälter (Pfeil) sitzt in Höhe der Spritzwand in Fahrtrichtung links.
- Selbst bei intakter Bremsanlage sinkt der Flüssigkeitspegel. Grund: Analog zum Verschleiß der Bremsbeläge wandern die Bremskolben weiter aus den Bremszangen. Das hinter den Kolben entstehende größere Zylindervolumen ergänzt die aus dem Vorratsbehälter nachfließende Bremsflüssigkeit.
- Solange die Bremsflüssigkeit im Vorratsbehälter zwischen »min.« und »max.« pendelt, ist die Funktion beider Bremskreise gewährleistet.

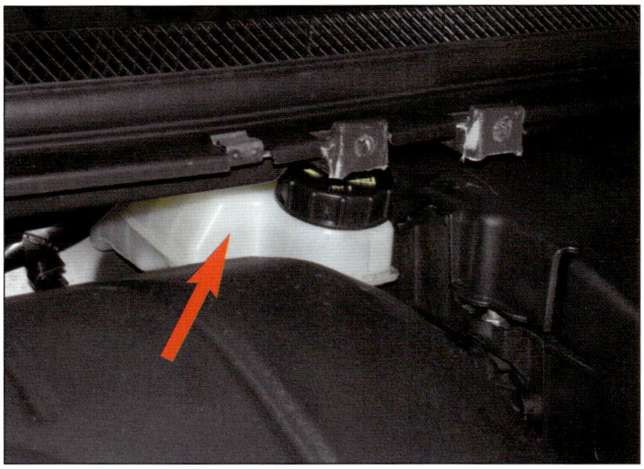

Im Motorraum links vor der Spritzwand: der HBZ mit aufsitzendem Bremsflüssigkeitsvorratsbehälter.

Sollte die Bremsflüssigkeitskontrollleuchte in Kurven oder beim Bremsen ab und an aufflackern, hat mindestens ein Regelkreis zu wenig Bremsflüssigkeit – der Kreis steht in diesem Fall kurz vor dem Streik. Der zweite Kreis bleibt davon unbeeindruckt, sodass Sie mit defensiver Fahrweise die nächste Werkstatt erreichen können.

Warnt vor zu wenig Bremsflüssigkeit: die Bremskontrollleuchte (Pfeil) im Kombiinstrument.

Bremsanlage prüfen – schauen Sie mit wachen Augen

- Damit eventuelle Leckagen eindeutig zu lokalisieren sind, muss der Autobauch trocken sein. Inspizieren Sie die Bremsen also nicht unbedingt nach einer Regenfahrt.
- Prüfen Sie sämtliche Schlauchanschlüsse und Verbindungsleitungen sowie die Bremssättel. Dunkle Flecken und feuchte Stellen sind ein sicheres Indiz für Undichtigkeiten.
- Inspizieren Sie die Bremsschläuche auch auf Scheuerstellen, sie dürfen weder feucht noch gequollen sein. Falls doch: Tauschen Sie die Schläuche aus.
- Aus Korrosionsschutzgründen tragen die Bremsleitungen im Focus III eine Kunststoffschicht. Reinigen Sie die Leitungen von außen nur mit einem Pinsel, Kaltreiniger oder Waschbenzin: Kratzen Sie niemals mit einem Schraubendreher, Schmirgelleinen oder einer Drahtbürste an den Leitungen. Sollte die Schutzschicht bereits leicht beschädigt sein, retten Sie den Bereich mit einer Rostschutzgrundierung. Sobald sich allerdings schon Rostnarben, Verformungen oder Steinschlagspuren eingenistet haben, ersetzen Sie die angefressenen Leitungen umgehend.
- Sind auf den Entlüftungsventilen noch Staubschutzkappen vorhanden? Falls nicht, sorgen Sie für Ersatz.
- Machen Sie regelmäßig eine (provisorische) Bremsdruckprobe. Dazu treten Sie das Bremspedal wie zur Vollbremsung, also mit voller Beinkraft, etwa eine Minute lang durch. Das Pedal darf dabei nicht in Richtung Bodenblech wandern. Falls doch, sind die Manschetten im Hauptbremszylinder oder in den Bremszangen verschlissen. Schauen Sie dann auch auf feuchte Stellen. Exakt funktioniert eine Bremsdruckprobe freilich nur mit einem Druckstandsanzeiger – ein typischer Fall für die Werkstatt.

Bremskraftverstärker prüfen – so wird's gemacht

Treten Sie bei abgestelltem Motor das Bremspedal mehrmals durch und halten es dann in der tiefsten Stellung fest.
Jetzt starten Sie den Motor. Das Pedal muss dann noch ein paar Millimeter weiter nachgeben. Falls nicht, hat das folgende Ursachen:

- Unterdruckschlauch vom Ansaugrohr zum Bremskraftverstärker undicht: In diesem Fall ersetzen Sie unbedingt den Schlauch und prüfen die Anschlussflansche.
- Rückschlagventil im Unterdruckschlauch defekt: Nehmen Sie zur Ventilkontrolle den Unterdruckschlauch am Bremskraftverstärker ab und lassen den Motor mit Leerlaufdrehzahl laufen. Falls Sie keine rhythmischen Ansauggeräusche hören, verschließen Sie das freie Schlauchende mit einer Fingerkuppe. Wird im Schlauch kein Vakuum wirksam, ist das Ventil defekt.
- Gummidichtung zwischen Hauptbremszylinder und Bremskraftverstärker porös: Zum Austausch Hauptbremszylinder vom Bremskraftverstärker demontieren und Dichtring erneuern.
- Luftfilter am Druckstößel des Bremskraftverstärkers verdreckt: Den Filter mit einem Drahthaken von der Druckstange abziehen. Neuen Filter bis zum Mittelpunkt aufschneiden und um den Druckstößel in seinen Sitz drücken. Achten Sie darauf, dass der Filter um den Stößel geschlossen ist, ansonsten gelangt nämlich ungefilterte Luft in den Bremskraftverstärker.
- Verstärkermembrane defekt: Eine Reparatur ist in dem Fall nicht möglich. Sie müssen sich mit einem komplett neuen Bremskraftverstärker oder einem noch verlässlichen Exemplar aus einem verunfallten Focus anfreunden.

Bremsscheibenverschleiß – mit der Schublehre messen

Bocken Sie die entsprechende Achse auf einer ebenen Fläche standfest auf und nehmen die Räder ab. Bei der Gelegenheit checken Sie natürlich auch die Bremssegmente. Übrigens, leicht bläulich angelaufene Bremsscheiben sind völlig normal. Sollte die Scheibenstärke dagegen um rund drei Millimeter (gemessen am Neuzustand, siehe Technische Daten) abgenommen haben, ist die Verschleißgrenze erreicht. Erneuern Sie die Bremsscheiben dann grundsätzlich paarweise. Und so messen Sie richtig:

- Achten Sie auf tiefe Riefen in den Scheiben. Sie sind in aller Regel ein untrügliches Indiz für verklemmte Fremdkörper in den Bremsbelägen, groben Straßenschmutz bzw. verhärtete oder verschlissene Bremssegmente. Bis zu drei Millimeter tiefe Riefen müssen Sie noch nicht beunruhigen. Demontieren Sie jedoch auf jeden Fall die Beläge und reinigen die Reibflächen mit Schmirgelleinen (80er-Körnung).
- Die Scheibenstärke messen Sie am besten mit einer Schublehre und zwei Euro-Münzen. Legen Sie auf jeder Scheibenseite jeweils eine Münze zwischen Schublehre und Bremsscheibe. Ihren Messwert müssen Sie natürlich um die Stärke beider Münzen (rund vier Millimeter) relativieren.
- Unter Mindestmaß abgeschrubbte Scheiben sind Schrott. Riefige Scheiben können Sie durchaus planschleifen (lassen). Erneuern und planen Sie Bremsscheiben stets paarweise.

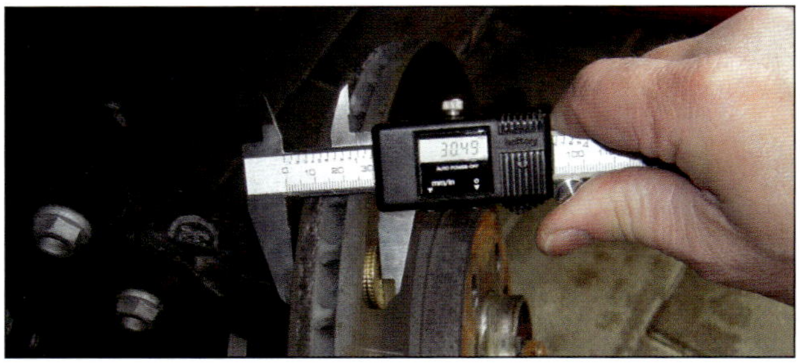

Ablesen und subtrahieren: Um die tatsächliche Scheibenstärke zu ermitteln, ziehen Sie nach der Messung einfach die Stärke beider Münzen vom Messwert ab.

Bremsanlage entlüften – ein Assistent muss her

Wie kommt Luft ins Bremssystem? Zum Beispiel nach allen Arbeiten, bei denen Sie die Bremsschläuche abnehmen oder Bremsleitungen öffnen mussten. Außerdem, wenn ein Bremsschlauch porös ist oder ein von der Straße aufgewirbelter Fremdkörper eine Bremsleitung trifft und verletzt.

In der Praxis reicht es häufig, nur den Bremskreis zu entlüften, an dem Sie gearbeitet haben. Ganz auf Nummer sicher gehen Sie natürlich, wenn Sie beide Bremskreise entlüften. Verwenden Sie immer nur neue Bremsflüssigkeit (Spezifikation DOT4 – SAE J 1703), einen sauberen, transparenten Behälter mitsamt Kunststoffschlauch (etwa von der Scheibenwaschanlage oder Aquarienbelüftung). Außerdem sollte Ihnen ein Helfer assistieren. Ihren Focus bocken Sie auf einer ebenen Fläche standfest auf. Während des gesamten Entlüftungsvorgangs halten Sie den Bremsflüssigkeitsvorratsbehälter stets gut gefüllt. Der Flüssigkeitspegel darf auf keinen Fall unter »min.« abfallen. Falls doch, gelangt über die Nachfüllbohrungen im HBZ wieder neue Luft ins System.

Achten Sie darauf, dass keine Bremsflüssigkeit auf die Lackoberfläche kommt. Andernfalls spülen Sie die Flächen umgehend mit klarem Wasser ab. Ansonsten wird der Lack stumpf oder löst sich auf.

Werkzeug:
- Radkreuz,
- 8-mm-Ringschlüssel,
- Wagenheber,
- Unterstellböcke,
- transparenter Behälter und Kunststoffschlauch.

Material:
- ca. 1 Liter Bremsflüssigkeit (Spezifikation DOT4 – SAE J 1703).

- Demontieren Sie den Windlauf, lösen den Verschlussdeckel des Bremsflüssigkeitsbehälters und halten die Arbeitsschritte in der beschriebenen Reihenfolge ein. Beginnen Sie zunächst an den Bremszangen hinten rechts, hinten links, dann setzen Sie die Arbeit an der vorderen rechten und danach an der linken Bremszange fort.

- Bevor Sie starten, ziehen Sie zunächst die Staubschutzkappen von allen Entlüftungsventilen ab und reinigen die Ventilnippel möglichst mit Pressluft.

- Danach schieben Sie den Kunststoffschlauch auf den jeweiligen Nippel und tauchen das freie Schlauchende in einen knapp mit Bremsflüssigkeit gefüllten Behälter.

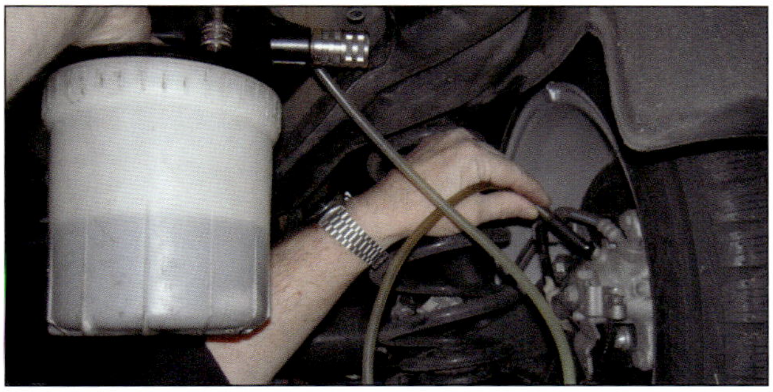

Darauf müssen Sie achten: Platzieren Sie den Auffangbehälter etwa 30 Zentimeter oberhalb des Entlüfternippels.

- Dann lösen Sie den Entlüfternippel etwa eine Umdrehung. Ihr Helfer tritt das Bremspedal langsam durch und zieht den Fuß dann schnell beiseite.

- Danach wartet er etwa drei Sekunden – der HBZ füllt sich währenddessen mit neuer Bremsflüssigkeit.

- Wiederholen Sie den Vorgang an allen Entlüfternippeln so lange, bis im Auffangglas keine Luftbläschen mehr aufsteigen und reine Bremsflüssigkeit austritt.

- In dem Fall hält der Assistent das Bremspedal am Boden, Sie schließen den Entlüftungsnippel, ziehen den Schlauch ab und wenden sich dem nächsten Rad zu.

- Erledigt? Dann ergänzen Sie die Flüssigkeit im Ausgleichbehälter bis »max.« und drehen dann die Verschlusskappe fest.

- Vergessen Sie anschließend bitte nicht, die Brems-funktion auf einer vorsichtigen Probefahrt zu überprüfen.

Die Bremsflüssigkeit

WISSENSWERTES

Hauptbestandteile der Bremsflüssigkeit sind Glykol und Polyglykolether: Bremsflüssigkeit bleibt im Neuzustand bis ca. -40 °C dünnflüssig und siedet erst bei etwa 270 °C.

Die Betonung liegt auf Neuzustand: Der Saft ist nämlich hygroskopisch. Das heißt, Bremsflüssigkeit nimmt aus der Luft begierig Wasser auf. Jährlich so etwa zwei Prozent – und das auch im Bremsflüssigkeitsvorratsbehälter unter der Motorhaube.

Das hat negative Auswirkungen auf den Siedepunkt. Bei einem Wassergehalt von rund 2,5 Prozent sinkt er schon auf rund 150 °C. Die Betriebssicherheit ist dann bei stark beanspruchten Bremsen, etwa im Gebirge, bei Vollbremsungen oder mit Hänger am Haken nicht mehr unbedingt gegeben. Sobald Bremsflüssigkeit siedet, bildet sie Blasen im System.

Der Bremspunkt wandert dann aufs Bodenblech: Die Flüssigkeit kann sieden und Dampfblasen im System bilden. Mit verheerenden Auswirkungen – das Bremspedal lässt sich bis auf die Bodenplatte durchtreten. Ihre Bremse hat dann allenfalls noch die Wirkung einer Luftpumpe.

Wechseln Sie daher die Bremsflüssigkeit konsequent im Zwei-Jahres-Rhythmus.

Alte Bremsflüssigkeit entsorgen

WISSENSWERTES

Bremsflüssigkeit ist giftig: Vermeiden Sie direkte Kontakte mit der Haut und offenen Wunden. Die Flüssigkeit greift zwar keine Metall- und Gummiteile an, wirkt jedoch aggressiv auf Autolacke. Einmal gewechselte Bremsflüssigkeit ist unbrauchbar. Trauen Sie auch keiner Bremsflüssigkeit, die längere Zeit in einem offenen oder angebrochenen Behälter gestanden hat. Der Siedepunkt ist dann undefinierbar. Behandeln Sie gebrauchte Bremsflüssigkeit konsequent als Sondermüll und entsorgen sie entsprechend bei öffentlichen Sondermüllsammelstellen, beim Verkäufer der Flüssigkeit oder bei Ihrem hilfsbereiten Vertragshändler.

Bremsflüssigkeit wechseln

Wechseln Sie Bremsflüssigkeit etwa alle zwei Jahre. Fachwerkstätten erledigen das mit einem speziellen Bremsenfüllgerät. Sie können sich aber auch selbst ans Werk machen – die Arbeit ist nahezu gleich wie beim Entlüften. Beginnen Sie die Arbeit an einem vorderen Rad und arbeiten sich diagonal Rad für Rad weiter vor. Vergessen Sie nicht den Flüssigkeitspegel im Vorratsbehälter laufend zu ergänzen. Für das gesamte System benötigen Sie rund einen Liter Bremsflüssigkeit (achten Sie auf die richtige Spezifikation: DOT 4).

- Lösen Sie den Verschlussdeckel des Bremsflüssigkeitsbehälters und entfernen mit einer Pipette oder einer sauberen Injektionsspritze die Bremsflüssigkeit aus dem Vorratsbehälter oberhalb des HBZ.
- Die folgenden Arbeitsschritte sind bereits unter Bremsanlage entlüften beschrieben.
- Ältere Bremsflüssigkeit ändert ihr Aussehen: Sie wird milchiger. Spülen Sie also jeden Radzylinder solange durch, bis tatsächlich klare Flüssigkeit austritt.

Regelmäßig wechseln: Bei alter Bremsflüssigkeit (links im Bild) hilft auch die beste Bremsanlage nichts.

Scheibenbremssegmente erneuern – das können Sie

Tauschen Sie Bremsbeläge grundsätzlich nur paarweise auf beiden Achsseiten. Ansonsten entstehen an den Bremsscheiben unterschiedliche Reibkoeffizienten, die Sie auch mit ABS und spätestens bei Vollbremsungen in Verlegenheit bringen könnten.
Thermisch bedingt ändern neue Bremsbeläge während der ersten 500 Kilometer ihre Materialstruktur: Vermeiden Sie währenddessen also häufige Vollbremsungen. Ansonsten könnten die Beläge schnell verhärten (verglasen). Achten Sie zudem peinlich genau darauf, dass Bremsenersatzteile eine Herstellerfreigabe für Ihren Focus und eine gültige ABE haben müssen. Ignorieren Sie im Zweifelsfall dubiose Wühltischschnäppchen, obskure Sportbremsbeläge oder Sportbremsscheiben ohne Prüfnummer. Die Internet-Marktplätze sind voll davon – wir möchten dringlich davor warnen. Lassen Sie sich beim Kauf gleichfalls nicht auf No-Name Bremsschläuche und Bremsleitungen ein. Auf der sicheren Seite sind Sie, wenn Ihr Focus mit Originalersatzteilen verzögert.

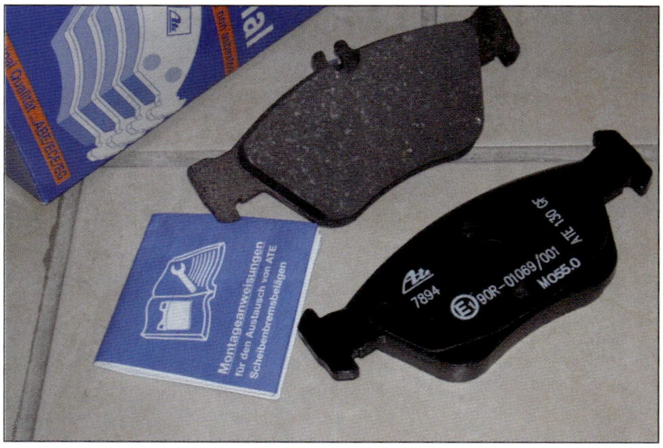

Damit sind Sie generell auf der sicheren Seite: Bremsersatz- oder Austauschteile von Markenherstellern und mit gültiger Prüfnummer.

Werkzeug:
- Radschlüssel,
- Wagenheber,
- Unterstellbock,
- Ratsche,
- 13-mm-Nuss,
- Schlitzschraubendreher,
- Wasserpumpenzange, evtl. Presswerkzeug »KM 6007, KM-6007-30«.

Vorderachse

- Bocken Sie den Vorderwagen rüttelsicher auf und demontieren die Räder.
- Um die Arbeit zu vereinfachen, schlagen Sie die Lenkung jeweils bis zum Anschlag ein, Sie erreichen die Bremszangen dann leichter.

Hinterachse

- Bocken Sie den Hinterwagen rüttelsicher auf, demontieren die Räder und...
- ...hängen das Handbremsseil aus dem Bremssattel aus. Vergessen Sie bitte nicht, vorab das Sicherungsblech vom Sattel abzuziehen.

beide Achsen

- Hebeln Sie die Haltefeder (1) mit einem Schraubendreher aus dem Bremssattel.

Mit einem Schraubendreher aushebeln: die Haltefeder (1) aus dem Bremssattel.

- Danach ziehen Sie mit einer Wasserpumpenzange an den Sattelführungsbolzen beide Schutzkäppchen (1) mit einer Zange aus den Gummitüllen, lösen die Führungsbolzen (2) und ziehen den Bremssattel (3) nach vorne vom Bremsträger (4) ab. Falls der Rahmen klemmen sollte, quetschen Sie auf der Außenseite einen stabilen Schraubendreher zwischen Bremsscheibe und Belag und hebeln den Rahmen mit Augenmaß hin und her. Das schafft den nötigen Montagefreiraum zwischen den Belägen und der Bremsscheibe.

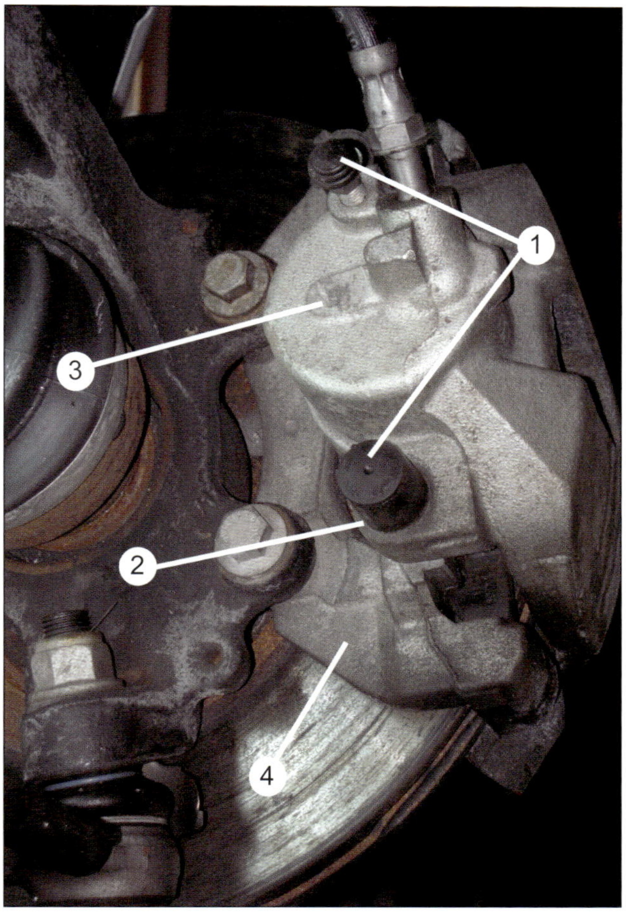

Der Reihe nach erledigen: Schutzkäppchen abziehen (1), Führungsbolzen lösen (2), Bremssattel (3) von der Bremsscheibe und vom Bremsenträger abziehen (4).

- Danach ziehen Sie die Bremssegmente aus dem Bremssattel.

Vorderachse

- Pressen Sie vor der Montage mit einem stabilen Schraubendreher, Hammerstiel oder einem Engländer den Gleitkolben vollständig in den Zylinder zurück. Geben Sie Acht und beschädigen dabei weder den Kolben noch die Staubmanschette.

Hinterachse

- Vor der Montage drehen Sie die Bremskolben zurück in den Bremssattel. For- Monteure nutzen dazu Spezialwerkzeuge (KM 6007 und KM-6007-30). Erfahrungsgemäß reicht auch ein Schraubendreher oder passender Hammerstiel. Achten Sie aufmerksam darauf, dass die Aussparung (Pfeile) im zurückgesetzten Bremskolben gradlinig zum Bremssattelsichtfenster verläuft.

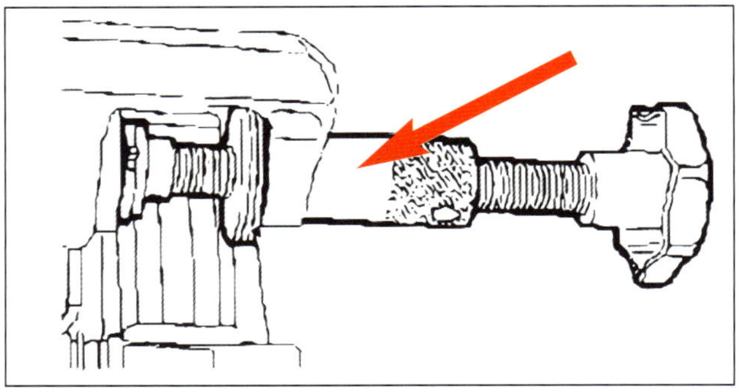

Bis zum Anschlag zurücksetzen: den Bremskolben mit »KM 6007«.

Vorsicht: Beim Zurücksetzen der Bremskolben kann Bremsflüssigkeit aus dem Vorratsbehälter austreten. Spülen Sie sofort gründlich mit klarem Wasser nach.

beide Achsen

- Entfernen Sie auf den Bremsbelagführungen den alten Belagabrieb mit Bremsenreiniger, Alkohol oder Brennspiritus. Nutzen Sie dazu einen Flaschenreiniger oder eine harte Zahnbürste. Festgebackene Staubkrusten kratzen Sie vorab schon mal vorsichtig mit einem flachen Schraubendreher ab – doch beschädigen Sie nicht die Staubmanschette des Gleitkolbens. Sollten Sie anlässlich dieser Arbeit poröse oder rissige Manschetten entdecken, fackeln Sie erst gar nicht lange und erneuern möglichst alle Manschetten in einem Aufwasch. Ansonsten werden über kurz oder lang die Bremskolben in den Zangen festrosten und eine grundsätzliche Revision erfordern.
- Werfen Sie einen Blick auf die Bremsscheibe – haben sich Fett, Straßenschmutz oder tiefe Riefen »eingenistet«? Prüfen Sie im gleichen Aufwasch auch die Scheibenstärke (Verschleißgrenze).
- Die Kontaktflächen der Bremsbeläge reiben Sie vor der Montage sparsam mit wärmebeständigem Gleitmittel (Kupferpaste) ein. Die Paste darf auf keinen Fall auf die Bremsflächen gelangen.
- Setzen Sie den Bremssattel auf den Bremsenträger und schrauben »das Ganze« inklusive einem neuen Führungsbolzen mit rund 30 Nm (Hinterachse 35 Nm) fest.
- Montieren Sie die Haltefedern und pumpen das Bremspedal auf Druck. Erst dann liegen die Beläge bremsbereit vor der Scheibe an.
- Checken Sie jetzt den Bremsflüssigkeitsstand im Vorratsbehälter. Überschüssige Flüssigkeit saugen Sie mit einer Pipette bis »max.« ab, fehlende Flüssigkeit ergänzen Sie bis »max.«.
- Montieren Sie die Räder und lassen das Auto ab.
- Bremsen Sie nun auf einer Nebenstraße die neuen Beläge vorsichtig ein. Verzögern Sie einige Male ganz piano von etwa 100 km/h auf 50 km/h. Zwischendurch lassen Sie die Bremsbeläge immer wieder gut auskühlen.

Bremsscheibe demontieren – mit Erfahrung durchaus machbar

Erneuern Sie Bremsscheiben grundsätzlich immer nur paarweise. Falls nicht, arbeiten die Scheiben mit unterschiedlichen Reibkoeffizienten – die Bremse funktioniert so nicht optimal.

Werkzeug:

- Radschlüssel,
- Wagenheber,
- Unterstellbock,
- Ratsche,
- 17er-Sechskantnuss,
- Schlitzschraubendreher,
- Wasserpumpenzange.

Vorderachse

- Bocken Sie den Vorderwagen rüttelsicher auf.
- Demontieren Sie die Bremssättel mitsamt Bremssegmenten und fixieren sie mit Bindedraht an den Federbeinen.
- Jetzt lösen Sie beidseitig die Befestigungsschrauben (1) des Bremsenträgers (2) vom Lenkschwenklager und legen den Träger beiseite.

Hinterachse

- Bocken Sie den Hinterwagen rüttelsicher auf.

- Demontieren Sie die Bremssättel mitsamt Bremssegmenten und fixieren sie mit Bindedraht an den Stoßdämpfern.

- Jetzt lösen Sie beide Befestigungsschrauben des Bremsenträgers vom Achskörper und ziehen den Träger

- Falls vorhanden, lösen Sie an den jeweiligen Bremsscheiben beide Arretierschrauben, bzw. die Klammern und treiben die Scheiben mit einem Gummihammer gefühlvoll von den Radnaben. Vergessen Sie nicht, die Scheiben währenddessen zu drehen.

- Vor der Montage säubern Sie die Anlageflächen der Radnaben sowie der Bremsscheiben gründlich mit einer Drahtbürste und setzen die Scheiben erst dann wieder auf die Radnaben auf.

- Wenn Sie die Anlageflächen gut gesäubert haben, ist die Chance groß, dass die Scheiben auf Anhieb ohne Taumelschlag rund laufen. Andernfalls pulsiert das Bremspedal bei jedem Bremsvorgang.

- Beenden Sie die Montage in umgekehrter Reihenfolge und ziehen die Halterahmen mit rund 115 Nm gegen die Lenkschwenklager bzw. mit 70 Nm gegen den Achsträger.

Zweimal mit dem Lenkschwenklager verschraubt: Die Bremsträger vorne und hinten.

Bremssattel und Bremskolben gängig machen

Bei porösen oder mechanisch beschädigten Staubmanschetten dringen Schmutz und Feuchtigkeit in den Bremszylinder ein. In der Folgezeit korrodiert der Gleitkolben langsam aber sicher. Folge: Hoher Bremsbelag- und Scheibenverschleiß, ungleichmäßig ansprechende Bremse. Wenn Ihr Focus die Symptome zeigt, gehen Sie folgendermaßen vor.

- Demontieren Sie die Bremsbeläge wie beschrieben und überprüfen zuerst den tadellosen Belagfreigang in allen Belagschächten.

- Wenn nötig, reinigen Sie die Schächte mit einer harten Zahnbürste oder einem passenden Schlitzschraubendreher. Zerstören Sie dabei nicht die Staubmanschetten oder lösen sie aus ihrem Sitz.

- Bevor Sie die Bremsbeläge wieder einsetzen, bestreichen Sie alle Kontaktflächen mit hitzefester Kupferpaste.

- Selbstverständlich müssen auch die Bremssättel freigängig sein. Falls Sie dort Arbeitsbedarf entdecken, reinigen und bestreichen Sie die Gleitflächen leicht mit hitzebeständiger Kupferpaste.

Bremskolben auf Freigang prüfen – mit Montierhebel möglich

- Demontieren Sie den inneren Belag der betreffenden Bremszange.

- Bevor Sie den Bremskolben auf Freigang prüfen, fixieren Sie mit einer Schraubzwinge oder Feststellzange ein etwa sechs Millimeter starkes Distanzstück (evtl. Holzbrettchen) als Endanschlag zwischen Bremskolben und Bremsscheibe. Die Maßnahme begrenzt den Kolbenweg und schützt den Bremskolben mitsamt Dichtring vor Beschädigungen.

- Selbstverständlich muss der gegenüberliegende Bremssattel noch komplett montiert sein.

- Schieben Sie jetzt einen Montierhebel zwischen Kolben und provisorischem Endanschlag. Ein Helfer tritt derweil vorsichtig das Bremspedal durch.

- Falls der Kolben klemmt, pumpt der Assistent so lange, bis der Kolben dem Druck weicht und aus dem Zylinder wandert. Sobald er den Montierhebel gegen den provisorischen presst, drücken Sie den Kolben per Hebel in den Zylinder zurück – an Hinterradbremszangen muss der Kolben mitunter mit einem Spezialwerkzeug in den Zylinder zurückgedreht werden. Wiederholen Sie die Prozedur so lange, bis der widerborstige Bremskolben leichtgängig im Zylinder gleitet.

Achtung: Bleiben Sie damit erfolglos, oder sollte der Bremszylinder danach undicht sein, lassen Sie den Sattel in einer Fachwerkstatt überholen oder tauschen ihn gegen ein Neuteil aus. .

Staubmanschette erneuern – Sie benötigen einen Schweißdraht

- Pressen Sie mit einem Montierhebel oder Schraubendreher zunächst den Bremskolben bis kurz vor Anschlag in den Zylinder zurück. Das äußere Bremssegment bleibt montiert.

- Heben Sie die zu erneuernde Staubmanschette vorsichtig mit einem gebogenen Schweißdraht oder kleinen Winkelschraubendreher vom Bremssattel und Gleitkolben ab. Achten Sie gut auf den Gleitkolben, seine Oberfläche darf nicht verkratzen. Sobald Sie die Staubmanschette abgezogen haben, inspizieren Sie ihr Inneres, die Manschette muss pulvertrocken sein. Andernfalls lassen Sie den Sattel besser in einer Fachwerkstatt überholen oder Sie montieren einen Austauschbremssattel.

- Bevor Sie die neue Manschette montieren, reinigen Sie die angedrehten Montageflächen oberhalb des Zylinders und Kolbens mit Brennspiritus oder sauberer Bremsflüssigkeit. Anschließend konservieren Sie die Flächen mit Bremsmontagepaste (Ate).

- Drücken Sie die neue Staubmanschette vorsichtig auf die vorbereiteten Sitzflächen des Bremskolbens sowie der Bremszange.

- Achten Sie darauf, dass die Manschettenkragen satt und spannungsfrei sitzen, erst dann pressen Sie mit einem Montierhebel den Kolben bis zum Anschlag in den Zylinder zurück.

- Montieren Sie nun den inneren Bremsbelag. Vergessen Sie auch nicht, die Bremsflüssigkeit im Vorratsbehälter zu checken.

- Bevor Sie den Wagen wieder absenken, bringen Sie die Bremse auf Druck. Checken Sie auch den instand gesetzten Sattel auf Dichtheit. Halten Sie dazu das Bremspedal etwa drei Minuten voll gedrückt.

- Erst danach beenden Sie die Montage in umgekehrter Reihenfolge. Bremsen Sie die Anlage auf einer Probefahrt kurz ein.

Die Handbremse

Die Handbremse (Feststellbremse) sichert Ihren parkenden Focus gegen unwillkommene Rollversuche. Sie wirkt mit Seilzügen über den Handbremshebel mechanisch auf die Hinterräder. Der angezogene Handbremshebel löst unter dem Focus eine kleine Kettenreaktion aus: Er strafft die Seilzüge, betätigt am Bremssattel einen Umlenkhebel und wirkt letztlich auf einen Verstellnocken in den Radbremssätteln. Um den Bremsbelagverschleiß automatisch auszugleichen, arbeitet in den hinteren Bremssätteln eine Justiervorrichtung. Sie können die Vorrichtung aktivieren, indem Sie mehrere Male hintereinander den Handbremshebel ziehen.

Handbremshebelweg einstellen

Kontrollieren Sie vorab unter dem Focusbodenblech die richtige Lage des Handbremsseils. Es muss an allen Montagepunkten spannungsfrei sitzen.

- Klappen Sie im Innenraum die Schutzmanschette des Handbremshebels nach oben und lösen die darunter liegende Einstellmutter des Handbremsseils (Pfeil) vollständig.
- Dann bocken Sie den Hinterwagen rüttelsicher auf und checken erneut die richtige Montage des Handbremsseils und stellen sicher, dass die Feststellbremse vollständig gelöst ist.
- Schieben Sie danach an beiden Bremssätteln ein 0,7-Millimeter-Fühlerlehrenblatt zwischen Feststellhebel und Widerlager.
- In dieser Stellung ziehen Sie die Einstellmutter am Handbremshebel so weit an, bis einer der beiden Feststellhebel mitgenommen wird.
- Entfernen Sie dann die Fühlerlehrenblätter auf beiden Seiten.
- Drehen Sie nun die Hinterräder, sie müssen sich ohne großen Kraftaufwand frei drehen.
- Falls nicht, wiederholen Sie die Grundeinstellung Schritt für Schritt.
- Sollten Sie erfolglos bleiben, demontieren Sie die Seilzüge und reinigen sie gründlich. Erkennen Sie nach der nächsten Grundeinstellung keine Besserung, montieren sie ein neues Handbremsseil.

Zunächst lösen: die Einstellmutter des Handbremsseils.

Bestimmt das Grundmaß: 0,7-Millimeter-Fühlerblattlehre zwischen Feststellhebel und Widerlager.

STÖRUNGSBEISTAND

Checkliste – Bremse

Störung	Was kann das sein?	Was muss ich tun?
A **Bremse quietscht.**	**1.** Resonanzgeräusche zwischen der Bremsscheibe und den Bremssegmenten.	Bremssegmente wechseln, ggf. Bremsbelagträgerplatte auf der Rückseite mit Anti-Quietschpaste einstreichen.
	2. Beläge verschlissen bzw. verhärtet.	Erneuern.
	3. Bremsflächen der Scheiben, bzw. der Trommeln stark verschmutzt, verschmiert oder abgenutzt.	Scheiben, Trommeln reinigen. Ggf. austauschen.
	4. Belagführung am Bremssattel verschmutzt oder verrostet.	Säubern bzw. blank schleifen.
	5. Festsitzender Kolben im Bremssattel.	Gängig machen oder Bremssattel überholen lassen.
	6.Festsitzender Kolben im Radbremszylinder.	Gängig machen bzw. Bremszylinder austauschen (lassen).
	7. Neue Bremsbeläge tragen noch nicht vollflächig.	Außenkanten mit Schruppfeile brechen, evtl. Beläge egalisieren.
B **Bremswirkung lässt nach (Fading).**	**1.** Pedalweg normal: a) Beläge verölt, verbrannt oder verhärtet. b) Siehe A3 und 7.	Bremssegmente ersetzen.
	2. Pedalweg kurz: Bremskraftverstärker arbeitet nicht oder kein Unterdruck am Verstärker.	Bremskraftverstärker bzw. Unterdruckleitung auf Knicke prüfen; Unterdruckventil verstopft; prüfen und evtl. ersetzen (lassen).
	3. Pedalweg lang: a) Siehe A5, b) ein Bremskreis ausgefallen.	Kontrollieren, schadhafte Teile auswechseln lassen.
	4. Falscher Belag.	Bremskreise checken lassen.
	5. Hinterradbremse(n) defekt.	Bremsbeläge tauschen (lassen).
C **Schwache Bremsleistung bei hohem Bremspedaldruck.**	**1.** Siehe A 2 bis 7.	Bremsanlage prüfen (lassen).
	2. Siehe B 1 bis 4.	

Checkliste – Bremse

STÖRUNGSBEISTAND

	Störung	Was kann das sein?	Was muss ich tun?
D	**Bemspedalweg schwammig.**	**1.** Luft in der Anlage.	Bremsanlage prüfen, entlüften (lassen).
		2. Bei überbeanspruchter Bremse (Gebirgsfahrt, Anhängerbetrieb) Dampfblasenbildung (Bremsfading).	Anhalten, Bremse abkühlen lassen. Verhalten fahren und bremsen, häufiger einen Gang herunterschalten (Motorbremse).
		3. Hauptbremszylinder nicht richtig befestigt.	Befestigung prüfen. Evtl. Muttern vor dem Bremskraftverstärker nachziehen.
E	**Bremspedal lässt sich ganz durchtreten, keine Bremswirkung.**	**1.** Hauptzylinder ausgefallen.	Austauschen.
		2. Bremsschlauch oder Leitung gerissen, Bremssättel, Radbremszylinder undicht.	Ersetzen.
		3. Bremsflüssigkeit zu alt oder überhitzt (Dampfblasenbildung).	Erneuern.
F	**Pedalweg zu lang.**	**1.** Scheiben unrund, Trommeln verschlissen	Scheiben, Trommeln und Beläge prüfen und evtl. ersetzen lassen.
		2. Bremse falsch eingestellt.	Einstellen (lassen).
		3. Bremsflüssigkeit läuft aus.	Hydrauliksystem auf Dichtheit prüfen; Mangel beheben lassen.
G	**Bremsflüssigkeits-stand zu gering**	**1.** Bremsscheiben, Trommeln oder Beläge verschlissen.	Bremsscheiben, Trommeln, bzw. Beläge prüfen, ersetzen (lassen).
		2. Leck in der Hydraulik.	Hydraulik auf Leck prüfen und Mangel beheben lassen.
H	**Bremsen ziehen einseitig.**	**1.** Bremsscheiben, Trommeln defekt oder unterschiedliche Beläge montiert. Siehe A 2 und 7.	Prüfen, evtl. ersetzen (lassen).
		2. Falsche Reifen oder falscher Reifendruck.	Prüfen; richtige Reifen aufziehen, Reifendruck kontrollieren.
		3. Lenkung defekt.	Prüfen lassen.
		4. Stoßdämpfer verschlissen.	Prüfen, evtl. ersetzen (lassen).

STÖRUNGSBEISTAND

Checkliste – Bremse

Störung	Was kann das sein?	Was muss ich tun?
I Beläge stark oder ungleichmäßig verschlissen.	1. Bremsscheiben, Trommeln sind korrodiert oder weisen Riefen auf.	Prüfen, evtl. ersetzen (lassen).
	2. Siehe A 5.	
J Handbremse zieht nicht.	1. Bremsbeläge hinten abgenutzt oder verglast.	Bremsbeläge tauschen und dabei die Bremsanlage genau inspizieren.
	2. Bremstrommel verölt.	Radialwellendichtring Achsnabe undicht, Radbremszylinder undicht. Prüfen und instandsetzen lassen.
	3. Handbremsseile verstellt.	Prüfen, evtl. einstellen lassen.

Spannungsgeladen

Bei Störungen im Bordnetz sind Sie ohne aktuelle Schalt- bzw. Stromlaufpläne mit Ihrem Latein schnell am Ende. Ihr Focus verlangt nämlich schon im Stand, erst recht jedoch wenn Sie mit ihm fahren, nach elektrischer Energie. Fazit: Ohne Generator oder die Batterie wäre er allenfalls eine blecherne Immobilie. Bevor Sie also tiefergehende Reparaturen an der Bordelektrik angehen, studieren Sie besser die spezifischen Focus-Stromlaufpläne. Ihr Ford-Händler oder auch Bosch Car-Service-Dienste haben sie parat.

Schon der erste Benz-Patenmotorwagen hätte anno 1886 keinen Mucks ohne elektrische Energie gemacht. Ihr Focus täte es ihm heutzutage gleich. Seine präzise aufeinander abgestimmten Subsysteme blieben wirkungslos: Batterie, Anlasser, Motor, Generator und rund ein Kilometer Kupferkabel machen Ihren Focus erst zum Automobil. Mit leerer Batterie streikte sein Anlasser, ohne Anlasser bliebe der Motor stumm und ohne Motor bliebe der Generator antriebs- und damit wirkungslos: Ihr Focus wäre ohne Strom allenfalls eine blecherne Immobilie.
Ist es da verwunderlich, dass die meisten Autofahrer unangenehme Erinnerungen mit dem Trio Batterie, Anlasser und Generator verbinden? Die Ursache dafür liegt vordergründig unter der Motorhaube, also dem Arbeitsplatz der drei Akteure. Zur Entlastung von Batterie, Anlasser und Co.sei allerdings konstatiert: Die dort vorherrschenden Arbeitsbedingungen sind nicht gerade ideal. Mal ist es ihnen im Motorraum zu kalt, mal zu warm, vielfach feucht und mitunter gar triefend nass. Zudem sitzen viele Stromverbraucher an exponierten Plätzen. Störungen in der Bordelektrik sind somit über die Zeit mehr oder weniger unvermeidbar. Zudem kapitulieren Batterien nach Jahren bisweilen schon vor innerer Selbstzerstörung.

Einfach zu beheben – kleine Störungen im Bordnetz

Nach der Lektüre dieses Kapitels sollte Ihnen freilich kein triftiges Argument mehr einfallen, um sich einem toten Schalter oder einer dunklen Lampe zu beugen. Oft schießt dahinter nämlich nur ein Kabelstecker oder ein korrodierter Kontakt, äußerst selten jedoch substantielle Technik, quer.
Viele kleine Unpässlichkeiten an der Bordelektrik können Sie durchaus selber heilen. Doch lassen Sie Ihren Werkzeugwagen konsequent dann verschlossen, wenn es um substantielle Fehlersuche geht: Die Focus-Bordelektrik ist kein besonders ergiebiger-Tummelplatz für do-it-Yourselfer ohne aktuelles Fachwissen.
Selbst ausgewiesene Experten stünden dem Focus ohne Funktions- und Schaltpläne sowie einem speziellen Diagnoseequipment hilflos gegenüber. Darum frustrieren Sie sich erst gar nicht, sondern vergeben Sie tiefer greifende Arbeiten an der Bordelektrik besser sofort an Ihren Ford-Händler oder an einen ausgewiesenen Fachbetrieb wie zum Bosch Car-Service-Dienste.

Die Grundbegriffe der Elektrik

WISSENSWERTES

Elektrische Spannung (Strom) fließt nur in geschlossenen Stromkreisen. Stromkreise bestehen aus Erzeuger (z. B. Batterie, Generator), Verbraucher (z. B. Glühlampe, Leuchtdiode, Anlasser, Elektromotor) und den Kabelsträngen mit ihren einzelnen Leitungen. Stromkabel sind gewissermaßen die Nervenstränge zwischen Erzeuger und Verbraucher.

Das folgende Beispiel veranschaulicht Ihnen die Grundfunktion eines elektrischen Stromkreises. Stellen Sie sich bitte eine Wasserleitung vor, in der unter bestimmtem Druck eine definierte Menge Wasser von A (Erzeuger) nach B (Verbraucher) fließt. Nichts anderes passiert in den Stromkreisen Ihres Autos. Zum Beispiel dann, wenn beim Öffnen der Tür automatisch ein Licht angeht.

Spannung: Entspricht dem Druck in der Wasserleitung. Die Maßeinheit für Spannung ist Volt (V).

Strom: Entspricht der Wassermenge, die in einer definierten Zeit die Leitung passiert. Die Maßeinheit für Strom ist Ampere (A).

Leistung: Entspricht dem Produkt aus Spannung und Strom. Die Maßeinheit für Leistung ist Watt (W).

Widerstand: Entspricht in unserem Beispiel einem Wasserhahn. Ist der Hahn voll geöffnet, strömt ungehindert Wasser in die Leitung (Widerstand 0). Ein verschlossener Hahn erhöht den Widerstand kontinuierlich, bis schließlich kein Wasser mehr fließt (Widerstand ∞). Die Maßeinheit für Widerstand ist Ohm (Ω).

Kabel: Entspricht der Wasserleitung. Die erforderliche Stärke der Leitung (Querschnitt) bestimmt der Verbraucher: Ein Kontrolllämpchen kommt mit einer Kabelstärke von 0,5 mm^2 aus. Der Anlasser verlangt dagegen ein starkes 16-mm^2-Kabel: In unserem Beispiel der Wasserleitung entspräche das dem Hauptwasseranschluss vor der Wasseruhr.

Die Multiplextechnik/Can-Bussystem

WISSENSWERTES

Dort wo im Auto große Datenmengen zu koordinieren sind, markieren Datenübertragungssysteme mit zentraler Intelligenz schon seit geraumer Zeit den Stand der Technik. Da erscheint es nur logisch, dass CAN-Datenbusse (**C**ontroller **A**rea **N**etwork) im Focus in Multiplextechnik den Datenaustausch von der Quelle bis zur Mündung lancieren.

Vorteil: Multiplexkonfigurationen stehen über eine einzige Ringleitung mit ihren Adressaten in Kontakt. Im Idealfall steuert den Datentransfer eine Kommandozentrale – im Focus sind's deren drei. Elektroniker sprechen von **B**ody **C**ontrol **M**odulen (BCM), die relevante Fahrzeugdaten an die Endabnehmer verteilen, bzw. zurück an die Zentrale transferieren. BCM verwalten digitale Datensätze, die selbst baumdicke Kabelbäume überfordern würden – von der Übertragungsgeschwindigkeit ganz zu schweigen.

CAN-Bus-Installationen nutzen zur Kommunikation lediglich zwei digitale Signalleitungen – eine schickt, ausgehend vom Rechner, über den Controller chiffrierte Informationen ins Netz, die andere transportiert zur Analyse chiffrierte Daten via Controller an den Rechner zurück (CAN-Low, CAN-High).

Als Spediteur bzw. Dolmetscher fungiert ein CAN-Transceiver. Der Transceiver bekommt vom Controller aufbereitete Daten angeliefert, wandelt sie in elektrische Signale um und speist sie als Steuerbefehle ins Netz. Auf der anderen Leitung schickt der Transceiver aktuelle Situationsbeschreibungen der Empfänger an den CAN-Controller zurück. Von hier geht's, zum Plausibilitätscheck, weiter ins Steuergerät. Plausibilitätscheck bedeutet: Wenn die Abgänge nicht mit den Eingängen korrespondieren, schaltet das System automatisch auf Notversorgung.

Eine Kontrollleuchte im Armaturenbrett teilt Ihnen die Missfunktion mit. Selbst als erfahrener Heimwerker stehen Sie dann wahrscheinlich hilflos vor dem Problem. Nicht so Ihr Focus Händler: Er liest den »Bug« mittels Diagnoseequipment aus und ersetzt das malade Modul gegen ein funktionstüchtiges.

CAN-Bussysteme managen in Ihrem Focus den Datentransfer vom ABS-Bremssystem bis hin zur Zünd- oder Glühkerze – vom Armaturenbrett bis zur Zentralverriegelung – von der Getriebesteuerung bis zum Motormanagement: Kurzum, in Ihrem Auto gehen zigtausende von Steuerimpulsen binnen kürzester Zeit auf den Daten Highway. Ob, wo, wie und wer die Informationen tatsächlich nutzt, hängt allein von der Aufbereitungsart bzw. vom Chiffre ab. Anders gesagt: Jeder Empfänger spricht, versteht, antwortet und reagiert nur auf seinen Dialekt, die anderen Daten rauschen – wie eine Fremdsprache – ungenutzt weiter in die nächste Station. Plausible Daten werden dort genutzt – der Rest kursiert so lange auf dem Highway, bis der richtige Empfänger gefunden ist.

Energielieferant für alle elektrischen- und elektronischen Systeme - die Batterie

Sechs in Reihe geschaltete Zellen sind das Herz einer 12-Volt-Starterbatterie. Eine Zelle besteht aus einer Kombination positiver und negativer Platten, die in einer Art chemischen Teamworks jeweils etwa zwei Volt Spannung produzieren. Die Platten bestehen aus Hartbleigittern, die mit einer aktiven Masse gefüllt sind. Auf der positiven Plattenseite ist das Bleidioxid, reines Blei dagegen auf der negativen Platte. Zwischen beiden Platten sitzt ein Separator, der die Batterieflüssigkeit (Elektrolyt) durch mikroskopisch feine Poren zirkulieren lässt. Elektrolyt ist eine leitfähige Flüssigkeit, die zu etwa 37 Prozent aus konzentrierter Schwefelsäure und zu 63 Prozent aus destilliertem Wasser besteht.

Speichert elektrische Energie - die Batterie

Im abgeschotteten Batterieinneren laufen energetische Prozesse ab – Batterien wandeln chemische in elektrische Energie. Der hungrigste Abnehmer dafür ist der Anlasser. Seine Durchzugskraft ist abhängig von dem Energiepolster, das die Batterie zum Startzeitpunkt nutzen kann: Je nach Motor und Anlassertyp fordert der Starter während eines Kaltstarts kurzzeitig bis zu 2000 Watt – dafür muss die Batterie in Höchstform sein.

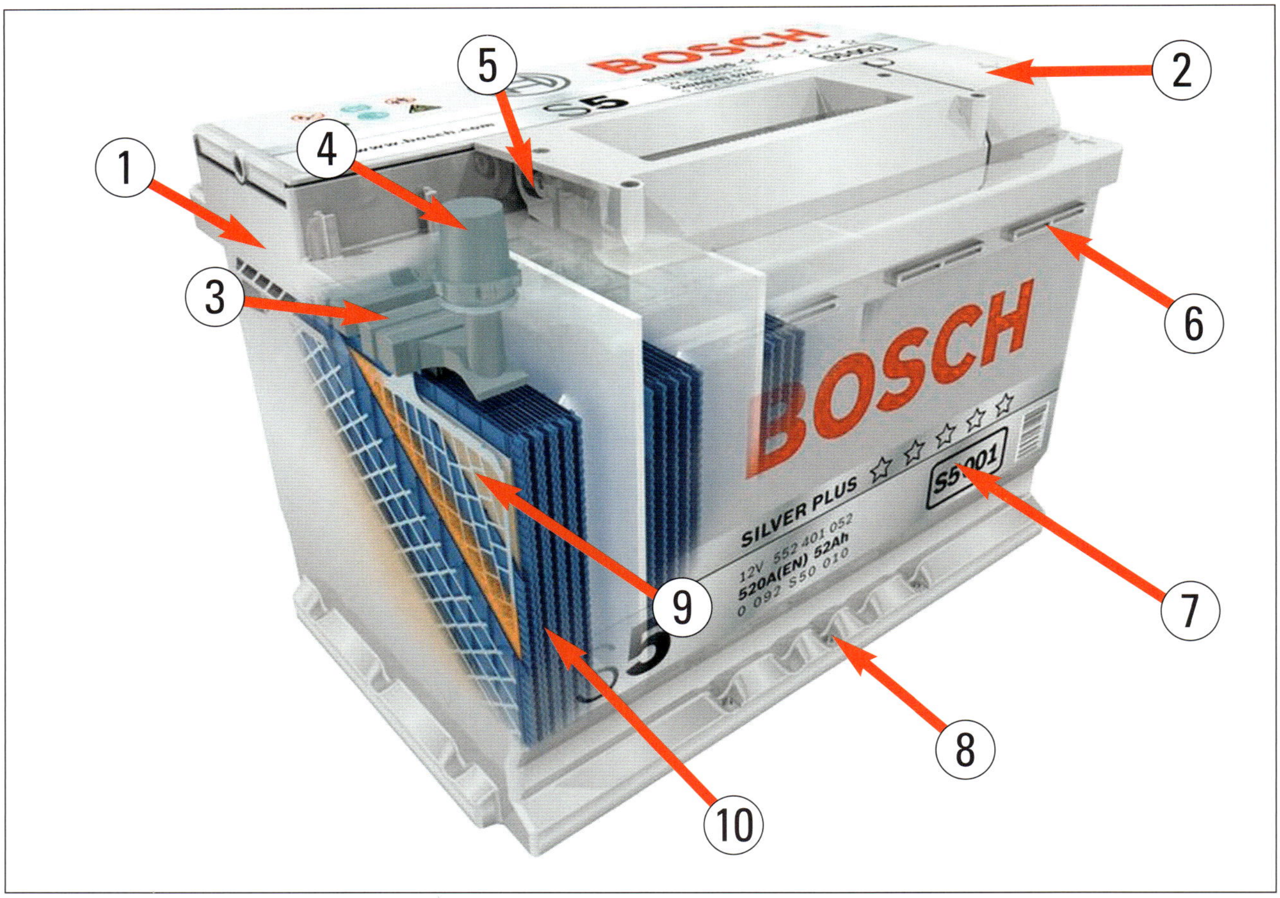

Kompaktes Kraftpaket: wartungsfreie Batterie. (1) Blockdeckel, (2) Polabdeckkappe, (3) Direktzellenverbinder, (4) Endpol, (5) Zellenverschlussstopfen (unter der Abdeckplatte), (6) Plattenverbinder, (7) Blockkasten, (8) Bodenleiste, (9) in Folienseparatoren »eingetaschte« Plusplatten, (10) Minusplatten.

Mit Sodawasser oder »Neutralon« reinigen – oxidierte Batteriepole

Ab Werk versteckt Ihr Focus seine weitgehend wartungsfreie Batterie im Motorraum unter einer isolierenden Kunststoffabdeckung. Sobald Sie die Abdeckung liften, schauen Sie, je nach Modell, in ein »magisches Auge«. Leuchtet es Ihnen grün entgegen, geht's der Batterie gut, bei gelber Färbung können Sie sicher sein, dass die Batterie entweder unzureichend geladen ist oder ihre besten Jahre bereits hinter sich hat.
Die Lebensdauer einer Batterie hängt natürlich stark von den Einsatzbedingungen ab: Jeder Kaltstart, überwiegende Kurzstrecken mit vielen Ampelstopps, jeder zusätzliche Bordverbraucher (AC, beheizbare Heckscheibe, Innenraumgebläse, Fahrlicht, etc.) stresst den Stromspeicher mehr als regelmäßiger Langstreckenbetrieb. Dennoch – sechs bis acht Jahre sollten einer wartungsfreien Batterie vergönnt sein.

Visuell im Bilde: Die Farbe des magischen Auges (Pfeil) signalisiert den Batterieladezustand.

Während langer Stillstandszeiten entlädt sich die Batterie automatisch. Dabei vergast der Wasseranteil in der Batterieflüssigkeit – übrigens ähnlich wie bei Überbeanspruchungen von externen Stromverbrauchern (z. B. Kühlbox, Kleinkompressoren, etc.). Da Ihr Focus eine wartungsfreie Batterie an Bord hat, kondensiert das vergaste Wasser oberhalb der Batteriezellen und tropft von dort in die Zellen zurück – der Kreislauf ist nahezu unendlich. Falls allerdings bereits eine Nachrüstbatterie mit noch offener Zellstruktur montiert ist, checken Sie nach etwa sechs Monaten den Flüssigkeitsstand oberhalb der Zellen und ergänzen den Pegel bis etwa 1,5 Zentimeter oberhalb der Bleiplatten mit destilliertem Wasser.

Ob wartungsfrei oder nicht, achten Sie generell auf die Polanschlüsse – sie korrodieren gerne. Falls Sie dort weiße oder milchiggrüne Kristalle entdecken, reinigen Sie die Kontaktflächen gründlich.

- Dazu waschen Sie an den Batterieklemmen die Oxidkristalle mit warmem Sodawasser ab. Noch intensiver reinigen Sie die Pole mit einem speziellen Reiniger, zum Beispiel »Neutralon«.
- Danach fetten Sie die Batteriepole und Kabelklemmen leicht mit Säureschutzfett (Bosch) ein, normales Fett ist dafür denkbar ungeeignet. Vorsicht: Verteilen Sie kein Fett zwischen die Polkontaktflächen.

Batteriespannung messen – mit Multimeter schnell erledigt

Macht die Batterie, einen schlappen Eindruck, prüfen Sie die Ruhespannung der Zellen mit einem Multimeter. Sollte vor dem Check der letzte Ladevorgang mehr als sechs Stunden zurückliegen, schalten Sie vorab für etwa 30 Sekunden das Abblendlicht ein: Das weckt die Batterie aus dem Momentanschlaf und nivelliert etwaige Spannungsspitzen.

Nach weiteren vier bis fünf Minuten Wartezeit prüfen Sie die Batteriespannung. Schalten Sie zur Messung alle Stromverbraucher aus. Besser noch, Sie klemmen dazu den Batterieminuspol kurz entschlossen ab (siehe Batteriedemontage).

Einfach zu checken: die Batterieruhespannung mit dem Multimeter. Unter 12,1 Volt laden Sie die Batterie schnellstens nach.

- Stellen Sie das Multimeter auf Volt (V) und klemmen es an die Batteriepole an.
- Die rote Klemme verbinden Sie mit dem Pluspol und die schwarze mit dem Minuspol der Batterie.
- Lesen Sie die Ruhespannung ab und entscheiden Ihre nächsten Schritte.

Spannung (V)	12,66 (und mehr)	12,48	12,3
Zustand der Batterie	100 % geladen	75 % geladen	50 % entladen

Batterie demontieren – nicht ohne vorab diverse Bedienungscodes zu notieren

Bevor Sie die Batterie abklemmen, notieren Sie besser sämtliche Bedienungscodes. Sollten Sie das vergessen, ist hernach die Überraschung groß: Das Radio zum Beispiel bleibt dann stumm. Weit ärgerlicher: Auch das Motormanagement vergisst einen Großteil seiner Informationen und schaltet nach dem ersten Neustart für einige Kilometer ins Notprogramm. Danach brummt der Motor wieder reibungslos. Falls nicht, lassen Sie das Programm bei Ihrem Ford-Händler neu einlesen. Schon nach wenigen Minuten ist der Bordrechner wieder auf Kurs. Mit etwas Fortune sogar besser als vorher – Ihr Händler hat nämlich stets die aktuellen Datensätze parat.

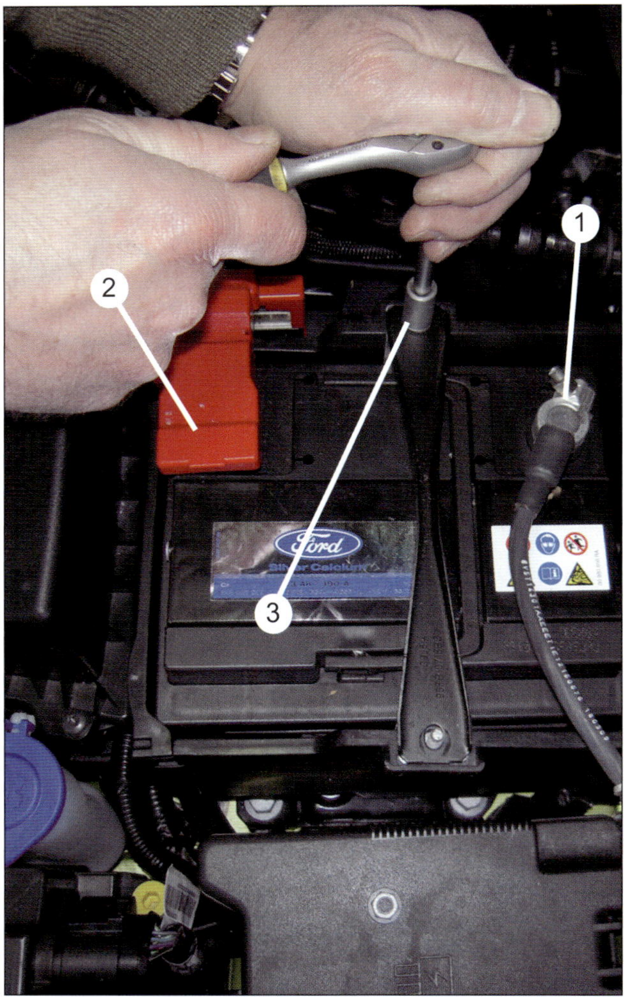

Zur Demontage nacheinander lösen: Minuspol (1), Pluspol (2) und Befestigungsbügel (3) oberhalb der Batterie.

Dieser Hinweis gilt grundsätzlich immer dann, wenn die Batterie abgeklemmt oder tief entladen war.

Werkzeug:
- Ratsche,
- 10er-Nuss,
- Verlängerung.

- Falls vorhanden, demontieren Sie die Batterieabdeckung und klemmen zuerst den Minuspol (1) ab. Sie verhindern damit ungewollten Funkenüberschlag.
- Jetzt schrauben Sie noch die Plusklemme (2) vom Batteriepol ab.
- Lockern Sie nun den Haltebügel (3) oberhalb der Batterie und heben den Akku aus dem Motorraum.
- Achten Sie zur Montage darauf, dass die Batterie satt auf der Konsole steht. Mit zu viel Bewegungsspielraum zerbröseln nämlich die Batterieplatten während der Fahrt.
- Zur Montage schließen Sie zuerst das Pluskabel und erst dann das Minuskabel an. Die Kabelklemmen können Sie nicht vertauschen, da Batteriepole und Kabelfarben unterschiedlich sind.
- Streichen Sie die Polschuhe leicht mit Säureschutzfett (z. B. Bosch) oder Vaseline ein. Sie wirken damit einem vorzeitigen Sulfatieren entgegen.
- Geben Sie nun die Funktionscodes neu ein und lassen den Motor etwa drei Minuten mit etwa 1500 min^{-1} brummen. Derweil regeneriert das Motormanagement schon einen Großteil seiner Daten, das Feintuning erfolgt dann auf den ersten Fahrkilometern nach der Montage. Falls nicht, lassen Sie das Programm bei Ihrem Ford Händler neu einlesen. Das ist völlig problemlos und Ihr Bordrecher ist schon nach wenigen Minuten wieder auf der Höhe der Zeit. Mit der nötigen Portion Fortune sogar besser als vorher: Ihr Händler wird von Ford nämlich stets mit den neuesten Datensätzen versorgt.

Mit dem Multimeter nachzuweisen – stille Bordverbraucher

Macht eine völlig intakte Batterie plötzlich schlapp, ist meistens ein stiller Verbraucher mit im Spiel. Ähnlich wie Standby-Schaltungen bei Haushaltsgeräten konsumieren stille Verbraucher auch dann Strom, wenn der eigentliche Verbraucher längst vom Netz ist. In dem Fall messen Sie alle Bordstromkreise mit einem Multimeter durch. Stellen Sie den Vorwahlschalter des Multimeters einfach auf Strom (A) und checken zunächst die größeren Verbraucher (ab etwa 15 Ampere). Gehen Sie derweil strukturiert vor.

- Klemmen Sie das Batteriemassekabel ab und verbinden den Batterieminuspol mit dem losen Massekabel. Signalisiert Ihr Multimeter jetzt einen Stromfluss größer als 50 mA, gibt es im Bordnetz einen stillen Verbraucher.

- Schließen Sie jetzt das Massekabel wieder an, öffnen den Sicherungskasten und ziehen die erste Sicherung. Klemmen Sie das Multimeter zwischen die freien Sicherungskontakte. Bleibt der Zeiger auf null, ist der betreffende Stromkreis o. k. Geringe Ströme (etwa 25 mA) sind übrigens noch kein Alarmsignal: Der Bordcomputer, die Zeituhr, das Radio oder auch die Alarmanlagen, hängen ständig an der Batterie. Ihr Ruhestromverbrauch ist freilich viel geringer als der eines defekten Verbrauchers.

- Wiederholen Sie die Messung, bis Sie in einem Stromkreis fündig sind. Jetzt müssen Sie nur die einzelnen Verbraucher des Kreises inspizieren.

- Dazu klemmen Sie erneut den Masseleiter direkt am Verbraucher ab und setzen das Multimeter dazwischen.

Entlarvt stille Verbraucher: das Multimeter als Verbrauchsmesser in den einzelnen Stromkreisen. In diesem Fall ist der gemessene Stromkreis o. k.

Batterie regelmäßig nachladen – verlängert die Lebensdauer

Laden Sie eine demontierte oder über längere Zeit pausierende Batterie regelmäßig nach: das verlängert die Lebenserwartung. Andernfalls verglasen die Batteriezellen und werden unbrauchbar. Zudem frieren entladene Batterien bei Minusgraden ein. Unterhalb –4 °C können die Zellwände sogar platzen. Randvoll geladenen Batterien macht Kälte dagegen weniger zu schaffen. Sollte die Batterie noch montiert sein, klemmen Sie vor der Erhaltungsladung auf jeden Fall das Minuskabel (Masseanschluss) ab.

- Zunächst klemmen Sie das schwarze Minuskabel (Masseanschluss) ab. Danach klemmen Sie das rote Pluskabel des Ladegeräts an den Batteriepluspol und das schwarze Ladekabel an den unbelegten Batterieminuspol.

- Der Ladestrom sollte zunächst etwa 10% der Batteriekapazität betragen (z. B. 8,6 A bei einem 86-Ah-Akku) und während des Ladevorgangs automatisch abnehmen. Moderne Batterieladegeräte passen, nach einem automatischen Batterietest, ihren Ladestrom dem Batteriezustand an.

- Während des Ladevorgangs bilden sich oberhalb der Zellen winzige Gasbläschen aus Wasser- und Sauerstoff. Das Gemisch entweicht aus den Entlüftungsbohrungen oder der Zentralentlüftung in die Atmosphäre. Vorsicht! Die Rede ist von Knallgas. Darum nehmen Sie unseren Hinweis, Batterien nur in gut durchlüfteten Räumken aufzuladen, bitte nicht auf die leichte Schulter.

- Entlüften Sie den Arbeitsplatz also grundsätzlich großzügig. Das gilt vor allem, wenn hohe Ladeströme fließen. Um Knallgas zu entzünden reicht bereits ein kleiner Funke, der beim Ab- oder Anklemmen des Ladegeräts bzw. der Batteriekabel entstehen kann.

Berücksichtigen automatisch den Batteriezustand: moderne Batterieladegeräte, wie etwa das BAT 415 von Bosch. Der Ladevorgang läuft praxisbezogen ab und wechselt gegen Ende automatisch in den Erhaltungslademodus.

Der Generator – das kleine Stromkraftwerk unter der Motorhaube

Drehstromgeneratoren (Lichtmaschinen) versorgen alle elektrischen Bordverbraucher mit Strom. Ihre überschüssige Energie deponieren sie in der Batterie. Drehstromlichtmaschinen sind nichts anderes als kompakte Stromkraftwerke: In Ihrem Focus arbeiten unisono 14,2-Volt-Generatoren, je nach Ausstattung mit bis zu 120 Ampere Leistung. Von Haus aus produzieren Drehstromgeneratoren Wechselstrom. Erst ein in ihrem Gehäuse integrierter Gleichrichter wandelt die unbrauchbaren Spannungsspitzen bordgerecht und drehzahlunabhängig in 14,2 Volt Gleichstrom um. Der Gleichrichter wird aktiv, sobald der Motor läuft. Den Generator treibt ein Keilrippenriemen an, der ihn auf etwa doppelte Motordrehzahl beschleunigt.

Fahren mit defektem Generator

Mit streikendem Generator (Lichtmaschine) oder defektem Regler können Sie eingeschränkt weiterfahren: Eine relativ gut geladene Batterie speist alle fahrrelevanten Verbraucher ohne weiteres für etwa drei Stun-

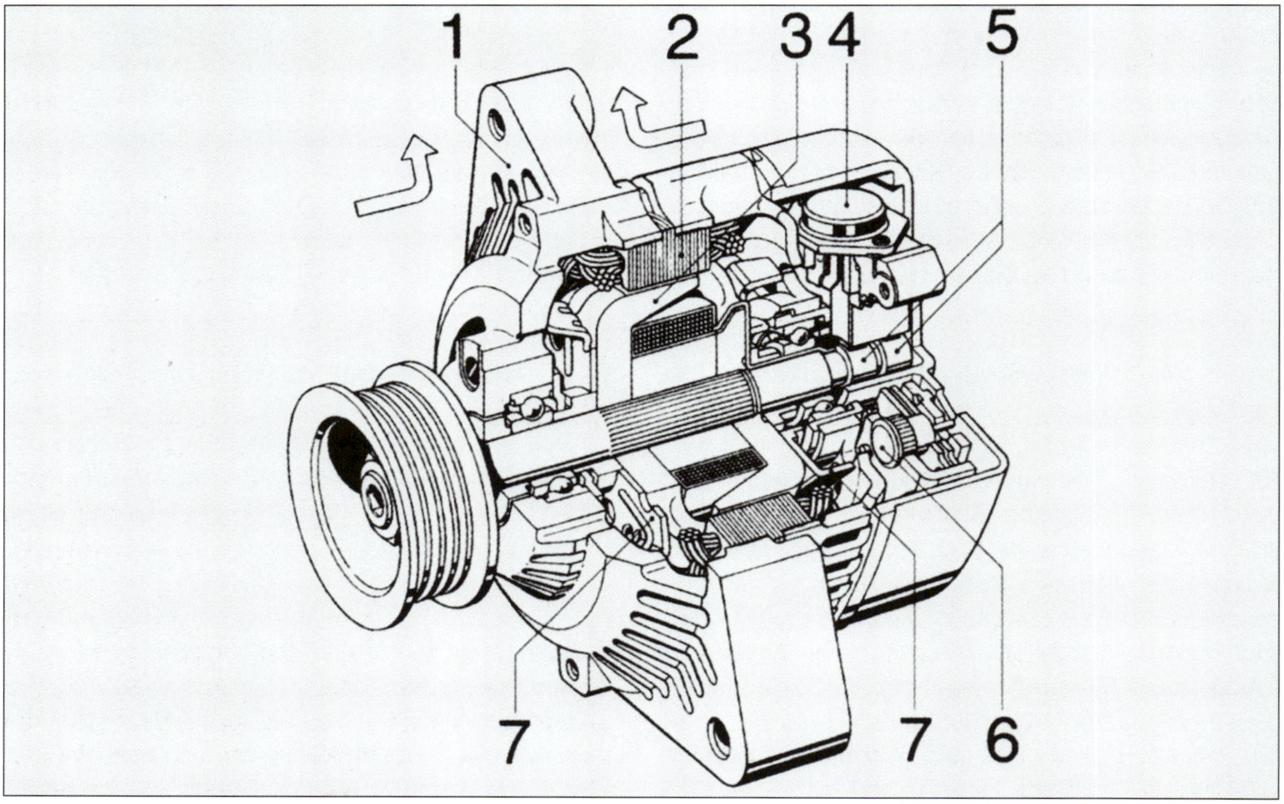

Mit integriertem Spannungsregler: Kompaktgenerator im Focus. 1 Gehäuse, 2 Ständer, 3 Läufer, 4 elektronischer Feldregler mit Bürstenhalter, 5 Schleifringe, 6 Gleichrichter, 7 Lüfter.

den. Allerdings nur dann, wenn Sie die überflüssigen Verbraucher (beheizbare Heckscheibe, Frischluftgebläse, etc.) sofort konsequent ausschalten.

- Bevor Sie losfahren, ziehen Sie an der Generatorrückwand noch schnell den Mehrfachstecker ab. Vorteil: Die Batterie entlädt sich dann nicht über den defekten Generator bzw. Spannungsregler.
- Unterbrechen Sie die Fahrt nicht unnötig – bei jedem Startvorgang schluckt der Anlasser kostbaren Saft.
- Wenn möglich, lassen Sie den Wagen anrollen.
- Schalten Sie auf jeden Fall alle unnötigen Verbraucher, etwa die beheizbare Heckscheibe, das Gebläse und das Radio aus.
- Machen Sie vom Scheibenwischer mitsamt der Scheibenwaschanlage nur ganz sporadisch Gebrauch.
- Bei Dunkelheit fahren Sie möglichst nur mit Abblendlicht.

Regelt die Bordspannung – der Spannungsregler

Je schneller der Generator dreht, umso mehr Spannung liefert er – das funktioniert ähnlich wie bei einem Fahrraddynamo. Die Betonung liegt auf ähnlich, ansonsten tendierten die langfristigen Überlebenschancen aller Bordverbraucher nämlich gegen null. Darum bremst ein Spannungsregler die Förderleistung des Generators künstlich ein. Der Regler arbeitet innerhalb des Gehäuses an der Generatorrückseite. Er begrenzt die Betriebsspannung, je nach Batterie- und Umgebungstemperatur, auf Werte zwischen 14,1 und 15,1 Volt. Moderne Generatoren sind ab Werk praktisch wartungsfrei. Selbst die Schleifkohlen halten unter normalen Bedingungen gut und gerne 100.000 bis 150.000 Kilometer oder sogar noch länger. Falls Ihr Generator wider Erwarten vorzeitig muckt, legen Sie Ihn einem Bosch-Dienst zur Revision auf die Werkbank oder Sie ordern Ersatz bei Ihrem Ford-Händler.

Spannungsregler checken – das schont die Batterie

- Demontieren Sie die Polabdeckungen der Batterie und klemmen ein Multimeter zwischen Plus- und Minuspol. Justieren Sie das Multimeter so, dass es Spannungen zwischen zwölf und 16 Volt misst.
- Lassen Sie den Motor im mittleren Drehzahlbereich (etwa 3000 - 4000 min^{-1}) rund zwei Minuten laufen. Schalten Sie dazu die Beleuchtung, Klimaanlage und evtl. noch die beheizbare Heckscheibe ein. Das fordert den Generator und bringt ihn schneller auf Betriebstemperatur.
- Schalten Sie danach die Heckscheibenheizung aus und stattdessen das Frischluftgebläse auf Stufe 2 dazu. Die Verbraucher entsprechen etwa einer Strombelastung zwischen drei bis sieben Ampere.
- Bei intaktem Regler misst das Multimeter nun eine Regelspannung zwischen 14,1 – 15,1 Volt.
- Nicht an Ihrem Focus? Bei zu geringer Spannung könnten die Schleifkohlen des Generators verschlissen sein, bei erhöhter Spannung ist der Regler defekt. In beiden Fällen übergeben Sie den Generator Ihrem Ford-Händler oder einem Bosch Car-Service-Dienst zur Revision.

Antriebsriemen – legen Sie Wert auf Markenqualität

Eine automatische Spannrolle hält den Antriebsriemen gespannt – einerlei ob bei Otto- oder Dieselmotoren. Darum müssen Sie sich also nicht mehr kümmern. Gönnen Sie allerdings von Zeit zu Zeit der Riemenspannrolle einen Blick. Fällt Ihnen im Stand nichts Außergewöhnliches auf, starten Sie den Motor und achten auf die Pendelbewegungen der Rolle: Sobald Sie einen großen Verbraucher, z. B. die Klimaanlage, beheizbare Heckscheibe, etc. einschalten, beginnt eine intakte Spannrolle leicht zu pendeln – übrigens auch bei jedem Gasstoß. Starker Riemenverschleiß, so zum Beispiel verschlissene Profilrillen oder Oberflächenrisse, animieren die Spannrolle zu fortlaufenden Pendelbewegungen. Um die Fehlerquelle zu eliminieren, erneuern Sie zunächst den Antriebsriemen. Der neue Riemen muss selbstverständlich die gleichen Bezeichnungen wie der verschlissene tragen und sollte zudem ein solides Markenfabrikat sein.
Wir beschreiben den Riemenwechsel am Beispiel des 1,6-Liter Duratec sowie des 1 6-Liter Duratorq. Da die grundsätzlichen Handgriffe an den anderen Motoren nahezu gleich sind, leiten Sie die tatsächliche Arbeit an Ihrem Focus bitte von den beiden verkaufsstärksten Versionen ab. Achten Sie lediglich auf die unter-

schiedliche Peripherie, zum Beispiel mit oder ohne AC, und spuren den neuen Riemen absolut fluchtig auf die Antriebsräder.

Werkzeug:
- Torxschraubendreher,
- Wagenheber,
- Unterstellbock,
- Ratsche,
- kurze Verlängerung,
- 13er-Nuss,
- Seitenschneider,
- Spezialwerkzeug zur Führung des neuen Riemens – im Ford E-Teile-Kit enthalten.

Focus-Antriebsriemen können Sie nur einmal montieren, jede Demontage macht sie unbrauchbar. Um bei der Qualität wirklich sicher zu sein, raten wir Ihnen nur zu Original-Ersatzriemen, die Sie mit größter Sicherheit bei ihrem Ford-Händler bekommen. Er hält komplette Montagereparatursets mit den passenden Mehrrippenriemen auf Lager.

Duratec

- Klemmen Sie das Batteriemassekabel ab und bocken den Vorderwagen rüttelsicher auf.

- Danach demontieren Sie das rechte Vorderrad und schrauben im Radlauf den unteren Spritzschutz (zwei Schrauben) ab.

- Wenn Sie jetzt noch die rechte Radhausverkleidung (zehn Schrauben) demontieren, ist der Antriebsriemen gut zugänglich.

- Mit der Demontage machen Sie kurzen Prozess: Zerschneiden Sie den Riemen mit einem Seitenschneider und ziehen ihn aus dem Riementrieb.

- Bevor Sie den neuen Antriebsriemen montieren, checken Sie sämtliche Riemenscheiben auf Verschleiß und tadellosen Rundlauf.

- Für den Fall, dass alles o. k. ist, montieren Sie, anstelle der vorhandenen Schraube, den Stehbolzen (1) aus dem Montagekit.

- Danach drehen Sie an der Zentralschraube (2) die Kurbelwelle so weit, dass die Bohrung (3) an der Riemenscheibe etwa in Stellung »5 Uhr« steht.

- Jetzt montieren Sie das Führungswerkzeug (4) so an die Kurbelwellenriemenscheibe, dass die Werkzeugmitte etwa auf »12 Uhr« steht.

- Legen Sie dann den ersten Gang, bzw. die Parkstellung ein und fädeln den Antriebsriemen (5) in den Riementrieb. Spuren Sie den Riemen zunächst an der Kurbelwellenriemenscheibe und dann an den anderen Scheiben ein.

- Sobald der Riemen optisch spurt, schalten Sie in Leerlauf (N) und drehen dann die Kurbelwellenriemenscheibe gefühlvoll im Uhrzeigersinn weiter. Derweil spurt das Hilfswerkzeug den neuen Riemen exakt ein.

- Checken Sie zur eigenen Beruhigung Ihre Arbeit noch einmal und demontieren anschließend die Montagehilfe von der Kurbelwellenriemenscheibe und vom Motorblock ab.

- Drehen Sie den Motor nun erneut zwei- bis dreimal durch. Derweil achten Sie darauf, dass der neue Riemen immer noch spurt.

- Beenden Sie die Montage in umgekehrter Reihenfolge.

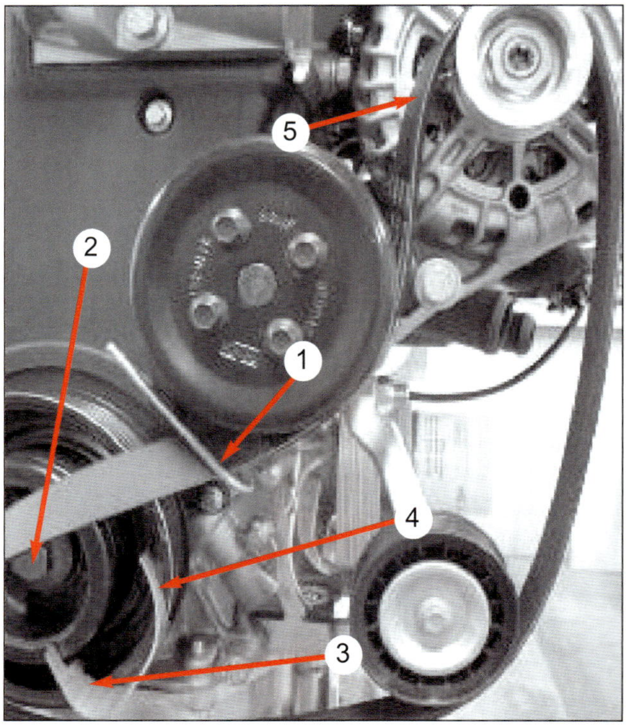

Achten Sie auf die Montagereihenfolge: der neue Antriebsriemen spurt dann besser ein.

Duratorq

- Klemmen Sie das Batteriemassekabel ab und liften den Vorderwagen rüttelsicher auf zwei Unterstellböcke.
- Danach demontieren Sie den unteren Spritzschutz (zwei Schrauben) und legen ihn beiseite.
- Entspannen Sie dann am zentralen Vierkant (1) den Riemenspanner so weit im Uhrzeigersinn (Pfeil), bis Sie den Riemen leicht aus dem Riementrieb nehmen können.
- Damit der Riemenspanner während Ihrer Arbeit entspannt bleibt, blockieren Sie ihn mit einem 5-Millimeter-Durchschlag oder Inbusschlüssel in der Gehäusebohrung.
- Bevor Sie den neuen Antriebsriemen montieren, checken Sie sämtliche Riemenscheiben auf Verschleiß und tadellosen Rundlauf.
- Danach legen Sie den neuen Antriebsriemen in den Riementrieb ein. Achten Sie beim Ersatzriemen unbedingt auf die korrekten Bezeichnungen und auf die Laufrichtung (Pfeil).
- Erst jetzt ziehen Sie den Dorn ab und lockern den Riemenspanner am Vierkant mit einer gefühlvollen Linksdrehung.
- Beenden Sie die Montage in umgekehrter Reihenfolge.

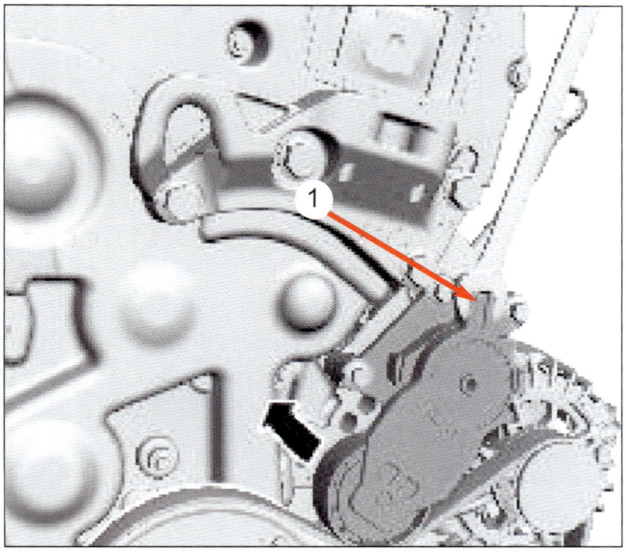

Zur Riemendemontage im Uhrzeigersinn entspannen: den Riemenspanner beim Diesel.

Generator demontieren

Werkzeug:

- Torxschraubendreher,
- Wagenheber,
- Unterstellbock,
- Ratsche,
- kurze Verlängerung,
- 13er-Nuss,
- Seitenschneider,
- Spezialwerkzeug zur Führung des neuen Riemens – im Ford E-Teile-Kit enthalten.

Wir beschreiben den Generatorenwechsel am Beispiel des 1,6-Liter Duratec sowie des 1,6-Liter Duratorq. Da die grundsätzlichen Handgriffe an den anderen Motoren nahezu gleich sind, leiten Sie die tatsächliche Arbeit an Ihrem Focus bitte von den beiden verkaufsstärksten Versionen ab. Achten Sie lediglich auf die unterschiedliche Peripherie, zum Beispiel mit oder ohne AC, und spuren den neuen Riemen absolut fluchtig auf die Antriebsräder.

Duratec

- Zur Montagevorbereitung klemmen Sie das Batteriemassekabel ab, liften Sie den Vorderwagen, demontieren die untere Motorverkleidung und im gleichen Aufwasch auch den Antriebsriemen.
- Danach demontieren Sie den Hydraulikölvorratsbehälter der Lenkung (eine Schraube) und legen ihn beiseite.
- Hebeln Sie danach mit einem kleinen Schlitzschraubendreher die Gummikappe vom Generatoranschluss (1) und trennen die Anschlusskabel vom Generator.
- Jetzt demontieren Sie die oberen und unteren Schrauben (Pfeile) und bugsieren den Generator nach oben aus dem Motorraum.
- Legen Sie den neuen Antriebsriemen fluchtig in den Riementrieb ein und beenden die Montage in umgekehrter Reihenfolge.

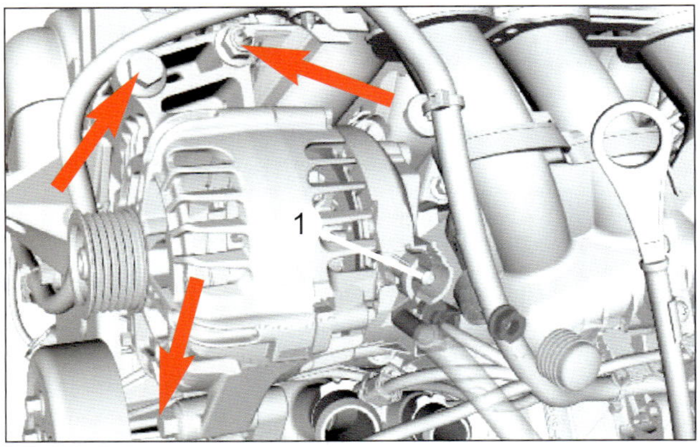

Dreifach verschraubt: Generator an den Duratec-Motoren.

Duratorq

- Klemmen Sie das Batteriemassekabel ab und demontieren den Antriebsriemen wie beschrieben.
- Hebeln Sie danach mit einem kleinen Schlitzschraubendreher die Gummikappe vom Generatoranschluss und trennen die Anschlusskabel vom Generator. Öffnen Sie vorab noch schnell die Kabelbinder und legen den Kabelstrang beiseite.
- Jetzt demontieren Sie die Umlenkrolle (drei Schrauben) und legen Sie beiseite.
- Ziehen Sie die elektrischen Anschlüsse vom AC-Verdichter ab und demontieren danach den Verdichter (4 Schrauben, Pfeile) vom Motorblock.
- Hängen Sie den Verdichter mit Schweiß- oder Bindedraht im Motorraum auf. Das Kühlsystem bleibt geschlossen!
- Der Platz müsste jetzt reichen, um den Generator lösen und demontieren zu können.
- Heben Sie den losen Generator nach oben aus dem Motorraum.
- Beenden Sie die Montage in umgekehrter Reihenfolge.

Zur Demontage lösen: vier Schrauben am AC-Verdichter.

Starter demontieren

Die Starterfunktion am Focus leistet generell ein Schub-Schraubtrieb-Anlasser mit Vorgelege. Starter sind mittlerweile unproblematische Bauteile. Für den Fall, Ihr Anlasser bildet die Ausnahme von der Regel, beschreiben wir die Demontage am Beispiel des 1,6-Liter Duratec sowie des 1,6-Liter Duratorq. Da die grundsätzlichen Handgriffe an den anderen Motoren nahezu gleich sind, leiten Sie die tatsächliche Arbeit

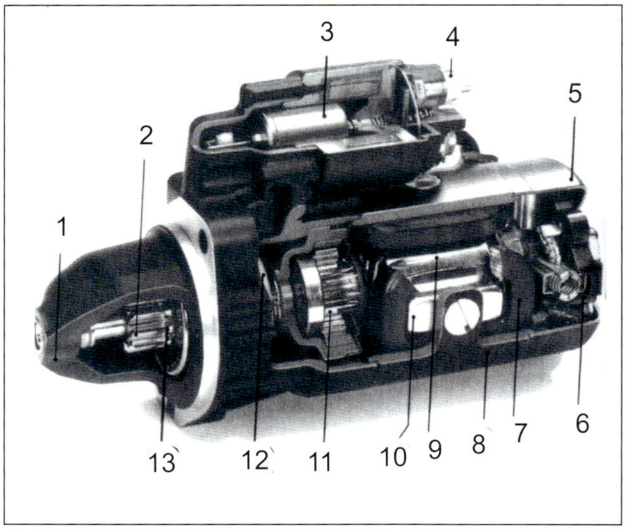

Kompaktes Kraftpaket: Schub-Schraubtrieb-Anlasser mit Vorgelege. (1) Antriebslager, (2) Starterritzel, (3) Einrückrelais, (4) Anschluss-Klemme 30, (5) Kommutatorlager, (6) Bürstenhalterplatte mit Kohlebürsten, (7) Erregerwicklung, (8) Polgehäuse, (9) Anker, (10) Polschuh, (11) Planetengetriebe (Vorgelege), (12) Einrückhebel, (13) Einspurgetriebe.

an Ihrem Focus bitte von den beiden verkaufsstärksten Versionen ab. Achten Sie lediglich auf die unterschiedliche Peripherie, zum Beispiel mit oder ohne AC. Streikende Starter blockiert meistens ein verschlissener Magnetschalter, ab und an sind auch die Kollektorbürsten verschlissen. Nur selten frisst dagegen noch die Ankerwelle in den Lagerstellen fest. Falls doch, entscheiden Sie sich besser für einen Austauschanlasser oder ein gebrauchtes Aggregat aus einem neuwertigen Unfallwagen.

Werkzeug:
- Ratsche,
- lange Verlängerung,
- 13er-Nuss

Duratec

- Klemmen Sie das Batteriemassekabel ab und bocken den Vorderwagen auf.
- Lösen Sie jetzt am Magnetschalter beide Anschlusskabel und demontieren danach den Anlasser (3 Schrauben, Pfeile) von der Kupplungsglocke.
- Den losen Anlasser ziehen Sie seitlich aus der Kupplungsglocke und jonglieren ihn nach unten aus dem Motorraum.
- Beenden Sie die Montage in umgekehrter Reihenfolge. Die Anlasserschrauben sind mit 35 Nm fest.

Duratorq

- Klemmen Sie das Batteriemassekabel ab und demontieren die Batteriekonsole.
- Jetzt reicht der Platz, um beide oberen Anlasserschrauben (Pfeile) zu lösen.
- Danach bocken Sie den Vorderwagen auf, lösen am Magnetschalter beide Anschlusskabel und danach die untere Anlasserschraube an der Kupplungsglocke.
- Den losen Anlasser ziehen Sie seitlich aus der Kupplungsglocke und jonglieren ihn nach unten aus dem Motorraum.
- Beenden Sie die Montage in umgekehrter Reihenfolge. Die Anlasserschrauben sind mit 25 Nm fest.

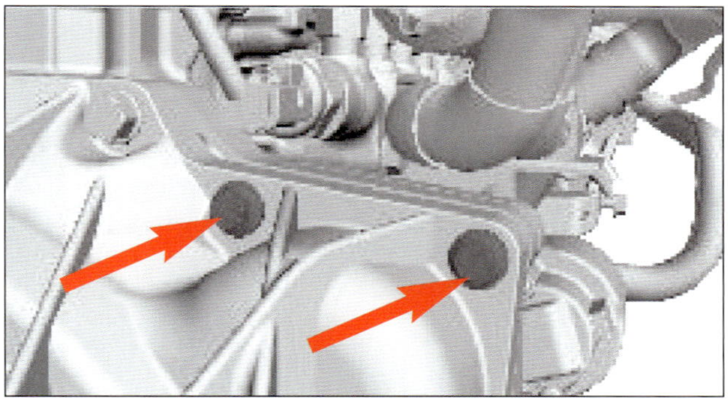

Zuerst lösen: beide oberen Anlasserschrauben an der Kupplungsglocke.

Die Außenbeleuchtung

Mit der Außenbeleuchtung Ihres Focus sind die Hauptscheinwerfer, Rück- und Bremsleuchten, Rückfahrscheinwerfer, Nebellampen, Nebelschlussleuchten sowie Blink- und Kennzeichenleuchten angesprochen. Hauptscheinwerfer bestehen aus drei Komponenten: der Lichtquelle, dem Reflektor und der vorgelagerten Abdeckscheibe (ehemals Streuscheibe). Als Lichtquelle in den Haupt- und Nebelscheinwerfern sind im Focus serienmäßig Halogengaslampen in H1- (Fernlicht) bzw. der moderneren H7- (Abblendlicht) respektive H11-Technik in den Nebelleuchten installiert. Die restlichen Lichtquellen des Focus III bedienen normale Glühwendellampen.

Alles in einem Gehäuse: Einerlei ob Xenon- oder Halogen-Leuchten, ab Werk sitzen alle Fahrlichtquellen in einem Gehäuse. Die optionalen Nebelleuchten strahlen aus der vorderen Stoßfängerblende.

WISSENSWERTES

Linksverkehr mit Freiformreflektoren

Bei den im Focus montierten Freiformreflektoren können Sie den rechten Lichtfinger nicht kurzerhand mit Abdeckband auf dem Streuglas amputieren. Um den Gegenverkehr nicht zu blenden, müssen Sie stattdessen die kompletten Scheinwerfertöpfe tauschen: ein finanziell aufwändiges Unterfangen. Es sei denn, Sie justieren die montierten Lichter einfach rund 1,5 Zentimeter tiefer und akzeptieren während Ihres Linksverkehr-Ausflugs das schlechtere Licht – um den Preis der neuen Töpfe.

Für den Fall der Fälle: Ein auf den Wagen abgestimmtes Ersatzlampenset ist eine lohnende Investition. Discounter bieten komplette Sets, inklusive Ersatzsicherungen, als Aktionsware fast zum Preis einer normalen H4-Lampe an.

Sinnvoll – Ersatzlampenset an Bord

Hierzulande gilt die Vorschrift: Alle äußeren Beleuchtungskörper müssen ständig funktionieren. Vorausschauende Fahrer haben darum ein Ersatzlampenset an Bord. Im Focus leuchten generell 12-V-Lampen:

Einbauort	Leistung	Typ	ECE-Norm
Abblendlicht	55W	Halogen	H7
Fernlicht	55W	Halogen	H1
Brems-/Schlussleuchte	21/5W	Kugellampe	P21/5W
Standlicht	5W	Steckbirne mit Glas	W5W
Nebelscheinwerfer	55W	Halogen	H11
Blinkleuchte vorne	21W	Kugellampe	PY21W
Nebelschlussleuchte	21W	Kugellampe	P21W
Rückfahrscheinwerfer	16W	Kugellampe	W16W
Blinkleuchte hinten	21W	Kugellampe	PY21W
Dritte Bremsleuchte	-	LED	LED
Kennzeichenleuchte	5W	Steckbirne mit Glas	W5W
Blinkleuchte seitlich	5W	Steckbirne mit Glas	WY5W
Innenleuchte Kofferraum	5W	Steckbirne mit Glas	W5W
Innenraum Mittig	6W	Soffitte	W6W
Innenraum Handschuhfach	5W	Steckbirne mit Glas	W5W

WISSENSWERTES

Gasentladungslampe (Xenon-Licht) – das Wichtigste in Kürze

In Xenon-Scheinwerfern leuchtet, anstatt einer herkömmlichen Glühlampe mit Leuchtfaden, eine mit Xenongas befüllte Gasentladungslampe. Das Xenongas im Lampenkolben entzündet zunächst ein Funken. Nach der Zündung entsteht innerhalb des Lampenkolbens ein ionisierter Gasschlauch, den ein 12-Volt Gleichstrom erleuchtet. Den Zündvorgang startet je Scheinwerfer ein elektronisches Hochspannungs-Vorschaltgerät.

Erblindete Xenonlampen sollten Sie, beim geringsten Selbstzweifel, besser in einer Fachwerkstatt tauschen lassen: Der unsachgemäße Umgang mit den Vorschaltgeräten kann lebensbedrohende Verletzungen verursachen. Doch keine Skepsis: Praxiserfahrungen belegen – Xenon-Licht funktioniert nahezu verschleißfrei.

Wegen der hohen Lichtintensität lässt der Gesetzgeber hierzulande Gasentladungslampen ausschließlich mit dynamischen Leuchtweitenreglern zu. Somit ist das hartnäckige Gerücht vom gleißend blendenden Xenon-Licht technisch unbegründet, gewöhnungsbedürftig ist allein die Lichtfärbung: Autos mit Xenon-Licht kommen leicht blauäugig daher…

Scheinwerferlampen wechseln - kein großes Problem -

Die Fahr-, Fern-, Stand- und Blinklichtlampen sitzen allesamt im Scheinwerfergehäuse. Zu deren Tausch demontieren Sie einfach den blinden Scheinwerfer komplett aus der Kühlermaske. Hört sich zunächst komplizierter an, als es in der Praxis ist. Der Focus Scheinwerfer, einerlei ob links oder rechts, steckt lediglich in zwei Halterungen - eine Schraube fixiert den Topf im oberen Frontstehblech. Achten Sie generell darauf, dass während des Lampenwechsels die Scheinwerfer ausgeschaltet sind. Wichtig: Neue Glühlampen fassen Sie mit möglichst sauberen Händen am Sockel und niemals am Glaskolben an. Falls es doch der Glaskolben wird, verdampfen Ihre Fingerabdrücke mit dem ersten Licht am heißen Glaskolben und trüben den Reflektor unnötig ein.
Getrübte Reflektoren schlucken Licht, anstatt es zu reflektieren. Sollten Sie dennoch nicht umhin kommen, die neue Lampe am Glaskolben in die Fassung zu bugsieren, säubern Sie anschließend den Lampenkolben mit einem in Alkohol oder Brennspiritus getränkten fusselfreien Tuch.
Für den Fall des Lampentauschs verwenden Sie nur Ersatzlampen mit einem UV-Filter. Nach jedem Lampenwechsel vergessen Sie bitte auch nicht den fälligen Funktionscheck.

Hauptscheinwerfer demontieren

Werkzeug:
– Mittlerer Kreuzschraubendreher.

- Öffnen Sie die Motorhaube und lösen am jeweiligen Scheinwerfergehäuse die Kreuzschraube (1).
- Danach ziehen Sie beide Stecker (2) vom Scheinwerfergehäuse (3) ab.
- Ziehen Sie jetzt das Scheinwerfergehäuse vorsichtig aus der Montageöffnung.
- Beenden Sie die Montage in umgekehrter Reihenfolge und achten darauf, dass der Scheinwerfer wieder fest in seinen Halterungen sitzt. Ansonsten schielt Ihr Focus nach der Prozedur…

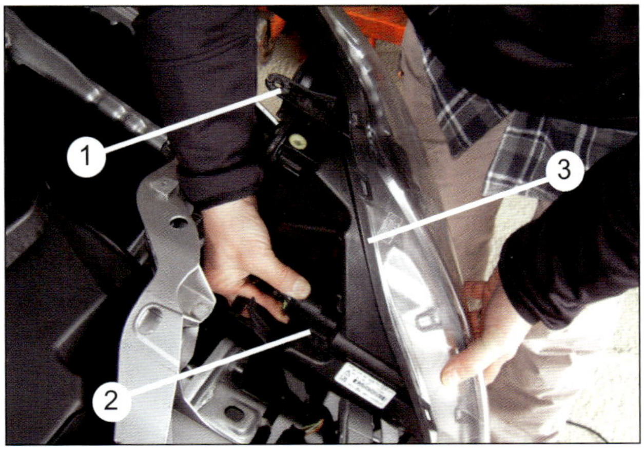

Mit einer Schraube fixiert: das Scheinwerfergehäuse (3) im Focus. (1) Kreuzschraube, (2) Hauptstecker, (3) Scheinwerfergehäuse.

Abblendlicht / Fernlicht

Werkzeug:
– Mittlerer Kreuzschraubendreher.

- Demontieren Sie den defekten Scheinwerfer, wie beschrieben.
- Ziehen Sie die entsprechende Abdeckkappe sowie den dahinter liegenden Lampenstecker ab.
- Ziehen Sie die alte Lampe aus dem Reflektor und schieben die neue Lampe gleich wieder hinein. Währenddessen fassen Sie den Glaskolben möglichst nicht an.
- Beenden Sie die Montage in umgekehrter Reihenfolge. Achten Sie auf den korrekten Sitz der Lampenfassung, vergessen auch den Funktionscheck nicht und prüfen, ob beide Scheinwerfer noch auf gleicher Höhe leuchten.

WISSENSWERTES

Scheinwerfereinstellung kontrollieren – nach jedem Lampenwechsel fällig

Da der Lampentausch auch die Reflektorstellung ändern kann, stellen Sie, bevor Sie die Lampen wechseln, Ihren Wagen vor einer möglichst dunklen Wand ab.

Schalten Sie das Fahrlicht ein und markieren per Kreidestrich den Lichtkegel der intakten Lampe an der Wand. Vergleichen Sie nach dem Lampenwechsel den Lichtkegel der neuen Lampe mit dem Lichtaustritt des anderen Scheinwerfers.

Falls die Lichtkegel jetzt erkennbar differieren sollten, lassen Sie die Scheinwerfer besser in einer Fachwerkstatt justieren.

Das sollten Sie ohnehin einmal jährlich tun! Oder reden Sie etwa jenen 36 Prozent der Autofahrer das Wort, die statistisch mit falsch eingestellten Scheinwerfern durch die Lande irren. Übrigens: Traditionell ist hierzulande der Fahrlichttest zwischen dem 01. bis 31. Oktober bei Automobilclubs oder in Bosch Car-Service-Stützpunkten kostenlos.

Standlicht

Werkzeug:
– Mittlerer Kreuzschraubendreher.

- Demontieren Sie den entsprechenden Scheinwerfer und ziehen die Standlichtabdeckkappe vom Lampengehäuse.
- Ziehen Sie die defekte Birne aus der Fassung und schieben die neue Lampe gleich hinterher.
- Beenden Sie die Arbeit in umgekehrter Reihenfolge. Achten Sie auf den korrekten Sitz der Lampenfassung, vergessen auch den Funktionscheck nicht und prüfen, ob beide Scheinwerfer noch auf gleicher Höhe leuchten.

Vordere Blinkleuchten

Werkzeug:
– Mittlerer Kreuzschraubendreher.

- Demontieren Sie den entsprechenden Scheinwerfer und drehen mit leichter Linksdrehung die defekte Leuchte aus der Fassung.
- Drücken Sie die alte Lampe leicht in die Fassung zurück und ziehen Sie mit leichter Linksdrehung heraus.
- Beenden Sie die Arbeit in umgekehrter Reihenfolge. Achten Sie auf den korrekten Sitz der Lampenfassung, vergessen auch den Funktionscheck nicht und prüfen, ob beide Scheinwerfer noch auf gleicher Höhe leuchten.

Seitliche Blinkleuchten

Werkzeug:
– Mittlerer Kreuzschraubendreher,
– Holzspatel.

- Die Blinkleuchten finden Sie in den Seitenspiegeln.
- Drücken Sie das geclipste Spiegelglas möglichst weit nach unten und lösen den Clip mit einem Holzspatel.
- Demontieren Sie danach den Spiegelgehäusedeckel.
- Pressen Sie mit einem mittleren Schraubendreher den Blinkerglasclip ins Spiegelgehäuse, um dann das Glas mitsamt Lampe (Pfeil) aus dem Gehäuse zu ziehen.

- Erneuern Sie die Lampe und beenden die Arbeit in umgekehrter Reihenfolge. Vergessen Sie nicht den anschließenden Funktionscheck.

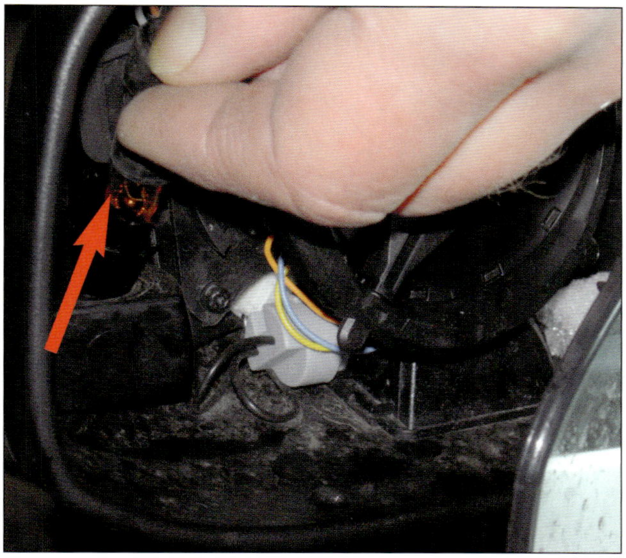

Sitzt im Blinkleuchtenglas: Die Lampenfassung der seitlichen Blinkerlampe.

Nebelleuchten

Werkzeug:
– Mittlerer Kreuzschraubendreher,
– 3-mm-Dorn.

- Bei allen Focus ST- und RS-Modellen ist die Glühlampe nicht von der Fassung zu trennen. Im Schadensfall suchen Sie bitte Ihren Ford-Händler auf. Ansonsten…
- … entfernen Sie mit einem Dorn die entsprechende Lampenabdeckung aus dem Frontspoiler.
- Lösen Sie im Spoiler beide Scheinwerferschrauben mit einem Kreuzschraubendreher und nehmen das Lampengehäuse mitsamt Lampe aus dem Spoiler.
- Ziehen Sie den Lampenstecker ab und drehen die Lampenfassung mit einer leichten Linksdrehung aus dem Gehäuse.
- Tauschen Sie die defekte Lampe und schieben die neue gleich wieder in die Fassung hinein. Währenddessen fassen Sie den Glaskolben möglichst nicht an.
- Vergessen Sie nicht den anschließenden Funktionscheck.

Rückleuchten

Werkzeug:
– Mittlerer Kreuzschraubendreher.

- Focus mit LED-Rückleuchten haben selbstverständlich keine herkömmlichen Glühlampen. Sobald ein Licht ausfällt, muss die gesamte LED-Platine erneuert werden. Eine Arbeit für Ihren Ford-Händler. Andernfalls…
- … öffnen Sie die Heckklappe, lösen aus dem Gepäckraum heraus die beiden Befestigungsschrauben (Pfeile), ziehen die Stecker ab und heben die Rückleuchte aus der Karosserie.
- Die defekte Lampe ziehen Sie mitsamt Lampenfassung mit einer leichten Linksdrehung aus dem Lampengehäuse.
- Tauschen Sie die defekte Lampe und schieben die neue gleich wieder in die Fassung hinein. Die obere Lampe ist die Blinkleuchte, unten sitzt die Brems-/Rückleuchte.
- Vergessen Sie nicht den anschließenden Funktionscheck.

Mit zwei Schrauben fixiert: die Rückleuchten.

Nebelleuchten / Rückfahrleuchten

- Schauen Sie hinter die Stoßfängerverkleidung und drehen die defekte Lampe mitsamt Lampenfassung (Pfeil) mit einer leichten Linksdrehung aus dem Lampengehäuse.
- Tauschen Sie die defekte Lampe und schieben die neue gleich wieder in die Fassung hinein.
- Vergessen Sie nicht den anschließenden Funktionscheck.

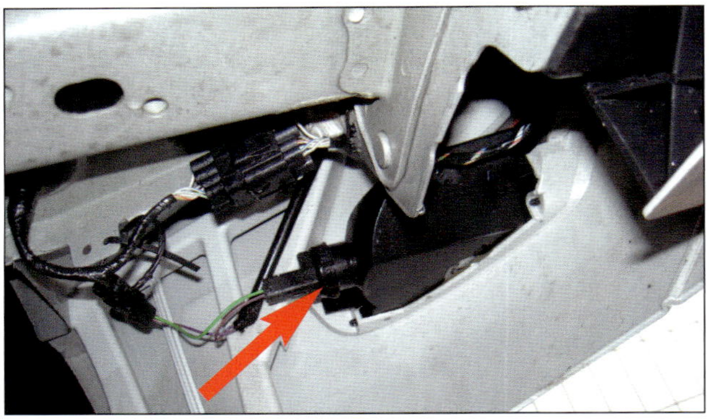

Sitzen in der Heckschürze: die Nebel- und Rückfahrleuchten.

Bremslichtschalter prüfen – relativ schnell machbar

Wenn alle drei Bremslichter synchron ausfallen, misstrauen Sie getrost dem Bremslichtschalter. Er sitzt im Innenraum direkt am Lagerbock der Pedalerie. Beim Betätigen des Bremspedals wandert ein Druckstift aus dem Schaltergehäuse, daraufhin schließen im Schalter die Kontakte und leiten Spannung an die Bremsleuchten weiter. Den Schalter prüfen Sie ganz einfach: Ziehen Sie die Kabelstecker ab und halten ihre blanken Enden zusammen. Sollten jetzt die Bremsleuchten funktionieren, erneuern Sie den Schalter. Ansonsten prüfen Sie die Spannung an den Kabelenden und checken die Lampen.

Bremslichtschalter demontieren

- Öffnen Sie die Fahrertür und ducken sich im Fußraum ab.
- Ziehen Sie das Bremspedal möglichst weit nach oben und fixieren es in dieser Stellung.
- Demontieren Sie zunächst den Bremspedalstellungsschalter (1) oberhalb des Bremslichtschalters (3) mit leichter Linksdrehung aus dem Stativ (2).
- Den Bremslichtschalter drehen Sie danach per Rechtsdrehung aus dem Halter. Vergessen Sie nicht, vorab den Kabelanschluss (4) abzuziehen.
- Nun setzen Sie den BPS-Schalter wieder ein.
- Sobald der Schalter sitzt, montieren Sie den neuen Bremslichtschalter.
- Vergessen Sie den anschließenden Funktionscheck nicht.

Sitzen oberhalb des Bremspedals: der Bremslichtschalter sowie der BPS-Schalter.

Schalter-Funktionsprüfung – mit Multimeter machbar

Manchmal bringen die Ströme defekte Schalter völlig durcheinander. Im Focus arbeiten übrigens die unterschiedlichsten Schaltertypen. Ihre Funktionsprüfung erledigen Sie schnell mit einem Multimeter. Stellen Sie dazu den Funktionsschalter auf Volt (V) und messen jeweils den Spannungsfluss an den Schalteranschlussklemmen. Tauschen Sie defekte Schalter ausschließlich gegen originale Ford-Ersatzteile.

- Besorgen Sie sich den aktuellen Schaltplan zu Ihrem Focus.
- Zuerst machen Sie an dem betreffenden Schalter das (die) spannungsführende(n) Kabel aus. Dazu tasten Sie mit der roten Klemme alle Kabelanschlüsse ab – die schwarze Klemme liegt währenddessen natürlich an Masse (Klemme 31) an.
- Vor dem Spannungstest schalten Sie noch schnell die Beleuchtung oder die Zündung ein.
- Die Schalterfunktion erkennen Sie daran, ob die Eingangsspannung auch am Schalterausgang herauskommt.

Mitunter sehr verschlungen – die Wege der Stromkabel

Auf Laien wirken Ströme häufig sehr geheimnisvoll – ihre Wege sind mitunter recht sonderbar. Oder doch nicht?
In Ihrem Focus kontakten die meisten konventionellen Stromverbraucher mit Doppelklemmen. Doch durchgängig bis zur Batterie oder zum Generator lässt sich häufig nur ein Kabel zurückverfolgen. In dem Fall endet das andere unterwegs im IRGENDWO an einem Massekontakt der Karosserie, des Motors, am Getriebe oder, das ist im Focus auch nicht ausgeschlossen, an irgendeinem toten Steckerkontakt. So zum Beispiel im Motorraum am Mehrfachstecker der Zentralelektrik im Umfeld der Batterie.

Lassen den Strom abfließen – Metalle

Innerhalb des Focus-Bordnetzes nutzen Ford-Ingenieure ein uraltes physikalisches Prinzip: Metalle sind leitfähig. Diese simple Erkenntnis erspart – völlig legitim – lange Kupferkabel zur Spannungsableitung an den Batterieminuspol. Wenn ein Verbraucher also nicht ordentlich funktioniert, liegt das häufig nicht zwangsläufig an der Zuleitung, sondern an einer unzureichenden Masseverbindung. Mitunter sucht sich der Wackelkandidat dann Unterstützung von irgendwo, was letztlich die Bordelektrik völlig aus dem Takt bringt. Das häufigste Beispiel dafür ist wohl die taktvoll im Blinkerrhythmus mitglimmende Rückleuchte....

Systematisch geordnet – Kabel und Klemmen

Trotzt rationeller Bauweise würde der hintereinander gelegte Kabelbaum Ihres Focus locker die Kilometermarke ereichen. Das scheinbar bunte Gewirr ist allerdings akribisch geordnet – die Kabelfarben weisen den Weg. Zudem sind die meisten Anschlüsse der

WISSENSWERTES: Kabel-/Klemmenbezeichnungen

Klemme 15: Steht ab Zündschloss bei eingeschalteter Zündung unter Strom. Sie setzt, außer der Zündung, auch jene Verbraucher unter Spannung, die nur während des Betriebs Strom erhalten sollen. Die vielfach schwarzen Kabel besitzen im Focus bisweilen auch farbige Zusatzstreifen.
Klemme 30: Steht dauernd in Kontakt mit dem Batteriepluspol bzw. bei laufendem Motor mit dem Generator. Das kann bei unvorsichtigem Umgang mit Werkzeug zu Kurzschlüssen und Funkenregen führen. Zumindest dann, wenn Sie nicht vorher das Minuskabel der Batterie abgenommen haben. Stromführende Kabel sind im Focus rot ummantelt, ggf. tragen auch sie zusätzliche Farbstreifen.
Klemme 49: Setzt die Blink- und Warnblinkanlage unter Strom.
Klemme 53: Speist den Scheibenwischer. Die Kabel sind überwiegend grün und mit weiteren Zusatzfarben (z. B. gelb) gekennzeichnet.
Klemme 56: Mit gelb/schwarzen Farben versorgt sie das Abblendlicht und mit weiß/schwarzen Farben das Fernlicht mit Strom.
Klemme 58: Speist das Standlicht. Die Kabelgrundfarbe ist grau, jeweils mit zusätzlichen Farbstreifen.
Klemme 31: Masseklemme, die alle Bordverbraucher mit Fahrzeugmasse verbindet. Im Bordnetz sind Massekabel meistens braun gefärbt.

Mehrfachstecker und Relais nummeriert. Bei der Wahl der Kabelfarben bleibt Ford überwiegend der Norm gängiger Vorbilder treu.

Überlastungsschutz – Sicherungen im Innen- und Motorraum

In Ihrem Wagen schützen zahlreiche Sicherungen die Bordelektrik vor Überlastung. Ihre Schutzfunktion entspricht der theoretischen Maximalbelastung der einzelnen Stromkreise. Sicherungen unterbrechen den Stromfluss sofort, wenn zum Beispiel ein Kurzschluss (defekter Verbraucher, beschädigte Stromkabel) die Bordspannung unkoordiniert an Masse ableitet. Sie verhindern dadurch weitere Schäden (z. B. Kabelbrände) an Ihrem Auto. Der Focus hat Flachstecksicherungen, deren Schmelzdraht im Überlastungsfall durchglüht. Für eine Sicherung ist der Tatbestand des Überlastungsfalls übrigens auch dann erfüllt, wenn voll ausgelastete Stromkreise nachträglich noch mit zusätzlichen Verbrauchern (Hi-Fi-Anlage, Booster oder nicht zugelassene Hochleistungsleuchten) aufgemotzt werden. Auch profane Autostaubsauger und Kühlboxen, die Sie einfach mit Strom aus der Steckdose des Zigarettenanzünders versorgen, lassen ab und an die Sicherung dahinschmelzen. Spendieren Sie häufig genutzten Zusatzverbrauchern also im Bedarfsfall einen separaten Stromkreis – natürlich mit einer entsprechend dimensionierten Sicherung und Zuleitung. Um alle Eventualitäten auszuschließen, lassen Sie besser einen Profi ans Werk, der verlegt Ihnen die richtigen Kabelquerschnitte (min. 1,5 mm2) und sichert den Stromkreis ausreichend ab.

Verteilt auf diverse Stromkreise – Bordsicherungen im Focus

Das Motormanagement und die meisten leistungsstarken Aggregate sind separat abgesichert. Damit Ihr Focus bei einem elektrischen Defekt nun nicht gänzlich ohne Strom da steht, sind die Bordverbraucher, ähnlich wie in Ihrer Wohnung, auf mehrere Stromkreise verteilt. Nebenverbraucher mit weniger wichtigen Aufgaben arbeiten in gemeinsamen Stromkreisen – jeweils von einer Sicherung geschützt. Nicht so die Stromkreise zwischen Starter, Batterie, Generator und Zündschloss: Hier liegt ständig die volle Batteriekapazität an. Bei Arbeiten an diesen Stromkreisen gilt also besondere Vorsicht: Klemmen Sie IMMER zuerst die Batterie ab, bevor Sie hier einsteigen! Andernfalls provozieren Sie kapitale Schäden – bis hin zu Fahrzeugbränden.

WISSENSWERTES

Ford Focus – die Sicherungen

In den Sicherungskästen stecken Flachsicherungen (Minisicherungen), deren transparenter Kunststoffkörper zwei mit einem Schmelzdraht verbundene Flachstecker fixiert, oder so genannte A1-Sicherungen.

An der Farbe zu erkennen – die Amperezahl
Zur besseren Differenzierung der Maximalbelastung sind Sicherungen, zusätzlich zu ihrer Beschriftung, farbig markiert. Die Minisicherungen im Focus vertragen:

Kennfarbe	***Stromstärke in Ampere***
Grau	2
Hellbraun	5
Dunkelbraun	7,5
Rot	10
Hellblau	15
Gelb	20
Hellgrün	30
Orange	40

Zusätzlich schützen A1-Sicherungen die kräftigeren Stromkreise im Focus. Sie widerstehen:

Kennfarbe	***Stromstärke in Ampere***
Grau	25
Pink	30
Rot	50
Hellblau	60
Schwarz	80

Am geschmolzenen Draht erkennbar: defekte Sicherungen (Pfeil). Häufig ist dann auch die Kunststoffumhüllung gebrochen oder verschmort.

Mit Bordmitteln machbar – Sicherungen erneuern

Ein Tipp ganz zu Beginn: Bevor Sie eine Sicherung oder ein Relais wechseln, schalten Sie die Zündung und alle Stromverbraucher (z. B. Radio) aus.

Einer von zwei Sicherungskästen sitzt hinter dem Handschuhfach vor der Spritzwand im Armaturenbrett. Diese Sicherungen sind relativ einfach mit einer Klammer oder Flachzange in Eigenregie zu tauschen. Der zweite Kasten sichert seine Stromkreise in unmittelbarer Batterienähe aus dem Motorraum heraus. Der Tausch dieser Sicherungen ist grundsätzlich kein Hexenwerk – zumindest dann nicht, wenn Sie den Kasten einmal freigelegt haben.

Arbeitsschritte:

- Egal ob im Innen- oder Motorraum, im Focus sitzen die Sicherungen verborgen hinter Kunststoffdeckeln.

Handschuhfachdeckel

- Drehen Sie die Schrauben (1) im Armaturenbrett unterhalb des Handschuhfachs los und klappen die Verkleidung nach unten ab.

- Lösen sie danach die beiden Schrauben (2) des Sicherungskastens (3) und ziehen ihn möglichst weit in den Fußraum.

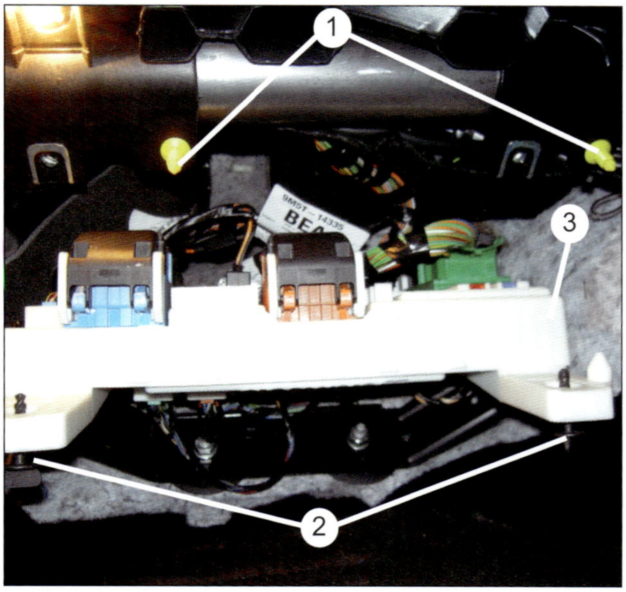

Sicherung erneuern: Dazu das Armaturenbrett und den Sicherungskasten im Fußraum lösen.

- Jetzt haben Sie Platz, um die durchgebrannte Sicherung per Klammer oder passender Flachzange zu wechseln.

- Achten Sie darauf, dass die neue Sicherung in beiden Polzungen einrastet.

Motorraum

- Öffnen Sie die Motorhaube und hebeln den Sicherungskastendeckel rechts der Batterie ab.

- Checken Sie die Sicherungen und wechseln die durchgebrannte Sicherung per Klammer oder passender Flachzange.

- Achten Sie darauf, dass die neue Sicherung in beiden Polzungen einrastet.

alle

- Achten Sie darauf, dass Sie nur neue Sicherungen mit identischer Amperestärke verwenden.

- Sollte Ihnen die neue Sicherung sofort wieder dahinschmelzen, prüfen Sie den Stromkreis auf Masseschluss (Kabelisolation gegen Masse blank gescheuert), bzw. den aus dem Kreis genommenen Verbraucher mit einer Freiluftleitung auf Funktion.

Verteilen hohe Arbeitsströme – Schaltrelais

Ihr Focus hat eine Reihe von Verbrauchern, die, im Vergleich zu anderen, höhere Arbeitsströme erfordern. Um dort mit möglichst geringen Kabeldurchmessern ein Maximum an Sicherheit zu gewährleisten, steuert Ford jene Verbraucher mit separaten Schaltrelais an. Über den Ein- und Ausschalter fließt zum Relais lediglich ein geringer Schaltstrom, der im Relais den stärkeren Arbeitsstrom zum Verbraucher schaltet.

Unterschiedliche Aufgaben – Schaltstrom und Arbeitsstrom

Beim Einschalten des betreffenden Verbrauchers wirkt im Relais der Schaltstrom auf eine Magnetspule. Die Magnetspule zieht gegen Federdruck einen kräftigen Kontakt an und öffnet so den Arbeitsstromkreis zum

Verbraucher. Damit die Spannung möglichst 1:1 beim Empfänger ankommt, fließt der Arbeitsstrom direkt durch das Relais ans Ziel. Die Relaiskontakte sind so widerstandsfähig, dass sie hohe Ströme gut vertragen. Außerdem kürzt der vermeintliche Umweg durchs Relais den Weg des Arbeitsstroms ab. Vorteil: Je kürzer die Wege, umso geringer die Spannungsverluste zwischen Schalter und Verbraucher.

Erfüllen unterschiedliche Aufgaben – spezielle Relaistypen

Um die Übersichtlichkeit und Fehlersuche zu verbessern, sitzen die meisten Relais im Focus auf speziellen Trägerplatten. Zusätzlich arbeiten im Bordnetz, ganz in der Nähe ihres Arbeitsplatzes, noch spezielle Funktionsrelais.

T Sicherungstabelle (Innenraum)

Sicherung	Ampere	Abgesicherte Stromkreise
F100	10	Geschaltete Spannungsversorgung für elektronische Steuergeräte
F101	20	Steuergerät elektrisches Schiebedach, elektrisch verstellbarer Fahrersitz, Dachsteuergerät (Cabrio)
F102	10	Heizung, Lenksäule, Partikelfilter, Empfänger-Fernbedienung
F103	10	Batterieversorgung für Beleuchtungsregelung
F104	10	Batterieschutzfunktion, Innenbeleuchtung
F105	25	Beheizbare Heckscheibe
F106	20	Keyless-System
F107	10	Batterieversorgung-Kombiinstrument, On-Board-Diagnose
F108	7,5	Zubehör-Kombiinstrument (Audio/Navi)
F109	20	Zigarettenanzünder, hintere Zusatzsteckdose
F110	10	Spannungsversorgung-Tagfahrlicht an Schalter Beleuchtungssteuerung
F111	15	Kraftstoffpumpe (Duratec)
F112	15	Batterieversorgung Audiomodule
F113	10	Spannungsversorgung Tagfahrlicht an Schalter Beleuchtungssteuerung
F114	10	Spannungsversorgung Kombiinstrument, Wegfahrsperre
F115	7,5	Spannungsversorgung Beleuchtungsregelung
F116	20	Nebelleuchten
F117	7,5	Kennzeichenleuchten
F118	20	Türmodul hinten links
F119	15	Gepäckraum, zusätzliche Steckdose
F119	25	Gepäckraum zusätzliche Steckdose (Modelle mit Anhängerkupplung)
F120	20	Türmodul hinten rechts
F121	20	Beheizbare Vordersitze
F122	10	Airbagmodul
F123	7,5	Beheizbarer Außenspiegel
F124	7,5	Park-, Seiten-, Rückleuchten (links)
F125	7,5	Park-, Seiten-, Rückleuchten (rechts)
F126	20	Keyless-System
F127	25	Elektrische Fensterheber
F128	-	-
F129	20	Scheibenwischer
F130	-	-

Sicherung	Ampere	Abgesicherte Stromkreise
F131	15	Heckscheibenwischer
F132	15	Bremsleuchten
F133	25	Relais Zentralverriegelung, Modul Beifahrertür
F134	20	Zentralverriegelung, Modul Fahrertür
F135	20	Tagfahrlicht
F136	15	Waschwasserpumpe, beheizbare Waschdüsen
F137	10	Alarmanlage mit eigener Batterie
F138	10	Antriebsstrang Steuergerät, Fahrpedal, Automatikgetriebe
F139	10	Fahrlicht rechts
F140	10	Fahrlicht links
F141	10	Rückfahrscheinwerfer, elektr. Spiegel
F142	15	Abblendlicht rechts
F143	15	Abblendlicht links

Sicherungskasten im Motorraum

Sicherung	Ampere	Abgesicherte Stromkreise
F1	40	Kühlerlüfter
F2	80	Servolenkung
F3	60	Verteilerbox Beifahrerseite, Versorgung 1
F4	60	dito, Versorgung 2
F5	80	Zusatzheizung
F6	60	Glühkerze (Duratorq)
F7	30	ABS, Pumpe-Stabilitätsregelung
F8	20	ABS, Ventile-Stabilitätsregelung
F9	20	PCM
F10	30	Innenrauumklimatisierung, Gebläse
F11	20	Zündschloss
F12	40	Relais-Zündung 15
F13	20	Anlassermagnetschalter
F14	40	Frontscheibenheizung, rechts
F15	30	Relais-Kühlerlüfter
F16	40	Frontscheibenheizung, links
F17	30	Faltdach
F18	30	Spannungswandler
F19	10	ABS-Modul
F20	15	Hupe
F21	20	Zusatzheizung
F22	10	Lenkungsmodul
F23	30	Scheinwerferwaschanlage
F24	15	Zusatzheizung (Duratorq)

Sicherung	Ampere	Abgesicherte Stromkreise
F25	10	Zündung, Relais
F26	15	Automatikgetriebe
F26	10	PCM Dauerversorgung (ST/RS)
F27	10	Kupplung, AC
F28	10	Glühkerzenüberwachung (Duratorq)
F29	10	Zweizonen-Klimaregelung
F30	3	PCM, Automatikgetriebe
F31	10	Batterie-Sensor, Smart-Ladesystem
F32	10	Automatikgetriebe
F32	10	Spannungsversorgung Einspritzventil (ST, RS)
F33	10	Beheizte Lambdasonde (Duratec)
F33	10	Ladeluftkühler, Bypass-Ventil (Duratorq)
F33	20	Beheizte Lambdasonde (ST, RS)
F34	10	Einspritzventile, Zündtransformatoren
F35	10	PCM, Ventile, Magnetventile
F36	10	PCM

Technische Daten Ford Focus

Motoren*

Modell	1,4 l Duratec	1,6 l Duratec	1,6 l Ti-VCT Duratec	1,8 l Duratec	2,0 l - Duratec ST	2,5 l Duratec -TDCi	1,6 l Duratorq -TDCi	2,0 l Duratorq -TDCi	2,0 l - TDCi ***	2,0 l Duratorq
Abgasgrenzwerte gemäß	Euro 4	Euro 5	Euro 4	Euro 4 Euro 4**	Euro 5 /	Euro 4	Euro 5	Euro 5	Euro 4	Euro 4
Zylinder / Ventile	4 / 16	4 / 16	4 / 16	4 / 16	4 / 16	4 / 16	4 / 16	4 / 16	4 / 16	4 / 16
Hubraum cm^3	1388	1596	1596	1798	1999	2522	1560	1560	1997	1997
Bohrung mm	76,0	79,0	79,0	83,0	87,5	83	75,0	75,0	85,0	85,0
Hub mm	76,5	81,4	81,4	83,1	83,1	93,2	88,3	88,3	88,0	88,0
Verdichtung	11,0 : 1	11,8 : 1	11,0 : 1	10,8 : 1	11,8 : 1	9,0 : 1	18,3 : 1	18,3 : 1	18,0 : 1	18,0 : 1
Höchstleistung KW / PS	59 / 80	74 / 100	85 / 115	92 / 125	107 / 145	166 (225)	66 / 90	80 / 109	81 / 100	100 / 136
bei 1/min	5700	6000	6000	6000	6000	6000	4000	4000	4000	4000
max. Drehmoment Nm	124	150	155	165	185	320	215	240	275	320
bei 1/min	3500	4000	4150	4000	4500	1600 - 4000	1750	1750	2000	2000
Leerlaufdrehzahl 1/min	750	750	780	780	780	750	750	750	750	750
Höchstgeschwin-digkeit km/h	164	180 / 172**	190	198	206 / 195**	241	177	188	183	203 / 200***
Beschleunigung 0-100 km/h s	14,1	11,9 / 13,6**	10,8	10,3	9,2 / 10,7**	6,8	12,6	10,9	11,5	9,3 / 9,6***
Kraftstoffverbrauch in l										
– städtisch	8,7	8,7 10,4**	8,7	9,5	9,8 / 11,2**	13,8	5,6	5,6	7,8	7,0 / 7,8***
– außerstädtisch	5,4	5,5 / 5,8**	5,4	5,6	5,4 / 6,1**	6,8	3,7	3,7	4,7	4,5 / 4,7***
– kombiniert	6,6	6,7 / 7,5**	6,6	7,0	7,1 / 8,0**	9,3	4,4	4,4	5,8	5,5 / 5,8***
CO2-Emission g/km	157	159 / 174**	157	167	169 / 189**	224	115	115	154	144 / 154***
Motormanagement	Sie-mens	Sie-mens	Sie-mens	Visteon	Visteon	Bosch	Bosch PCM	Bosch PCM	Siemens	Siemens
Turboaufladung	-	-	-	-	-	ja	ja	ja	ja	ja
max. Ladedruck	-	-	-			0,8	1,2	1,2	1,2	1,2
Öldruck bei 80 °C** 2000 U/min bar	2,5	2,5	2,0	2,0	2,0	2,1	2,3	2,3	2,3	2,3

Modell	1,4 l Duratec	1,6 l Duratec	1,6 l Ti-VCT Duratec	1,8 l Duratec	2,0 l - Duratec ST	2,5 l Duratec -TDCi	1,6 l Duratorq -TDCi	2,0 l Duratorq -TDCi	2,0 l - TDCi ***	2,0 l Duratorq -TDCi
Kraftstoff ROZ	95 Super	95 Super	95 Super	95 Supe	95 Super	95 Super	Diesel	Diesel	Diesel	Diesel
Füllmengen: Tankvolumen ca. l	55	55	55	55	55	55	53	53	53	53
Motoröl ca. l	3,8	4,1	4,1	4,3	4,3	6,4	3,8	3,8	3,8	5,4
Kühlflüssigkeit ca. l	5,5	5,8	6,0	6,5	6,3	7,5	5,5	5,5	5,8	5,8
Getriebeöl, Füllmengen: ca. l 5-Gang iB5/ MTX-75 ca. l	2,8	2,8	2,8	2,8	2,8	-	-	-	-	- -
6-Gang MMT6 / M66 ca. l	-	-	-	-	1,9	2,2	1,9	1,9	2,2	2,2
Automatikgetriebe 4-Gang FN ca. l	-	4,4	-	-	4,4	-	-	-	-	-
PowerShift Automatik MPS6 ca. l	-	-	-	-	-	-	-	-	2,8	2,8

Stand Dezember 2009; ** Automatikversion; * PowerShift Automatik-Getriebe.*

Gemischaufbereitung

Ottomotoren	Indirekte sequenzielle Kraftstoffeinspritzung, elektronisches Motormanagement; Saugrohr druck- bzw. Luftmassenmessung (1,6 l Ti-VCT), Abgasrückführung.
Dieselmotoren	Elektronische Kraftstoffeinspritzung (Common-Rail-System); Luftmassenmessung; Ladeluftkühlung; Abgasturbolader; Oxidationskatalysator; Abgasrückführung; Partikelfilter.

Bremse

Hydraulisches, diagonal geteiltes Zweikreis-Bremssystem mit elektronischem Vierkanal-ABS; elektronischer Bremskraftverteilung (EBD); vorn innenbelüftete, hinten massive Scheibenbremsen; asbestfreie Bremssegmente, elektronisches Sicherheits- und Stabilitätsprogramm (ESP) mit Antriebsschlupf-Regelung (ASR) und Sicherheits-Bremsassistent (EBA).

Vorderachse	**1,4 l Duratec**	**1,6 l Duratec**	**1,6 l Ti-VCT Duratec**	**1,8 l Duratec**	**2,0 l - Duratec ST**	**2,5 l Duratec -TDCi**	**1,6 l Duratorq -TDCi**	**2,0 l Duratorq -TDCi**	**2,0 l - Duratorq TDCi *****	**2,0 l Duratorq -TDCi**
Bremsscheiben-Durchmesser (mm)	278	278	278	278	300	320	278	278	300	300
Bremsscheiben-stärke										
– neu (~ mm)	25	25	25	25	25	25	25	25	25	25
– Grenzwert (~ mm)	23	23	23	23	23	23	23	23	23	23
Bremssegment-stärke										
– neu (~ mm)	13,0	13,0	13,0	13,0	13,0	13,0	13,0	13,0	13,0	13,0
– Grenzwert (~ mm)	1,5	1,5	1,5	1,5	1,5	1,5	1,5	1,5	1,5	1,5
Hinterachse										
Bremsscheiben-Durchmesser (mm)	265	265	265	265	280	280	265	265	280	280
Scheibenstärke										
– neu (~ mm)	11	11	11	11	11	11	11	11	11	11
– Grenzwert (~ mm)	10	10	10	10	10	10	10	10	10	10
Bremssegment-stärke – neu (~ mm)	13,0	13,0	13,0	13,0	13,0	13,0	13,0	13,0	13,0	13,0
– Grenzwert (~ mm)	1,5	1,5	1,5	1,5	1,5	1,5	1,5	1,5	1,5	1,5
Handbremse		Mechanische Feststellbremse (Seilzugbremse) mit Wirkung auf die Hinterräder								

Fahrwerk

Allgemein	Elektronisches Stabilitätsprogramm (ESP) inkl. Antriebsschlupf-Regelung (ASR)
Vorderachse	Einzelradaufhängung an McPherson-Federbeinen; versetze Schraubenfeder-/ Gasdruckstoßdämpfer-Kombination; untere achsparallele Dreiecksquerlenker mit optimierten Lagerbuchsen (vorn Gummi-, hinten Hydrolager) an separatem, verstärktem Fahrschemel montiert; Querstabilisator.
Spurweite	1535-1545 mm
Hinterachse	Multilinkachse als Schwertlenkerachse ausgeführt; Schraubenfedern; Gasdruckstoßdämpfer mit Zuganschlagfedern; Querstabilisator. Sportfahrwerk mit speziellen Querstabilisatoren und Feder/Dämpfer-Einheiten; Bodenfreiheit gegenüber Serienfahrwerk vorne um 10 mm, hinten um 8 mm reduziert.
Spurweite	1531-1541 mm
Lenkung	In Verbindung mit 1,4 l- und 1,6 l-Benzinmotoren hydraulisch unterstützte Zahnstangenlenkung (HPAS); in Verbindung mit 2,0 l-Duratec, 2,5 l-Duratec ST, 1,6 l- und 2,0 l-TDCi dreifach programmierbare (Normal, Komfort, Sport) elektrohydraulische Servolenkung (EHPAS); Sicherheitslenkrad mit Fullsize-Airbag; Lenkradumdrehungen von Anschlag zu Anschlag: 2,9.
Wendekreis	ca. 10,3 m
Radstand	2640 mm

Räder & Reifen

	Serienausstattung		**Sonderausstattung**	
	Räder	Reifen	Räder	Reifen
Focus Ambiente	6 J x 15 Stahl	195/65 R 15		
Focus Style	6 J x 15 Stahl*	195/65 R 15	7 J x 16 Leichtmetall	205/55 R 16
	6 ½ J x 16 Stahl**	205/55 R 16	7 J x 17 Leichtmetall	205/50 R 17
Focus ECOnetic	6 J x 15 Stahl	195/65 R 15		
Focus Ghia	7 J x 16 Leichtmetall	205/55 R 16	7 J x 17 Leichtmetall	205/50 R 17
			7 ½ J x 18 Leichtmetall	225/40 R 18***
Focus Titanium	7 J x 16 Leichtmetall	205/55 R 16	7 J x 17 Leichtmetall	205/50 R 17
			7 ½ J x 18 Leichtmetall	225/40 R 183
Focus ST	8 J x 18 Leichtmetall	225/40 R 18		

** nicht in Verbindung mit 2,0 l-Benzin- und 2,0 l-Dieselmotor, ** nur in Verbindung mit 2,0 l-Benzin- und 2,0 l-Dieselmotor, *** nicht in Verbindung mit 1,6 l-Benzin- und 1,6 l-Dieselmotor. Alle Modelle mit Reifen-Reparatur-Set. Optional verfügbar: Notrad oder alternativ ein Stahlrad in serienmäßiger Rädergröße (ausgenommen Focus ST)*

Kraftübertragung

Generell	Frontantrieb, unterschiedlich lange, homokinetische Antriebswellen; hydraulisch betätigte Einscheibentrockenkupplung; Zweimassenschwungrad (ausgenommen 1,6 l Duratec, 1,6 l Duratec Ti-VCT und 1,8 l Duratec). Differenzial mit Getriebe verblockt.
Schaltgetriebe	*Getrag Ford Durashift 5-Gang (iB5): vollsynchronisiertes 5-Gang-Schaltgetriebe mit Seilzug-Schaltung. **Getrag Ford Durashift 5-Gang (MTX-75): synchronisiertes 5-Gang-Schaltgetriebe mit Seilzug Schaltung. *** Getrag Ford Durashift 6-Gang (MMT6 = Modular Manual Transmission 6-Speed): vollsynchronisiertes 6-Gang-Schaltgetriebe mit Seilzug-Schaltung und zwei Ausgangswellen. ****Getrag Ford Durashift 6-Gang (M66): vollsynchronisiertes 6-Gang-Schaltgetriebe mit Seilzug-Schaltung. *****Optional: elektronisch gesteuerte Getrag Ford Durashift 4-Gang-Automatik (FN). ******Optional: Getrag Ford PowerShift (MPS6), elektronisch gesteuertes 6-Gang-Doppelkupplungs-Getriebe mit zwei Ausgangswellen und Nasskupplungen.
Automatikgetriebe*	Elektronisch-/hydraulisch gesteuerte Vierstufen-Automatik mit Wandlerüberbrückungskupplung; Differenzial mit Getriebe verblockt.
PowerShift Automatik-Getriebe	Sechsstufen-Automatik Doppelkupplungsgetriebe; manuelle Gangwechselmöglichkeit; Differenzial mit Getriebe verblockt.

Kupplungsscheibendurchmesser (mm)

	1,4 l Duratec	**1,6 l Duratec**	**1,6 l Ti-VCT Duratec**	**1,8 l Duratec**	**2,0 l - Duratec ST**	**2,5 l Duratec -TDCi**	**1,6 l Duratorq -TDCi**	**2,0 l Duratorq -TDCi**	**2,0 l - Duratorq TDCi *****	**2,0 l Duratorq -TDCi**
	220	220	220	220	220	240	240	240	240	240

Übersetzungen

	1,4 l Duratec	**1,6 l Duratec**	**1,6 l Ti-VCT Duratec**	**1,8 l Duratec**	**2,0 l - Duratec ST**	**2,5 l Duratec -TDCi**	**1,6 l Duratorq -TDCi**	**2,0 l Duratorq -TDCi**	**2,0 l - Duratorq TDCi *****	**2,0 l Duratorq -TDCi**
1. Gang	3,58	3,58	3,58	3,58	3,67	3,67	3,80	3,80	3,58	3,58
2. Gang	2,04	2,04	2,04	2,04	2,14	2,05	2,05	2,05	1,95	1,95
3. Gang	1,41	1,41	1,41	1,41	1,458	1,43	1,35	1,35	1,24	1,19
4. Gang	1,11	1,11	1,11	1,11	1,03	1,09	0,92	0,92	0,87	0,84
5. Gang	0,88	0,88	0,88	0,88	0,81	0,87	0,715	0,715	0,94	0,94
6. Gang	-	-	-	-	-	0.70	-	-	0,79	0,79
Rückwärtsgang	3,62	3,62	3,62	3,62	3,73	2,62	3,73	3,73	5,08	4,84
Achsübersetzung	4,06	4,06	4,06	4,06	4,06	4,00	3,41	3,41		

bei allen 1,4 l-, 1,6 l- und 1,8 l-Duratec-Motoren, **bei 2,0 l-Duratec und 1,6 l-Duratorq TDCi, ***bei 2,0 l-Duratorq TDCi, ****bei 2,5 l-Duratec ST, *****optional bei 1,6 l-und 2,0 l-Duratec, **** optional bei 2,0 l-Duratorq TDCi.*

Maße (mm)	3-/5-Türer	4-Türer	Turnier
Länge	4337	4481	4468
Breite inkl. Spiegel	2019	2019	2019
Höhe max.	1500	1497	1503
Ladekantenhöhe	833	459	890
Gepäckraum in Liter nach VDA	396	537	503
bis Vordersitz in Lehnenhöhe	832	942	928
bis Vordersitz in Dachhöhe	1258	-	1546

Gewichte (kg)	1,4 l Duratec	1,6 l Duratec	1,6 l Ti-VCT Duratec	1,8 l Duratec	2,0 l - Duratec	2,5 l Duratec ST	1,6 l Duratorq -TDCi	1,6 l Duratorq -TDCi	2,0 l Duratorq TDCi **
Leergewicht inkl. Fahrer	1229	1227	1239	1288	1307	1392	1335	1338	1378
zul. Gesamtgewicht	1750	1820	1825	1895	1895	1860	1880	1885	1950
Zuladung	596	668	661	682	663	543	620	622	647
zul. Dachlast	75	75	75	75	75	75	75	75	75

** Modelle in Grundausstattung - gemäß EG-Richtlinie, ** PowerShift.*

Anhängelast (kg)	1,4 l Duratec	1,6 l Duratec	1,6 l Ti-VCT Duratec	1,8 l Duratec	2,0 l - Duratec	1,6 l Duratorq -TDCi	1,6 l Duratorq -TDCi	2,0 l Duratorq -TDCi*	2,0 l Duratorq -TDCi
ungebremst	610	610	615	640	650	665	665	685	685
gebremst bei 12% Prüfsteigung	700	1200	1200	1200	1400	1200	1300	1500	1500
max. Stützlast**	75	75	75	75	75	75	75	75	75

** PowerShift, ** ausgenommen Focus ST, Focus RS*

Technisches Lexikon

Begriffe und Erklärungen von A-Z

Das folgende Stichwortverzeichnis soll keine Übersetzung vom »Fach-Chinesisch« ins Deutsche sein; es soll Ihnen aber helfen, einige der häufig benutzten Ausdrücke zu verstehen, die Sie im Gespräch mit den Leuten in der Werkstatt (oder auch mit denen am Stammtisch) immer wieder hören.

Abgasturbolader – Von Abgasen angetriebenes Turbinenrad. Die Turbine nutzt die im Abgas enthaltene Energie und drückt zur Leistungssteigerung Frischluft und vorverdichtete Luft in die Zylinder.

ABS – Antiblockiersystem. Drehzahlsensoren an allen vier Rädern melden einem Steuergerät, wenn das jeweilige Rad kurz vor dem Blockieren ist. Der Bremsdruck am Rad wird abwechselnd verringert und erhöht und das Blockieren verhindert.

ACC – Adaptive Cruise Control (adaptive Geschwindigkeitsregelung); hält die gewünschte Fahrzeuggeschwindigkeit konstant.

Achsschenkel – Bauteil der Vorderradaufhängung, auch Radlagergehäuse genannt. Es schwenkt beim Lenken um die Lenkdrehachse. Auf dem Achsschenkel ist das Vorderrad gelagert.

Achstrieb (Vorderachstrieb, Hinterachstrieb) – Baugruppe, die ein Stirnradpaar und das Differenzial zum Antrieb der Gelenkwellen vom Getriebe aus enthält. Bei Hinterradantrieb sind in einem eigenen Gehäuse ein Kegelradsatz (»Teller- und Kegelrad«) und das Differenzial vereinigt.

Achswelle – Angetriebene Welle, starr oder mit Gelenken, an deren Nabe eines der Räder montiert ist.

Adaptives Kurvenlicht – Horizontal schwenkbare Scheinwerfer, die die Kurven optimal ausleuchten, sobald der Fahrer in sie einlenkt. Sensoren erfassen den Lenkwinkel, die Gierrate (Drehgeschwindigkeit um die Hochachse) und die Fahrgeschwindigkeit. Die Xenon-Scheinwerfer werden elektromechanisch so gesteuert, dass die Kurve ihrem Verlauf entsprechend besser ausgeleuchtet wird.

Airbag – Aufblasbares Luftkissen, das bei Frontalaufprall des Autos auf ein Hindernis die Insassen vor Verletzung schützt. Gewöhnlich in die Lenkradnabe und die Schalttafel (evtl. auch in die Sitzlehnen = Seiten-Airbags) eingebaut.

Aktivkohlefilter (EVAP) – System zur Verminderung der Emission schädlicher Benzindämpfe aus dem Tank. Die Dämpfe werden in einem Filter aus Holzkohle gespeichert und später im Motor verbrannt.

Anlasser – Elektromotor, der zum Anlassen des Motors dient. Sein längs verschiebbares Ritzel wird zuerst in den großen Zahnkranz des Schwungrads eingespurt und dreht dann die Kurbelwelle.

Antriebsriemen – Normalerweise aus Gummigewebe gefertigter Riemen, der über mindestens zwei Riemenscheiben läuft und von der Kurbelwelle aus Nebenaggregate oder die Nockenwelle(n) antreibt (als Keilriemen, Flachriemen oder Zahnriemen).

Antriebsstrang – Oberbegriff für den gesamten Antrieb eines Fahrzeugs mit Motor, Kupplung, Getriebe, Kardanwelle (soweit vorhanden), Achstrieb/Differenzial und Antriebswellen.

Asphärischer Außenspiegel – Asphärische Außenspiegel besitzen eine zweigeteilte, teilweise gebogene (konvexe) Spiegelfläche. Dadurch vergrößert sich die Sichtfläche des Rückspiegels. Die korrekte Einstellung der Seitenspiegel auf die Sitzposition des Fahrers verringert beim asphärischen Außenspiegel den toten Winkel fast vollständig. Alle Modelle aus der Volkswagen-Pkw-Palette sind mit asphärischen Außenspiegeln auf der Fahrerseite ausgerüstet.

ASR – Antriebsschlupfregelung; verhindert Durchdrehen der Antriebsräder, hält den Wagen in der Spur.

ATF – Automatic Transmission Fluid (Getriebeöl für automatische Getriebe).

Aufbohren (Zylinder) – Verfahren zum Nacharbeiten der Zylinderbohrungen bei starkem Verschleiß. In die um ein geringes Maß vergrößerten Bohrungen werden entsprechend größere Kolben eingebaut. Nur nach langer Laufzeit erforderlich.

Ausdehnungsbehälter – Teil der modernen, unter Druck arbeitenden Kühlanlage. In diesen Behälter kann das infolge des Temperaturanstiegs sich ausdehnende Kühlmittel ausweichen.

Ausgleichgetriebe – Siehe Differenzial.

Ausgleichscheibe – Stahlscheibe, zumeist in verschiedenen Dicken, zum Ausgleich des Axialspiels beweglicher Bauteile.

Ausgleichswelle – Eine zur Kurbelwelle gegenläufig rotierende Welle für einen ruhigen Motorlauf.

Auspuffkrümmer – Sammelrohr, das die Abgase des Motors von jedem der Zylinder in die (gemeinsame) Abgasanlage leitet.

Ausrücklager (Kupplung) – Wälzlager, das axial gleitend auf einer Hülse vorn im Getriebegehäuse montiert ist, beim Auskuppeln vom Kupplungs-Ausrückhebel gegen die rotierende Tellerfeder gedrückt oder gezogen wird und dabei die Kupplungsscheibe freigibt.

Auswuchten (Räder) – Prüfen und Korrigieren eines Rades mit Reifen im Hinblick auf statische und dynamische »Unwucht«, d. h. auf Kräfte, die das Rad zu Flatter- oder Zitterbewegungen veranlassen könnten.

Automatikgurt – Sicherheitsgurt, der den Fahrzeuginsassen bei normaler Fahrt Bewegungsfreiheit lässt, aber blockiert wird, wenn das Auto stark verzögert wird oder die angegurtete Person plötzliche Bewegungen macht.

AWD – All Wheel Drive (Allradantrieb).

Axialspiel – Bewegungsfreiheit eines Bauteils in Achsrichtung, z. B. die seitliche Bewegung eines Pleuels auf dem Lagerzapfen der Kurbelwelle.

Batterie – (Akkumulatorenbatterie) »Reservoir«, in dem elektrische Energie gespeichert wird. Sie liefert den Strom zum Anlassen des Motors und für die übrigen Verbraucher bei stehendem Motor. Sie wird bei laufendem Motor vom Generator aufgeladen.

Benzindirekteinspritzung – Bei der Benzindirekteinspritzung wird der Kraftstoff mit einem maximalen Druck von bis zu 150 bar direkt in den Brennraum eingespritzt. Eine besondere Brennraumgeometrie sorgt für eine optimale Verwirbelung des Kraftstoff-Luft-Gemischs.

Biodiesel – Biodiesel wird aus nachwachsenden Rohstoffen gewonnen. In Deutschland wird häufig Raps zur Gewinnung von Biodiesel genutzt. Daher haben sich auch die Bezeichnungen RME (Raps-Methyl-Ester) bzw. PME (Pflanzen-Methyl-Ester) durchgesetzt. Aus ökologischer Sicht stellt Biodiesel eine sinnvolle Alternative zu herkömmlichem Dieselkraftstoff dar, da man sich in einem geschlossenen CO2-Kreislauf bewegt. Das bedeutet, dass die Pflanze während ihres Wachstums so viel an CO2 aufnimmt, wie nachher bei der Verbrennung wieder abgegeben wird. Da sich Biodiesel jedoch in seiner Zusammensetzung von herkömmlichem Dieselkraftstoff unterscheidet, kann er nicht uneingeschränkt als direkter Ersatz für Diesel genommen werden. Größtes Problem ist derzeit, dass es keine einheitliche Norm für die Qualität und Zusammensetzung von Biodiesel gibt. Der Marktanteil von Pflanzen-Methyl-Ester liegt zurzeit unter einem Prozent. Selbst bei Ausschöpfung aller Anbaupotenziale könnte Pflanzen-Methyl-Ester nur ein Zehntel des Dieselkraftstoffbedarfs decken.

Bi-Xenon – Xenon-Scheinwerfer für Abblend- und Fernlicht (siehe Xenonlicht).

Blattfeder – Lange, schmale, gekrümmte Feder, zumeist als Paket aus mehreren Blättern zusammengesetzt. Heute nur noch bei Lkws, schweren Geländewagen und alten Autos mit hinterer Starrachse zu finden.

Bord-Diagnosesystem – Für das Motor-Managementsystem. Es lässt über den Fehlercode Fehlfunktionen erkennbar werden, die sich negativ auf Abgasemissionen oder das Gemischaufbereitungssystem auswirken können. Über die Vernetzung der einzelnen Steuergeräte lassen sich die Fehler aller auslesefähigen Steuergeräte auslesen.

Boxermotor – Motorbauform, bei welcher die Zylinder einander gegenüberliegen; im Allgemeinen sind gleich viele Zylinder auf jeder Seite der Kurbelwelle.

Bremsankerplatte – Stahlblechplatte, am Radträger (zumeist nur noch der Hinterräder) befestigt. Daran sind die Bremsbacken der Trommelbremse montiert.

Bremsbacken – Gekrümmtes Bauteil in der Trommelbremse, mit Bremsbelägen bewehrt. Die Backen werden beim Bremsen von innen gegen die Bremstrommel gedrückt.

Bremsbelag – Trommelbremse: Auf die Bremsbacken aufgebrachter Reibbelag aus hitzebeständigem Werkstoff; Scheibenbremse: Mit aufvulkanisiertem Reibbelag versehene Metallplatte. Die Bremsbeläge werden von den Hydraulikkolben von beiden Seiten her beim Bremsen an die Bremsscheibe angedrückt.

Bremse entlüften – Entfernen der unerwünschten Luft aus einer geschlossenen hydraulischen Bremsanlage.

Bremsflüssigkeit – Spezielle, hitzebeständige Hydraulikflüssigkeit auf Alkoholbasis für Bremsanlage (ggf. auch für Kupplungsbetätigung).

Bremsscheibe – Mit dem Rad umlaufende, häufig hohl gegossene (»belüftete« Bremsscheibe) Metallscheibe. Beim Betätigen der Bremse werden von beiden Seiten her die Bremsbeläge an die Scheibe angedrückt und verzögern dadurch Scheibe und Rad.

Bremsservo (Vakuum-Bremsverstärker) – Gerät, das die am Pedal aufgebrachte Kraft zum Betätigen des Hauptbremszylinders erhöht. Der Unterdruck, mit dem das Gerät arbeitet, kommt beim Benzinmotor vom Saugrohr, beim Dieselmotor von einer zusätzlichen Pumpe.

Bremstrommel – Mit dem Rad umlaufendes, schüsselförmiges Bauteil der Trommelbremse. Beim Betätigen der Bremse werden von innen her die beiden Bremsbacken an die Trommel angedrückt und verzögern dadurch Trommel und Rad.

Bremszange, -sattel – Bauteil, das am Achsschenkel montiert ist und sattelförmig die Bremsscheibe übergreift. Enthält die Hydraulikkolben und Bremsbeläge. Es setzt den hydraulischen Druck der Bremsanlage in Reibkräfte mit den Belägen auf der Bremsscheibe um.

Brennraum – Raum über dem Kolben, in dem dieser das Gemisch verdichtet, und in dem im Augenblick der Zündung die Verbrennung stattfindet. Der Brennraum kann auch zum Teil in den Kolbenboden eingelassen sein.

CAN – Control Area Network (Kontroll-Netzwerk); verknüpft alle im Fahrzeug vorhandenen Steuergeräte. Der Datenaustausch verarbeitet Informationen aus Sensoren und leitet Befehle an Aktoren weiter. Sensor und Aktor müssen nicht mehr am selben Steuergerät angeschlossen sein.

Carbon – Kohlenstoff; belastungsstarker und extrem leichter Werkstoff für Karosserieteile und Bremsen von Supersportwagen und für die Formel 1.

Chip-Tuning – Leistungssteigerung durch Austausch eines elektronischen Speicherbausteins. Auf diesem Chip sind veränderte Kennfelder gespeichert, die höhere Drehzahlen oder größere Kraftstoffmengen zulassen.

Choke (Vergaser) – Manuell oder automatisch betätigtes Klappenventil, das beim Kaltstart durch Drosselung der Luftzufuhr zum Motor das Gasgemisch anreichert.

CNG – Compressed Natural Gas (komprimiertes Naturgas); Erdgas für speziell ausgerüstete Personenwagen und Transporter.

CO-Gehalt – Anteil von Kohlenmonoxid im Abgas.

Common Rail – (Gemeinsame Leitung) Diesel-Direkteinspritzer, bei dem alle Zylinder über eine gemeinsame, unter Druck stehende Verteilerleitung mit Kraftstoff versorgt werden.

Comprex-Lader – Druckwellenlader, Mischung aus Turbolader und Kompressor. Wird von der Kurbelwelle über einen Zahnriemen angetrieben.

Crossover – Kreuzung verschiedener Fahrzeug-Gattungen zu neuem Typ.

CVT-Automatik – (Continuously Variable Transmission) Automatische, stufenlose Kraftübertragung mit je einer zweigeteilten, kegelförmigen Scheibe auf An- und Abtriebswelle. Durch axiales Verschieben der Scheiben wird der wirksame Radius eines auf ihnen laufenden Keilriemens oder einer Lamellenkette stufenlos verändert und damit auch die jeweilige Übersetzung.

dB – Dezibel, Einheit für Lautstärke. dB (A) stellt dann eine genau definierte Kennlinie dar, die dem menschlichen Ohr nachempfunden wurde.

DBC – Dynamische Bremskontrolle (siehe BAS).

Diagnosesystem – Siehe Bord-Diagnosesystem.

Diagnose-Warnleuchte – Warnleuchte an der Schalttafel. Zeigt an, dass eine Fehlfunktion an Abgas-relevanten Bauteilen oder Systemen vorliegt und als solche im Steuergerät gespeichert wurde.

Drehstabfederung/Torsionsfederung – Eine in manchen Automodellen angewandte Art der Federung, die auf der Verdrehung eines geraden Stabes (Drehstab) um seine eigene Achse beruht.

Drive-by-wire – (Fahren per Draht). Befehle des Fahrers werden nicht mechanisch übermittelt, sondern elektronisch.

Drosselklappe – Vom Gaspedal betätigte Ventilklappe vor dem Saugrohr, die mehr oder weniger Luft zu den Einlassventilen strömen lässt.

Drosselklappenschalter – Bauteil des Motor-Managementsystems, das dem Steuergerät die jeweilige Stellung der Drosselklappe signalisiert.

Druckfester Verschluss (Kühler) – Schraubkappe auf dem Ausdehnungsgefäß. Wirkt als Sicherheitsventil bei Über- und Unterdruck im Kühlsystem, um dieses vor Beschädigungen zu schützen.

Dynamische Kopfstützen – Auch aktive Kopfstützen; sollen vor allem bei Auffahrunfall vor Verletzungen der Halswirbelsäule (Schleudertrauma) schützen
.

Dynamisches Energiemanagement – Das Batterie-Energiemanagement sorgt in Abhängigkeit vom Batterieladezustand und der Temperatur selbstständig dafür, dass stets genügend Energie für einen Motorstart zur Verfügung steht. Dies gilt auch dann, wenn das Fahrzeug einmal für einen längeren Zeitraum abgestellt ist. Moderne Fahrzeuge entnehmen ihren Batterien selbst im Ruhezustand Energie: Verkehrsfunkspeicher, aber auch Diebstahlwarnanlage oder der Empfänger für die Funkfernbedienung verbrauchen konstant ein geringes Quantum Strom. Wenn ein kritischer Ladezustand der Batterie droht, reduziert das Energiemanagement im Ruhezustand den Verbrauch durch stufenweises Abschalten der Verbraucher. Während der Fahrt kontrolliert das dynamische Energiemanagement laufend die Batteriespannung und Ladeaktivität. Bei Bedarf erhöht das System die Leerlaufdrehzahl geringfügig, um die Leistung des Ladegenerators zu erhöhen. In extremen Fällen werden kurzzeitig besonders verbrauchsintensive Komponenten wie etwa die Sitz- oder Heckscheibenheizung deaktiviert. Der Komfort leidet darunter nicht, im gewöhnlichen Fahrbetrieb erfolgt dieser Stopp so, dass der Fahrer ihn nicht bemerkt.

Dichtung – Verformbares Material, das zwischen zwei Oberflächen eingefügt wird, um gas- bzw. flüssigkeitsdichte Verbindungen zu schaffen.

Dieselmotor – Der »Selbstzünder« (Gegensatz: »Ottomotor« = Fremdzünder) arbeitet mit der durch Verdichtung reiner Luft im Zylinder entstehenden Temperatur, die ausreicht, um den zerstäubten Dieselkraftstoff zu entzünden. Hierfür ist freilich eine weit höhere Verdichtung erforderlich als beim Ottomotor.

Differenzial/Ausgleichgetriebe – Zumeist als Kegelrädertrieb ausgeführt, treibt es die beiden Räder einer Achse gemeinsam in gleicher Drehrichtung, erlaubt ihnen aber, sich bei Kurvenfahrt unterschiedlich schnell zu drehen.

Differentialsperre – Schafft starren Durchtrieb zwischen Rädern einer Achse oder beider Achsen für eine bessere Traktion des Fahrzeugs.

Direkteinspritzung – Spezielle Bauart von Motoren, bei denen der Kraftstoff durch Düsen unmittelbar in die Brennräume eingespritzt wird.

DOHC – (Double Overhead Camshaft) Bezeichnung für einen Motor mit zwei obenliegenden Nockenwellen, von denen eine die Ein- und eine die Auslassventile betätigt. Dies erlaubt optimale Anordnung der Ventile in Bezug auf Leistung und Emissionen (strömungsgünstigere Kanalführung im Kopf).

DOT-Nummer – Auf die Reifenflanke geprägt, verrät den Produktionszeitraum des Pneus.

Drehkolbenmotor – Siehe Wankelmotor.

Drehmoment – Die an einem Hebelarm wirkende Kraft, früher in mkp (Meter-Kilopond), heute in Nm (Newtonmeter) ausgedrückt (1 mkp = 9,81 Nm).

Drehmomentschlüssel – Werkzeug zum Anziehen von Schrauben und Muttern mit einem vorgegebenen Drehmoment.

Drehmomentwandler/»Wandler« – Eine Abart der Flüssigkeitskupplung, eingebaut anstelle einer mechanischen Kupplung zwischen Motor und Automatikgetriebe. Kann das Motordrehmoment nach Bedarf verändern.

DynAPS – Dynamisches Autopilot-System, berücksichtigt Staumeldungen bei der Routenberechnung.

EBD – Electronic Brake Distribution, sorgt für eine elektronische Bremskraftverteilung. EBV – elektronische Bremskraftverteilung.

ECE – Economic Comission for Europe (Wirtschaftskommission für Europa), befasst sich mit der Harmonisierung von Vorschriften rund ums Auto.

EDS – Elektronische Differentialsperre.

E-Gas – »E« steht für elektronisch. Das Gaspedal wirkt bei Fahrzeugen mit E-Gas wie ein Sensor. Dieser erkennt anhand der Pedalstellung unmittelbar den Lastwunsch des Fahrers. Auf Basis dieses Ausgangssignals regelt die Motorelektronik Drosselklappe, Ladedruck und Zündung. Dieses elektronische System löst die bisherige Übertragungstechnik per Seilzug ab und bringt wesentliche Vorteile: E-Gas erleichtert die elektronische Motorsteuerung, reagiert schneller und ist eine technische Voraussetzung für das elektronische Stabilisierungsprogramm (ESP).

EGR – (Exhaust Gas Recirculation) Abgasentgiftung: Ein Teil der Abgase wird der Ansaugluft wieder zugeführt, um unverbrannte Kraftstoffanteile weiter zu verbrennen.

Einscheiben-Sicherheitsglas – Scheibe aus thermisch behandeltem Glas in nur einer Schicht. Wenn die Scheibe zerspringt, zerfällt sie in viele kleine Teile mit stumpfen Kanten. Zerspringt sie beim Auftreffen eines Körpers nicht, wird der Durchblick stark behindert.

Einspritzdüse – Gerät, das den Kraftstoff direkt oder indirekt in den Brennraum eines Otto- oder Dieselmotors einspritzt.

Einspritzpumpe (Diesel) – Gerät, das beim Dieselmotor für die Zumessung der Kraftstoffmenge und die Einspritzung unter hohem Druck zum genau festgelegten Zeitpunkt sorgt.

Einspritzzeitpunkt (Diesel) – Die kurz vor dem Erreichen des oberen Totpunktes (OT) liegende Stellung des Kolbens, in welcher der Kraftstoff eingespritzt wird.

Einzelradfederung – Federungssystem, bei welchem jedes Rad ohne gegenseitige Wirkung auf die übrigen Räder des Wagens Auf- und Abbewegungen ausführt.

Elektrode – An der Zündkerze springt zwischen diesen Metallteilen der Zündfunke über; zwischen Verteilerfinger und Verteilerkappe sorgen Elektroden für die Übertragung des hochgespannten Stroms an die einzelnen Kerzen.

Elektrodenabstand (Kerze) – Einstellbare Distanz zwischen Plus- und Masse-Elektrode der Zündkerze.

Elektrolyt – Aus Schwefelsäure und destilliertem Wasser bestehende Flüssigkeit, die in der Batterie den Strom leitet.

Elektronische Einspritzung – Kraftstoffeinspritzung mit elektronischer Steuerung.

Elektronische Zündung – Zündanlage, die von einer Elektronik gesteuert wird, welche die Funktion des Verteilers und der Unterbrecherkontakte übernimmt.

Elektronisches Steuergerät – Elektronische Zentraleinheit, die Signale von diversen Sensoren empfängt, verarbeitet und entsprechende Befehle an Zünd-, Einspritz- und andere Systeme erteilt.

Emissionen/Abgasemissionen – Vom Auspuff und verschiedenen anderen Teilen des Autos (Tank, Kurbelgehäuse) in die Atmosphäre abgegebene Substanzen, die gasförmig oder als Partikel auftreten.

Emissionskontrolle – Oberbegriff für diverse Systeme zur Verminderung schädlicher Emissionen.

Endanschlag – Dämpfendes Gummiteil, das beim Durchfedern auf schlechter Fahrbahn das Anschlagen der Radaufhängung an die Karosserie verhindert.

Entkohlen
Entfernen von Verbrennungsrückständen in den Brennräumen, den Kanälen und auf den Kolbenböden bei einer Motorüberholung.

Entlüftung – Öffnung oder Ventil, aus dem Luft oder Gase aus einem Gehäuse (z. B. Kurbelgehäuse) austreten bzw. in ein System eintreten können.

Entlüftungsnippel – Hohlschraube, durch welche nach dem Lösen zur Entlüftung eines geschlossenen Systems (Bremse, Kupplungsbetätigung) Luft und Flüssigkeit austreten können.

Entstörgerät – Gerät zur Beseitigung oder Unterdrückung elektrischer Störeinflüsse von der Zündung oder anderen Bauteilen der Elektrik.

ESP – Elektronisches Stabilitäts-Programm; hält durch das Bremsen einzelner Räder die Spur.

Euro-NCAP – Das Euro-NCAP (New Car Assessment Programme = Programm zur Bewertung der passiven Sicherheit von Nutzfahrzeugen) gilt heute als einer der wichtigsten Maßstäbe für die passive Fahrzeugsicherheit. Es stellt beim Offsetcrash noch härtere Anforderungen als das seit Oktober 1998 geltende EU-Gesetz. Die Aufprallgeschwindigkeit wurde von 56 km/h (Gesetz) auf 64 km/h erhöht (Euro-NCAP), was einer um über 30% höheren Aufprallenergie entspricht. Organisiert wird das Euro-NCAP unter anderem von der englischen und der schwedischen Verkehrsbehörde, vom internationalen Automobilverband FIA, vom ADAC sowie von anderen europäischen Automobilclubs.

Fading (Bremse) – Vorübergehendes Nachlassen der Bremsenfunktion infolge Überhitzung des Reibmaterials (vor allem bei Trommelbremsen).

Federbein – Siehe McPherson.

Federung – Oberbegriff für die Bauteile eines Fahrzeugs, die der Isolierung der Karosserie von den Rädern dienen und dafür sorgen, dass alle vier Räder ständigen Fahrbahnkontakt halten.

Fehlercode – Elektronischer Code, den das Steuergerät eines Diagnosesystems beim Auftreten eines Funktionsfehlers speichert. Der verschlüsselte Code enthält Einzelheiten zur Fehlerquelle und veranlasst, dass eine Warnlampe am Schaltbrett aufleuchtet.

Fehlercode-Transmitter – Elektronisches Bauteil, das den verschlüsselten Code für die Werkstatt lesbar macht.

Festsattelbremse – Fest am Radträger montierter Bremssattel der Scheibenbremse. Der Festsattel besitzt (im Gegensatz zum Schwimmsattel) mindestens zwei einander gegenüberliegende Hydraulikkolben.

Fettes Gemisch – Ausdruck für ein Kraftstoff-Luft-Gemisch mit höherem als dem optimalen Kraftstoffanteil.

Fliehkraftregler (Zündung) – Vorrichtung im Zündverteiler, die auf der Fliehkraft von kleinen Gewichten beruht und entsprechend der Motordrehzahl laufend automatisch den Zündzeitpunkt verstellt.

Fluid – Häufig benutzter Ausdruck für Flüssigkeit, Kühlmittel, Bremsöl usw.

Flüssiggas – (LPG = Liquefied Petroleum Gas) Gemisch von aus Rohöl gewonnenen Brenngasen (Butan, Propan...), das in manchen Fällen statt anderer Kraftstoffe für entsprechend eingerichtete Ottomotoren eingesetzt wird. Zurzeit sehr stark im Kommen, da die Nachrüstung relativ günstig geworden ist.

Frostschutz – Flüssigkeit, die dem Kühlwasser zugesetzt wird, um das Einfrieren der Motorkühlung im Winter zu unterbinden und sie vor Korrosion zu schützen.

Fühlerlehre – Einfaches Messgerät zum genauen Messen einer Spaltbreite (z. B. den Elektrodenabstand einer Zündkerze); besteht aus einem Satz verschieden dicker Stahlblech-»Fühler«.

Gasgemisch – Mischung aus bestimmten Gewichtsanteilen an Luft und Kraftstoff zur Verbrennung im Ottomotor. Das optimale Verhältnis für eine vollständige Verbrennung beträgt 14,7:1.

Gelenkwelle/Antriebswelle – Welle zum Antrieb eines (Vorder- oder Hinter-)Rads vom Differenzial aus. Gelenkwellen an derselben Achse können gleich oder auch verschieden lang sein und ein oder zwei Gelenke besitzen.

Generator (Wechselstromgenerator) – Stromerzeuger, vom Motor über Riemen getrieben. Er liefert bei laufendem Motor den Strom für die elektrische Anlage des Wagens und zum Aufladen der Batterie.

Hauptzylinder (Geberzylinder) – Hydraulikzylinder mit Kolben, gefüllt mit Hydraulikfluid. Das Brems- oder Kupplungspedal wirkt direkt (oder über einen Bremsservo) auf den Kolben und gibt die eingeleitete Kraft über das Fluid an die Nehmerzylinder weiter.

Head-up-Display – Überkopf-Anzeige, spiegelt Armaturenanzeigen in die Windschutzscheibe.

Heizungs-Wärmetauscher – Kleiner »Kühler«, der in den Kühlkreislauf des Motors eingefügt und für die Bereitstellung von Warmluft für die Wagenheizung zuständig ist. Die durch die Rippen strömende Kaltluft erwärmt sich am heißen Kühlwasser des Motors, das durch den Wärmetauscher fließt.

Hilfsrahmen – Kleiner Rahmen aus Stahlprofilen, der unter der Karosserie montiert ist und Radaufhängungen und/oder Antriebsaggregate aufnimmt.

Hochspannungskreis (Zündanlage) – Stromkreis mit hoher Spannung für die Erzeugung des Funkens an der Zündkerze (bis zu 25.000 V).

Hub/Kolbenhub – Weg, den der Kolben eines Verbrennungsmotors im Zylinder vom oberen zum unteren Totpunkt zurücklegt.

Hubraum – Volumen eines Motors, gerechnet zwischen dem unteren und oberen Totpunkt der Kolben.

Hybridantrieb – Kombination von zwei verschiedenen Abtriebsquellen.

Hydraktives Fahrwerk – Hydropneumatik (siehe unten) mit elektronischer Steuerung.

Hydraulik – Bezeichnung für ein mit Drucköl arbeitendes Übertragungssystem.

Hydraulikstößel – Ventilstößel, in dem das Ventilspiel bei allen Betriebszuständen durch Drucköl ausgeglichen wird. Dadurch entfällt die Ventilspiel-Einstellung.

Hydropneumatik – Eine mit Gas und Öl gefüllte Kugel übernimmt die Funktion herkömmlicher Dämpfer. Erstmals von Citroën in den 50er-Jahren bei ID/DS eingesetzt.

Getriebe/Schaltgetriebe – Aus Wellen und veränderlichen Zahnradübersetzungen aufgebautes Aggregat, angeordnet zwischen Kupplung und Achstrieb. Mit Hilfe der im Getriebe wählbaren Übersetzungen kann der Motor trotz veränderlicher Fahrgeschwindigkeiten in seinem günstigsten Arbeitsbereich gehalten werden.

Getriebeeingangswelle – Von der Kupplung (oder dem Drehmomentwandler) ins Getriebe (oder in die Automatik) führende Welle.

Gleichlaufgelenk – Variante des Kardangelenks für Gelenkwellen (Antriebswellen) frontangetriebener Wagen. Dieses Gelenk ermöglicht eine gleichförmige, ruckfreie Kraftübertragung trotz der Überlagerung von Federungs- und Lenkbewegungen.

Gleitlager – Metallische oder sonstige verschleißarme Oberfläche an einem Bauteil, gegen die sich ein anderes Bauteil frei bewegen (normal: rotieren) kann, und die zur Minderung von Reibung und Verschleiß ausgelegt ist. Gleitlager werden gewöhnlich geschmiert.

Gleitmittel gegen Fressen – Schmiermittel, das besonders temperatur- und druckbeanspruchte Bauteile am »Fressen« (Festgehen bei Trockenlauf) hindert.

Glühkerze – Elektrisches Heizgerät, das in die Brennräume der (zumeist aller) Zylinder eines Dieselmotors hineinragt, um ihn beim Kaltstart vorzuwärmen und damit die Rauchentwicklung unmittelbar nach dem Anspringen zu verringern.

GPS – Global Positioning System. Satellitensystem zur Positionsbestimmung, wird von Navigationssystemen benutzt.

Gürtel-/Radialreifen – Reifen, bei dem die Cordfäden in der Karkasse (Grundstruktur des Reifens) im rechten Winkel zur Reifenflanke verlaufen.

Gurtstraffer – Zieht bei einem Aufprallunfall den Gurt fest an den Körper.

Handling – Häufig verwendeter Ausdruck für das Fahrverhalten eines Autos, schließt Kurvenverhalten, Geradeauslauf und die gefühlsmäßige »Handhabung« ein.

Hydropneumatische Federung – Fahrzeugfederung, bei welcher eine Kombination aus Hydraulik und Luftfederung die Stelle der üblichen Stahlfedern (zuweilen auch der Stoßdämpfer) übernimmt.

IDE – Benzindirekteinspritzer der französischen Hersteller(siehe Direkteinspritzung).

Indirekte Einspritzung – Dieselmotoren-Bauart, bei der der Kraftstoff nicht unmittelbar in den Brennraum, sondern in eine benachbarte Wirbelkammer eingespritzt wird.

IPS – Intelligent Protection System (intelligentes Sicherheitssystem); Kombination aller passiven Sicherheitssysteme im Auto.

Isofix – System zur einfachen und sicheren Befestigung von Kindersitzen, bei dem eine starre Verbindung zwischen Sitz und Karosserie hergestellt wird.

Kardangelenk – Flexible, das Drehmoment übertragende Verbindung zwischen zwei Wellen, die ein mehr oder weniger starkes Abknicken der Wellen zueinander erlaubt. Wird in Kardanwellen und manchen Gelenkwellen verwendet, ergibt jedoch keine gleichförmige, ruckfreie Drehbewegung.

Kardanwelle – Welle, die die Kraft vom Schalt-/Automatikgetriebe zur Hinterachse (Motor vorn und Hinterradantrieb) und ggf. vom Verteilergetriebe zur Vorderachse (bei Vierradantrieb) überträgt.

Katalysator – In die Abgasanlage eines Autos eingebautes Gerät, das die in die Atmosphäre austretenden Schadstoffe auf chemischem Wege reduziert, ohne sich selbst zu verändern.

Kerzen – Siehe Zündkerzen.

Keyless Go – Schlüssel oder Chipkarte, tauscht Signale mit dem Auto. Berührt der Fahrer den Türgriff, öffnet sich der Wagen. Starten per Knopfdruck, Schlüssel oder Karte bleibt in der Tasche.

Kick-down (Automatik) – Vorrichtung, die bei vollem Durchtreten des Gaspedals einen kleineren Gang einschaltet und starkes Beschleunigen erlaubt.

Kipphebel – Übertragungsteil im Ventiltrieb, in der Mitte gelagert, setzt die Aufwärtsbewegung des Nockens (bzw. der Stoßstange) in eine Abwärtsbewegung des Ventils um.

Klimaanlage (AC) – Anlage zur Kühlung und Entfeuchtung der in den Fahrgastraum von außen einströmenden Luft. Dient dem Fahrkomfort und der Freihaltung der Scheiben von Beschlag.

Klingeln – Siehe Klopfen/Klingeln.

Klopfen/Klingeln – Metallisches Motorgeräusch, das oft bei zu frühem Zündzeitpunkt, zu niedriger Oktanzahl des Kraftstoffs oder starken Ablagerungen im Brennraum auftritt. Es rührt von Druckwellen her, die die Zylinderwände in Schwingungen versetzen.

Klopfsensor – Signalgeber, der beim ersten Auftreten von Klopfgeräuschen einen Befehl ans Steuergerät im Motor-Managementsystem erteilt.

Kolben – Zylindrisches Bauteil, das sich in einer Bohrung linear bewegt. Beim Motor verdichtet der Kolben ein Kraftstoff-Luft-Gemisch, überträgt lineare Kraft durch den Pleuel auf die rotierende Kurbelwelle und schiebt verbranntes Gas durch Auslassventile aus dem Zylinder.

Kolbenring – Federnder Feingussring, der in einer um den Kolben laufenden Nut liegt und sich im Betrieb derart an die Zylinderwand anschmiegt, dass der Kolben im Zylinder praktisch gasdicht ist.

Kompakt-Van – Großraumlimousine auf Basis der Kompaktklasse.

Kompressor – Mechanischer Lader, bläst Luft in den Ansaugtrakt; wird vom Keilriemen angetrieben.

Kondensator – Zündanlage: Gerät zur Unterdrückung zu starker Funkenbildung an den Zündkontakten; Klimaanlage: Gerät zur Umwandlung des Kühlmittels vom gasförmigen in den flüssigen Zustand.

Kontakte – Siehe Zündkontakte.

Kontermutter/Gegenmutter – Schraubenmutter, mit der eine Einstellmutter oder ein anderes Gewindeteil gegen Lösen gesichert wird.

Kopfdichtung – Siehe Zylinderkopfdichtung.

Kraftstoff – Bezeichnung für die verschiedenen in Verbrennungsmotoren verwendeten Treibstoffe wie Benzin, Diesel, Flüssiggas usw.

Kraftstoff-Druckregler – (Systemdruckregler) Regler in der Einspritzanlage, der für konstanten Kraftstoffdruck an den Einspritzdüsen sorgt. Arbeitet gewöhnlich mit dem Saugrohr-Unterdruck.

Kraftstoffeinspritzung – Siehe Einspritzung.

Kraftstofffilter – Auswechselbarer Filter, der Fremdkörper und Wasser aus dem Kraftstoff abscheidet.

Kraftstoffpumpe/Benzinpumpe – Pumpe, heute meist elektrisch angetrieben, fördert den Kraftstoff vom Tank zur Vergaser- oder Einspritzanlage.

Kraftübertragung – Allgemeine Bezeichnung für die Baugruppen des Antriebsstrangs (Getriebe, Achstrieb, Wellen) mit Ausnahme des Motors.

Kugelgelenk – Wartungsfreies, in mehreren Ebenen bewegliches Übertragungsteil, vor allem in Radaufhängungen und Lenksystemen verwendet. Es besteht aus Kugel und Kugelpfanne sowie einer Gummiabdichtung, die kein Fett austreten lässt.

Kugellager – Reibungsarme Wellenlagerung, besteht aus zwei gehärteten Stahlringen und zwischen ihnen abwälzenden Kugeln (»Wälzkörper«).

Kühler – Bauteil des Kühlsystems, durch dessen feine Röhren oder Waben das heiße Kühlmittel fließt. Er ist vorn im Motorraum so angeordnet, dass er vom Fahrtwind durchströmt und dabei das Kühlmittel abgekühlt wird.

Kühlmittel – Mischung aus Wasser und Frostschutzmittel für die Motorkühlung.

Kühlmittel (Klimaanlage) – Flüssigkeit, die beim Betrieb der Klimaanlage wechselweise gasförmig und wieder verflüssigt wird.

Kühlmittelpumpe – Siehe Wasserpumpe.

Kühlmittelsensor – Sensor, der im Motor-Managementsystem Informationen über die momentane Temperatur des Kühlmittels an das Steuergerät gibt.

Kühlventilator – Siehe Ventilator.

Kupplung – Auf Reibung beruhende Einrichtung zur Übertragung und zur weichen Einleitung (Einkuppeln) des Drehmoments vom Motor ins Getriebe, ohne dass hierzu eine der beiden Komponenten zum Stillstand kommen muss.

Kupplungs-Ausrückhebel – Überträgt die Pedalkraft auf das Kupplungs-Ausrücklager.

Kupplungsscheibe – Metallscheibe mit verzahnter Nabe, trägt auf beiden Seiten Reibbeläge; gewöhnlich abgefedert zur weichen Einleitung der Kräfte.

Kurbelgehäuse – Der unterhalb der Zylinder liegende Teil des Motorblocks, in welchem die Kurbelwelle gelagert ist.

Kurbelwelle – Welle mit außermittigen (exzentrischen) Kurbelzapfen, durch die die geradlinige Bewegung der Kolben über die Pleuel in Drehbewegung umgewandelt wird.

Kurbelwellensensor – Sensor, der im Motor-Managementsystem Informationen über die momentane Kurbelwellenstellung (und evtl. -drehzahl) an das Steuergerät gibt.

kW/PS – Siehe PS/kW.

Ladeluftkühler – Kühlt die vom Turbolader komprimierte Luft.

Lader/Kompressor – Luftverdichter, der Frischluft unter Druck zu den Einlassventilen des Motors fördert, um einen höheren Zylinderfüllungsgrad und damit erhöhte Leistung zu erzielen. Laderantrieb erfolgt entweder mechanisch von der Kurbelwelle oder beim Abgasturbolader über den Abgasdruck und eine Turbine.

Lambda-Regelung (geregelter Katalysator) – Geschlossener Regelkreis mit Lambda-Sonde und Katalysator zur optimalen Abgasentgiftung. Die von der Lambda-Sonde ans Steuergerät geleiteten Signale sorgen in der Einspritzanlage für eine genaue Kraftstoffzumessung, um die bestmögliche Funktion des Katalysators zu erzielen.

Lambdasonde – Gerät in der Abgasleitung eines Ottomotors mit geschlossenem Regelkreis (Lambda-Regelung), das den Sauerstoffgehalt der Abgase überwacht. Die von der Lambdasonde ans Steuergerät geleiteten Signale sorgen in der Einspritzanlage für eine genaue Kraftstoffzumessung, um die bestmögliche Funktion des Katalysators zu erzielen.

Längslenker – Parallel zur Fahrtrichtung auf und ab schwenkender Tragarm, an dessen Ende das Rad montiert ist. Seine Schwenkachse liegt im rechten Winkel zur Fahrzeuglängsachse.

LCD-Display/Info-Display – Der bedarfsorientierte Aufbau des Info-Displays erlaubt sowohl das Reduzieren fester Anzeigen auf den gesetzlichen Minimalumfang, als auch eine umfangreiche Informationsauswahl. Möglich wird diese Vielfalt durch die Koppelung von mechanischen Zeigern mit LCD-Displays. Ob Navigationshinweise oder Tempomat-Einstellungen – der Fahrer hat alles stets im Blick. Über das Info-Display kann er z. B. den Stufentempomat ab ca. 30 km/h aktivieren. Dieser kann bis zu sechs Wunschgeschwindigkeiten speichern und bei Bedarf aufrufen. Über die Navigationshinweise werden die Routenführung zu einem gewünschten Zielpunkt und aktuelle Staumeldungen angezeigt. Weiterhin befinden sich insgesamt 14 Kontroll- und Warnleuchten im LCD-Display. Die Palette reicht von Klassikern wie »Bitte angurten« über Fahrassistenten wie die Dynamische Stabilitäts Control (DSC) bis hin zur Parkbremse mit Automatic-Hold-Funktion.

LED-Technologie – Die LED (Light Emitting Diode) ist ein Licht-emittierender Halbleiter, der eine wesentlich längere Lebensdauer und einen geringeren Stromverbrauch gegenüber konventionellen Glühlampen aufweist. Die Vorzüge der LED-Technologie liegen in ihrem niedrigeren Energieverbrauch, kürzeren Ansprechzeiten, geringerem Raumbedarf sowie einer höheren Lebensdauer (Fahrzeuglebensdauer). Die hohe Betriebssicherheit und Lebensdauer von LEDs erhöhen die Sicherheit durch die verringerte Ausfallwahrscheinlichkeit von Rückleuchten und Bremslichtern.

Leerlaufdrehzahl – Drehzahl des Motors bei geschlossener Drosselklappe.

Leerweg/Spiel – Freie Beweglichkeit eines Bauteils (z. B. eines Pedals), ehe eine Wirkung oder Funktion einsetzt.

Lenkgetriebe – Siehe Zahnstangenlenkung.

Lenkung – Oberbegriff für die Bauteile der Lenkanlage. Das eigentliche Lenkgetriebe ist heute in der Regel eine Zahnstangenlenkung.

LHM-Fluid (Citroën) – Spezielle Hydraulikflüssigkeit auf Mineralölbasis für die Hydraulik bestimmter Citroën-Modelle.

LongLife-Öl – Je nach Motor- und Modellvariante sind Intervalle für Service oder Ölwechsel von bis zu 30.000 Kilometern oder maximal zwei Jahren bei Benzinmotoren und bis zu 50.000 Kilometern oder maximal zwei Jahren bei bestimmten Dieselmotoren möglich.

Lufteinblasung – Maßnahme zur Schadstoffreduktion mit Katalysator. In den Auspuffkrümmer wird Frischluft eingeblasen, um die Abgastemperatur zu erhöhen. Dies hilft dem Kat, seine Betriebstemperatur rascher zu erreichen.

Luftfilter – Ein auswechselbarer Einsatz aus Papier oder Schaumstoff in einem Gehäuse. Der Filter hält Fremdkörper aus der zum Motor strömenden Luft zurück.

Luftmengenmesser – Messvorrichtung, die im Motor-Managementsystem die durchfließende Luftmenge zu den Zylindern misst und diese Information an das Steuergerät weitergibt.

Mageres Gemisch – Ausdruck für ein Kraftstoff-Luft-Gemisch mit geringerem als dem optimalen Kraftstoffanteil.

Massekabel – Flexibles Kabel, das den Minuspol der Batterie mit der Karosserie bzw. die Karosserie mit dem Motor/Getriebe-Aggregat verbindet. Die Metallteile dienen der elektrischen Anlage als Rückleitung.

McPherson-Federbein – Einzelradfederung. Kombinierte Einheit aus Schraubenfeder und Stoßdämpfer, bildet bei Einbau an der Vorderachse gleichzeitig die Lenkdrehachse der Vorderräder.

Mehrventiler – Motor mit mehr als zwei Ventilen pro Zylinder, nämlich zumeist vier (2 Einlass-, 2 Auslassventile), seltener drei (2 Einlass-, 1 Auslassventil).

Membrane – Scheibe aus flexiblem, luftundurchlässigem Werkstoff, z. B. im Bremsservo verwendet, wo die Membrane vom Unterdruck gesteuert wird.

Minivan – Auf Kleinwagen basierender Van (siehe Van).

Motor-Managementsystem – Anlage in modernen Fahrzeugen, die mit Hilfe eines elektronischen Steuergeräts die Motorfunktionen (Zündung, Einspritzung, Abgasemission) regelt und überwacht.

Motornachlauf – Neigung eines Motors zum Weiterlaufen nach dem Ausschalten der Zündung. Zumeist verursacht durch zu geringe Oktanzahl des Benzins, zu frühe Zündeinstellung, starke Ablagerungen im Brennraum oder schlechte Wartung des Motors.

Motronic – Motorsteuerung von Bosch, bei der Zünd- und Einspritzsystem von einem Steuergerät realisiert werden.

MP3 – Mit »MP3« werden komprimierte digitale Audiodaten bezeichnet. Das MP3-Format ist ein weit verbreiteter Standard zur Komprimierung digitaler Audiodateien. Bei gleicher Klangqualität belegen MP3-Dateien in etwa nur ein Zehntel des Speicherplatzes einer Audio-CD. »MP3« steht für MPEG 1 Audio Layer 3. MPEG ist ein von der »Motion Picture Experts Group« entwickeltes Verfahren zur Komprimierung digitaler Video- und Audiodaten. Um MP3-Daten wiedergeben zu können, wird ein MP3-fähiges Wiedergabegerät benötigt.

MPV – Multi Purpose Vehicle (Mehrzweckfahrzeug), anderer Ausdruck für Van (siehe Van).

Multi-Point-Einspritzung – Einspritzanlage bei Ottomotoren mit je einer Einspritzdüse pro Zylinder.

Nachlauf – Strecke, die das Rad seinem Aufhängungspunkt hinterherläuft. Einkaufwagenprinzip zur Radberuhigung in Richtung des Geradeauslaufs.

Nachschleifen (Kurbelwelle) – Verfahren zum Nacharbeiten der Lagerzapfen der Kurbelwelle bei starkem Verschleiß. Die um ein geringes Maß verkleinerten Zapfen werden mit Lagerschalen mit entsprechend kleinerem Durchmesser montiert. Nur nach langer Laufzeit erforderlich.

Navigationssystem – Elektronisches Gerät, das zur geographischen Positionsbestimmung dient und gegebenenfalls bei der Erreichung eines gewünschten Zieles behilflich ist. Das System besteht aus den wesentlichen Elementen: GPS-Antenne, Navigationsrechner und Display. Mit Hilfe der Antenne für das Global Positioning System (GPS) peilt das Navigationssystem Satelliten an, die sich in einer geostationären Umlaufbahn um die Erde befinden. Diese Peilung ermöglicht es, den exakten Standort des Fahrzeuges auf der Erdoberfläche auf wenige Meter genau zu bestimmen.

NCAP – New Car Assessment Program (Neuwagen-Sicherheitsprogramm); Crashtest-Definition für Europa.

NEFZ – Neuer europäischer Fahrzyklus; Messverfahren zur Ermittlung von Durchschnittsverbrauch und Abgasverfahren.

Nehmerzylinder (Radbremszylinder) – Hydraulikzylinder mit Kolben unmittelbar an der Radbremse, gefüllt mit Hydraulikfluid. Er erhält den hydraulischen Druck über Rohrleitungen vom Hauptbremszylinder. Seine Kolbenbewegung wirkt auf die Bremsbacken bzw. Bremsbeläge.

NOx (Stickoxide) – Einer der Schadstoffe in den Abgasen von Otto- und Dieselmotoren.

Nocken – Exzentrische Erhebungen an der Nockenwelle zur Betätigung der Ventile.

Nockenwelle – Umlaufende, von der Kurbelwelle angetriebene Welle mit Nocken. Sie betätigt die Ein- und Auslassventile über diverse Zwischenglieder.

Nockenwellen-Antriebsriemen/Zahnriemen – (Alternative zur Steuerkette) Verstärkter, verzahnter Flachriemen aus Gummi-Gewebe-Material, der über Riemenscheiben mit flachen Zähnen die Nockenwelle(n) von der Kurbelwelle aus antreibt.

Nockenwellensensor – Sensor, der im Motor-Managementsystem Informationen über die momentane Stellung der Nockenwelle(n) ans Steuergerät gibt.

Oberer Totpunkt (OT) – Höchste Position in der Kolbenbewegung. Im OT bleibt der Kolben für Sekundenbruchteile stehen, ehe er abwärts geht.

OHC – (Overhead Camshaft) Obenliegende Nockenwelle(n). Bezeichnet die Motorbauart, bei welcher die Nockenwelle(n) über den Zylindern im Kopf angeordnet ist/sind (angetrieben über Zahnriemen, Kette oder Zahnräder). Infolge der direkteren Betätigung der Ventile für Motoren höherer Leistung vorteilhaft.

OHV – (Overhead Valves) Stoßstangenmotor. Die Ventile sind im Zylinderkopf, werden jedoch von einer unten im Gehäuse liegenden Nockenwelle über Stoßstangen betätigt.

Oktanzahl – Vergleichszahl, die die Klopffestigkeit eines Otto-Kraftstoffs angibt (siehe Klopfen/Klingeln).

Ölfilter – Auswechselbarer Filter, der Fremdkörper und Kondenswasser aus dem Motorenöl abscheidet.

Ölkühler – Kleiner Kühler, der mit Hilfe des Fahrtwinds hauptsächlich bei Diesel- und Hochleistungsmotoren das Motorenöl zusätzlich kühlen soll.

Ölpeilstab – Metall- oder Kunststoffstab mit mehreren Markierungen zum Prüfen des Ölstands.

Ölsumpf/Ölwanne – Auffangschale und Reservoir unter dem Kurbelgehäuse für das im Motor umlaufende Öl.

O-Ring – Gummi-Dichtring mit kreisrundem Querschnitt. Wird oft zur Abdichtung zylindrischer Flächen in eine Nut eingesetzt.

Oxidations-Katalysator – Die Abgase von Dieselmotoren können, da sie mit Luftüberschuss arbeiten, mit dem Dreiwege-Katalysator nicht nachbehandelt werden. Der Einsatz einer Lambdaregelung ist hier technisch ausgeschlossen. Es kommt zur Reduzierung von Kohlenwasserstoff (HC) und Kohlenmonoxid (CO) in Kohlendioxid (CO2) der Oxidationskatalysator zur Anwendung. Er eignet sich jedoch nicht zum Abbau von Stickoxiden.

Pleuel – Bauteil im Motor, das den Kolben (auf- und abgehend) mit der Kurbelwelle (rotierend) verbindet.

Pleuellager – Unteres Gleitlager des Pleuels, das dessen Bewegung auf den zugehörigen Zapfen der Kurbelwelle überträgt.

PME/Pflanzen-Methyl-Ester – Pflanzen-Methyl-Ester, oder auch Biodiesel, wird aus nachwachsenden Rohstoffen (Pflanzen) gewonnen. In Deutschland wird häufig Raps zur Gewinnung von Biodiesel genutzt. Daher hat sich auch die Bezeichnungen Raps-Methyl-Ester (RME) durchgesetzt. Aus ökologischer Sicht stellt PME eine sinnvolle Alternative zu herkömmlichem Dieselkraftstoff dar, da man sich in einem geschlossenen CO2-Kreislauf bewegt. Das bedeutet, dass die Pflanze während ihres Wachstums so viel an CO2 aufnimmt, wie nachher bei der Verbrennung wieder abgegeben wird. Da sich Biodiesel jedoch in seiner Zusammensetzung von herkömmlichem Dieselkraftstoff unterscheidet, kann er nicht uneingeschränkt als direkter Ersatz für Diesel genommen werden. Größtes Problem ist derzeit, dass es keine einheitliche Norm für die Qualität und Zusammensetzung von Biodiesel gibt. Daher gibt es auch keine bedingungslose Freigabe für die Verwendung von Biodiesel in Volkswagen-Fahrzeugen.

PS/kW (Leistung) – Ausdruck für die pro Zeiteinheit von einem Motor (Verbrennungs-, Elektromotor) aufgebrachte Arbeit. Die jahrzehntelang nur in PS (Pferdestärken) angegebene Leistung misst man heute in kW (Kilowatt; 1 kW entspricht 1,36 PS).

Querstabilisator – Federstahl-Drehstab, an Vorderachse und/oder Hinterachse montiert, um die Neigung der Karosserie zum »Rollen« (Wankbewegungen um die Fahrzeug-Längsachse) zu reduzieren. Wird nicht in jedem Auto verwendet.

Radbremszylinder – Siehe Nehmerzylinder.

Rad(muttern)schlüssel – Werkzeug, mit dem die Radschrauben oder -muttern eines Autos gelöst oder festgezogen werden.

Radträger – Teil der Vorder- oder Hinterradaufhängung, in dem die Radlagerung und der feste Teil der Bremsanlage untergebracht sind.

RDS/Radio Data System – RDS steht für Radio Data System und ist ein Service der Rundfunkanstalten. Neben dem hörbaren Sendeprogramm werden Zusatzinformationen in Form verschlüsselter Digitalsignale ausgesendet. Durch die Übermittlung des Sendernamens (Programm Service) wird nicht die Sendefrequenz, sondern der Name des jeweiligen Senders im Radio angezeigt. Die Angabe von alternativen Frequenzen ermöglicht den Empfang der am besten zu empfangenden Frequenz des gehörten Programms.

Regensensor/Lichtsensor – Der Regensensor sorgt für mehr Fahrkomfort und -sicherheit. Mittels optischer Messung erkennt er automatisch die Regenstärke. Einmal eingeschaltet, aktiviert der Regensensor automatisch die Scheibenwischer und regelt selbsttätig die Wischfrequenz. Mit der integrierten Fahrtlichtautomatik wird das Fahren noch sicherer und praktischer. Über zwei Lichtsensoren in der Frontscheibe werden die Lichtverhältnisse, etwa Dämmerung, Dunkelheit oder Tunnelfahrten, erkannt und das Abblendlicht wird selbsttätig eingeschaltet.

Reihenmotor – Verbrennungsmotor, bei welchem alle Zylinder in einer Reihe angeordnet sind.

Ritzel – Bezeichnung für ein Zahnrad mit kleiner Zähnezahl, das in eines mit größerer Zähnezahl oder in eine Zahnstange eingreift.

Rußpartikelfilter – Mit dem Diesel-Partikelfilter werden Rußpartikel zu mehr als 95 Prozent aus dem Abgas entfernt. Der Grenzwert für die EU4-Norm wird dabei deutlich unterschritten.

Sattel – Siehe Bremssattel.

Saugrohr/Ansaugrohr – Bauteil des Motors, in dem je nach Art der Gemischaufbereitung reine Luft oder Kraftstoff-Luft-Gemisch zu den Einlassventilen befördert wird.

Saugrohrdrucksensor – Gerät, das den Innendruck im Saugrohr eines Ottomotors misst und Signale an das Steuergerät im Motor-Management gibt.

Schaltsaugrohr – In der Länge variabler Ansaugtrakt.

Scheibenwaschmittel – Wasser mit handelsüblichen Zusätzen (Frostschutz- und Reinigungsmittel) zum Befüllen der Scheibenwaschanlage.

Schräglenker – Auf und ab schwenkender Tragarm, an dessen Ende eines der Hinterräder montiert ist. Seine Schwenkachse liegt nicht im rechten Winkel zur Fahrzeuglängsachse.

Schrägverzahnte Räder – Zahnradpaar, dessen Verzahnung unter einem Winkel zur Radachse steht. Sorgt für günstigeren Zahneingriff und ruhigeren Lauf.

Schraubenfeder – Für Personenwagen-Federungen heute meistverwendete, gewindeförmige Stahlfeder.

Schwimmsattelbremse – Am Radträger seitlich verschiebbar montierter Bremssattel der Scheibenbremse. Der Schwimmsattel besitzt (im Gegensatz zum Festsattel) nur auf einer Seite einen (oder mehrere) Hydraulikkolben.

Schwungrad – Schwere metallene Scheibe am Abtriebsende der Kurbelwelle. Soll die von den Kolbenkräften herrührende Ungleichförmigkeit der Kurbelwellen-Drehbewegung teilweise ausgleichen.

Selbstbeteiligung – Der vom Versicherten selbst zu übernehmende Kostenanteil im Schadensfall.

Sequenzielles Manuelles Getriebe – Das Sequenzielle Manuelle Getriebe (SMG) basiert auf dem bewährten Schaltgetriebe. Die Gangreihenfolge verläuft immer sequenziell (nacheinander) und nicht wie bei konventionellen Schaltungen durch die direkte Ganganwahl.

Service-Heft – Nachweis (wichtig beim Wiederverkauf), dass das Fahrzeug von Anbeginn und lückenlos in Fachwerkstätten gewartet wurde.

Servolenkung – System, das hydraulische Hilfskraft (Servokraft) zur Verfügung stellt, sobald der Fahrer am Lenkrad dreht.

Servo-Unterstützung – Anlage, die mit Hilfskräften (Hydraulik, Pneumatik) die vom Fahrer aufgewendete Kraft (am Lenkrad, am Pedal usw.) unterstützt.

Sicherungsblech – Blechscheibe mit einer oder mehreren Laschen, mit denen eine Mutter oder ein Schraubenkopf gegen Lösen gesichert wird.

Sidebag – Seitenairbag (in der Tür oder im Sitz untergebracht).

Single-Point-Einspritzung – Einspritzanlage mit nur einer Einspritzdüse für alle Zylinder.

SLS – Self Leveling Suspension (automatische Fahrwerk-Höhenverstellung).

SOHC – (Single Overhead Camshaft) Bezeichnung für einen Motor mit nur einer obenliegenden Nockenwelle, die Ein- und Auslassventile betätigt.

Spannungsregler – Elektrischer Regler, der die Spannung des Generators konstant hält.

Speedster – Sportliches Cabrio mit extrem flacher Frontscheibe.

Sprengring – Ringförmige Sicherung in einer Bohrung oder auf einer Welle, eingelassen in eine Innen- oder Außennut. Der Ring stoppt die ungewollte axiale Bewegung von Bauteilen.

Spurstange – Teil des Lenkgestänges, das die Lenkbewegungen vom Lenkgetriebe zum Vorderradträger überträgt.

SRS – Supplemental Restraint System (Rückhaltesystem); Abkürzung für das Airbag-System.

Starrachse – Aufhängung der Hinterräder an einem starren, sie verbindenden Achskörper. Federbewegung des einen Rades wirkt sich direkt auf das andere aus.

Starthilfekabel – Siehe Überbrückungskabel.

Steuerkette – Metallgliederkette, die über Kettenräder die Nockenwelle(n) von der Kurbelwelle aus antreibt.

STC – Stability Traction Control (stabile Traktionskontrolle); anderer Ausdruck für ASR (siehe oben).

Stoß-/Schwingungsdämpfer – Bauteil der Radaufhängung, welches das Auf- und Abschwingen der Federung eines Wagens beim Überfahren schlechter Wegstrecken absorbiert.

Stößel – Siehe Ventilstößel, Tassenstößel.

Sturz, Radsturz – Der Winkel, unter dem sich die Räder von der Senkrechten nach außen neigen. Negativer Sturz bedeutet, dass die Räder nach innen gekippt sind.

SUV – Sport Utility Vehicle (sportliches Nutzfahrzeug).

Synchronisierung – Vorrichtung im Schaltgetriebe. Sie gleicht zum Schalten eines Ganges die Drehzahlen der beiden in Eingriff zu bringenden Teile einander an, um geräuschloses Schalten zu ermöglichen.

Tagfahrlicht – 50 Prozent aller Unfälle an Kreuzungen tagsüber werden durch das nicht rechtzeitige Erkennen anderer Verkehrsteilnehmer verursacht. Als Abhilfe gilt unter Experten das Einschalten des Abblendlichtes am Tag oder der Einsatz von zusätzlichen Tagfahrlichtern.

Tassenstößel – Topfförmiges Zwischenglied, geführt in einer zylindrischen Bohrung, das zwischen den Ventilen des Motors und der (obenliegenden) Nockenwelle eingebaut ist (zuweilen mit einer spielausgleichenden Hydraulik versehen).

Telematik – Verbindung aus Telekommunikation, Informatik und Satelliten-Ortung zur Verkehrsleitung.

Thermostat – Temperaturabhängige Regelanlage im Kühlkreislauf, die das Erwärmen des Kühlmittels beschleunigt, indem sie ihm erst ab einer bestimmten Temperatur den Weg zum Kühler freigibt.

Tire Mobility Set – Reifenreparaturset, mit dem leichte Reifenleckagen behoben werden können. Das Set enthält Dichtmittel und einen Luftkompressor (12 Volt) zum Befüllen des Reifens.

Totpunktmarke/Einstellmarke – Kerben oder Markierungen an der vorderen Riemenscheibe der Kurbelwelle oder am Schwungrad und an den Antriebsteilen der Nockenwelle(n); sie dienen zum exakten Einstellen des Zünd- bzw. Einspritzzeitpunkts eines bestimmten Zylinders.

Transaxle – Kombination von Getriebe und Achstrieb in einem Gehäuse.

Turbolader/Abgasturbolader – Lader (s. d.), dessen Antrieb über den Druck der Abgase des Motors erfolgt, die auf eine Turbine wirken. Der Lader fördert zusätzliche Luft in die Zylinder und erreicht damit einen höheren Füllungsgrad und höhere Leistung.

Überbrückungs-/Starthilfekabel – Kabelsatz (1 rotes, 1 schwarzes) mit großem Querschnitt und kräftigen Klemmen an den Enden. Bei leerer Batterie kann mit Hilfe der Kabel und einer vollen »Spenderbatterie« der Motor angelassen werden.

Ungeregelter Katalysator – »Offenes« System, das die Schadstoffe im Abgas mit Hilfe eines von der Gemischbildung unabhängig arbeitenden (ungeregelten) Katalysators nur teilweise reduzieren kann.

Unterdruckpumpe – Dieselmotor: Der für die Servobremse erforderliche Unterdruck wird hier von einer vom Motor angetriebenen Pumpe geliefert (siehe auch Bremsservo).

Unterer Totpunkt (UT) – Tiefste Position in der Kolbenbewegung. Im UT bleibt der Kolben für Sekundenbruchteile stehen, ehe er aufwärts geht.

Unverbleites Benzin (Bleifrei) – Benzin, das außer dem im Rohöl enthaltenen Bleianteil bei der Herstellung nicht zusätzlich verbleit wird, damit keine Schädigung des Katalysators hervorgerufen wird.

Van – Großraumlimousine.

Variomatic – Einfaches CVT-Getriebe (siehe oben) von DAF, erstmals 1958 im DAF 33 eingesetzt.

VDC – Vehicle Dynamics Control (fahrzeugdynamische Kontrolle); Fahrdynamik-Regelung für allradgetriebene Autos.

Ventil – Allgemein eine Vorrichtung, die geöffnet und geschlossen werden kann, um den Durchfluss von Gasen oder Flüssigkeiten zu ermöglichen bzw. zu stoppen.

Ventilator – Heute meist elektrisch, früher vom Motor angetriebener, vorn im Motorraum hinter dem Kühler angeordneter Lüfter (Ventilatorflügel). Soll die Kühlung unterstützen.

Ventilatorriemen – Keilriemen, der bei mechanischem Antrieb des Ventilators von der Kurbelwelle aus verwendet wird.

Ventileinstellung – Siehe Ventilspiel.

Ventilspiel – Gesamter Leerweg zwischen dem Ende des Ventilschafts und dem Nocken der Nockenwelle. Das Spiel ist erforderlich, um das völlige Schließen des Ventils trotz Wärmedehnung der Bauteile zu gewährleisten. Es wird entweder an einer Stellschraube manuell eingestellt oder von einem Hydraulikstößel (s .d.) automatisch ausgeglichen.

Ventilsteuerung – Oberbegriff für die Bauteile, die das Öffnen und Schließen der Ein- und Auslasskanäle des Motors bewirken: Nockenwelle(n), Stößel, Stoßstangen, Kipphebel, Ventile usw.

Ventilstößel – Bauteil im Motor, das die Drehbewegung der Nockenwelle in die Auf- und Abbewegung der Ventile umwandelt. Siehe auch Tassenstößel.

Verbleites Benzin (Bleibenzin) – Benzin, das außer dem im Rohöl enthaltenen Bleianteil bei der Herstellung zusätzlich verbleit wird. Nicht für Katalysatorbetrieb geeignet, da Blei dem Kat schadet.

Verbundglas – Sicherheitsglas für Autoscheiben. Besteht aus zwei dünnen Schichten aus gehärtetem Glas mit einer dünnen Schicht aus Spezial-Kunststoff dazwischen. Bei einem Aufprall zerbröselt das Glas nicht, und die Sicht bleibt weitgehend erhalten.

Verdichtung (-sverhältnis) – Gibt an, auf welches Volumen die Zylinderfüllung zwischen dem unteren und dem oberen Totpunkt des Kolbens verdichtet wird (Volumen eines Zylinders plus Brennraumvolumen im Verhältnis zum Brennraumvolumen allein, z. B. 10:1).

Vergaser – Vorrichtung, mit der (bei älteren Autos) das Kraftstoff-Luft-Gemisch in dem zur Verbrennung nötigen Verhältnis gebildet wird. Heute meist durch ein Einspritzsystem ersetzt.

Verteilerfinger (-läufer)
Im Zündverteiler umlaufendes Teil, dessen Elektrode über weitere Elektroden in der Verteilerkappe den Zündstrom an die Kerzen befördert.

Verteilerkappe – Kunststoffkappe, die auf den Verteiler aufgesetzt wird und von welcher die Zündkabel (Hochspannungskabel) zu den Kerzen führen.

4 WD – Allradantrieb.

Viertaktmotor – Bezeichnet einen Otto- oder Dieselmotor, der nach dem Viertaktverfahren arbeitet, d. h. für jeden vollständigen Arbeitszyklus zwei Auf- und zwei Abwärtshübe des Kolbens benötigt.

Vierventiler/16-Ventiler – Bezeichnung für einen Verbrennungsmotor mit zwei Einlass- und zwei Auslassventilen pro Zylinder. Der Ausdruck 16-Ventiler wird für den weit verbreiteten Vierzylindermotor mit je vier Ventilen pro Zylinder verwendet.

V-Motor – Motorbauweise, bei welcher die Zylinder in zwei Reihen angeordnet sind, die von vorn oder hinten gesehen ein »V« bilden. Zum Beispiel hat ein V8-Motor zwei Reihen zu vier Zylindern.

Vorderachseinstellung – Prüfung und Berichtigung gemäß der werkseitig vorgeschriebenen Einstellung von Vorspur, Sturz und Nachlauf. Einstellbar sind an den meisten Autos nur die Vorspurwerte. Fehlerhafte Einstellung kann hohen Reifenverschleiß und schlechtes »Handling« zur Folge haben.

Vorspur/Nachspur – Der Winkel oder der Betrag, um den die Stellung der Vorderräder bei Geradeausfahrt von einer Geraden parallel zur Fahrzeuglängsachse abweicht. Vorspur bedeutet, dass die Räder vorn leicht einwärts gerichtet sind.

VSA – Vehicle Stability Assistent (Fahrzeug-Stabilitätshelfer); entspricht ESP (siehe ESP).

VTC – Variable Timing Camshaft (variable Nockensteuerung), steuert Öffnungszeiten der Einlassventile.

VTG – Variable Turbine (variable Turbolader-Geometrie).

Wankel-/Drehkolben-/Kreiskolbenmotor – Verbrennungsmotor, der im Wesentlichen nur rotierende Teile besitzt. Der Kolben (Rotor) ist etwa dreiecksförmig und rotiert in einem Gehäuse mit spezieller, lang-ovaler Innenform (Epitrochoide). Nur sehr wenige Automodelle sind mit einem solchen Motor ausgerüstet.

Wasserpumpe/Kühlmittelpumpe – Vom Motor angetriebene Flügelpumpe, die das Kühlmittel durch alle Teile des Kühlkreislaufs pumpt.

Wertminderung – Mit dem Altern eines Autos (gefahrene Kilometer, Unfallschäden usw.) verbundene Minderung des möglichen Wiederverkaufserlöses.

Windowbag – Airbag vor dem Seitenfenster.

Xenonlicht – Modernes Autolicht ohne Glühdraht. In der Glühlampe befindet sich unter anderem das Edelgas Xenon. Bringt mehr als die doppelte Lichtleistung gegenüber Halogenlicht.

Zahnriemen – Siehe Nockenwellen-Antriebsriemen.

Zahnstangenlenkung – Heute weit verbreitete Ausführung des Lenkgetriebes, bestehend aus einem Ritzel und einer Zahnstange, welche die Räder über Spurstangen einschlägt.

Zündanlage – Elektrisches System, das beim Ottomotor für das Zünden des Gasgemisches im Zylinder verantwortlich ist.

Zündfolge – Reihenfolge, in der die Zylinder eines Motors gezündet werden.

Zündkabel – Besonders stark isolierte Kabel für die Übertragung des hochgespannten Stroms vom Zündverteiler zu den Kerzen.

Zündkerze – Bauteil des Ottomotors. Die Kerze ragt mit zwei Elektroden in den Brennraum hinein, zwischen denen zum Zünden des Kraftstoff-Luft-Gemisches ein Funken erzeugt wird.

Zündkontakte – In der Zündanlage älterer Autos dient ein Kontaktpaar zum Unterbrechen des Niederspannungsstroms und erzeugt dadurch in der Zündspule eine Hochspannung, die an der Kerze Zündfunken überspringen lässt.

Zündspule – Elektrisches Bauteil, das beim Ottomotor die eingeleitete Batteriespannung in Hochspannung (12 Volt) für den Zündfunken umsetzt.

Zündverteiler – Bauteil der Zündanlage, zuständig für die Verteilung der Hochspannungsenergie an die einzelnen Zündkerzen des Motors.

Zündzeitpunkt – Die kurz vor dem Erreichen des oberen Totpunkts (OT) liegende Stellung des Kolbens, in welcher der Zündfunken überspringt.

Zylinder – Hohlraum, in welchem der Kolben eines Motors auf und ab geht. Die Zylinder können entweder direkt in den Motorblock gebohrt sein, oder es werden Laufbüchsen in den Block eingesetzt.

Zylinderblock/Motorblock – Haupt-Bauteil (Gussteil) eines Motors, der im oberen Teil zumeist die Zylinder und im unteren die Lagerung der Kurbelwelle (Kurbelgehäuse) umfasst.

Zylinderbohrung – Innendurchmesser eines Motorzylinders.

Zylinderkopf – Gussteil unmittelbar über dem Motorblock, in dem normalerweise die Brennräume und die Ein-/Auslasskanäle sowie der Ventiltrieb untergebracht sind. Der Zylinderkopf ist mit dem Block verschraubt.

Zylinderkopfdichtung/Kopfdichtung – Dichtung, die zwischen Zylinderblock und Zylinderkopf liegt und für Abdichtung unter hohem Arbeitsdruck sorgt.

Zylinder-Laufbüchsen – Metallhülsen, die in entsprechende Bohrungen im Zylinderblock eingeschoben werden und in denen die Kolben auf und ab gehen. Wenn verschlissen, können Laufbüchsen und Kolben miteinander ausgetauscht werden.